高层次技术技能型人才培养基础课系列教材

“十四五”职业教育河南省规划教材

大学物理教程

（第 2 版）

主　编　李兴毅

副主编　谢思思　许红霞　王　瑞

参　编　董文泽　张枝芝　岳景华

北京理工大学出版社

BEIJING INSTITUTE OF TECHNOLOGY PRESS

内容简介

本书以中华人民共和国教育部制订的《理工科类大学物理课程教学基本要求》为指导，重基本概念建立、重基本原理理解、重物理定律和定理的应用及案例展示，力求用简明的语言构建内容框架。全书共14章，包含力学、振动和波动、波动光学、气体动理论、热力学基础、电磁学、近代物理基础等内容。考虑到应用型院校的特点和学生的学习需求，每章除了基本内容，还包含学习目标、导学思考、知识应用、本章小结、课后习题，同时增加了例题的数量，在保证必要的基本训练的基础上，适当降低了例题和习题的难度。

本书可作为职业本科理工类专业学生的大学物理课程的教材或参考书，也可作为各类高校、成人教育、继续教育院校相关专业的参考用书。

图书在版编目(CIP)数据

大学物理教程 / 李兴毅主编. --2 版. --北京：北京理工大学出版社，2023.11（2024.5 重印）

ISBN 978-7-5763-3241-4

Ⅰ. ①大… Ⅱ. ①李… Ⅲ. ①物理学-高等学校-教材 Ⅳ. ①O4

中国国家版本馆 CIP 数据核字(2023)第 249242 号

责任编辑：孟祥雪　　**文案编辑**：李　硕
责任校对：刘亚男　　**责任印制**：李志强

出版发行 / 北京理工大学出版社有限责任公司
社　　址 / 北京市丰台区四合庄路 6 号
邮　　编 / 100070
电　　话 /（010）68914026（教材售后服务热线）
（010）68944437（课件资源服务热线）
网　　址 / http://www.bitpress.com.cn

版 印 次 / 2024 年 5 月第 2 版第 2 次印刷
印　　刷 / 唐山富达印务有限公司
开　　本 / 787 mm×1092 mm　1/16
印　　张 / 22.25
字　　数 / 522 千字
定　　价 / 60.00 元

前言

本书以党的二十大报告中“科教兴国战略”“人才强国战略”以及“为党育人、为国育才”理念为指导，探索职业院校大学物理课程教材改革之路，以大学物理知识为载体，以学生科学精神培养为核心，关注学生学习策略、学习过程、学习资源需求，在助力学生夯实基础的同时，提升其运用大学物理知识解决实际问题的能力和积极探索未知的自觉意识。

物理学是在人类探索自然奥秘的过程中形成的学科。在探索未知世界的过程中，物理学展现了一系列科学的世界观和方法论，深刻影响着人类对物质世界的基本认识、人类的思维方式和社会生活，是人类文明发展的基石，在人才的科学素质培养中具有重要的地位。同时，物理学的发展也促进了技术的进步，技术的进步又促进了物理学研究领域向前发展，二者相互促进、共同发展。

物理学与今天乃至未来的人类生活和科技发展都有着重要、紧密的联系，上至“神舟”上天，下至“蛟龙”探海、深层石油钻探，大到宇宙探秘，小到计算机芯片，现代的航天技术、航海技术、勘探技术、通信技术、信息技术、制造技术等都离不开物理学。以物理学基础为学习内容的大学物理课程是高等职业院校理工科专业学生一门重要的基础课程。该课程所教授的基本概念、基本原理和基本方法是构成学生科学素养的重要组成部分，并成为各级高校学生学习和掌握职业技能的前置基础课程。

随着第四次工业革命的到来，我们的生活更加智能化，年轻人的学习兴趣和志向更加多元化。为适应新形势的要求，2019 年 1 月 24 日，国务院发布了《国家职业教育改革实施方案》，使得高等职业院校的人才培养模式发生了重大变化。为达到大学物理课程的教学目的，适应高等职业院校学生对大学物理知识的需求，本书编写组成员以教育部物理基础课程教学指导分委员会制订的《理工科类大学物理课程教学基本要求》为指导，汲取当前国内优秀教材的成果，收集了同类院校从事大学物理教研工作的学者和教师的建议，结合编者近年来的教学研究成果和教学经验，几易其稿，最终顺利完成编写工作。

本书的特点是：第一，全书精选了物理学的力学、热学、光学、电磁学等经典内容作为教材内容的基本框架，不同专业的学生可以根据专业需求选修不同内容，在不同知识模块中都配置了大学物理知识在生产、生活中的应用案例，做到理论联系实际，体现大学物理知识的应用价值，激发学生学习的积极性和趣味性；第二，教材内容坚持“够用、实用、能用”

的编写原则，不着重追求知识体系的系统性和完整性，而是增强了教材内容的针对性和实用性，减轻学生学习的认知负荷和学习压力；第三，重新定位了教学重点，重基本概念建立、重基本原理理解、重定律和定理应用及案例展示，削减了复杂理论推导过程和应用较少的难记公式，践行理论指导实践和学以致用的高等职业院校教学改革的指导思想。通过本课程的学习，为学生解决工程技术中与之相关问题打下良好的知识基础和能力基础。

本书由黄河交通学院教师李兴毅任主编，黄河交通学院教师谢思思、广东科技学院教师许红霞、黄河交通学院教师王瑞任副主编。编写分工如下：黄河交通学院教师王瑞编写第1章、第2章；黄河交通学院教师董文泽编写第3章、第4章；广东科技学院教师许红霞编写第5章、第6章；黄河交通学院教师谢思思编写第7章、第12章；黄河交通学院教师李兴毅编写第8章、第9章；黄河交通学院教师张枝芝编写第10章、第11章；黄河交通学院教师岳景华编写第13章、第14章及附录；黄河交通学院教师李兴毅负责修改和定稿工作。建议教师在96~128学时范围内，按实际情况安排教学内容。各章习题答案在本书末给出。

本书在编写过程中得到了河南科技大学张庆国教授的指导，河南师范大学杨炳方老师对本书的编写提出了宝贵建议，在此表示最真诚的感谢！

本书在编写过程中参考了相关文献，在此向这些文献的作者表示衷心的感谢。由于编者水平有限，书中难免有不妥和疏漏之处，恳请读者批评指正。

编　者

致学生

学生在刚开始学习大学物理课程时，会感到学习任务及认知负荷是比较重的，这是因为大学物理课程内容丰富，单位课时的信息量较大，学生需要接受和理解较多的新的物理概念、掌握新的分析计算方法。这里所说的新的分析计算方法是指除物理概念外，要学会利用高等数学中微分和积分的知识（思维方法）去分析和计算物理问题。这是目前大学物理研究问题与高中物理研究问题在运用数学知识上的重要区别。

学生在本课程中，首先学习的内容是“质点运动学”和“牛顿定律及其应用”，这两部分内容是大学物理课程的基础。如果学生掌握了这两部分的基本内容和新的分析计算方法，就已经克服了学习本课程的大部分困难，并为学习本课程的其他内容奠定了基础。

如果学生对理解本教材中的某些部分感到困难，而且反复阅读过教材这部分内容后仍然如此，那么可以去看看高中物理教材的相关部分，它能给予学生需要的基础知识，为理解本教材的内容提供帮助。

如果学生在习题上遇到了困难，首先要学习本教材上例题的解题思路及方法，较多的例题会对学生的学习提供帮助。若这些例题仍未解决遇到的困难，学生还可以参阅其他版本的大学物理教材。在经历了上述过程后，所遇到的问题仍然没有解决时，学生可以与同学讨论，或请教师答疑解惑。

现代信息技术和通信技术为我们快速获取学习资源、搭建学习平台、交流和研讨学习方面的问题创造了便利的条件，希望学生利用好这一现代文明成果，让它助力于我们的学习。

祝大家学有所成、天天进步！

编　者

2019 年 12 月

目录

第1章

质点运动学

学习目标

1. 理解参考系、坐标系、质点模型的概念。

2. 掌握位置矢量、位移、速度、加速度4个描述质点运动的基本物理量，理解其矢量性、瞬时性和相对性。

3. 理解位置矢量与位移、位移与路程、平均速度与瞬时速度、速度与速率的区别。

4. 能借助直角坐标系熟练地计算质点在平面内运动时的速度、加速度及运动方程，能熟练地计算质点作圆周运动时的角速度、角加速度、切向加速度和法向加速度。

5. 掌握运用微积分处理运动学两类问题的方法，即已知运动方程，求速度和加速度；已知加速度及初始条件，求速度、运动方程。

6. 了解相对运动中绝对速度、相对速度、牵连速度的概念。

导学思考

1. 平常我们所说的“风速”“水流速度”“飞机的航速”是以什么作为参考系来描述其运动速度的大小的？把实际问题中的物体抽象为质点的条件是什么？

2. 航展上各种机型的飞机在空中的精彩表演，给大家留下了深刻的印象。我们需要从物体运动变化的角度思考如下问题：

(1) 如何确定某一时刻 t，飞机在空中的位置；

(2) 如何描述在时间间隔 Δt 内，飞机位置的改变。

3. 空间站核心舱围绕地球在快速运转，在地球上怎样描述为空间站运送物资的货运飞船与空间站核心舱交会对接过程中两者的相对运动。

世界万物，大到宇宙中的星系，小到微观世界中的粒子，无不处于永恒的运动中。物体的运动形式包括机械运动、分子热运动、电磁运动、原子和原子核运动，以及其他微观粒子运动等。在这多种多样的运动形式中，最简单而又最基本的运动是物体位置的变化，称为机械运动，其基本形式有平动和转动。在平动过程中，若物体内各点的位置没有相对变化，那么物体上各点的运动情况完全相同，可用物体上任意一点的运动来代表整个物体的运动，从而可研究物体的位置随时间而变化的情况。在力学中，这部分内容称为质点运动学。本章首先引入参考系、坐标系、质点模型的概念，在此基础上给出位置矢量、位移、速度等描述质点运动的物理量的定义，并讨论这些量随时间变化的关系及其相互关系，接着讨论圆周运动的相关内容，即法向加速度、切向加速度、角速度、角加速度及其相互关系，最后介绍相对运动。

1.1 参考系 坐标系 质点模型

1. 运动的绝对性和相对性

自然界中所有的物体任何时刻都在不停地运动，运动是物体的固有属性，从这种意义上讲，运动是绝对的。例如，地球在自转的同时又在绕太阳公转，太阳又相对银河系运动，而我们所处的银河系又相对其他星系运动着。总之，没有绝对静止的物体。

然而，运动又是相对的。例如，船在河里航行，说船是运动的，这显然是指船相对于河岸而言是运动的。我们所研究的物体的运动，都是在一定的环境和特定的条件下运动。因此，离开特定的环境、特定的条件谈论运动没有任何意义。正如恩格斯所说：“单个物体的运动是不存在的——只有在相对的意义下才可以谈运动。”

为了描述物体的运动，要做 3 项准备工作，即确定参考系、建立坐标系、提出质点模型。

2. 参考系

动中选静——确定参考系。在观察一个物体的位置及位置的变化时，总要选取其他物体作为标准，选取的标准物不同，对物体运动情况的描述也就不同，这就是运动描述的相对性。为描述物体的运动而选的标准物叫作参考系。

选择不同的参考系，对同一物体运动情况的描述是不同的。例如，在匀速前进的车厢中自由下落的物体，相对于车厢是作直线运动；相对于地面却是作抛物线运动；相对于太阳或其他天体，其运动的描述则更为复杂。这一事实充分说明了运动的描述是相对的。因此，在描述物体的运动情况时，必须指明是相对于什么参考系而言的。

参考系的选择是任意的。在研究地面上物体的运动时，通常选地球作为参考系。一个星际火箭刚发射时，主要研究它相对于地面的运动，所以就把地面作为参考系。但是，当火箭进入绕太阳运行的轨道时，为研究方便起见，我们就要把太阳选作参考系。

确定好参考系后，只能定性地描述物体的运动情况，要定量地描述物体的运动，还必须在参考系上建立合适的坐标系。

3. 坐标系

取来尺和钟——建立坐标系。为了定量地描述运动规律，即为了能给出物体运动的数学表达式，需在参考系中建立坐标系。常用的坐标系是直角坐标系，根据需要，也可以选用极坐标系、自然坐标系、球面坐标系和柱面坐标系等。下面简要介绍直角坐标系和自然坐标系。

1) 直角坐标系

直角坐标系由 3 条共点且相互垂直的直线组成，如图 1-1 所示，3 条直线的交点 O 称为坐标系的原点，每一条直线分别称为坐标系的 x、y、z 坐标轴；3 个坐标轴的方向分别由 3 个单位矢量 $\boldsymbol{i}$、$\boldsymbol{j}$、$\boldsymbol{k}$ 表示。

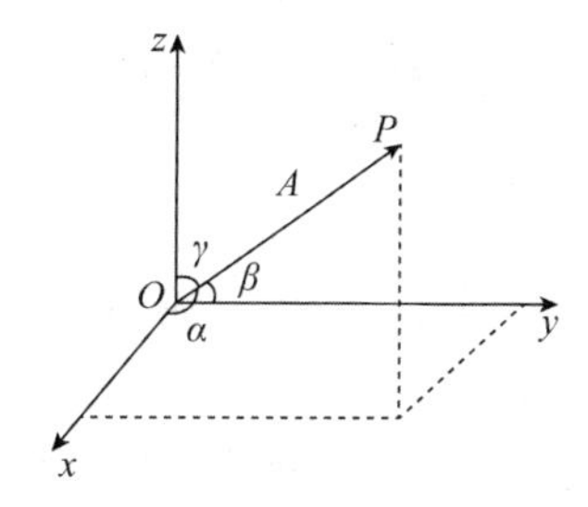

图 1-1　直角坐标系

在直角坐标系中，任意矢量 $\boldsymbol{A}$ 可以表示为

$$\boldsymbol{A} = A_x\boldsymbol{i} + A_y\boldsymbol{j} + A_z\boldsymbol{k} \tag{1-1}$$

矢量的大小或模表示为

$$|\boldsymbol{A}| = \sqrt{A_x^2 + A_y^2 + A_z^2} \tag{1-2}$$

矢量的方向也可以由它与 3 个坐标轴之间的夹角（α，β，γ）来表示，因此，这 3 个夹角的余弦也称矢量的方向余弦。在直角坐标系中，方向余弦满足的关系为

$$\cos^2\alpha + \cos^2\beta + \cos^2\gamma = 1 \tag{1-3}$$

同时，在直角坐标系中，坐标轴的单位矢量是常矢量，则有

$$\frac{\mathrm{d}\boldsymbol{i}}{\mathrm{d}t} = 0，\frac{\mathrm{d}\boldsymbol{j}}{\mathrm{d}t} = 0，\frac{\mathrm{d}\boldsymbol{k}}{\mathrm{d}t} = 0 \tag{1-4}$$

2) 自然坐标系

以质点运动轨迹上的某一点作为坐标系的原点 O，用质点距离原点的轨迹长度 S 确定质点任意时刻的位置而建立的坐标系称为自然坐标系。

自然坐标系的坐标轴的方向分别取切线和法线两正交方向，并规定：切向坐标轴沿质点前进方向的切向为正方向，单位矢量用符号 $\boldsymbol{e}_\mathrm{t}$ 表示；法向坐标轴沿轨迹的法向凹侧为正方向，单位矢量用符号 $\boldsymbol{e}_\mathrm{n}$ 表示，如图 1-2 所示。

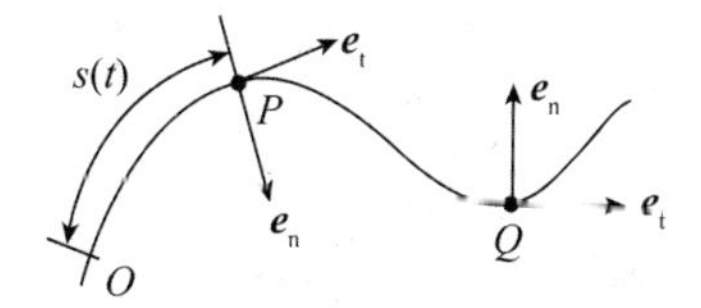

图 1-2　自然坐标系

在自然坐标系中，切向的单位矢量 $\boldsymbol{e}_{\mathrm{t}}$ 和法向的单位矢量 $\boldsymbol{e}_{\mathrm{n}}$ 的方向随时间在变化，因此，它们对时间的导数不为零。

总之，当参考系选定后，物体的运动性质与坐标系的选择无关。然而，坐标系选择得当可使计算简化。

4. 质点模型

繁中求简——提出质点模型。物体都有一定的大小和形状，运动方式又各不相同。例如，太阳系中，行星除绕自身的轴线自转外，还绕太阳公转；从枪口射出的子弹，它在空中向前飞行的同时，还绕自身的轴转动；有些双原子分子，除了分子的平动、转动，分子内各个原子还在振动。这些事实都说明，物体的运动情况是十分复杂的，因此要精确描述物体的运动并不是一件简单的事。为了使问题简化，如果物体的大小和形状在所研究的问题中不起作用或所起的作用可以忽略不计，我们就可把物体当作一个没有大小和形状，只有质量的点，称为质点。

质点是经过科学抽象而形成的物理模型，把物体当作质点是有条件的、相对的，而不是无条件的、绝对的，因而对具体情况要具体分析。例如，研究地球绕太阳公转时，由于地球至太阳的平均距离约为地球半径的 10^4 倍，故地球上各点相对于太阳的运动可以看作是相同的，所以在研究地球公转时可以把地球当作质点。但是，在研究地球自转时，如果仍然把地球看作一个质点，显然就没有实际意义了。

应当指出，把物体视为质点这种抽象的研究方法，在实践上和理论上都有重要意义。当我们所研究的运动物体不能视为质点时，可把整个物体看成是由许多质点组成的，弄清这些质点的运动，可以弄清楚整个物体的运动。所以，研究质点的运动是研究物体运动的基础。

1.2 位置矢量 位移 速度 加速度

1. 位置矢量

描述质点在空间所处位置的矢量称为位置矢量，一般为坐标系的原点指向质点所在位置的有向线段，位置矢量也称位矢或矢径。在如图 1-3 所示的直角坐标系中，在时刻 t，质点 P 在坐标系里的位置可用位矢 $\boldsymbol{r}(t)$ 来表示。

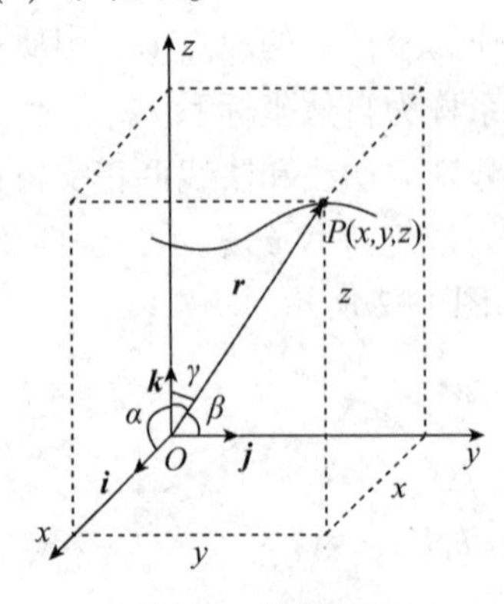

图 1-3 位置矢量

位矢是一个有向线段，其始端位于坐标系的原点 O，末端则与质点 P 在时刻 t 的位置重合。从图中可以看出，位矢 $\boldsymbol{r}$ 在 x 轴、y 轴和 z 轴上的投影(即质点的坐标)分别为 x、y 和 z。所以，质点 P 在直角坐标系中的位置既可以用位矢 $\boldsymbol{r}$ 来表示，也可以用坐标 x、y 和 z 来表示。那么位矢 $\boldsymbol{r}$ 亦可写成

$$\boldsymbol{r} = x\boldsymbol{i} + y\boldsymbol{j} + z\boldsymbol{k} \tag{1-5}$$

其大小为

$$|\boldsymbol{r}| = \sqrt{x^2 + y^2 + z^2} \tag{1-6}$$

位矢 $\boldsymbol{r}$ 的方向余弦由下式确定：

$$\cos\alpha = \frac{x}{|\boldsymbol{r}|},\ \cos\beta = \frac{y}{|\boldsymbol{r}|},\ \cos\gamma = \frac{z}{|\boldsymbol{r}|} \tag{1-7}$$

当质点运动时，质点的坐标 x、y、z 和位矢 $\boldsymbol{r}$ 是随时间而变化的。因此，质点的坐标 x、y、z 和位矢 $\boldsymbol{r}$ 是时间的函数，即

$$x = x(t),\ y = y(t),\ z = z(t) \tag{1-8}$$

$$\boldsymbol{r} = \boldsymbol{r}(t) = x(t)\boldsymbol{i} + y(t)\boldsymbol{j} + z(t)\boldsymbol{k} \tag{1-9}$$

式(1-9)叫作质点的运动方程，而 $x = x(t)$，$y = y(t)$，$z = z(t)$ 称为运动方程的分量式，从中消去参数 t，可得到质点运动的轨迹方程，所以它们也是轨迹的参数方程。

应当指出，运动学的重要任务之一就是找出各种具体运动所遵循的运动方程。

2. 位移

在平面直角坐标系 Oxy 中，有一质点沿曲线从时刻 t_1 的点 A 运动到时刻 t_2 的点 B，质点相对原点 O 的位矢由 $\boldsymbol{r}_A$ 变化到 $\boldsymbol{r}_B$，如图 1-4 所示。显然，在时间间隔 $\Delta t = t_2 - t_1$ 内，位矢的长度和方向都发生了变化。我们将由点 A 指向点 B 的有向线段 $\overrightarrow{AB}$ 称为在时间间隔 Δt 内质点的位移矢量，简称位移。位移 $\overrightarrow{AB}$ 反映了在时间间隔 Δt 内质点位矢的变化。

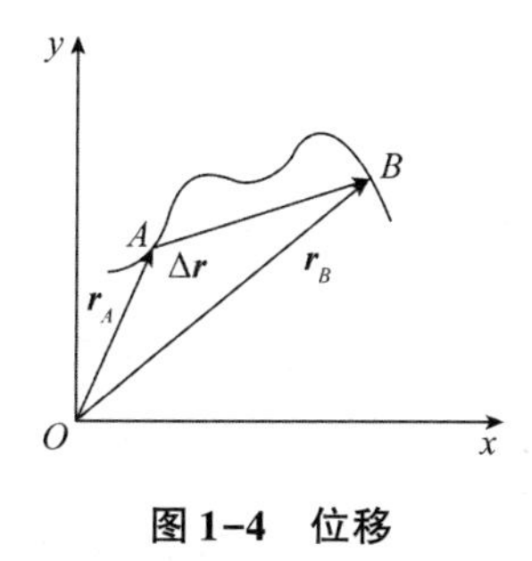

图 1-4　位移

如把 $\overrightarrow{AB}$ 写作 $\Delta\boldsymbol{r}$，则质点从点 A 到点 B 的位移为

$$\Delta\boldsymbol{r} = \boldsymbol{r}_B - \boldsymbol{r}_A \tag{1-10}$$

亦可写成

$$\Delta\boldsymbol{r} = \boldsymbol{r}_B - \boldsymbol{r}_A = (x_B - x_A)\boldsymbol{i} + (y_B - y_A)\boldsymbol{j} \tag{1-11}$$

式(1-11)表明，当质点在平面上运动时，它的位移等于在 x 轴和 y 轴上的位移矢量和。

若质点在三维空间运动，则在直角坐标系 $Oxyz$ 中，其位移为

$$\Delta \boldsymbol{r} = \boldsymbol{r}_B - \boldsymbol{r}_A = (x_B - x_A)\boldsymbol{i} + (y_B - y_A)\boldsymbol{j} + (z_B - z_A)\boldsymbol{k} \tag{1-12}$$

应当注意，位移是描述质点位置变化的物理量，并非质点所经历的路程。如在图1-4中，曲线所示的路径是质点实际运动的轨迹，轨迹的长度为质点所经历的路程 Δs，而位移则是 $\Delta \boldsymbol{r}$。当质点经一闭合路径回到原来的起始位置时，其位移为零，路程则不为零。所以，质点的位移和路程是两个完全不同的概念。只有在 Δt 趋近于零时，位移的大小 $|\mathrm{d}\boldsymbol{r}|$ 才可视为与路程 $\mathrm{d}s$ 相等。

3. 速度

在研究质点的运动时，若仅知道质点在某时刻的位矢，还不能同时知道该质点是静还是动，即其运动状态是不明确的。所以，还应引入一物理量来描述位矢随时间的变化程度，这就是速度。力学中，只有当质点的位矢和速度同时被确定时，其运动状态才被确定。

1)平均速度

一个质点在平面上沿轨迹 $CABD$ 曲线运动，如图1-5所示。在时刻 t，它处于点 A，其位矢为 $\boldsymbol{r}_1(t)$；在时刻 $t+\Delta t$，它处于点 B，其位矢为 $\boldsymbol{r}_2(t+\Delta t)$。在时间间隔 Δt 内，质点的位移为 $\Delta \boldsymbol{r} = \boldsymbol{r}_2 - \boldsymbol{r}_1$。

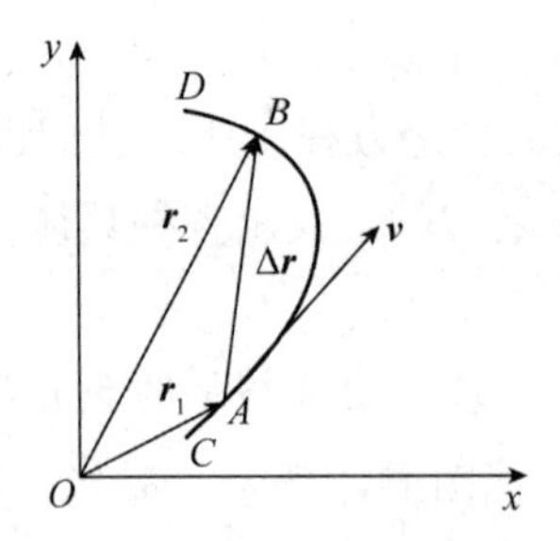

图1-5　平均速度、速度

在时间间隔 Δt 内的平均速度 $\bar{\boldsymbol{v}}$ 为

$$\bar{\boldsymbol{v}} = \frac{\boldsymbol{r}_2 - \boldsymbol{r}_1}{\Delta t} = \frac{\Delta \boldsymbol{r}}{\Delta t} \tag{1-13}$$

显然，平均速度的方向与位移 $\Delta \boldsymbol{r}$ 相同。

又因为

$$\Delta \boldsymbol{r} = \boldsymbol{r}_2 - \boldsymbol{r}_1 = (x_2 - x_1)\boldsymbol{i} + (y_2 - y_1)\boldsymbol{j} = \Delta x\boldsymbol{i} + \Delta y\boldsymbol{j} \tag{1-14}$$

所以平均速度可写成

$$\bar{\boldsymbol{v}} = \frac{\Delta \boldsymbol{r}}{\Delta t} = \frac{\Delta x}{\Delta t}\boldsymbol{i} + \frac{\Delta y}{\Delta t}\boldsymbol{j} = \bar{v}_x\boldsymbol{i} + \bar{v}_y\boldsymbol{j} \tag{1-15}$$

其中，$\bar{v}_x$ 和 $\bar{v}_y$ 是平均速度 $\bar{\boldsymbol{v}}$ 在 x 轴和 y 轴上的分量。

2)瞬时速度

显然，用平均速度描述物体的运动是比较粗糙的。因为在时间间隔 Δt 内，质点各个时刻的运动情况不一定相同，质点的运动可以时快时慢，方向也可以不断改变。如果要精确地知道质点在某一时刻(或某一位置)运动的快慢和方向，应使 Δt 尽量减小而趋近于零，用平均速度的极限值来描述。

当 $\Delta t \to 0$ 时，平均速度 $\bar{\boldsymbol{v}}$ 的极限值叫作瞬时速度(简称速度)，用 $\boldsymbol{v}$ 表示，有

$$\boldsymbol{v} = \lim_{\Delta t \to 0} \frac{\Delta \boldsymbol{r}}{\Delta t} = \frac{\mathrm{d}\boldsymbol{r}}{\mathrm{d}t} \tag{1-16}$$

或

$$\boldsymbol{v} = \lim_{\Delta t \to 0} \frac{\Delta x}{\Delta t}\boldsymbol{i} + \lim_{\Delta t \to 0} \frac{\Delta y}{\Delta t}\boldsymbol{j} = v_x \boldsymbol{i} + v_y \boldsymbol{j} \tag{1-17}$$

其中

$$v_x = \frac{\mathrm{d}x}{\mathrm{d}t},\ v_y = \frac{\mathrm{d}y}{\mathrm{d}t} \tag{1-18}$$

速度 $\boldsymbol{v}$ 的方向与 $\Delta \boldsymbol{r}$ 在 $\Delta t \to 0$ 时的极限方向一致。当 $\Delta t \to 0$ 时，$\Delta \boldsymbol{r}$ 趋于和轨迹相切，即与点 A 的切线重合。所以当质点作曲线运动时，质点在某一点的速度方向，就是沿该点曲线的切线指向质点前进的方向。

3)平均速率和瞬时速率

速度是矢量，具有大小和方向。描述质点运动时，如果不考虑运动的方向，我们常采用一个叫作“速率”的物理量。在 Δt 时间内，质点所经历的路程为 Δs，那么 Δs 与 Δt 的比值就称为质点在 Δt 时间内的平均速率，即

$$\bar{v} = \frac{\Delta s}{\Delta t} \tag{1-19}$$

当 Δt 尽量减小而趋近于零时，平均速率的极限值就是质点的瞬时速率(简称速率)，即

$$v = \lim_{\Delta t \to 0} \frac{\Delta s}{\Delta t} = \frac{\mathrm{d}s}{\mathrm{d}t} = \frac{|\mathrm{d}\boldsymbol{r}|}{\mathrm{d}t} = |\boldsymbol{v}| \tag{1-20}$$

可见，速率就是速度的大小，而不考虑方向。

因此，在一般曲线运动中，速度亦可表示为

$$\boldsymbol{v} = \frac{\mathrm{d}s}{\mathrm{d}t}\boldsymbol{e}_{\mathrm{t}} = v\boldsymbol{e}_{\mathrm{t}} \tag{1-21}$$

其中，$\boldsymbol{e}_{\mathrm{t}}$ 为此时速度方向上的单位矢量，如图 1-6 所示。

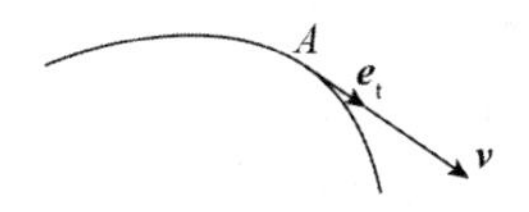

图 1-6　速度

当质点的位矢和速度同时被确定时，其运动状态也就被确定了。因此，位矢 $\boldsymbol{r}$ 和速度 $\boldsymbol{v}$ 是描述质点运动状态的两个物理量。这两个物理量可以从运动方程求出，所以知道了运动方程就能确定质点在任意时刻的运动状态。因此，概括说来，运动学问题有两类：一是由已知运动方程求解运动状态；二是由已知运动状态求解运动方程。

例 1-1　一质点沿 x 轴作直线运动，其运动方程为 $x = 10 + 4t - t^2$，式中 x 的单位为 m，

时间 t 的单位为 s。求：(1)质点从第1 s末到第3 s末的位移和平均速度；(2)质点在第3 s末的速度。

解 这是一维直线运动，故以下计算过程中矢量号可略去。

(1)质点的运动方程为 $x=10+4t-t^2$，将 $t=1$ s 和 $t=3$ s 分别代入，得出质点第1 s末和第3 s末在 x 轴上的位置分别为

$$x_1 = 13 \text{ m}, \quad x_2 = 13 \text{ m}$$

可见，质点从第1 s末到第3 s末的位移为

$$\Delta x = x_2 - x_1 = 0$$

质点从第1 s末到第3 s末的平均速度为

$$\bar{v} = \frac{\Delta x}{\Delta t} = 0$$

(2)质点任意时刻的速度为

$$v = \frac{\mathrm{d}x}{\mathrm{d}t} = 4 - 2t$$

将 $t=3$ s 代入，得质点在第3 s末的速度 $v_3=-2\ \text{m}\cdot\text{s}^{-1}$，即质点在第3 s末的速度大小为 $2\ \text{m}\cdot\text{s}^{-1}$，方向沿 x 轴的负方向。

例1-2 一质点在 Oxy 平面上运动，其运动方程为 $x=2t$，$y=6-2t^2$，式中 x、y 的单位为m，时间 t 的单位为 s。求：(1)质点从第1 s末到第2 s末的位移和平均速度；(2)质点在 $t=1$ s 时刻的速度；(3)质点的轨迹方程。(所求位移、平均速度、速度均用直角坐标系中的矢量式表示)

解 由题意，质点任意时刻的位矢为

$$\boldsymbol{r} = 2t\boldsymbol{i} + (6 - 2t^2)\boldsymbol{j}$$

(1)将 $t=1$ s 和 $t=2$ s 分别代入，得出质点在第1 s末和第2 s末的位矢分别为

$$\boldsymbol{r}_1 = 2\boldsymbol{i} + 4\boldsymbol{j}, \quad \boldsymbol{r}_2 = 4\boldsymbol{i} - 2\boldsymbol{j}$$

则质点从第1 s末到第2 s末的位移为

$$\Delta\boldsymbol{r} = \boldsymbol{r}_2 - \boldsymbol{r}_1 = 2\boldsymbol{i} - 6\boldsymbol{j}$$

质点从第1 s末到第2 s末的平均速度为

$$\bar{\boldsymbol{v}} = \frac{\Delta\boldsymbol{r}}{\Delta t} = 2\boldsymbol{i} - 6\boldsymbol{j}$$

(2)质点任意时刻的速度为

$$\boldsymbol{v} = \frac{\mathrm{d}\boldsymbol{r}}{\mathrm{d}t} = 2\boldsymbol{i} - 4t\boldsymbol{j}$$

将 $t=1$ s 代入，得出质点在 $t=1$ s 时刻的速度为

$$\boldsymbol{v}_1 = 2\boldsymbol{i} - 4\boldsymbol{j}$$

(3)由已知运动方程 $x=2t$，$y=6-2t^2$，消去 t 可得质点的轨迹方程为

$$y = 6 - \frac{x^2}{2}$$

例 1−3　设质点的运动方程为 $\boldsymbol{r}(t) = x(t)\boldsymbol{i} + y(t)\boldsymbol{j}$，式中 $x(t) = 1.0t + 2.0$，$y(t) = 0.25t^2 + 2.0$，x、y 的单位为 m，时间 t 的单位为 s。(1)求 $t = 3$ s 时的速度；(2)作出质点的运动轨迹图。

解　(1)由题意可得，速度分量分别为

$$v_x = \frac{\mathrm{d}x}{\mathrm{d}t} = 1.0\ \mathrm{m \cdot s^{-1}},\quad v_y = \frac{\mathrm{d}y}{\mathrm{d}t} = 0.5t\ \mathrm{m \cdot s^{-1}}$$

故质点在 $t = 3$ s 时刻的速度分量为

$$v_x = 1.0\ \mathrm{m \cdot s^{-1}},\quad v_y = 1.5\ \mathrm{m \cdot s^{-1}}$$

于是，$t = 3$ s 时质点的速度为

$$\boldsymbol{v} = 1.0\boldsymbol{i} + 1.5\boldsymbol{j}$$

速度的大小为 $v = \sqrt{v_x^2 + v_y^2} = 1.8\ \mathrm{m \cdot s^{-1}}$，速度 $\boldsymbol{v}$ 与 x 轴之间的夹角为

$$\theta = \arctan \frac{1.5}{1.0} = 56.3°$$

(2)由已知运动方程 $x(t) = 1.0t + 2.0$，$y(t) = 0.25t^2 + 2.0$，消去 t 可得轨迹方程为

$$y = 0.25x^2 - x + 3.0$$

并可作如图 1−7 所示的质点运动轨迹图。

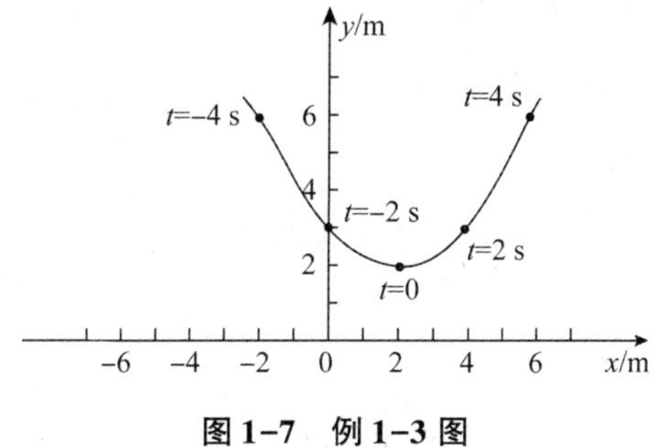

图 1−7　例 1−3 图

4. 加速度

上面已经指出，作为描述质点状态的一个物理量，速度是一个矢量，所以无论是速度的数值发生改变，还是其方向发生改变，都表示速度发生了变化。为描述速度的变化，我们引出加速度的概念。

1)平均加速度

设在时刻 t，质点位于点 A，其速度为 $\boldsymbol{v}_1$；在时刻 $t + \Delta t$，质点位于点 B，其速度为 $\boldsymbol{v}_2$，如图 1 − 8 所示。那么，在 Δt 时间内，质点的速度增量为 $\Delta \boldsymbol{v} = \boldsymbol{v}_2 - \boldsymbol{v}_1$，它在单位时间内的速度增量(即平均加速度)为

$$\bar{\boldsymbol{a}} = \frac{\Delta \boldsymbol{v}}{\Delta t} \tag{1-22}$$

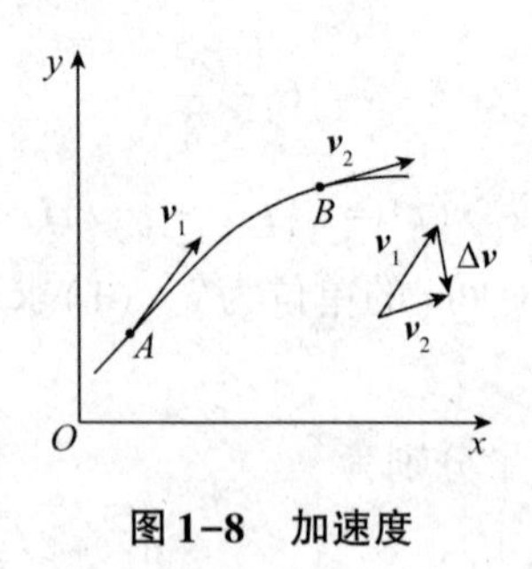

图 1-8 加速度

2)瞬时加速度

平均加速度只反映在 Δt 时间内速度的平均变化率。为了精确地描述质点在任意时刻 t(或任意位置)的速度变化率，就必须引入瞬时加速度的概念。

当 $\Delta t \to 0$ 时，平均加速度的极限值叫作瞬时加速度，简称加速度，用 $\boldsymbol{a}$ 表示，有

$$\boldsymbol{a} = \lim_{\Delta t \to 0} \frac{\Delta \boldsymbol{v}}{\Delta t} = \frac{\mathrm{d}\boldsymbol{v}}{\mathrm{d}t} \tag{1-23}$$

$\boldsymbol{a}$ 的方向是 $\Delta t \to 0$ 时 $\Delta \boldsymbol{v}$ 的极限方向，而 $\boldsymbol{a}$ 的数值是 $\Delta t \to 0$ 时 $|\Delta \boldsymbol{v}/\Delta t|$ 的极限值。

应当注意，加速度 $\boldsymbol{a}$ 既反映了速度方向的变化，也反映了速度数值的变化。所以质点作曲线运动时，任意时刻质点的加速度方向并不与速度方向相同，即加速度方向不沿着曲线的切线方向，而是与速度变化的方向相同。在曲线运动中，加速度的方向指向曲线的凹侧。

在平面直角坐标系中，加速度公式可以写成

$$\boldsymbol{a} = \frac{\mathrm{d}}{\mathrm{d}t}(\boldsymbol{v}_x + \boldsymbol{v}_y) = \frac{\mathrm{d}}{\mathrm{d}t}(v_x \boldsymbol{i} + v_y \boldsymbol{j}) \tag{1-24}$$

即

$$\boldsymbol{a} = \boldsymbol{a}_x + \boldsymbol{a}_y = a_x \boldsymbol{i} + a_y \boldsymbol{j} \tag{1-25}$$

式中

$$a_x = \frac{\mathrm{d}v_x}{\mathrm{d}t},\ a_y = \frac{\mathrm{d}v_y}{\mathrm{d}t} \tag{1-26}$$

例 1-4 对例 1-2 所讨论的质点运动，求：(1)质点从第 2 s 末到第 3 s 末的平均加速度；(2)质点任意时刻的加速度。(所求各量均用直角坐标系中的矢量式表示)

解 (1)质点任意时刻的速度为

$$\boldsymbol{v} = \frac{\mathrm{d}\boldsymbol{r}}{\mathrm{d}t} = 2\boldsymbol{i} - 4t\boldsymbol{j}$$

将 $t = 2$ s 和 $t = 3$ s 分别代入，得出质点在第 2 s 末和第 3 s 末的速度分别为

$$\boldsymbol{v}_2 = 2\boldsymbol{i} - 8\boldsymbol{j},\ \boldsymbol{v}_3 = 2\boldsymbol{i} - 12\boldsymbol{j}$$

故质点从第 2 s 末到第 3 s 末的平均加速度为

$$\bar{\boldsymbol{a}} = \frac{\Delta \boldsymbol{v}}{\Delta t} = \frac{\boldsymbol{v}_3 - \boldsymbol{v}_2}{\Delta t} = -4\boldsymbol{j}$$

(2)由 $\boldsymbol{a}=\frac{\mathrm{d}\boldsymbol{v}}{\mathrm{d}t}$ 得，质点任意时刻的加速度为

$$\boldsymbol{a}=-4\boldsymbol{j}$$

思考本题中质点的运动性质。

例 1-5　一质点在 Oxy 平面上运动，其运动方程为 $x=3t+5$，$y=0.5t^3+3t-4$，式中 x、y 的单位为 m，时间 t 的单位为 s。求：(1)质点从 $t=0$ 时刻到 $t=4$ s 时刻的平均加速度；(2)质点在 $t=4$ s 时刻的加速度。

解　(1)由题意知，质点在任意时刻的位矢为

$$\boldsymbol{r}=(3t+5)\boldsymbol{i}+(0.5t^3+3t-4)\boldsymbol{j}$$

故质点在任意时刻的速度为

$$\boldsymbol{v}=\frac{\mathrm{d}\boldsymbol{r}}{\mathrm{d}t}=3\boldsymbol{i}+(1.5t^2+3)\boldsymbol{j}$$

将 $t=0$ 和 $t=4$ s 分别代入，得出质点在 $t=0$ 时刻和 $t=4$ s 时刻的速度分别为

$$\boldsymbol{v}_0=3\boldsymbol{i}+3\boldsymbol{j},\ \boldsymbol{v}_4=3\boldsymbol{i}+27\boldsymbol{j}$$

则质点从 $t=0$ 时刻到 $t=4$ s 时刻的平均加速度为

$$\bar{\boldsymbol{a}}=\frac{\Delta\boldsymbol{v}}{\Delta t}=\frac{\boldsymbol{v}_4-\boldsymbol{v}_0}{\Delta t}=6\boldsymbol{j}$$

可见，质点从 $t=0$ 时刻到 $t=4$ s 时刻的平均加速度值为 6 $\mathrm{m\cdot s^{-2}}$，方向沿 y 轴的正方向。

(2)由 $\boldsymbol{a}=\frac{\mathrm{d}\boldsymbol{v}}{\mathrm{d}t}$ 得，质点在任意时刻的加速度为

$$\boldsymbol{a}=3t\boldsymbol{j}$$

将 $t=4$ s 代入，得质点在 $t=4$ s 时刻的加速度为 $12\boldsymbol{j}$ $\mathrm{m\cdot s^{-2}}$，即大小为 12 $\mathrm{m\cdot s^{-2}}$，方向沿 y 轴的正方向。

5. 运动学的基本问题

运动学的问题一般分为两大类：第一类问题是已知质点的运动方程，求质点任意时刻的速度和加速度；第二类问题是已知质点的加速度和初始条件，反过来求质点的速度和运动方程。

第一类问题可以通过运动方程对时间的逐级求导得到。

例 1-6　质点的运动方程为

$$x=-10t+30t^2$$
$$y=15t-20t^2$$

式中，x、y 的单位为 m；t 的单位为 s。

试求：(1)初速度的大小和方向；(2)加速度的大小和方向。

分析　由运动方程的分量式可分别求出速度、加速度的分量，再由运动合成算出速度和加速度的大小和方向。

解 (1)速度的分量式为

$$v_x = \frac{dx}{dt} = -10 + 60t$$

$$v_y = \frac{dy}{dt} = 15 - 40t$$

当 $t = 0$ 时，$v_{0x} = -10\ m \cdot s^{-1}$，$v_{0y} = 15\ m \cdot s^{-1}$，则初速度大小为

$$v_0 = \sqrt{v_{0x}^2 + v_{0y}^2} \approx 18.0\ m \cdot s^{-1}$$

设 $\boldsymbol{v}_0$ 与 x 轴的夹角为 α，则

$$\tan\alpha = \frac{v_{0y}}{v_{0x}} = -\frac{3}{2}$$

$$\alpha \approx 123°41'$$

(2)加速度的分量式为

$$a_x = \frac{dv_x}{dt} = 60\ m \cdot s^{-2}, \quad a_y = \frac{dv_y}{dt} = -40\ m \cdot s^{-2}$$

则加速度的大小为

$$a = \sqrt{a_x^{\ 2} + a_y^{\ 2}} \approx 72.1\ m \cdot s^{-2}$$

设 $\boldsymbol{a}$ 与 x 轴的夹角为 β，则

$$\tan\beta = \frac{a_y}{a_x} = -\frac{2}{3}$$

$$\beta \approx -33°41' (\text{或 } 326°19')$$

第二类问题则是通过对加速度积分得到结果，积分常数要由问题给定的初始条件，如初始位置和初始速度来确定。

例 1-7 质点沿直线运动，加速度的大小 $a = 4 - t^2$，式中 a 的单位为 $m \cdot s^{-2}$，t 的单位为 s。如果当 $t = 3$ s 时，$x = 9$ m，$v = 2\ m \cdot s^{-1}$，求质点的运动方程。

分析 本题属于运动学第二类问题，即已知加速度求速度和运动方程，必须在给定条件下用积分方法解决。由 $a = \frac{dv}{dt}$ 和 $v = \frac{dx}{dt}$ 可得 $dv = a dt$ 和 $dx = v dt$。代入 $a = a(t)$ 或 $v = v(t)$，对等式两端直接积分。

解 由分析知，应有

$$\int_{v_0}^{v} dv = \int_0^t a dt$$

得

$$v = 4t - \frac{1}{3}t^3 + v_0 \tag{1-27}$$

由

$$\int_{x_0}^{x} dx = \int_0^t v dt$$

得

$$x = 2t^2 - \frac{1}{12}t^4 + v_0 t + x_0 \tag{1-28}$$

将 $t = 3$ s 时, $x = 9$ m, $v = 2\ \text{m}\cdot\text{s}^{-1}$ 代入式(1-27)和式(1-28)得: $v_0 = -1\ \text{m}\cdot\text{s}^{-1}$, $x_0 = 0.75$ m。于是，可得质点的运动方程为

$$x = 2t^2 - \frac{1}{12}t^4 - t + 0.75$$

例 1-8　一艘正在沿直线行驶的电艇，在发动机关闭后，其加速度方向与速度方向相反，大小与速度平方成正比，即 $\frac{\mathrm{d}v}{\mathrm{d}t} = -Kv^2$，式中 K 为常量。试证明电艇在关闭发动机后又行驶 x 距离时的速度为

$$v = v_0 \mathrm{e}^{-Kx}$$

式中, v_0 是发动机关闭时的速度(本例为一维直线运动，可省略矢量号)。

证明　由 $\frac{\mathrm{d}v}{\mathrm{d}t} = -Kv^2$ 得

$$\frac{\mathrm{d}v}{\mathrm{d}x}\frac{\mathrm{d}x}{\mathrm{d}t} = v\frac{\mathrm{d}v}{\mathrm{d}x} = -Kv^2$$

即

$$\frac{\mathrm{d}v}{v} = -K\mathrm{d}x$$

上式积分为

$$\int_{v_0}^{v}\frac{\mathrm{d}v}{v} = \int_0^x -K\mathrm{d}x$$

得

$$v = v_0 \mathrm{e}^{-Kx}$$

1.3　圆周运动

圆周运动是曲线运动的一个重要特例，先研究圆周运动，便于后续研究一般曲线运动。物体绕定轴转动时，物体上每个质点都作圆周运动。因此，研究圆周运动又是研究物体转动的基础。

1. 匀速圆周运动　向心加速度

质点作圆周运动时，如果在任意相等的时间内，质点通过相等的弧长，即质点在任意时刻的速率都相等，这种运动称为匀速圆周运动。

设圆周的半径为 R，圆心为 O，在 Δt 时间内，质点从点 A 到达点 B。在 A、B 两点处，质点的速度分别为 $\boldsymbol{v}_1$ 和 $\boldsymbol{v}_2$，如图 1-9 所示。

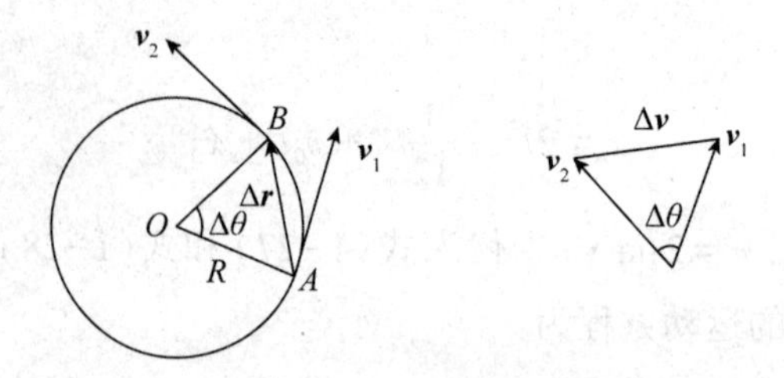

图1-9　匀速圆周运动

质点在A、B两点处的速率相等，即

$$|\boldsymbol{v}_1| = |\boldsymbol{v}_2| = v \tag{1-29}$$

其加速度为

$$\boldsymbol{a} = \frac{\mathrm{d}\boldsymbol{v}}{\mathrm{d}t} = \lim_{\Delta t \to 0} \frac{\Delta \boldsymbol{v}}{\Delta t} \tag{1-30}$$

这个加速度的大小和方向可用下面的几何关系求得。

首先讨论加速度的大小。加速度的大小为

$$a = \lim_{\Delta t \to 0} \frac{|\Delta \boldsymbol{v}|}{\Delta t} \tag{1-31}$$

由相似三角形，从图1-9中可看出

$$\frac{|\Delta \boldsymbol{v}|}{v} = \frac{|\Delta \boldsymbol{r}|}{R}, \quad |\Delta \boldsymbol{v}| = \frac{v}{R}|\Delta \boldsymbol{r}| \tag{1-32}$$

所以

$$a = \lim_{\Delta t \to 0} \frac{|\Delta \boldsymbol{v}|}{\Delta t} = \lim_{\Delta t \to 0} \frac{v}{R} \frac{|\Delta \boldsymbol{r}|}{\Delta t} \tag{1-33}$$

因v和R均为常量，可取出于极限号之外，故得

$$a = \frac{v}{R} \lim_{\Delta t \to 0} \frac{|\Delta \boldsymbol{r}|}{\Delta t} \tag{1-34}$$

因为$\Delta t \to 0$时$|\Delta \boldsymbol{r}| = \Delta s$，所以

$$a = \frac{v}{R} \lim_{\Delta t \to 0} \frac{|\Delta \boldsymbol{r}|}{\Delta t} = \frac{v}{R} \lim_{\Delta t \to 0} \frac{\Delta s}{\Delta t} = \frac{v^2}{R} \tag{1-35}$$

故得

$$\boldsymbol{a} = \frac{v^2}{R} \tag{1-36}$$

再讨论加速度的方向。加速度的方向是$\Delta t \to 0$时$\Delta \boldsymbol{v}$的极限方向。由图1-9可看出，$\Delta \boldsymbol{v}$与$\boldsymbol{v}_1$间的夹角为$\frac{1}{2}(\pi - \Delta\theta)$；当$\Delta t \to 0$时，$\Delta\theta$趋近0，这个夹角趋于$\frac{\pi}{2}$，即$\boldsymbol{a}$与$\boldsymbol{v}_1$垂直。所以加速度$\boldsymbol{a}$的方向是沿半径指向圆心，称为向心加速度。

2. 变速圆周运动

质点在圆周上各点处的速率如果是随时间改变的，那么这种运动称为变速圆周运动。在

变速圆周运动中，速度的大小和方向都在变化，加速度 $\boldsymbol{a}$ 的方向不再指向圆心，如图 1-10 所示。通常将加速度 $\boldsymbol{a}$ 分解为两个分加速度，一个沿圆周的切线方向，叫作切向加速度，用 $\boldsymbol{a}_{\mathrm{t}}$ 表示，反映速度大小的变化；一个沿圆周的法线方向，叫作法向加速度，用 $\boldsymbol{a}_{\mathrm{n}}$ 表示，反映速度方向的变化，即

$$\boldsymbol{a} = \boldsymbol{a}_{\mathrm{t}} + \boldsymbol{a}_{\mathrm{n}} \tag{1-37}$$

$\boldsymbol{a}$ 的大小为

$$a = \sqrt{a_{\mathrm{t}}^2 + a_{\mathrm{n}}^2} \tag{1-38}$$

式中

$$a_{\mathrm{t}} = \frac{\mathrm{d}v}{\mathrm{d}t},\ a_{\mathrm{n}} = \frac{v^2}{R} \tag{1-39}$$

$\boldsymbol{a}$ 的方向角为

$$\theta = \arctan \frac{a_{\mathrm{n}}}{a_{\mathrm{t}}} \tag{1-40}$$

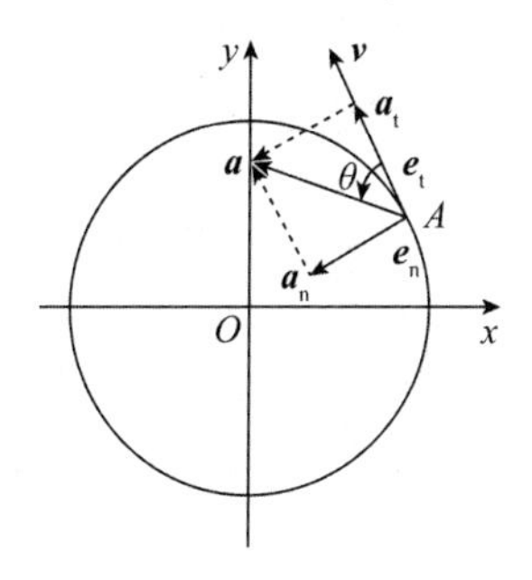

图 1-10　变速圆周运动

3. 圆周运动的角量描述

质点的圆周运动也常用角位移、角速度、角加速度等角量来描述。

一质点在 Oxy 平面内，绕原点 O 作圆周运动(半径为 R)，如图 1-11 所示。设在时刻 t，质点在点 A，OA 与 x 轴之间的夹角为 θ，θ 随时间而改变，即 θ 是时间的函数 $\theta(t)$，称为角坐标。在时刻 $t+\Delta t$，质点到达点 B，半径与 x 轴之间的夹角为 $\theta+\Delta\theta$。也就是说，在 Δt 时间内，质点转过的角度为 $\Delta\theta$，$\Delta\theta$ 称为质点对原点 O 的角位移。

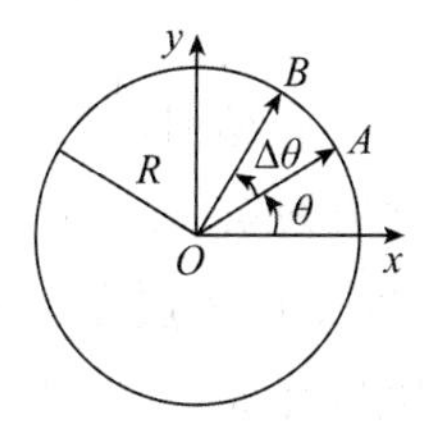

图 1-11　角位移

角坐标 $\theta(t)$ 随时间的变化率，即 $\dfrac{\mathrm{d}\theta}{\mathrm{d}t}$，称为角速度，用符号 ω 表示，则有

$$\omega = \frac{\mathrm{d}\theta}{\mathrm{d}t} \tag{1-41}$$

通常用弧度(rad)来度量 θ，所以角速度 ω 的单位名称为弧度每秒，符号为 $\mathrm{rad \cdot s^{-1}}$。

质点由图上的点 A 运动到点 B，所经过的圆弧为 $\Delta s = R\Delta\theta$，可得出速率和角速度之间的瞬时关系为

$$v = \lim_{\Delta t \to 0} \frac{\Delta s}{\Delta t} = \frac{\mathrm{d}s}{\mathrm{d}t} = R\frac{\mathrm{d}\theta}{\mathrm{d}t} = R\omega \tag{1-42}$$

角速度 ω 随时间的变化率，即 $\frac{\mathrm{d}\omega}{\mathrm{d}t}$，称为角加速度，用符号 α 表示，则有

$$\alpha = \frac{\mathrm{d}\omega}{\mathrm{d}t} = \frac{\mathrm{d}^2\theta}{\mathrm{d}t^2} \tag{1-43}$$

角加速度的单位名称为弧度每二次方秒，符号为 $\mathrm{rad \cdot s^{-2}}$。

可见，法向加速度的大小为

$$a_{\mathrm{n}} = \frac{v^2}{R} = \frac{(R\omega)^2}{R} = R\omega^2 \tag{1-44}$$

切向加速度的大小为

$$a_{\mathrm{t}} = \frac{\mathrm{d}v}{\mathrm{d}t} = R\frac{\mathrm{d}\omega}{\mathrm{d}t} = R\alpha \tag{1-45}$$

例1-9 一质点作半径 R 为1 m的圆周运动，它通过的弧长 s 按规律 $s = t + 2t^2$ 变化，式中 s 的单位为m，时间 t 的单位为s。求质点在2 s末的速率、法向加速度和切向加速度的大小。

解 由速率定义，得

$$v = \frac{\mathrm{d}s}{\mathrm{d}t} = 1 + 4t$$

将 $t = 2$ s代入，得质点在2 s末的速率为 $9\ \mathrm{m \cdot s^{-1}}$，则质点在2 s末法向加速度的大小为

$$a_{\mathrm{n}} = \frac{v^2}{R} = 81\ \mathrm{m \cdot s^{-2}}$$

质点在2 s末切向加速度的大小为

$$a_{\mathrm{t}} = \frac{\mathrm{d}v}{\mathrm{d}t} = 4\ \mathrm{m \cdot s^{-2}}$$

例1-10 一半径为0.50 m的飞轮在启动时的短时间内，其角速度与时间的平方成正比。在 $t = 2.0$ s时测得轮缘一点的速度值为 $4.0\ \mathrm{m \cdot s^{-1}}$。求：(1)该轮在 $t' = 0.5$ s时的角速度，轮缘一点的切向加速度和总加速度；(2)该点在2.0 s内所转过的角度。

分析 首先应该确定角速度的函数关系 $\omega = kt^2$。依据角量与线量的关系由特定时刻的速度值可得相应的角速度，从而求出式中的比例系数 k，$\omega = \omega(t)$ 确定后，注意到运动的角量描述与线量描述的相应关系，由运动学中两类问题求解的方法(微分法和积分法)，即可得到特定时刻的角加速度、切向加速度和角位移。

解　(1)因 $v=\omega R$，在 $t=2.0\ \mathrm{s}$ 时，由题意 $\omega\propto t^2$ 得比例系数，即

$$k=\frac{\omega}{t^2}=\frac{v}{Rt^2}=2\ \mathrm{rad}\cdot\mathrm{s}^{-3}$$

所以

$$\omega=\omega(t)=2t^2$$

则 $t'=0.5\ \mathrm{s}$ 时的角速度、角加速度和切向加速度分别为

$$\omega=2t'^2=0.5\ \mathrm{rad}\cdot\mathrm{s}^{-1}$$

$$\alpha=\frac{\mathrm{d}\omega}{\mathrm{d}t}=4t'=2.0\ \mathrm{rad}\cdot\mathrm{s}^{-2}$$

$$a_{\mathrm{t}}=\alpha R=1.0\ \mathrm{m}\cdot\mathrm{s}^{-2}$$

总加速度为

$$\boldsymbol{a}=\boldsymbol{a}_{\mathrm{t}}+\boldsymbol{a}_{\mathrm{n}}=\alpha R\boldsymbol{e}_{\mathrm{t}}+\omega^2R\boldsymbol{e}_{\mathrm{n}}$$

$$a=\sqrt{(\alpha R)^2+(\omega^2R)^2}=1.01\ \mathrm{m}\cdot\mathrm{s}^{-2}$$

(2)在 2.0 s 内该点所转过的角度为

$$\theta-\theta_0=\int_0^2\omega\mathrm{d}t=\int_0^2 2t^2\mathrm{d}t=\frac{2}{3}t^3\Big|_0^2=5.33\ \mathrm{rad}$$

1.4　相对运动

质点的运动轨迹依赖于观察者(即参考系)的例子是很多的。例如，一个人站在作匀速直线运动的车上，竖直向上抛出一块石子，车上的观察者看到石子竖直上升并竖直下落。但是，站在地面上的另一人却看到石子的运动轨迹为一抛物线。从这个例子可以看出，石子的运动情况依赖于参考系。在描述物体的运动时，总是相对选定的参考系而言的。通常，我们选地面或相对于地面静止的物体作为参考系，但是有时为了方便起见，往往也改选相对于地面运动的物体作为参考系。由于参考系的变换，就要考虑物体相对于不同参考系的运动及其相互关系，这就是相对运动问题。

先选定一个基本参考系 K(地面)，如果另一个参考系(车)相对于基本参考系 K 在运动，则称为运动参考系 K'，如图 1-12 所示。设一运动物体(球)P 在某一时刻相对于参考系 K 和 K' 的位置，可分别用位矢 $\boldsymbol{r}$ 和 $\boldsymbol{r}'$ 表示；而运动参考系 K' 上的原点 O' 在基本参考系 K 中的位矢为 $\boldsymbol{r}_0$，它们之间有如下的关系：

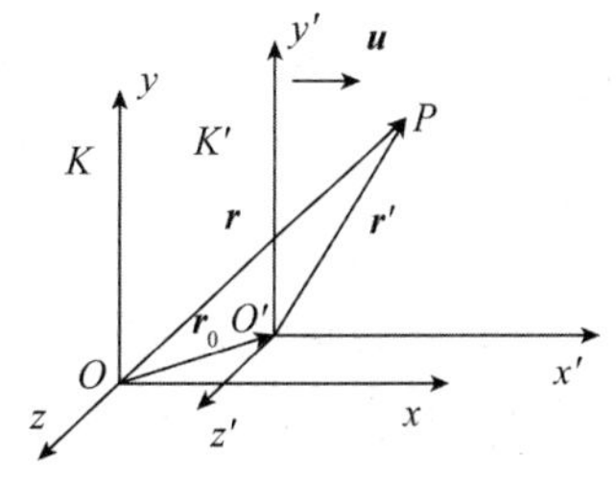

图 1-12　相对运动

$$\boldsymbol{r}=\boldsymbol{r}_0+\boldsymbol{r}'$$

将上式对时间 t 求导，得

$$\frac{\mathrm{d}\boldsymbol{r}}{\mathrm{d}t}=\frac{\mathrm{d}\boldsymbol{r}_0}{\mathrm{d}t}+\frac{\mathrm{d}\boldsymbol{r}'}{\mathrm{d}t} \tag{1-46}$$

显然 $\frac{\mathrm{d}\boldsymbol{r}}{\mathrm{d}t}$ 为物体在基本参考系 K 中观察到的速度，称为物体的绝对速度，用 $\boldsymbol{v}$ 表示；$\frac{\mathrm{d}\boldsymbol{r}'}{\mathrm{d}t}$ 为物体在运动参考系 K'中观测到的速度，称为物体的相对速度，用 $\boldsymbol{v}'$ 表示；$\frac{\mathrm{d}\boldsymbol{r}_0}{\mathrm{d}t}$ 为运动参考系自身相对于基本参考系 K 的速度，称为物体的牵连速度，用 $\boldsymbol{u}$ 表示。于是，式(1-46)可以写成

$$\boldsymbol{v}=\boldsymbol{u}+\boldsymbol{v}' \tag{1-47}$$

即绝对速度等于牵连速度与相对速度的矢量和，表述了不同参考系之间的速度变换关系，式(1-47)称为伽利略速度变换式。需要指出的是，当质点的速度接近光速时，伽利略速度变换式就不适用了，此时速度的变换应当遵循洛伦兹速度变换式，这将在以后的章节讨论。

例 1-11　一无风的下雨天，一列火车以 $v_1=20.0\ \mathrm{m\cdot s^{-1}}$ 的速率匀速前进，在车内的旅客看见玻璃窗外的雨滴和竖直方向成 75°角下降。求雨滴下落速率 v_2(设下降的雨滴作匀速运动)。

分析　这是一个相对运动的问题。设雨滴为研究对象，地面为静止参考系 S，火车为运动参考系 S'。$\boldsymbol{v}_1$为 S'相对 S 的速度，$\boldsymbol{v}_2$为雨滴相对 S 的速度，利用相对运动速度的关系即可解。

解　以地面为参考系，火车相对地面运动的速度为 $\boldsymbol{v}_1$，雨滴相对地面竖直下落的速度为 $\boldsymbol{v}_2$，旅客看到雨滴下落的速度 $\boldsymbol{v}_2'$为相对速度，它们之间的关系为 $\boldsymbol{v}_2=\boldsymbol{v}_1+\boldsymbol{v}_2'$ (见图1-13)，于是可得

$$v_2=\frac{v_1}{\tan 75°}=5.36\ \mathrm{m\cdot s^{-1}}$$

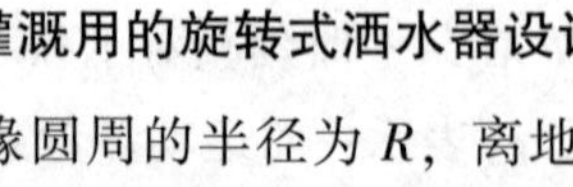

图 1-13　例 1-11 图

【知识应用】

灌溉用的旋转式洒水器设计

一直立的雨伞，张开后其边缘圆周的半径为 R，离地面的高度为 h，如图 1-14 所示，回答以下问题：(1)当伞绕伞柄以匀角速度 ω 旋转时，求证水滴沿边缘飞出后落在地面上半径为 $r=R\sqrt{1+2h\omega^2/g}$ 的圆周上；(2)读者能否由此定性构想一种草坪上或农田灌溉用的旋转式洒水器的方案？

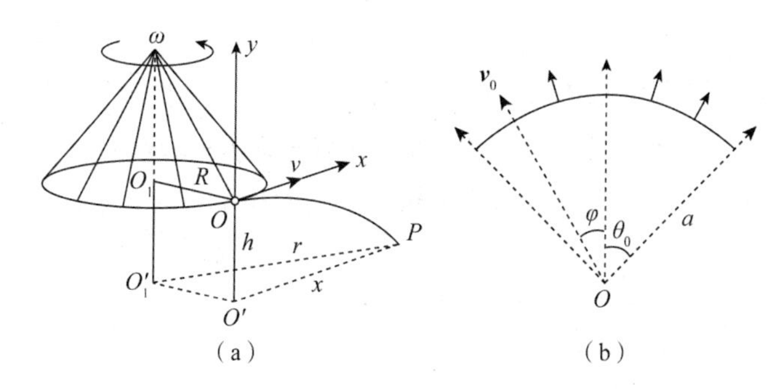

图 1-14　旋转式洒水器

分析　选定伞边缘 O 处的雨滴为研究对象，当伞以角速度 ω 旋转时，雨滴将以速率 v 沿切线方向飞出，并作平抛运动。建立如图 1-14(a)所示的坐标系，列出雨滴的运动方程并考虑图中所示几何关系，即可求证。由此可以想象如果让水从一个旋转的有很多小孔的喷头中飞出，从不同小孔中飞出的水滴将会落在半径不同的圆周上，为保证均匀喷洒，对喷头上小孔的分布还要给予精心的考虑。

解　(1)图 1-14(a)所示的坐标系中，雨滴落地的运动方程为

$$x = vt = R\omega t \qquad (1)$$

$$y = \frac{1}{2}gt^2 = h \qquad (2)$$

由式(1)、式(2)可得

$$x^2 = \frac{2R^2\omega^2 h}{g}$$

由图 1-14(a)所示的几何关系得雨滴落地处圆周的半径为

$$r = \sqrt{x^2 + R^2} = R\sqrt{1 + \frac{2h}{g}\omega^2}$$

(2)常用草坪洒水器采用如图 1-14(b)所示的球面喷头($\theta_0 = 45°$)，其上有大量小孔。喷头旋转时，水滴以初速度 $\boldsymbol{v}_0$ 从各个小孔中喷出，并作斜上抛运动。通常喷头表面基本上与草坪处在同一水平面上，则以角 φ 喷射的水柱射程为

$$R = \frac{v_0^2 \sin 2\varphi}{g}$$

为使喷头周围的草坪能被均匀喷洒，喷头上的小孔数不但很多，而且还不能均匀分布，这是喷头设计中的一个关键问题。

【本章小结】

本章的重点是掌握位矢、位移、速度、加速度等物理量，并借助于直角坐标系和自然坐标系计算各量。本章的难点是理解运动学中各物理量的矢量性和相对性，以及运用数学的微积分和矢量运算方法解决质点运动学问题。

1. 质点的位置矢量、位移

在直角坐标系中，质点位矢和位移的公式为

$$\boldsymbol{r}=x\boldsymbol{i}+y\boldsymbol{j}+z\boldsymbol{k}\quad \Delta\boldsymbol{r}=\Delta x\boldsymbol{i}+\Delta y\boldsymbol{j}+\Delta z\boldsymbol{k}$$

质点的运动方程——描述质点运动的位矢与时间的关系式为

$$\boldsymbol{r}(t)=x(t)\boldsymbol{i}+y(t)\boldsymbol{j}+z(t)\boldsymbol{k}$$

2. 速度和加速度(直角坐标系中)

速度和加速度的公式为

$$\boldsymbol{v}=\frac{\mathrm{d}\boldsymbol{r}}{\mathrm{d}t}=\frac{\mathrm{d}x}{\mathrm{d}t}\boldsymbol{i}+\frac{\mathrm{d}y}{\mathrm{d}t}\boldsymbol{j}+\frac{\mathrm{d}z}{\mathrm{d}t}\boldsymbol{k}$$

$$\boldsymbol{a}=\frac{\mathrm{d}\boldsymbol{v}}{\mathrm{d}t}=\frac{\mathrm{d}^2\boldsymbol{r}}{\mathrm{d}t^2}=\frac{\mathrm{d}^2x}{\mathrm{d}t^2}\boldsymbol{i}+\frac{\mathrm{d}^2y}{\mathrm{d}t^2}\boldsymbol{j}+\frac{\mathrm{d}^2z}{\mathrm{d}t^2}\boldsymbol{k}$$

3. 圆周运动

加速度为

$$\boldsymbol{a}=\boldsymbol{a}_{\mathrm{t}}+\boldsymbol{a}_{\mathrm{n}}$$

式中，切向加速度$\boldsymbol{a}_{\mathrm{t}}=\frac{\mathrm{d}v}{\mathrm{d}t}\boldsymbol{e}_{\mathrm{t}}$，反映速度大小的变化；法向加速度$\boldsymbol{a}_{\mathrm{n}}=\frac{v^2}{R}\boldsymbol{e}_{\mathrm{n}}$，反映速度方向的变化。

角速度$\omega=\frac{\mathrm{d}\theta}{\mathrm{d}t}$，角加速度$\alpha=\frac{\mathrm{d}\omega}{\mathrm{d}t}=\frac{\mathrm{d}^2\theta}{\mathrm{d}t^2}$，且有关系式

$$v=R\omega$$

$$a_{\mathrm{t}}=\frac{\mathrm{d}v}{\mathrm{d}t}=R\alpha$$

$$a_{\mathrm{n}}=\frac{v^2}{R}=R\omega^2$$

4. 相对运动

伽利略速度变换式为

$$\boldsymbol{v}=\boldsymbol{u}+\boldsymbol{v}'$$

式中，$\boldsymbol{v}$为物体的绝对速度；$\boldsymbol{v}'$为物体的相对速度；$\boldsymbol{u}$为物体的牵连速度。

课后习题

1-1　有人说：“分子很小，可将其当作质点；地球很大，不能将其当作质点。”这句话对吗？

1-2　位移和路程有什么区别？在什么情况下两者的量值相等？平均速度和平均速率有什么区别？在什么情况下两者的量值相等？

1-3　回答并举例说明下列问题。

(1)质点能否具有恒定的速率而速度却是变化的呢？(2)质点在某时刻其速度为零，而

其加速度是否也为零呢？(3)有没有这样的可能，质点的加速度在变小，而其速度在变大呢？

1-4　如果一质点的加速度与时间的关系是线性的，那么，该质点的速度和位矢与时间的关系是否也是线性的呢？

1-5　一人站在地面上用枪瞄准悬挂在树上的木偶，当子弹从枪口射出时，木偶正好从树上由静止下落。试说明为什么子弹总可以射中木偶？

1-6　一质点作匀速圆周运动，取其圆心为坐标原点。试问：质点的位矢与速度、位矢与加速度、速度与加速度的方向之间有何关系？

1-7　一运动质点在某瞬时位于位矢 $\boldsymbol{r}(x,\ y)$ 的端点处，对其速度大小的表示有 4 种意见，即

(1) $\dfrac{\mathrm{d}\boldsymbol{r}}{\mathrm{d}t}$；　(2) $\dfrac{\mathrm{d}|\boldsymbol{r}|}{\mathrm{d}t}$；　(3) $\dfrac{\mathrm{d}s}{\mathrm{d}t}$；　(4) $\sqrt{\left(\dfrac{\mathrm{d}x}{\mathrm{d}t}\right)^2+\left(\dfrac{\mathrm{d}y}{\mathrm{d}t}\right)^2}$

下述判断中正确的是(　　)。

(A)只有(1)(2)正确　　(B)只有(2)正确

(C)只有(2)(3)正确　　(D)只有(3)(4)正确

1-8　一质点在平面上运动，已知质点位矢的表示式为 $\boldsymbol{r}=at^2\boldsymbol{i}+bt^2\boldsymbol{j}$（其中 a、b 为常量)，则该质点作(　　)。

(A)匀速直线运动　　(B)变速直线运动

(C)抛物线运动　　(D)一般曲线运动

1-9　一小球沿斜面向上运动，其运动方程为 $s=5+4t-t^2$（t 的单位为 s)，则小球运动到最高点的时刻是(　　)。

(A)$t=4$ s　　(B)$t=2$ s

(C)$t=8$ s　　(D)$t=5$ s

1-10　下列说法中，哪一个是正确的？(　　)。

(A)一质点在某时刻的瞬时速率是 2 $\mathrm{m\cdot s^{-1}}$，说明它在此后 1 s 内一定要经过 2 m 的路程

(B)斜向上抛的物体，在最高点处的速度最小，加速度最大

(C)物体作曲线运动时，有可能在某时刻的法向加速度为零

(D)物体加速度越大，则速度越大

1-11　质点作匀速率圆周运动时，其速度和加速度的变化情况为(　　)。

(A)速度不变，加速度在变化　　(B)加速度不变，速度在变化

(C)二者都在变化　　(D)二者都不变

1-12　一个质点在作圆周运动时，则有(　　)。

(A)切向加速度一定改变，法向加速度也改变

(B)切向加速度可能不变，法向加速度一定改变

(C)切向加速度可能不变，法向加速度不变

(D)切向加速度一定改变，法向加速度不变

1-13 在相对地面静止的坐标系内，A、B两船都以$2\ \mathrm{m\cdot s^{-1}}$的速率匀速行驶，$A$船沿$x$轴正方向，$B$船沿$y$轴正方向。今在$A$船上设置与静止坐标系方向相同的坐标系($x$、$y$方向单位矢量用$\boldsymbol{i}$、$\boldsymbol{j}$表示)，那么在$A$船上的坐标系中，$B$船的速度(以$\mathrm{m\cdot s^{-1}}$为单位)为(　　)。

(A) $2\boldsymbol{i}+2\boldsymbol{j}$　　(B) $-2\boldsymbol{i}+2\boldsymbol{j}$

(C) $-2\boldsymbol{i}-2\boldsymbol{j}$　　(D) $2\boldsymbol{i}-2\boldsymbol{j}$

1-14 已知质点沿x轴作直线运动，其运动方程为$x=2+6t^2-2t^3$，式中x的单位为m，t的单位为s。求：(1)质点在运动开始后4.0 s内位移的大小；(2)质点在该时间内所通过的路程；(3) $t=4$ s时质点的速度和加速度。

1-15 一质点沿x轴方向作直线运动，其速度与时间的关系如下图所示。设$t=0$时，$x=0$。试根据已知的$\boldsymbol{v}-t$图，画出$\boldsymbol{a}-t$图。

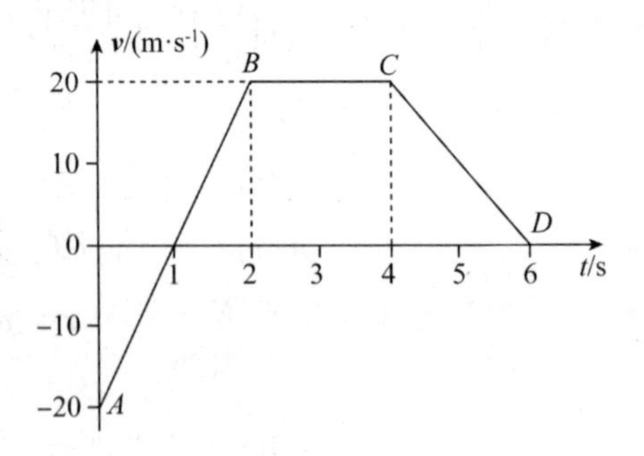

习题1-15图

1-16 已知质点的运动方程为$\boldsymbol{r}=2t\boldsymbol{i}+(2-t^2)\boldsymbol{j}$，式中$\boldsymbol{r}$的单位为m，$t$的单位为s。求：(1)质点的轨迹方程；(2) $t=0$及$t=2$ s时，质点的位矢；(3)在$t=0$到$t=2$ s内质点的位移$\Delta\boldsymbol{r}$。

1-17 质点在Oxy平面内运动，其运动方程为$\boldsymbol{r}=2.0t\boldsymbol{i}+(19.0-2.0t^2)\boldsymbol{j}$，式中$\boldsymbol{r}$的单位为m，$t$的单位为s。求：(1)质点的轨迹方程；(2)质点在$t_1=1.0$ s到$t_2=2.0$ s内的平均速度；(3)质点在$t_1=1.0$ s时的速度及加速度的值。

1-18 长为l的细棒，在竖直平面内沿墙角下滑，上端A以速率v匀速下滑，如下图所示。当下端B离墙角距离为$x(x<l)$时，试问B端水平速度和加速度多大？

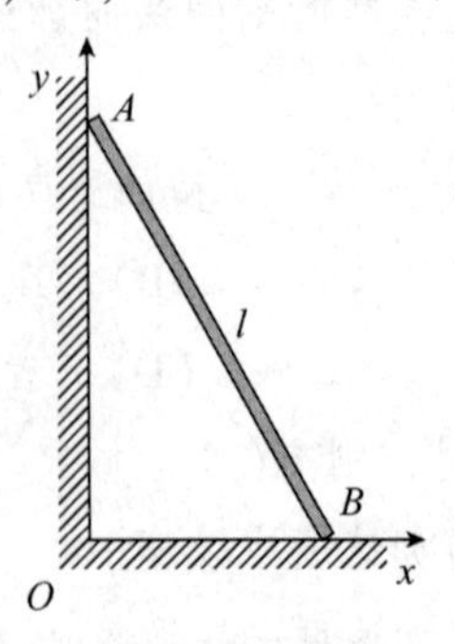

习题1-18图

1-19　一质点具有恒定加速度 $\boldsymbol{a}=6\boldsymbol{i}+4\boldsymbol{j}$，式中 $\boldsymbol{a}$ 的单位为 $\mathrm{m\cdot s^{-2}}$。在 $t=0$ 时，其速度为零，位矢 $\boldsymbol{r}_0=10\boldsymbol{i}$。求：(1) 质点在任意时刻的速度和位矢；(2) 质点在 Oxy 平面上的轨迹方程，并画出轨迹的示意图。

1-20　一质点沿半径为 R 的圆周按规律 $s=v_0t-\dfrac{1}{2}bt^2$ 运动，v_0、b 都是常量。求：(1) t 时刻质点的总加速度；(2) t 为何值时总加速度在数值上等于 b？(3) 当加速度数值上达到 b 时，质点已沿圆周运行了多少圈？

1-21 质点作半径为 $R=3\ \mathrm{m}$ 的圆周运动，切向加速度的大小为 $a_t=3\ \mathrm{m\cdot s^{-2}}$，在 $t=0$ 时质点的速度为零。试求：(1) 质点在 $t=1\ \mathrm{s}$ 时的速度与加速度；(2) 第 2 s 内质点所通过的路程。

1-22　一质点在半径为 0.10 m 的圆周上运动，其角位置为 $\theta=2+4t^3$，式中 θ 的单位为 rad，t 的单位为 s。求：(1) 在 $t=2.0\ \mathrm{s}$ 时质点的法向加速度和切向加速度；(2) 当切向加速度的大小恰好等于总加速度大小的一半时，θ 为多少？(3) t 为多少时，法向加速度和切向加速度的值相等？

1-23　一质点从静止开始作圆周运动，角加速度 $\alpha=2+3t$，单位为 $\mathrm{rad\cdot s^{-2}}$，圆周半径为 10 cm。求：(1) 质点的角速度；(2) $t=2\ \mathrm{s}$ 时质点的法向加速度、切向加速度和总加速度。

1-24　一质点沿圆周运动，其切向加速度与法向加速度的大小恒保持相等。设 θ 为质点在圆周上任意两点速度 $\boldsymbol{v}_1$ 与 $\boldsymbol{v}_2$ 之间的夹角。试证：$\boldsymbol{v}_2=\boldsymbol{v}_1\mathrm{e}^{\theta}$。

1-25　一人能在静水中以 $1.10\ \mathrm{m\cdot s^{-1}}$ 的速度划船前进。今欲横渡一宽为 $1.00\times10^3\ \mathrm{m}$、水流速度为 $0.55\ \mathrm{m\cdot s^{-1}}$ 的大河。问：(1) 他若要从出发点横渡该河而到达正对岸的一点，那么应如何确定划行方向？到达正对岸需多少时间？(2) 如果希望用最短的时间过河，应如何确定划行方向？船到达对岸的位置在什么地方？

第2章

牛顿定律及其应用

学习目标

1. 理解力、质量、惯性参考系等概念。

2. 掌握牛顿定律的基本内容、相互关系及其适用条件，能熟练地用牛顿定律求解动力学中的两类问题。

3. 了解物理量的量纲及量纲的应用。

4. 了解非惯性系及惯性力的概念。

导学思考

1. 牛顿第二定律只适用于惯性系，通常认为地球可以近似地作为惯性系，这里近似的原因是什么？

2. 牛顿第二定律 $\boldsymbol{F}=m\boldsymbol{a}$ 表示合外力 $\boldsymbol{F}$ 与加速度 $\boldsymbol{a}$ 之间的瞬时对应关系。雨滴从高空下落受到的空气阻力 $\boldsymbol{f}$ 若与雨滴降落速度 $\boldsymbol{v}$ 近似成正比，即 $\boldsymbol{f}$ 是变力，雨滴降落速度 $\boldsymbol{v}$ 与时间 t 之间的关系该怎样去分析研究？

图 2-1　艾萨克 · 牛顿①

自然界中，物体都是在相互作用中运动的，那么物体的机械运动与物体之间的相互作用是什么关系呢？这是动力学的内容。从本章开始，我们要研究这个问题。本章将概括地阐述牛顿定律的内容及其在质点运动方面的初步应用。

艾萨克 · 牛顿（Isaac Newton，1643—1727）是杰出的英国物理学家，经典物理学的奠基人，如图 2-1 所示。他的不朽巨著《自

① 选自 www. amt. canberra. edu. au。

然哲学的数学原理》总结了前人和自己关于力学以及微积分学方面的研究成果，其中含有 3 条牛顿定律和万有引力定律，以及质量、动量、力和加速度等概念。在光学方面，他说明了色散的起因，发现了色差及牛顿环，他还提出了光的微粒说。

牛顿一生不仅在物理学、天文学、数学和化学等多个学科作出了开创性贡献，而且在自然哲学和科学研究方法方面同样作出了创造性贡献，为近代科学革命奠定了基础。

2.1　牛顿定律

16 世纪以后，人们开始通过科学实验，对力学现象进行定量的研究。许多物理学家、天文学家，如哥白尼、布鲁诺、伽利略、开普勒等，做了很多艰巨的工作。他们使力学研究逐渐摆脱传统观念的束缚，取得了很大的进展。后来，牛顿在前人研究和实践的基础上，经过深入思考和数学计算，提出了牛顿定律。牛顿定律分为牛顿第一定律、牛顿第二定律和牛顿第三定律，具体介绍如下。

1. 牛顿第一定律

按照古希腊哲学家亚里士多德的说法，静止是物体的自然状态，要使物体以某一速度作匀速运动，必须有力对它作用才行。在亚里士多德看来，这确实是真理。人们的确看到，在水平面上运动的物体最后都要趋于静止，从地面上抛出的石子最终都要落回地面。在亚里士多德以后的漫长岁月中，这种看法一直被许多哲学家和不少物理学家所接受。直到 17 世纪，意大利物理学家和天文学家伽利略指出，物体沿水平面滑动趋于静止的原因是有摩擦力作用在物体上。他从实验中总结出在略去摩擦力的情况下，如果没有外力作用，物体将以恒定的速度运动下去。力不是维持物体运动的原因，而是使物体运动状态改变的原因。牛顿继承和发展了伽利略的见解，并第一次用概括性的语言把它表达了出来。

牛顿第一定律：任何物体都要保持其静止或匀速直线运动的状态，直到有外力迫使它改变这种运动状态为止。牛顿第一定律的数学形式表示为

$$\boldsymbol{F}=0 \Rightarrow \frac{\mathrm{d}\boldsymbol{v}}{\mathrm{d}t}=0 \tag{2-1}$$

式中，$\boldsymbol{F}$ 为物体受到的合力；$\boldsymbol{v}$ 为速度；t 为时间。

牛顿第一定律表明，任何物体都具有保持原有运动状态的性质，称为惯性。因此，牛顿第一定律也称为惯性定律。

同时，牛顿第一定律还阐明力的作用是迫使物体运动状态改变，而物体的惯性企图保持物体的运动状态不变。力是物体之间的相互作用，是改变物体运动状态的原因。

在自然界中完全不受其他物体作用的物体实际上是不存在的，物体总要受到接触力或场力的作用，因此，第一定律不能简单地直接用实验加以验证。

2. 牛顿第二定律

在牛顿第一定律的基础上，牛顿第二定律对物体机械运动的规律，作了定量的陈述。牛

顿第二定律：物体受到外力作用时，它所获得加速度的大小与合外力的大小成正比，与物体的质量成反比，加速度的方向与合外力的方向相同。

在国际单位制中，有

$$\boldsymbol{F}=m\boldsymbol{a}=m\frac{\mathrm{d}\boldsymbol{v}}{\mathrm{d}t}=m\frac{\mathrm{d}^2\boldsymbol{r}}{\mathrm{d}t^2} \tag{2-2}$$

这就是牛顿第二定律的数学表达式，它是矢量式，又称牛顿力学的质点动力学方程。

牛顿第二定律说明了任意物体在不同外力作用下，物体的加速度与外力之间为同向、正比关系。同时，牛顿第二定律也说明了不同物体在相等的外力作用下，物体的加速度与物体的质量之间成反比关系。相等的外力作用在不同的物体上，质量大的物体获得的加速度小，质量小的物体获得的加速度大。这就意味着前者(质量大的物体)要改变其运动状态比较困难，即其惯性较大；后者(质量小的物体)要改变其运动状态比较容易，即其惯性较小。因此，质量就是物体惯性大小的量度。应用牛顿第二定律解决问题时应注意其适用条件，即质点、惯性参考系和宏观、低速运动。

应用牛顿第二定律解决问题时，还应注意以下几点。

(1)牛顿第二定律只适用于质点的运动。物体作平动时，物体上各质点的运动情况完全相同，所以物体的运动可看作是质点的运动，此时这个质点的质量就是整个物体的质量。本书以后如不特别指明，在讨论物体的平动时，都是把物体当作质点来处理的。

(2)力是产生加速度的原因，而不是物体具有速度的原因。牛顿第二定律表示的合外力与加速度之间的关系是瞬时对应的关系。

(3)牛顿第二定律概括了力的叠加原理。如果有几个力同时作用在一个物体上，则这些力的合力所产生的加速度等于每个力单独作用在该物体上所产生的加速度之矢量和。

(4)牛顿第二定律只适用于研究宏观物体和低速运动问题，同时所用参考系是惯性参考系，即只适用于对地面静止或作匀速直线运动的参考系。

在直角坐标系中，式(2-2)的分量式为

$$\begin{cases}F_x=ma_x\\F_y=ma_y\\F_z=ma_z\end{cases} \tag{2-3}$$

或者

$$\begin{cases}F_x=m\dfrac{\mathrm{d}v_x}{\mathrm{d}t}=m\dfrac{\mathrm{d}^2x}{\mathrm{d}t^2}\\F_y=m\dfrac{\mathrm{d}v_y}{\mathrm{d}t}=m\dfrac{\mathrm{d}^2y}{\mathrm{d}t^2}\\F_z=m\dfrac{\mathrm{d}v_z}{\mathrm{d}t}=m\dfrac{\mathrm{d}^2z}{\mathrm{d}t^2}\end{cases} \tag{2-4}$$

在研究曲线运动时，也可以用自然坐标系中的切向分量式和法向分量式，即

$$\begin{cases} F_n = ma_n = m\dfrac{v^2}{\rho} \\ F_t = ma_t = m\dfrac{dv}{dt} \end{cases} \tag{2-5}$$

式中，F_n 和 F_t 分别表示合力的法向分量和切向分量；ρ 表示质点所在位置的曲线的曲率半径。

3. 牛顿第三定律

力是物体对物体的作用，当甲物对乙物施加力的作用的同时，也受到乙物对它施加的方向相反的作用力，因此，物体间的作用力总是相互且成对出现的。我们把两个物体间相互作用的这对力叫作作用力和反作用力，它们遵从的规律就是牛顿第三定律。

牛顿第三定律：两个物体之间的作用力 $\boldsymbol{F}$ 和反作用力 $\boldsymbol{F}'$ 总是沿同一直线，大小相等，方向相反，分别作用在两个物体上，即

$$\boldsymbol{F} = -\boldsymbol{F}' \tag{2-6}$$

应用牛顿第三定律分析物体受力情况时必须注意：作用力和反作用力总是成对出现的，且作用力和反作用力之间的关系一一对应，同时产生，同时消失，并分别作用在两个物体上；作用力和反作用力属于同种性质的力，如作用力是万有引力，那么反作用力也一定是万有引力。

物体间并不是相互孤立的，而是相互联系、相互作用的，力就是从一个方面反映了这种相互作用，因此力的概念是力学中的一个基本概念。力不是凭空产生的，因此分析力时，应该且只能从物体间的相互联系上去寻找力。牛顿定律是从实践中归纳出来的客观规律，它们的正确性是在实践中被直接或间接证明了的。

2.2　惯性系和非惯性系

1. 惯性系和非惯性系

在运动学中，研究物体的运动可任选参考系，只是所选择的参考系应给对物体运动的研究带来方便。那么，在动力学中，应用牛顿定律研究物体的运动时，参考系还能不能任意选择呢？也就是说，牛顿定律是否对任意参考系都适用呢？我们通过下面的例子来进行讨论。

在火车车厢内的一个光滑桌面上放一个小球，当车厢相对地面以匀速前进时，这个小球相对桌面处于静止状态，而路基旁的人则看到小球随车厢一起作匀速直线运动。这时，无论是以车厢还是以地面作为参考系，牛顿定律都是适用的。因为小球在水平方向不受外力作用，它保持静止或匀速直线运动状态。但当车厢突然相对于地面以向前的加速度 $\boldsymbol{a}_0$ 运动时，车厢内的乘客观察到此小球相对于车厢内的桌面以加速度 $-\boldsymbol{a}_0$ 向后作加速运动，如图 2-2 所示。这个现象，对处于不同参考系的观察者，可以得出不同的结论。站在路基旁的人，觉得这件事是很自然的，因为小球和桌面之间非常光滑，它们之间的摩擦力可以忽略不计，因此，当桌面随车厢一起以加速度 $\boldsymbol{a}_0$ 向前运动时，小球在水平方向并没有受到外力作用，所

以它仍保持原来的运动状态，牛顿定律此时仍然是适用的。然而对于坐在车厢内的乘客来说，这就很不好理解了，既然小球在水平方向没有受到外力作用，小球怎么会在水平方向具有 $-\boldsymbol{a}_0$ 的加速度呢？所以，对于车厢这个参考系来说，牛顿定律并不成立。

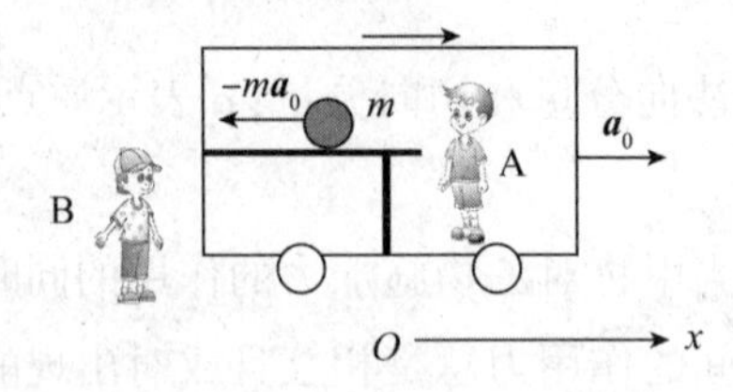

图 2-2　非惯性系举例

由此可见，牛顿定律不是对任意的参考系都适用的。我们把牛顿定律适用的参考系称为惯性参考系，简称惯性系，而把牛顿定律不适用的参考系称为非惯性系。例如，前面所述的地面以及相对地面作匀速直线运动的车厢都是惯性系，而相对地面作加速运动的车厢则是非惯性系。

要确定一个参考系是不是惯性系，只能依靠观察和实验。地球这个参考系能否看作惯性系呢？生活实践和实验表明，地球可看作惯性系，但考虑到地球的自转和公转，所以地球又不是一个严格的惯性系。然而，一般在研究地面上物体的运动时，由于地球对太阳的向心加速度和地面上的物体对地心的向心加速度都比较小，所以地球仍可近似地看作惯性系。

实际问题有不少属于非惯性系的力学问题，如何处理这些问题呢？为了仍可方便地运用牛顿定律求解非惯性系中的力学问题，下面引入惯性力的概念。

2. 惯性力

在上面的例子中，我们设想作用在质量为 m 的小球上有一个惯性力，并认为这个惯性力为 $\boldsymbol{F}^* = -m\boldsymbol{a}_0$，那么对加速运动的火车这个非惯性系也可应用牛顿第二定律。这就是说，对处于加速度为 $\boldsymbol{a}_0$ 的火车中的观察者来说，他认为有一个大小等于 ma_0，方向与 $\boldsymbol{a}_0$ 相反的惯性力作用在小球上。

当把惯性力 $\boldsymbol{F}^*$ 一并考虑时，非惯性系中仍然可借用牛顿第二定律的数学表达式，即

$$\boldsymbol{F} + \boldsymbol{F}^* = m\boldsymbol{a} \tag{2-7}$$

式中，$\boldsymbol{a}$ 是物体相对非惯性系的加速度；$\boldsymbol{F}$ 是物体所受到的除惯性力以外的合外力。

2.3　物理量的单位和量纲

物理量是通过描述物理规律的方程或定义新物理量的方程而相互联系的。因此，可以选定少数几个物理量作为相互独立的物理量，而其他物理量则通过它们的定义或物理规律从选定的这几个物理量中导出。选定的物理量叫作基本量，相应的单位叫作基本单位；其他物理量叫作导出量，相应的单位叫作导出单位。基本单位和由它们组成的导出单位构成一套单位制。

在历史上，各国使用的单位制种类繁多，这给国际科学技术交流带来很大不便。为此，在第十四届国际计量大会上选定了 7 个物理量为基本量，规定其相应单位为基本单位，在此基础上建立了国际单位制(SI)。中华人民共和国国务院在 1984 年颁布实行以国际单位制为基础的法定计量单位。基本量有长度、质量、时间、电流、热力学温度、物质的量、发光强度，单位名称(符号)依次是米(m)、千克(kg)、秒(s)、安培(A)、开尔文(K)、摩尔(mol)、坎德拉(cd)。

为了直观、定性地表示某个导出量和基本量之间的关系，通常将这个导出量用若干个基本量的某种组合来表示。这种由基本量的组合来表示物理量的式子，称为该物理量的量纲。如果用 L 、M 、T 分别表示长度、质量、时间 3 个基本量的量纲，则力学中其他物理量 Q 的量纲可表示为

$$\dim Q = \mathrm{L}^p \mathrm{M}^q \mathrm{T}^s$$

例如，速度的量纲是 LT^{-1}，角速度的量纲是 T^{-1}，加速度的量纲是 LT^{-2}，角加速度的量纲是 T^{-2}，力的量纲是 MLT^{-2}，等等。

由于只有量纲相同的物理量才能相加减和用等号连接，所以只要考察等式两端各项量纲是否相同，就可初步校验等式的正确性。因此，通过量纲可初步判断表达式是否正确，这就是量纲检查法。这种方法在求解问题和科学实验中经常用到，同学们应当学会在求证、解题过程中使用量纲来检查所得结果。

在物理学中，除采用国际单位制以外，基于不同需要，还常用其他一些非法定计量单位。例如，在原子线度和光波中，常用“埃(Å)”作为长度单位，埃与米的换算关系为

$$1\ \text{Å} = 10^{-10}\ \mathrm{m}$$

又如，对于原子核线度，常用“飞米(fm)”作为长度单位，飞米与米的换算关系为

$$1\ \mathrm{fm} = 10^{-15}\ \mathrm{m}$$

2.4　牛顿定律的应用

本节通过举例来说明如何应用牛顿定律分析问题和解决问题。求解质点动力学问题一般分为两类：一是已知物体的受力情况，由牛顿定律来求解其运动状态；二是已知物体的运动状态，求作用于物体上的力。

在应用牛顿第二定律时，首先选定研究对象，正确分析其受力情况，并画出受力图。画受力图时，要把所研究的物体从与之相联系的其他物体中“隔离”出来，标明力的方向。这种分析物体受力的方法称为隔离体法，其中被“隔离”的物体称为隔离体。隔离体法是分析物体受力的有效方法，应熟练掌握。

对隔离体画出受力图后，还要建立起适当的坐标系，并按照所选定的坐标系列出每一隔离体的运动方程，表示成分量形式，然后对运动方程求解。求解时，最好先用物理量符号得出代数式，而后再代入已知数据进行计算。这样既简单明了，又可避免数字重复运算。

例2-1 一根细绳跨过定滑轮，在细绳两端各悬挂质量分别为 m_1 和 m_2 的物体，且 $m_1 > m_2$，如图2-3(a)所示。假设滑轮和绳子的质量均不计，绳子不能伸长，不计滑轮与绳间的摩擦力以及滑轮与轴间的摩擦力。求重物释放后，物体的加速度和细绳的张力。

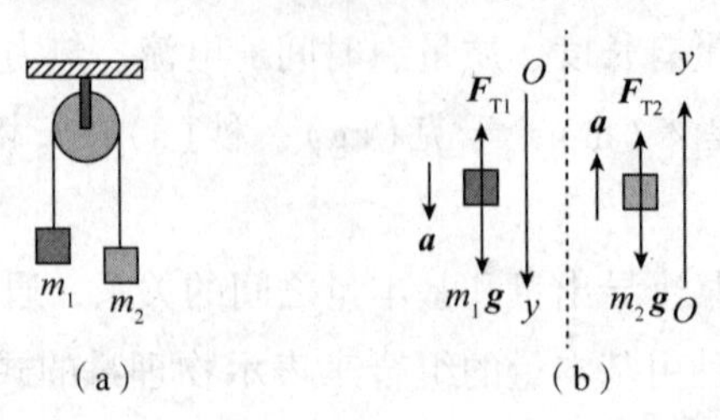

图2-3 例2-1图

解 选地面为惯性参考系，分别以 m_1、m_2 为研究对象，作如图2-3(b)所示的受力图(重力加速度 $\boldsymbol{g}$ 为矢量，本书中为简洁起见，后续均使用其标量形式参与计算)。考虑到滑轮和绳子的质量均不计，故细绳作用在两物体上的力与绳的张力大小相等；又因为绳不能伸长，所以两物体的加速度大小相等，即

$$F_{T1} = F_{T2} = F_T,\ a_1 = a_2 = a$$

对质量为 m_1 的物体，它在绳子拉力 F_{T1} 和重力 $m_1 g$ 作用下以加速度 a_1 向下运动，取向下为正方向，则根据牛顿第二定律，有

$$m_1 g - F_{T1} = m_1 a_1$$

对质量为 m_2 的物体，它在绳子拉力 F_{T2} 和重力 $m_2 g$ 作用下以加速度 a_2 向上运动，取向上为正方向，则根据牛顿第二定律，有

$$-m_2 g + F_{T2} = m_2 a_2$$

联立求解以上各式，可得两物体的加速度大小和绳的张力大小分别为

$$a = \frac{m_1 - m_2}{m_1 + m_2} g,\ F_T = \frac{2m_1 m_2}{m_1 + m_2} g$$

例2-2 轻型飞机连同驾驶员总质量为 1.0×10^3 kg。飞机以 $55.0\ \mathrm{m\cdot s^{-1}}$ 的速率在水平跑道上着陆后，驾驶员开始制动，若阻力与时间成正比，比例系数 $\alpha = 5.0\times10^2\ \mathrm{N\cdot s^{-1}}$，不计空气对飞机升力，求：(1)10 s后飞机的速率；(2)飞机着陆后10 s内滑行的距离。

解 飞机连同驾驶员在水平跑道上运动可视为质点作直线运动，其水平方向所受制动力 $\boldsymbol{F}$ 为变力，且是时间的函数。在求速率和距离时，可根据动力学方程和运动学规律，采用分离变量法求解。

以地面飞机滑行方向为坐标正方向，由牛顿定律及初始条件，有

$$\boldsymbol{F} = m\boldsymbol{a} = m\frac{\mathrm{d}v}{\mathrm{d}t} = -\alpha t$$

$$\int_{v_0}^{v} \mathrm{d}v = \int_0^t -\frac{\alpha t}{m}\mathrm{d}t$$

得

$$v = v_0 - \frac{\alpha}{2m}t^2$$

因此，飞机着陆 10 s 后的速率为

$$v \approx 30\ \mathrm{m \cdot s^{-1}}$$

又

$$v = \frac{\mathrm{d}x}{\mathrm{d}t}$$

则

$$\int_{x_0}^{x} \mathrm{d}x = \int_0^t \left(v_0 - \frac{\alpha}{2m}t^2\right) \mathrm{d}t$$

故飞机着陆后 10 s 内所滑行的距离为

$$s = x - x_0 = v_0 t - \frac{\alpha}{6m}t^3 \approx 467\ \mathrm{m}$$

例 2-3　如图 2-4(a)所示为摆长为 l 的圆锥摆，细绳一端固定在天花板上，另一端悬挂质量为 m 的小球，小球经推动后，在水平面内绕通过圆心 O 的铅直轴作角速度为 ω 的匀速率圆周运动。问：绳和铅直方向所成的角度 θ 为多少？不计空气阻力。

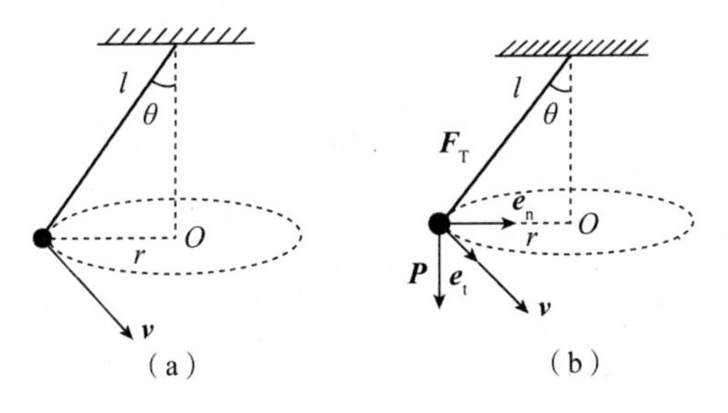

图 2-4　例 2-3 图

解　小球受重力 $\boldsymbol{P}$ 和绳的拉力 $\boldsymbol{F}_\mathrm{T}$ 作用，如图 2-4(b)所示，其运动方程为

$$\boldsymbol{F}_\mathrm{T} + \boldsymbol{P} = m\boldsymbol{a} \tag{1}$$

式中，$\boldsymbol{a}$ 为小球的加速度。

由于小球在水平面内作线速率为 $v = r\omega$ 的匀速率圆周运动，过圆周上任意一点 A 取自然坐标系，其轴线方向的单位矢量分别为 $\boldsymbol{e}_\mathrm{n}$ 和 $\boldsymbol{e}_\mathrm{t}$，小球的法向加速度大小为 $a_\mathrm{n} = \dfrac{v^2}{r}$，而切向加速度大小为 $a_\mathrm{t} = 0$，且小球在任意位置的速度 $\boldsymbol{v}$ 的方向均与 $\boldsymbol{P}$ 和 $\boldsymbol{F}_\mathrm{T}$ 所成的平面垂直。因此，按图 2-4(b)所选的坐标，式(1)的分量式为

$$\begin{cases} F_\mathrm{T}\sin\theta = ma_\mathrm{n} = m\dfrac{v^2}{r} = mr\omega^2 \\ F_\mathrm{T}\cos\theta - P = 0 \end{cases}$$

由图可知 $r = l\sin\theta$，得

$$\cos\theta=\frac{g}{\omega^2 l}$$

所以

$$\theta=\arccos\frac{g}{\omega^2 l}$$

可见，当 ω 越大时，绳与铅直方向所成的夹角 θ 也越大。在蒸汽机发展的早期，瓦特就是据此道理制成蒸汽机的调速器。如图 2-5 所示是调速器示意图，当转速过高时，摆角增大，使阀门关闭，进入汽缸中蒸汽的量有所减少；当转速过低时，摆角减小，使阀门打开，增加进入汽缸中的蒸汽量，从而达到调速作用。现在许多机器还在使用这种类型的调速器。

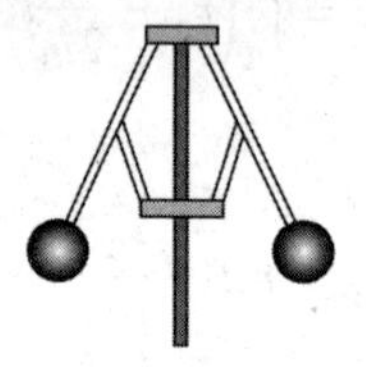

图 2-5　调速器示意图

【知识应用】

外轨超高

铁路部门为什么会在每个铁轨的转弯处规定时速呢?

火车转弯时需要较大的向心力，如果两条铁轨都在同一水平面内(内轨、外轨等高)，这个向心力只能由外轨提供，也就是说，外轨会受到车轮对它很大的向外侧压力，这是很危险的。因此，根据火车的速率及转弯处的曲率半径，必须使外轨适当地高出内轨，这称为外轨超高。现通过下面的一个例子分析这一问题。

有一质量为 m 的火车，以速率 v 沿半径为 R 的圆弧轨道转弯，已知路面倾角为 θ，试求：(1) 在此条件下，火车速率 v_0 为多大时，才能使车轮对铁轨内外轨的侧压力均为零?(2)如果火车的速率 $v\neq v_0$，则车轮对铁轨的侧压力为多少?

分析　如题所述，外轨超高的目的是使火车转弯的所需向心力仅由轨道支持力的水平分量 $F_N\sin\theta$(θ 为路面倾角)提供，从而不会对内外轨产生挤压。与其对应的是火车转弯时必须以规定的速率 v_0 行驶。当火车行驶速率 $v\neq v_0$ 时，则会产生两种情况：当 $v>v_0$ 时，外轨将会对车轮产生斜向内的侧压力 F_1，以补偿原向心力的不足；当 $v<v_0$ 时，则内轨对车轮产生斜向外的侧压力 F_2，以抵消多余的向心力，无论哪种情况火车都将对外轨或内轨产生挤压，如图 2-6 所示。由此可知，铁路部门为什么

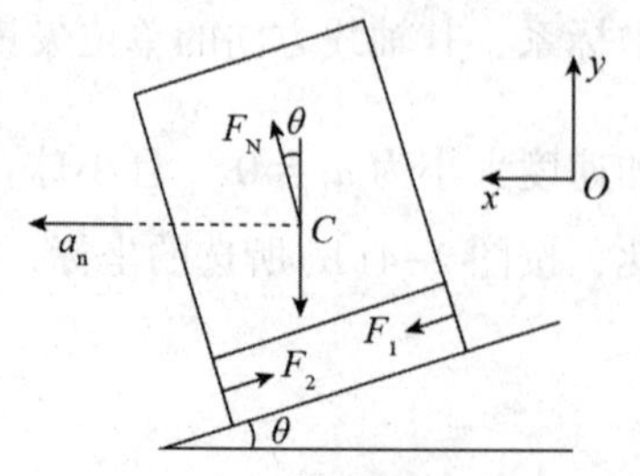

图 2-6　外轨超高

会在每个铁轨的转弯处规定时速，从而确保行车安全。

解　(1)以火车为研究对象，建立如图 2-6 所示的坐标系。据分析，由牛顿定律有

$$F_N \sin\theta = m\frac{v^2}{R} \tag{1}$$

$$F_N \cos\theta - mg = 0 \tag{2}$$

由式(1)和式(2)可得火车转弯时规定速率为

$$v_0 = \sqrt{gR\tan\theta}$$

(2)当 $v > v_0$ 时，根据分析有

$$F_N \sin\theta + F_1 \cos\theta = m\frac{v^2}{R} \tag{3}$$

$$F_N \cos\theta - F_1 \sin\theta - mg = 0 \tag{4}$$

由式(3)和式(4)，可得外轨侧压力为

$$F_1 = m\left(\frac{v^2}{R}\cos\theta - g\sin\theta\right)$$

当 $v < v_0$ 时，根据分析有

$$F_N \sin\theta - F_2 \cos\theta = m\frac{v^2}{R} \tag{5}$$

$$F_N \cos\theta + F_2 \sin\theta - mg = 0 \tag{6}$$

由式(5)和式(6)，可得内轨侧压力为

$$F_2 = m\left(g\sin\theta - \frac{v^2}{R}\cos\theta\right)$$

【本章小结】

牛顿定律适用于惯性参考系。

1. 牛顿第一定律

牛顿第一定律的数学形式表示为

$$\boldsymbol{F} = 0 \Rightarrow \frac{\mathrm{d}\boldsymbol{v}}{\mathrm{d}t} = 0$$

牛顿第一定律阐明任何物体都具有保持运动状态不变的性质，即惯性。力的作用迫使物体运动状态改变，而物体的惯性企图保持物体的运动状态不变。惯性是物质最基本的属性之一。

2. 牛顿第二定律

牛顿第二定律的矢量式为

$$\boldsymbol{F} = m\boldsymbol{a} = m\frac{\mathrm{d}\boldsymbol{v}}{\mathrm{d}t} = m\frac{\mathrm{d}^2\boldsymbol{r}}{\mathrm{d}t^2}$$

在直角坐标系中的分量式为

$$\begin{cases} F_x = m\dfrac{\mathrm{d}v_x}{\mathrm{d}t} = m\dfrac{\mathrm{d}^2x}{\mathrm{d}t^2} \\ F_y = m\dfrac{\mathrm{d}v_y}{\mathrm{d}t} = m\dfrac{\mathrm{d}^2y}{\mathrm{d}t^2} \\ F_z = m\dfrac{\mathrm{d}v_z}{\mathrm{d}t} = m\dfrac{\mathrm{d}^2z}{\mathrm{d}t^2} \end{cases}$$

自然坐标系中的法向分量式和切向分量式为

$$\begin{cases} F_{\mathrm{n}} = ma_{\mathrm{n}} = m\dfrac{v^2}{\rho} \\ F_{\mathrm{t}} = ma_{\mathrm{t}} = m\dfrac{\mathrm{d}v}{\mathrm{d}t} \end{cases}$$

应用牛顿第二定律处理质点动力学问题时，应首先正确分析物体受力情况；然后再根据牛顿第二定律列出动力学方程(矢量式)；继而根据选定的坐标系列出相应的分量式进行具体的运算，但这时必须根据所选取的坐标轴正方向，注意力和加速度各分量的正负。

3. 牛顿第三定律

牛顿第三定律说明物体间相互作用的关系。应用牛顿第三定律应注意，作用力与反作用力等值、共线、反向，作用在不同物体上，同时产生、同时消失，并且是同种性质的力。

课后习题

2-1　物体的速度很大，是否意味着其他物体对它作用的合外力也一定很大？

2-2　物体运动的方向一定和合外力的方向相同，对不对？

2-3　物体运动时，如果它的速率保持不变，它所受到的合外力是否为零？

2-4　物体的速度为零时，所受合外力是否为零？

2-5　有人说：“鸡蛋碰石头，鸡蛋破了，石头无恙，说它们受力相等，殊难置信！”又有人说：“既然马拉车的力和车拉马的力大小相等，方向相反，那么力之和为零，马和车怎么会前进呢？”请做出正确的解释。

2-6　下面关于惯性的4种说法中，正确的是(　　)。

(A)物体静止或作匀速运动时才具有惯性

(B)物体受力作变速运动时才具有惯性

(C)物体受力作变速运动时才没有惯性

(D)惯性是物体的一种固有属性，在任何情况下物体均有惯性

2-7　下列关于力和运动关系的说法中，正确的是(　　)。

(A)没有外力作用时，物体不会运动，这是牛顿第一定律的体现

(B)物体受力越大，运动得越快，这符合牛顿第二定律

(C)物体所受合外力为零，则速度一定为零；物体所受合外力不为零，则其速度也一定不为零

(D)物体所受的合外力最大时，而速度却可以为零；物体所受的合外力最小时，而速度却可以最大

2-8　关于牛顿第三定律，下列说法正确的是(　　)。

(A)作用力先于反作用力产生，反作用力是由作用力引起的

(B)作用力变化，反作用力未必发生变化

(C)任何一个力的产生必涉及两个物体，它总有反作用力

(D)一对作用力和反作用力的合力一定为零

2-9　用水平力 F_N 把一个物体压着靠在粗糙的竖直墙面上保持静止。当 F_N 逐渐增大时，物体所受的静摩擦力 F_f 的大小(　　)。

(A)不为零，但保持不变

(B)随 F_N 成正比地增大

(C)开始随 F_N 增大，达到某一最大值后保持不变

(D)无法确定

2-10　下列4种说法中，正确的是(　　)。

(A)物体在恒力作用下，不可能作曲线运动

(B)物体在变力作用下，不可能作曲线运动

(C)物体在垂直于速度方向，且大小不变的力的作用下作匀速圆周运动

(D)物体在不垂直于速度方向的力的作用下，不可能作圆周运动

2-11　一段路面水平的公路，转弯处轨道半径为 R，汽车轮胎与路面间的摩擦因数为 μ，要使汽车不至于发生侧向打滑，汽车在该处的行驶速率(　　)。

(A)不得小于 $\sqrt{\mu gR}$　　(B)必须等于 $\sqrt{\mu gR}$

(C)不得大于 $\sqrt{\mu gR}$　　(D)还应由汽车的质量 m 决定

2-12　两个物体A和B用细线连接跨过电梯内一个无摩擦的轻定滑轮。已知物体A的质量为物体B质量的2倍，则当两物体相对电梯静止时，电梯的运动加速度(　　)。

(A)大小为 g，方向向上　　(B)大小为 g，方向向下

(C)大小为 $g/2$，方向向上　　(D)大小为 $g/2$，方向向下

2-13　一物体沿固定圆弧形光滑轨道由静止下滑，如下图所示，在下滑过程中(　　)。

(A)它的加速度方向永远指向圆心，其速率保持不变

(B)它受到轨道的作用力的大小不断增加

(C)它受到的合外力大小变化，方向永远指向圆心

(D)它受到的合外力大小不变，其速率不断增加

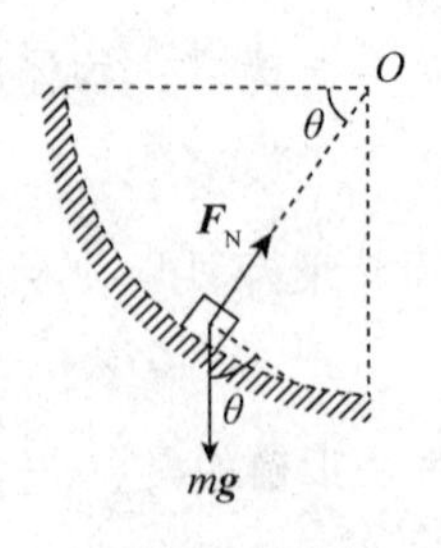

习题2-13图

2-14　工地上有一吊车，将甲、乙两块混凝土预制板吊起送至高空。甲块质量为 $m_1 = 2.0\times10^2$ kg，乙块质量为 $m_2 = 1.0\times10^2$ kg。设吊车、框架和钢丝绳的质量不计。试求下述两种情况下，钢丝绳所受的张力以及乙块对甲块的作用力：(1)两物块以 $10.0\ \mathrm{m\cdot s^{-2}}$ 的加速度上升；(2)两物块以 $1.0\ \mathrm{m\cdot s^{-2}}$ 的加速度上升。从本题的结果中，你能体会到起吊重物时必须缓慢加速的道理吗？

2-15　在一只半径为 R 的半球形碗内，有一粒质量为 m 的小钢球，如下图所示，当小球以角速度 ω 在水平面内沿碗内壁作匀速圆周运动时，它距碗底的高度 h 为多少？

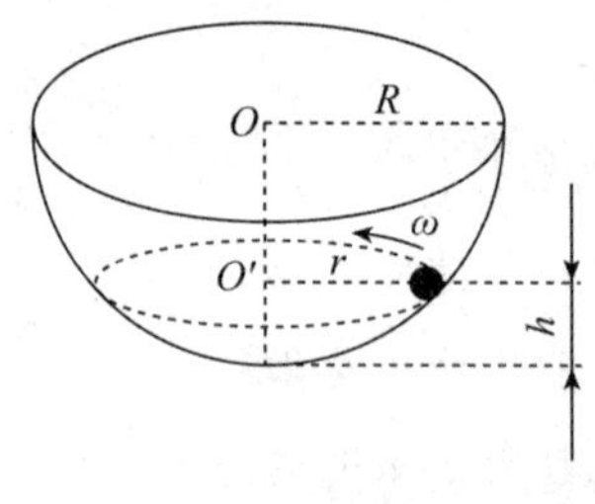

习题2-15图

2-16　一质量为10 kg的质点在力 $\boldsymbol{F}$ 的作用下沿 x 轴作直线运动，已知 $\boldsymbol{F} = 120t + 40$，式中 $\boldsymbol{F}$ 的单位为N，t 的单位为s。在 $t = 0$ 时，质点位于 $x = 5.0$ m处，其速率 $v_0 = 6.0\ \mathrm{m\cdot s^{-1}}$。求质点在任意时刻的速率和位置。

2-17　质量 $m = 10$ kg的物体沿 x 轴无摩擦地运动，设 $t = 0$ 时，物体位于原点，速度为零。试求物体在外力 $\boldsymbol{F} = 4 + 3x$ 的作用下(式中 $\boldsymbol{F}$ 的单位为N，x 的单位为m)，运动了5 m时的速度。

2-18　设有一质量为2 500 kg的汽车，在平直的高速公路上以120 km/h的速度行驶。欲使汽车平稳停下来，驾驶员启动刹车装置，刹车阻力是随时间线性增加的，即阻力 $\boldsymbol{f} = -bt$，其中 $b = 3\ 500\ \mathrm{N\cdot s^{-1}}$，问此车经过多长时间才停下来，这段时间内行进了多长的路程？

2-19　质量为45.0 kg的物体，由地面以初速率 $60.0\ \mathrm{m\cdot s^{-1}}$ 竖直向上发射，物体受到空气阻力的大小为 $F_f = kv$，且 $k = 0.03\ \mathrm{N/(m\cdot s^{-1})}$。求：(1)物体发射到最大高度所需的时间；(2)最大高度为多少？

2-20　一物体自地球表面以速率 v_0 竖直上抛。假定空气对物体阻力的大小为 $F_f =$

kmv^2，其中 m 为物体的质量，k 为常量。试求：(1)该物体能上升的最大高度；(2)物体返回地面时的速率。(设重力加速度为常量)

2-21　在卡车车厢底板上放一木箱，该木箱距车厢前沿挡板的距离 $L = 2.0\ \mathrm{m}$，已知刹车时卡车的加速度 $\boldsymbol{a} = 7.0\ \mathrm{m \cdot s^{-2}}$，设刹车一开始木箱就开始滑动。求该木箱撞上挡板时相对卡车的速率为多大？设木箱与底板间滑动摩擦系数 $\mu = 0.50$。

第3章

动量守恒定律和能量守恒定律

学习目标

1. 理解冲量和动量的概念。
2. 掌握质点的动量定理及质点系的动量守恒定律。
3. 掌握质点的功和能的概念。
4. 掌握动能定理、功能原理、机械能守恒定律。
5. 理解保守力、非保守力与势能的概念。
6. 掌握计算重力、弹性力和万有引力势能的方法。
7. 能求解简单系统在二维空间内运动力学问题。
8. 了解弹性碰撞和非弹性碰撞的概念及其特点。

导学思考

1. 篮球运动员和排球运动员在接球时都会做出缓冲动作，目的是增加手与球的接触时间，减小球对运动员的冲击力。为什么增加了与球的接触时间就会减小球对运动员的冲击力呢?

2. 探索宇宙是全人类的共同梦想，这一进程中的每次进步都值得喝彩。中国航天在为人类更好认识宇宙、和平利用太空，与世界分享技术等方面作出了重大贡献。同学们，你知道航天器在太空运行时是如何调控自身运行姿态的吗?

牛顿定律给出了力与加速度、质量的定量关系，是解决质点力学问题的常用定律，但是由于牛顿定律给出的是瞬时关系，当质点在受变力作用的过程中，给解决问题带来很多不便。这时使用动量定理和功能原理求解将更简单。本章将介绍动量定理、动量守恒定律，以及功能原理和机械能守恒定律等。

3.1　冲量　动量　动量定理

1. 冲量　质点的动量定理

在上一章我们学习了牛顿第二定律，即

$$\boldsymbol{F}=\frac{\mathrm{d}\boldsymbol{p}}{\mathrm{d}t}=\frac{\mathrm{d}(m\boldsymbol{v})}{\mathrm{d}t} \tag{3-1}$$

现将式(3-1)改写为

$$\boldsymbol{F}\mathrm{d}t=\mathrm{d}\boldsymbol{p}=\mathrm{d}(m\boldsymbol{v}) \tag{3-2}$$

式中，物理量 $\boldsymbol{p}=m\boldsymbol{v}$ 即牛顿所说的“运动的量”，简称动量。

在时间间隔 $\Delta t=t_2-t_1$ 内，式(3-2)的积分为

$$\int_{t_1}^{t_2}\boldsymbol{F}\mathrm{d}t=\boldsymbol{p}_2-\boldsymbol{p}_1=m\boldsymbol{v}_2-m\boldsymbol{v}_1 \tag{3-3}$$

式中，力对时间的积分 $\int_{t_1}^{t_2}\boldsymbol{F}\mathrm{d}t$ 称为力的冲量，也是矢量，可以用 $\boldsymbol{I}$ 表示，则式(3-3)可以写成

$$\boldsymbol{I}=\boldsymbol{p}_2-\boldsymbol{p}_1 \tag{3-4}$$

这就是质点的动量定理，表明质点在某时间间隔内受到合外力的冲量，等于质点在此时间间隔内动量的增量。

动量定理在直角坐标系的分量式为

$$\begin{cases}I_x=\int_{t_1}^{t_2}F_x\mathrm{d}t=mv_{2x}-mv_{1x}\\ I_y=\int_{t_1}^{t_2}F_y\mathrm{d}t=mv_{2y}-mv_{1y}\\ I_z=\int_{t_1}^{t_2}F_z\mathrm{d}t=mv_{2z}-mv_{1z}\end{cases} \tag{3-5}$$

需要注意的是，不同质量的物体，在相等冲量作用下，其速度的变化是不同的。所以从过程角度来说，相对于速度，动量能够更准确地描述物体的运动状态。因此在物体作机械运动时，我们用动量 $\boldsymbol{p}$ 和位矢 $\boldsymbol{r}$ 作为描述物体运动的状态参量。

2. 质点系的动量定理

我们现在来研究质点系的动量定理。曲面 S 包围的是一个质点系，在质点系内取两质点 i 和 j，质量分别为 m_i 和 m_j，如图 3-1 所示。并且规定外界对系统内质点的作用力为外力，系统内质点之间的相互作用力为内力。设作用在两质点上的外力分别是 $\boldsymbol{F}_i$ 和 $\boldsymbol{F}_j$，而两质点

间的内力分别为$\boldsymbol{F}_{ij}$和$\boldsymbol{F}_{ji}$，则在时间间隔$\Delta t = t_2 - t_1$内，根据式(3-3)可以得到

$$\int_{t_1}^{t_2}(\boldsymbol{F}_i + \boldsymbol{F}_{ij})\mathrm{d}t = m_i\boldsymbol{v}_i - m_i\boldsymbol{v}_{i0} \tag{3-6}$$

$$\int_{t_1}^{t_2}(\boldsymbol{F}_j + \boldsymbol{F}_{ji})\mathrm{d}t = m_j\boldsymbol{v}_j - m_j\boldsymbol{v}_{j0} \tag{3-7}$$

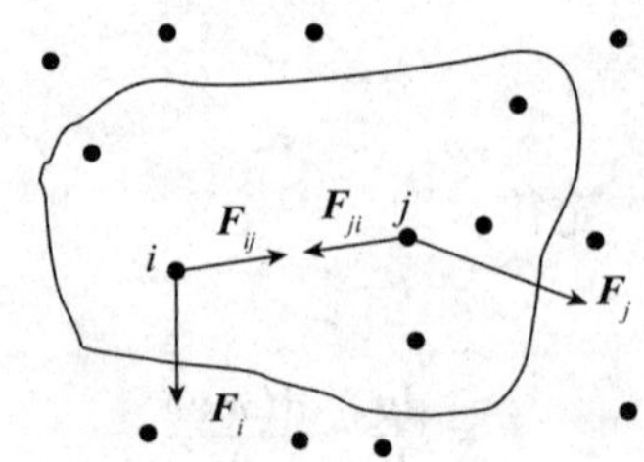

图 3-1　质点系的内力和外力

将式(3-6)和式(3-7)相加可得

$$\int_{t_1}^{t_2}(\boldsymbol{F}_i + \boldsymbol{F}_j)\mathrm{d}t + \int_{t_1}^{t_2}(\boldsymbol{F}_{ij} + \boldsymbol{F}_{ji})\mathrm{d}t = (m_i\boldsymbol{v}_i + m_j\boldsymbol{v}_j) - (m_i\boldsymbol{v}_{i0} + m_j\boldsymbol{v}_{j0}) \tag{3-8}$$

根据牛顿第三定律可以得到$\boldsymbol{F}_{ij} + \boldsymbol{F}_{ji} = 0$，因此式(3-8)为

$$\int_{t_1}^{t_2}(\boldsymbol{F}_i + \boldsymbol{F}_j)\mathrm{d}t = (m_i\boldsymbol{v}_i + m_j\boldsymbol{v}_j) - (m_i\boldsymbol{v}_{i0} + m_j\boldsymbol{v}_{j0}) \tag{3-9}$$

由于内力总是成对出现，且每一对内力的矢量和为零，即系统所有内力之和为零。若用$\boldsymbol{F}^{\mathrm{ex}}$表示系统所受到的合外力，$\boldsymbol{p}_0$和$\boldsymbol{p}$分别表示系统的初动量和末动量，则可以将式(3-9)从两质点的情况推广到由n个质点组成的系统，具体关系为

$$\int_{t_1}^{t_2}\boldsymbol{F}^{\mathrm{ex}}\mathrm{d}t = \sum_{i=1}^{n}m_i\boldsymbol{v}_i - \sum_{i=1}^{n}m_i\boldsymbol{v}_{i0} = \boldsymbol{p} - \boldsymbol{p}_0 \tag{3-10}$$

式(3-10)表明，在一定时间间隔内，合外力作用于系统的冲量等于系统总动量的增量。这就是质点系的动量定理。该式也说明系统的内力对系统的总动量无影响。

3.2　动量守恒定律

在式(3-10)中，若质点系受到的合外力为零，则有

$$\sum_{i=1}^{n}m_i\boldsymbol{v}_i - \sum_{i=1}^{n}m_i\boldsymbol{v}_{i0} = 0 \tag{3-11}$$

即$\boldsymbol{p} - \boldsymbol{p}_0 = 0$，也可以写成

$$\boldsymbol{p} = \sum_{i=1}^{n}m_i\boldsymbol{v}_i = 常矢量 \tag{3-12}$$

这就是质点系的动量守恒定律，其可表述为当系统不受外力或所受合外力为零时，系统的总动量将保持不变。动量守恒定律是矢量式，在直角坐标系中的分量式为

$$\begin{cases} p_x = \sum m_i v_{ix} = C_1 (F_x^{ex} = 0) \\ p_y = \sum m_i v_{iy} = C_2 (F_y^{ex} = 0) \\ p_z = \sum m_i v_{iz} = C_3 (F_z^{ex} = 0) \end{cases} \tag{3-13}$$

式中，C_1、C_2 和 C_3 均为常数。

需要注意的是：

(1)如果系统所受合外力不为零，但是所受合力在某个方向上的分量为零，那么系统的总动量不守恒，而在该方向却是守恒的，可以应用动量守恒定律；

(2)系统所受合外力不为零，但是系统内力远大于合外力，此时可以近似认为系统的动量是守恒的，如处理爆炸问题时就可以使用动量守恒定律；

(3)在讨论动量守恒定律时，从牛顿第二定律出发，并且用到了牛顿第三定律，但是我们不能认为动量守恒定律是从牛顿定律推导出来的；相反，动量守恒定律拥有比牛顿定律更广的适用范围，是比牛顿定律更普遍的定律，即某些过程中牛顿定律不再适用，但是动量守恒定律依然适用，如在微观领域中不能使用牛顿定律，却可以使用动量守恒定律。

例 3-1　质量为 2.5 g 的乒乓球以 10 m · s^{-1} 的速率飞来，被挡板阻挡后，又以 20 m · s^{-1} 的速率飞出，如图 3-2 所示。设两速度在垂直于挡板 p 面的同一平面内，且它们与挡板面法线的夹角分别为 45°和 30°，求：(1)挡板阻挡的过程中乒乓球得到的冲量；(2)若撞击时间为 0. 01 s，求挡板施于球的平均冲力的大小和方向。

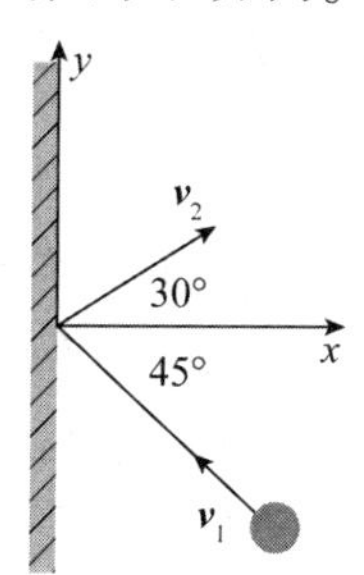

图 3-2　例 3-1 图

分析　已知质点的质量及初、末速度，要求其得到的冲量和平均冲力，可由动量定理进行计算。

解　(1)取挡板和乒乓球为研究对象，由于作用时间很短，忽略重力影响。设挡板对乒乓球的冲力为 $\boldsymbol{F}$，则由动量定理，有

$$\boldsymbol{I} = \int \boldsymbol{F} \mathrm{d}t = m\boldsymbol{v}_2 - m\boldsymbol{v}_1$$

选取坐标系如图 3-2 所示，将上式写成分量式，有

$$\begin{cases} I_x = \int F_x \mathrm{d}t = mv_2 \cos 30° - (-mv_1 \cos 45°) = \overline{F}_x \Delta t \\ I_y = \int F_y \mathrm{d}t = mv_2 \sin 30° - mv_1 \sin 45° = \overline{F}_y \Delta t \end{cases}$$

将 $v_1 = 10$ m · s^{-1}，$v_2 = 20$ m · s^{-1}，$m = 2.5 \times 10^{-3}$ kg 代入上面 3 个式子，得冲量为

$$\boldsymbol{I}=I_x\boldsymbol{i}+I_y\boldsymbol{j}=(0.061\boldsymbol{i}+0.007\boldsymbol{j})\ \text{N}\cdot\text{s}$$

(2)当 $\Delta t=0.01$ s时，有

$$\overline{F}_x=\frac{I_x}{\Delta t}\approx 6.1\ \text{N},\ \overline{F}_y=\frac{I_y}{\Delta t}\approx 0.7\ \text{N},\ \boldsymbol{F}=\sqrt{\overline{F}_x^2+\overline{F}_y^2}\approx 6.14\ \text{N}$$

平均冲力与 x 方向的夹角 α 为

$$\tan\alpha=\frac{\overline{F}_y}{\overline{F}_x}\approx 0.1148,\ \alpha\approx 6.54°$$

即平均冲力与 x 方向的夹角约为6.54°。

例3-2　在光滑的水平面上，有一质量为 M、长为 l 的小车，车上一端有一质量为 m 的人，如图3-3所示。起初人和车均静止，若人从车一端走到另一端，设 $\boldsymbol{v}_m$ 为人对地的行进速度，$\boldsymbol{v}_M$ 为车对地的行进速度，$\boldsymbol{v}_{mM}$ 为人相对于车的行进速度，则人和车相对地面走过的距离 s_m 和 s_M 各为多少?

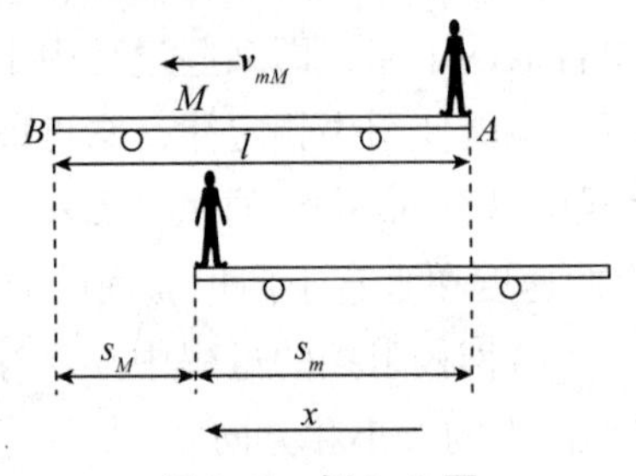

图3-3　例3-2图

解　研究对象：车和人组成的系统。

由于此系统在水平方向所受合外力为零，故在此方向动量守恒，则有

方法一：

$$m\boldsymbol{v}_m+M\boldsymbol{v}_M=0\ (\text{对地}) \tag{1}$$

$$\boldsymbol{v}_m=\boldsymbol{v}_{mM}+\boldsymbol{v}_M$$

$$m(\boldsymbol{v}_{mM}+\boldsymbol{v}_M)+M\boldsymbol{v}_M=0$$

如图以初始时刻人所在位置为原点建立坐标系，标量式为

$$mv_{mM}-(m+M)v_M=0$$

即

$$mv_{mM}=(m+M)v_M$$

积分($t=0$时，人在 A 处，$t=t_0$ 时，人在 B 处)得

$$m\int_0^{t_0}v_{mM}\text{d}t=(m+M)\int_0^{t_0}v_M\text{d}t$$

即

$$ml=(m+M)s_M$$

得

$$s_M=\frac{ml}{m+M}$$

由图知 $s_m=l-s_M=\dfrac{M}{m+M}l$。

方法二：

由式(1)得车和人速度关系的标量式为

$$mv_m = Mv_M$$

积分得

$$m\int_0^{t_0} v_m \mathrm{d}t = M\int_0^{t_0} v_M \mathrm{d}t$$

$$ms_m = Ms_M \tag{2}$$

又因为

$$s_m + s_M = l \tag{3}$$

由式(2)和式(3)可得

$$\begin{cases} s_m = \dfrac{M}{m+M}l \\ s_M = \dfrac{m}{m+M}l \end{cases}$$

3.3　动能定理

1. 功

有一质点在力 $\boldsymbol{F}$ 作用下发生的位移为 $\mathrm{d}\boldsymbol{r}$，$\boldsymbol{F}$ 与 $\mathrm{d}\boldsymbol{r}$ 的夹角为 θ，如图 3-4(a)所示。力 F 所做的元功为

$$\mathrm{d}W = F|\mathrm{d}r|\cos\theta = \boldsymbol{F}\cdot\mathrm{d}\boldsymbol{r} \tag{3-14}$$

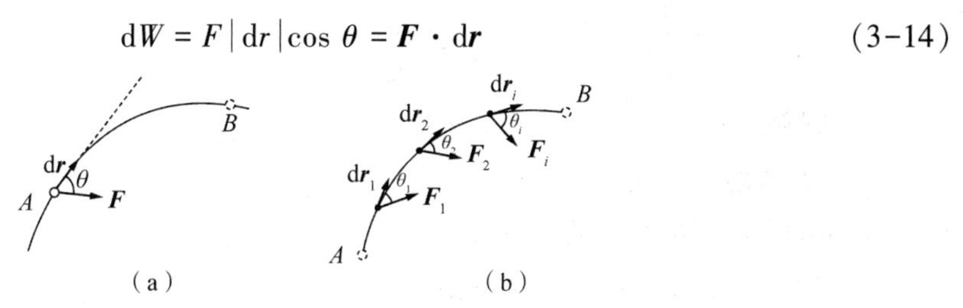

图 3-4　变力做功的示意图

功的定义为：力在位移方向上的投影与位移大小的乘积。虽然力和位移是有大小和方向的矢量，但是它们的标积——功，却是只有大小没有方向的标量。功的正负由力 $\boldsymbol{F}$ 和位移 $\mathrm{d}\boldsymbol{r}$ 的夹角 θ 决定：当 $\theta < \dfrac{\pi}{2}$ 时，功为正值，即该力做正功；当 $\theta > \dfrac{\pi}{2}$ 时，功为负值，即该力做负功；当 $\theta = \dfrac{\pi}{2}$ 时，力不做功。

在图 3-4(b)中，若质点在变力 $\boldsymbol{F}$ 作用下按照图中所示路径从点 A 运动到点 B，求这个过程中力所做的功，则需要把该路径分割成无穷多个元位移，在每一段元位移中，力可看作是恒定不变的，这样我们将力在每一段元位移上所做的元功相加就是变力 $\boldsymbol{F}$ 在整个过程中所做的功，即

$$W = \int \mathrm{d}W = \int_A^B \boldsymbol{F}\cdot\mathrm{d}\boldsymbol{r} = \int_A^B F\cos\theta\mathrm{d}s \tag{3-15}$$

在直角坐标系中，$\boldsymbol{F}$ 和 $\mathrm{d}\boldsymbol{r}$ 都是坐标 x、y、z 的函数，即

$$\boldsymbol{F} = F_x\boldsymbol{i} + F_y\boldsymbol{j} + F_z\boldsymbol{k} \tag{3-16}$$

$$\mathrm{d}\boldsymbol{r} = \mathrm{d}x\boldsymbol{i} + \mathrm{d}y\boldsymbol{j} + \mathrm{d}z\boldsymbol{k} \tag{3-17}$$

因此变力所做的功可以写成

$$W = \int_A^B \boldsymbol{F} \cdot \mathrm{d}\boldsymbol{r} = \int_A^B (F_x\mathrm{d}x + F_y\mathrm{d}y + F_z\mathrm{d}z) \tag{3-18}$$

我们也可以通过作图的方法表示功。以 $F\cos\theta$ 为纵坐标，以路程 s 为横坐标，如图3-5所示，曲线下方所包围面积就是变力所做的功的代数值，图中狭长的矩形阴影面积就是力 $\boldsymbol{F}$ 在 $\mathrm{d}s$ 上所做的功。

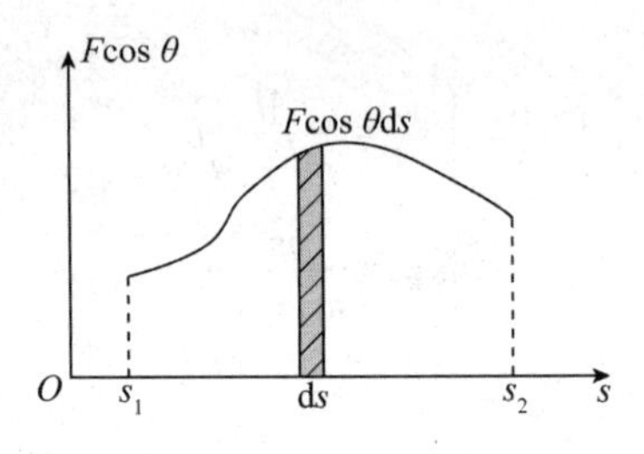

图3-5　力 $\boldsymbol{F}$ 做的功

在国际单位制中，功的单位是 N · m，我们把这个单位叫作焦耳，简称焦，用 J 表示。功的量纲是 $\mathrm{ML^2T^{-2}}$。

单位时间内做的功叫作功率，用 P 表示，有

$$P = \frac{\mathrm{d}W}{\mathrm{d}t} = \boldsymbol{F} \cdot \frac{\mathrm{d}\boldsymbol{r}}{\mathrm{d}t} = \boldsymbol{F} \cdot \boldsymbol{v} \tag{3-19}$$

在国际单位制中，功率的单位名称是瓦特，简称瓦，用 W 表示。

2. 质点的动能定理

有一质量为 m 的质点在力 $\boldsymbol{F}$ 作用下从点 A 运动到点 B，它在 A、B 两点的速率分别为 v_1、v_2，如图3-6所示。在曲线上取一段元位移 $\mathrm{d}\boldsymbol{r}$，力在这段元位移上做的功为

$$\mathrm{d}W = \boldsymbol{F} \cdot \mathrm{d}\boldsymbol{r} = F\cos\theta\,|\mathrm{d}\boldsymbol{r}| \tag{3-20}$$

式中，$F\cos\theta = F_\mathrm{t} = m\dfrac{\mathrm{d}v}{\mathrm{d}t}$。

又 $|\mathrm{d}\boldsymbol{r}| = \mathrm{d}s$，$\mathrm{d}s = v\mathrm{d}t$，故 $\mathrm{d}W = m\dfrac{\mathrm{d}v}{\mathrm{d}t}v\mathrm{d}t = mv\mathrm{d}v$，则在质点从点 A 移动到点 B 的过程中，力 $\boldsymbol{F}$ 所做的总功为

$$W = \int \mathrm{d}W = \int_{v_1}^{v_2} mv\mathrm{d}v = \frac{1}{2}mv_2^2 - \frac{1}{2}mv_1^2 \tag{3-21}$$

$\dfrac{1}{2}mv^2$ 是一个和质点运动状态有关的物理量，我们将其命名为质点的动能，并用 E_k 表示，故式(3-21)表明外力对质点做的功等于质点动能的增量，其也可写为

$$W = E_{\mathrm{k}2} - E_{\mathrm{k}1} \tag{3-22}$$

这就是质点的动能定理。

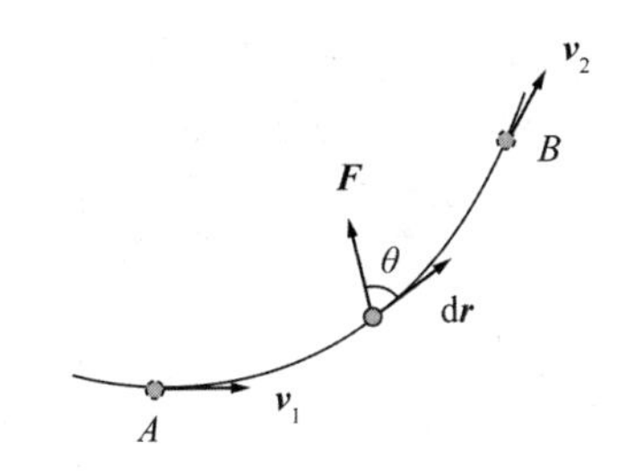

图 3-6　A、B 两点质点速度变化示意图

例 3-3　用铁锤把钉子敲入墙上的木板。设木板对钉子的阻力与钉子进入木板的深度成正比。若第一次敲击，能把钉子钉入木板 1 cm。问第二次敲击时，保持第一次敲击钉子的速度，那么第二次能把钉子钉入多深?

分析　由于两次锤击钉子的条件相同，锤击后钉子获得的速度相同，所具有的初动能也相同；由动能定理可知，钉子钉入过程是阻力做功等于钉子动能的增量，两次动能增量相同(末动能均为零)，所以两次钉子钉入过程阻力做功相同。

解　取 x 轴沿钉入的方向，原点在板面上。由于阻力与深度成正比，则有 $\boldsymbol{F}=-kx$(k 为阻力系数)。令第一次敲击钉子后钉子的深度为 $x_1=1\ \text{cm}$，第二次敲击钉子后钉子的深度为 x_2。由于两次阻力做功相等，可得

$$\int_0^{x_1}-kx\mathrm{d}x=\int_{x_1}^{x_2}-kx\mathrm{d}x=0-\frac{1}{2}mv^2$$

得

$$x_2^2=2x_1^2,\ x_2=\sqrt{2}x_1$$

所以第二次敲击能把钉子钉入的深度为

$$\Delta x=x_2-x_1=0.41\ \text{cm}$$

3.4　保守力与非保守力　势能

1. *万有引力做功*

设有质量分别为 m_1、m_2 的两质点，质点 m_2 相对 m_1 的位矢为 $\boldsymbol{r}$，如图 3-7 所示，质点 m_2 受到质点 m_1 的万有引力(简称引力)为

$$\boldsymbol{F}=-G\frac{m_1m_2}{r^2}\boldsymbol{e}_r \tag{3-23}$$

式中，$\boldsymbol{e}_r$ 为与 $\boldsymbol{r}$ 同向的单位矢量；G 为万有引力常量。因此，万有引力的元功为

$$\mathrm{d}W=\boldsymbol{F}\cdot\mathrm{d}\boldsymbol{r}=-G\frac{m_1m_2}{r^2}\boldsymbol{e}_r\cdot\mathrm{d}\boldsymbol{r}=-G\frac{m_1m_2}{r^2}\mathrm{d}r \tag{3-24}$$

则质点 m_2 从点 A 移动到点 B 的过程中，万有引力做功为

$$W_{引}=\int\mathrm{d}W_{引}=-Gm_1m_2\int_{r_A}^{r_B}\frac{1}{r^2}\mathrm{d}r=Gm_1m_2\left(\frac{1}{r_B}-\frac{1}{r_A}\right) \tag{3-25}$$

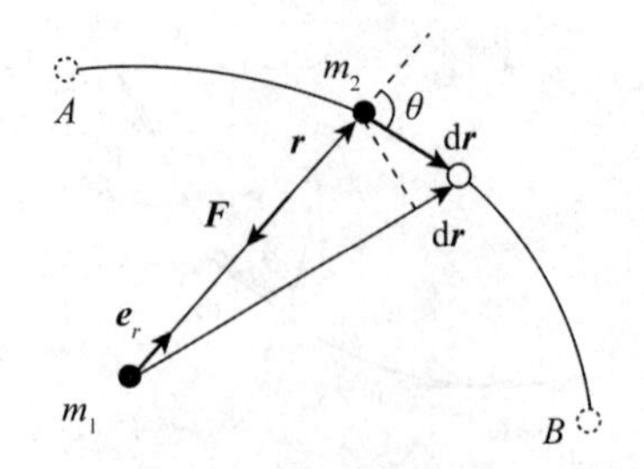

图 3-7　万有引力做功

式(3-25)说明万有引力做功仅与质点的始末位置有关，与具体的路径无关。

2. 弹性力做功

光滑的水平面上有一弹簧一端被固定，另一端与一质量为 m 的物块相连，如图 3-8 所示。此时弹簧处于自然伸长状态，取此时物块所在位置为 O 点，水平向右为 x 轴正方向。当有外力作用于弹簧，使弹簧产生形变，则物块将会受到弹簧施加的弹性力(简称弹力)作用。若弹簧伸长量为 x，则弹簧施加给物块的弹性力为

$$F = -kx \tag{3-26}$$

式中，k 为弹簧的刚度系数。在弹性限度内，物块在弹性力作用下从 x_1 运动到 x_2 时，弹性力做功为

$$W_{\text{弹}} = \int_{x_1}^{x_2} \boldsymbol{F} \cdot \mathrm{d}x = \int_{x_1}^{x_2} -kx\mathrm{d}x = -\frac{1}{2}k(x_2^2 - x_1^2) \tag{3-27}$$

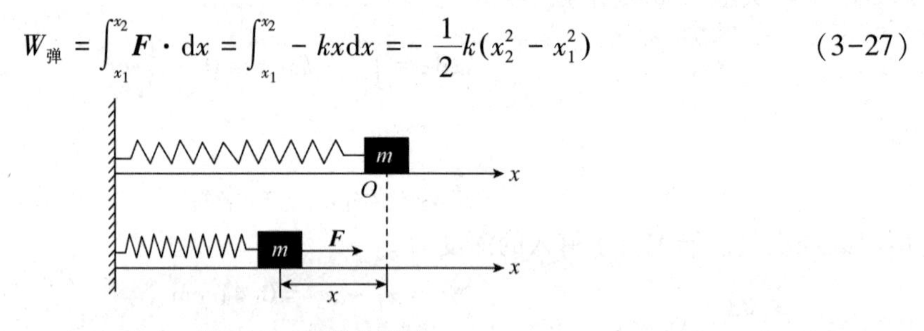

图 3-8　弹性力做功

式(3-27)说明，与万有引力相同，弹性力做功仅与始末位置有关，与具体路径无关。

3. 保守力与非保守力

万有引力和弹性力做功都是只与始末位置有关，和具体路径无关，我们把具有这种特点的力称为保守力。电荷间的库仑力和原子间的分子力也是保守力。

质点只受保守力作用，分别沿 ACB 和 ADB 两条路径从 A 运动到 B，如图 3-9(a)所示，根据保守力做功的特点，两条路径上保守力做的功相等，为

$$W_{ACB} = W_{ADB} = \int_{ACB} \boldsymbol{F} \cdot \mathrm{d}\boldsymbol{r} = \int_{ADB} \boldsymbol{F} \cdot \mathrm{d}\boldsymbol{r} \tag{3-28}$$

若质点沿 $ACBDA$ 闭合路径运动一周，如图 3-9(b)所示，则保守力对质点做的功为

$$W = \oint_l \boldsymbol{F} \cdot \mathrm{d}r = \int_{ACB} \boldsymbol{F} \cdot \mathrm{d}\boldsymbol{r} + \int_{BDA} \boldsymbol{F} \cdot \mathrm{d}\boldsymbol{r} = \int_{ACB} \boldsymbol{F} \cdot \mathrm{d}\boldsymbol{r} - \int_{ADB} \boldsymbol{F} \cdot \mathrm{d}\boldsymbol{r} = 0 \tag{3-29}$$

即

$$W_{\text{保}} = \oint_l \boldsymbol{F} \cdot \mathrm{d}\boldsymbol{r} = 0 \tag{3-30}$$

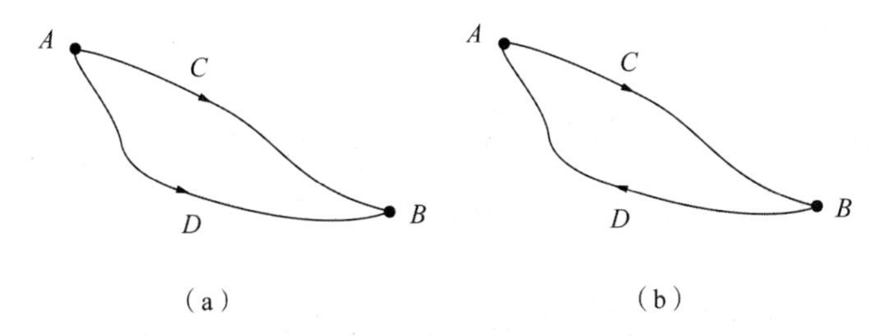

图 3-9　保守力做功示意图

式(3-30)表明，质点沿闭合路径运动一周，保守力对其做功为零。

在物理学中，有一些力做功与路径有关，如摩擦力和安培力等。我们将做功与路径有关的力叫作非保守力。

4. 势能

在前面的讨论中，万有引力和弹力做功分别为

$$W_{引} = -\left[\left(-\frac{Gm_1m_2}{r_B}\right) - \left(-\frac{Gm_1m_2}{r_A}\right)\right] \tag{3-31}$$

$$W_{弹} = \int_{x_1}^{x_2} F \cdot \mathrm{d}x = \int_{x_1}^{x_2} -kx \cdot \mathrm{d}x = -\left(\frac{1}{2}kx_2^2 - \frac{1}{2}kx_1^2\right) \tag{3-32}$$

可见，保守力做功的结果与一个由位置决定的物理量有关，我们将这个由位置决定的物理量称作势能，用 E_p 表示。引力势能和弹性势能分别为

$$E_\mathrm{p} = -\frac{Gm_1m_2}{r} + C_1(\text{引力势能}) \tag{3-33}$$

$$E_\mathrm{p} = \frac{1}{2}kx^2 + C_2(\text{弹性势能}) \tag{3-34}$$

式中，C_1 和 C_2 是由系统零势能位置决定的积分常数，则式(3-24)和式(3-26)都可写成

$$W_{保} = -(E_{\mathrm{p}2} - E_{\mathrm{p}1}) = -\Delta E_\mathrm{p} \tag{3-35}$$

即保守力对质点做的功等于质点势能增量的负值。

对于势能来说，有以下需要注意的地方：

(1)势能是状态的函数，与物体的位置有关；

(2)势能是相对量，势能的大小与零势能点选取有关；

(3)势能是属于系统的，势能是在系统保守内力作用下产生的，单独谈论某个质点的势能是没有意义的。

3.5　功能原理　机械能守恒定律

1. 质点系的动能定理

由式(3-21)可知，对于单个质点来说，合力所做的功等于质点动能的增量，即

$$W_i = E_{\mathrm{k}i} - E_{\mathrm{k}i0} \tag{3-36}$$

对于质点系来说，则有

$$\sum_{i=1}^{n} W_i = \sum_{i=1}^{n} E_{ki} - \sum_{i=1}^{n} E_{ki0} \tag{3-37}$$

式(3-37)表明，作用于质点系的力所做的功，等于质点系动能的增量，这就是质点系的动能定理。

在一个质点系中，每个质点所受到的合力既有来自质点系之外的力，也有来自质点系内部质点之间的相互作用力，即有外力和内力。因此，作用于质点系的力所做的功应该是外力做功和内力做功之和，即

$$\sum_{i=1}^{n} W_i = \sum_{i=1}^{n} W_i^{ex} + \sum_{i=1}^{n} W_i^{in} = W_{外力} + W_{内力} \tag{3-38}$$

因此

$$W_{外力} + W_{内力} = \sum_{i=1}^{n} E_{ki} - \sum_{i=1}^{n} E_{ki0} \tag{3-39}$$

这说明，作用于质点系的合外力与合内力做功之和，等于质点系动能的增量。

2. 质点系的功能原理

系统内各质点之间的作用力，即有保守力也有非保守力，我们用 $W_{保守内力}$ 表示质点系中所有保守内力做功之和，用 $W_{非保守内力}$ 表示质点系中所有非保守内力做功之和，则 $W_{内力}=W_{保守内力}+W_{非保守内力}$，并且保守内力做功等于系统势能增量的负值，即

$$W_{保守内力} = -\left(\sum_{i=1}^{n} E_{pi} - \sum_{i=1}^{n} E_{pi0}\right) \tag{3-40}$$

那么可以得到

$$W_{外力} + W_{非保守内力} = \left(\sum_{i=1}^{n} E_{ki} + \sum_{i=1}^{n} E_{pi}\right) - \left(\sum_{i=1}^{n} E_{ki0} + \sum_{i=1}^{n} E_{pi0}\right) \tag{3-41}$$

我们将动能与势能的和称为机械能，用 E 表示，则式(3-41)可写为

$$W_{外力} + W_{非保守内力} = E - E_0 \tag{3-42}$$

式(3-42)表明，外力与非保守内力对系统所做功之和，等于系统机械能的增量。这就是质点系的功能原理。

3. 机械能守恒定律

从质点系的功能原理可以看出，若质点系所受外力及非保守内力对系统做功之和为零，即 $W_{外力} + W_{非保守内力} = 0$，因此 $E = E_0$，则有

$$\sum_{i=1}^{n} E_{ki} + \sum_{i=1}^{n} E_{pi} = \sum_{i=1}^{n} E_{ki0} + \sum_{i=1}^{n} E_{pi0} \tag{3-43}$$

即作用于质点系的外力和非保守内力均不做功，质点系的总机械能是守恒的。也可以说，当只有保守内力做功时，质点系的机械能守恒，这就是机械能守恒定律。

需要注意的是，机械能守恒不是说动能和势能都不变，而是动能和势能可以通过保守内力做功来相互转化，但是系统总的机械能不变。另外，运用动能定理、功能原理和机械能守

恒定律时，其中所涉及的速度与位置一定要是相对于同一惯性系的。

例 3-4　质量为 m 的物体，从四分之一圆槽的点 A 静止开始下滑到点 B，如图 3-10 所示。在点 B 处速率为 v，槽半径为 R。求物体从点 A 运动到点 B 过程中摩擦力做的功。

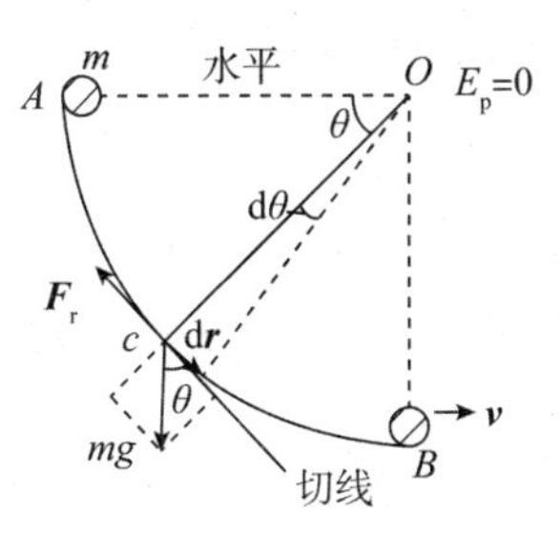

图 3-10　例 3-4 图

解　方法一：用功的定义求解。

按功定义 $W=\int_A^B \boldsymbol{F}\cdot \mathrm{d}\boldsymbol{r}$，$m$ 在任意一点 C 处，切线方向的牛顿第二定律方程为

$$mg\cos\theta-\boldsymbol{F}_{\mathrm{r}}=m\boldsymbol{a}_{\mathrm{t}}=m\frac{\mathrm{d}v}{\mathrm{d}t}$$

其中，$\boldsymbol{F}_{\mathrm{r}}$ 为物体受到摩擦力，则其大小为

$$F_{\mathrm{r}}=-m\frac{\mathrm{d}v}{\mathrm{d}t}+mg\cos\theta$$

故

$$\begin{aligned}W&=\int_A^B \boldsymbol{F}_{\mathrm{r}}\cdot \mathrm{d}\boldsymbol{s}=\int_A^B F_{\mathrm{r}}\mathrm{d}s\cos\pi\\&=-\int_A^B F_{\mathrm{r}}\mathrm{d}s=-\int_A^B\left(mg\cos\theta-m\frac{\mathrm{d}v}{\mathrm{d}t}\right)\mathrm{d}s\\&=m\int_A^B\frac{\mathrm{d}v}{\mathrm{d}t}\mathrm{d}s-\int_A^B mg\cos\theta\mathrm{d}s\\&=m\int_0^v v\mathrm{d}v-\int_0^{\frac{\pi}{2}} mg\cos\theta R\mathrm{d}\theta\\&=\frac{1}{2}mv^2-mgR\end{aligned}$$

方法二：用质点的动能定理求解。

物体受到 3 个力，它们分别是支持力 $\boldsymbol{F}_{\mathrm{N}}$、摩擦力 $\boldsymbol{F}_{\mathrm{r}}$ 和重力 $\boldsymbol{G}$。设它们对物体所做的功分别为 W_{N}、W_{r}、W_G。由质点的动能定理 $W_{合}=\frac{1}{2}mv_2^2-\frac{1}{2}mv_1^2$ 有

$$W_{\mathrm{N}}+W_{\mathrm{r}}+W_G=\frac{1}{2}mv^2-0$$

即

$$0+W_{\mathrm{r}}+mgR=\frac{1}{2}mv^2\,(W_G=-\Delta E_{\mathrm{p}}=-mgh)$$

$$W_r = \frac{1}{2}mv^2 - mgR$$

方法三：用质点系的功能原理求解。

选取地球、物体为研究系统，外界对系统做功 $W_{外力} = W_{摩擦力} \neq 0$，系统内的非保守内力做的功 $W_{非保守内力} = 0$，槽对物体的支持力不做功。由质点系的功能原理得

$$W_{外力} + W_{非保守内力} = E - E_0 = (E_{k2} + E_{p2}) - (E_{k1} + E_{p1})$$

选取小球运动到 B 点处的势能为零，即 $E_{p2} = 0$，则有

$$W_{摩擦力} + 0 = \left(\frac{1}{2}mv^2 + 0\right) - (0 + mgR)$$

即

$$W_{摩擦力} = \frac{1}{2}mv^2 - mgR$$

注意：此题目机械能不守恒。

例 3-5　一匀质链条总长为 L，质量为 m，放在桌面上，并使其部分下垂，下垂一端的长度为 a，如图 3-11 所示，设链条与桌面之间的滑动摩擦系数为 μ，令链条由静止开始运动，求：(1)从链条开始运动到其全部离开桌面的过程中，摩擦力做了多少功？(2)链条全部离开桌面时的速率是多少？

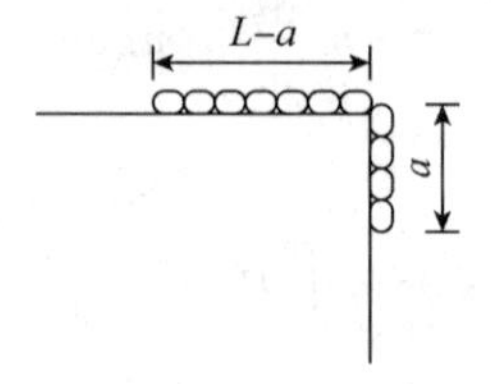

图 3-11　例 3-5 图

解　(1)当链条下垂部分为 x 时，链条与桌面之间的摩擦力的大小为

$$F_f = -\mu F_N = -\mu(L - x)mg/L$$

链条在桌面滑动的整个过程中，摩擦力对链条做的功为

$$W_f = \int F_f \mathrm{d}x = \int_a^L -\frac{\mu(L - x)}{L}mg\mathrm{d}x = \frac{-\mu mg(L - a)^2}{2L}$$

(2)以链条、地球为系统，由功能原理得

$$W_f = E_2 - E_1$$

以桌面为零势能点，由于链条均匀，有

$$E_1 = -\frac{m}{L}ag\frac{a}{2},\ E_2 = -\frac{mgL}{2} + \frac{mv^2}{2}$$

即

$$-\frac{\mu mg(L - a)^2}{2L} = \left(-\frac{mgL}{2} + \frac{mv^2}{2}\right) - \left(-\frac{m}{L}ag\frac{a}{2}\right)$$

所以链条离开桌面时的速率为

$$v=(g/L)^{\frac{1}{2}}[(L^2-a^2)-\mu(L-a)^2]^{\frac{1}{2}}$$

3.6　能量转化和能量守恒定律

在长期的生产和科学实验中，人们总结出一条重要的结论：对于一个与自然界无任何联系的系统来说，系统内各种形式的能量是可以相互转化的，但是不论如何转化，能量既不产生，也不消灭。这一结论叫作能量守恒定律，它是自然界的基本定律之一。在能量守恒定律中，系统的能量是不变的，但是能量的各种形式之间却可以相互转化，如机械能、电能、热能、光能等能量之间都可以相互转化。在能量转化过程中，能量的变化常用功来度量。但是，不能把功与能量等同起来，功是和能量转化过程联系在一起的，而能量只和系统的状态有关，是系统状态的函数。

3.7　碰撞

碰撞是指两质点交换它们动量和能量的过程。如果在两物体的碰撞过程中，它们之间相互作用的内力较之其他物体对它们作用的外力要大得多，在研究两物体的碰撞问题时，可将其他物体对它们作用的外力忽略不计。如果在碰撞后，两物体的动能之和完全没有损失，那么这种碰撞叫作完全弹性碰撞。实际上，在两物体碰撞时，由于非保守力作用，机械能转化为热能、声能、化学能等其他形式的能量，或者其他形式的能量转化为机械能，这种碰撞叫作非弹性碰撞。若两物体在非弹性碰撞后以同一速度运动，则这种碰撞叫作完全非弹性碰撞。

【知识应用】

篮球运动中的动量定理

篮球运动是一项对抗异常激烈的竞技运动，为广大青少年所喜爱。篮球比赛中会用到很多技术动作，如传球、接球、跑动、摆脱、掩护、跳投、抢篮板球等，这些技术动作处处都涉及动量定理。下面讨论动量定理在接球和跳投技术动作中的应用。

1. 接球

标准接球动作为：目视飞来的篮球，两臂迎着球的方向伸出，两手拇指相对成外八字形，其他手指伸向前上方，两手成一个半圆形。当手指接触到来球时，两个手臂顺势屈肘后引缓冲来球的力量，两手持球于胸腹前，成基本的站立姿势。在篮球质量一定、速度一定时，延长接球的时间可以减少双手和篮球之间的作用力，这样更容易稳稳地接住篮球。标准接球动作中的两臂伸向来球，在接触篮球时屈肘后引，可以有效地增加双手和篮球的接触时间，使接球更容易成功。篮球比赛中，很多传接球的失误，都是手臂没有及时伸出，无法缓冲来球的力量，导致篮球和双手之间的作用力过大而没有接稳球。所以要接好球，不仅要有良好的手感，还要练好标准接球动作。

2. 跳投

跳投是篮球比赛中运动员的主要得分手段，所以一个篮球队整体跳投技术的好坏直接关系到整场比赛的胜负。很多运动员根据经验认为，跳投时，应该在身体上升到最高点时将篮球投出。有一些研究指出，在最高点投篮其实是不科学的。运动员的跳投是在身体不受外力作用时完成的，要获得较高的命中率，在篮球出手的过程中必须尽量保持身体的平稳。而最平稳的状态并不是出现在运动员身体上升到最高点的时候，而是出现在身体上升到最高点之前一段时间内。运动员在空中完成跳起的动作时，用力将篮球投出，上肢会对身体的下部分产生反作用力，反作用力作用的时间和投篮动作的时间相等。根据动量定理，反作用力会对身体产生一个向上的冲量，使身体获得一个向下的速度，而上肢却在向上摆动，这样会造成整个身体的不协调，从而影响到投篮的命中率。要想获得较高的命中率，应该在身体上升到最高点之前出手投篮，这个时候，身体具有向上的速度，投篮时上肢摆动的反作用力产生的冲量可以使身体向上的速度变成零，篮球出手的过程中整个身体就处于最稳定的状态。当然，具体在出手投篮之前什么时候最稳定，需要运动员不断实践掌握。

火箭发射过程中的动量守恒定律

2019 年 12 月 27 日 20 时 45 分，在文昌航天发射场震天动地的轰鸣中，我国运载能力最大的火箭——长征五号，托举我国最重的卫星，同时也是东方红五号卫星公用平台首飞试验星——实践二十号飞向太空。长征系列运载火箭圆满完成第 323 次飞行，中国航天以一出“重头戏”完美收官 2019 年宇航任务。

火箭的工作原理是反冲运动，在火箭发射的过程中，可将火箭和喷射的气体看作一个系统，则火箭与气体的相互作用就是系统的内力，此时系统内力远大于系统受到的重力，所以我们认为系统的总动量是守恒的，火箭靠燃料燃烧向后喷出的气体的反冲作用而获得向前的速度。

【本章小结】

1. 动量 动量守恒定律

冲量：力对时间的积分 $\boldsymbol{I}=\int_{t_1}^{t_2}\boldsymbol{F}\mathrm{d}t$，称为冲量，是矢量，与过程对应。

动量：质点的动量 $\boldsymbol{p}=m\boldsymbol{v}$，质点系的动量 $\boldsymbol{p}=\sum_{i=1}^{n}m_i\boldsymbol{v}_i$，是矢量，与状态对应。

动量定理：在给定时间内，作用于系统的合外力上的冲量，等于系统动量的增量，即

$$\boldsymbol{I}=\boldsymbol{p}-\boldsymbol{p}_0$$

动量守恒定律：当系统所受合外力为零时，系统的总动量保持不变，即当 $\sum_{i=1}^{n}\boldsymbol{F}_i=0$

时，有

$$\boldsymbol{p}=\sum_{i=1}^{n} m_i \boldsymbol{v}_i=\text{常矢量}$$

2. 功和能

功：力在空间的积累效果。变力的功 $W=\int_a^b \boldsymbol{F}\cdot \mathrm{d}\boldsymbol{r}$ 。

动能：质点的动能 $E_\mathrm{k}=\frac{1}{2}mv^2$，质点系的动能 $E_\mathrm{k}=\sum_{i=1}^{n}\frac{1}{2}m_i v_i^2$ 。

动能定理：外力和内力对质点或质点系所做的功之和等于质点或质点系动能的增量，即

$$W=E_{\mathrm{k}2}-E_{\mathrm{k}1}$$

保守力：做功与路径无关而只与起点和终点位置有关的力称为保守力。

势能：系统的保守内力所做的功等于系统势能增量的负值。势能的值与所选的势能零点有关。

3. 机械能守恒

外力及非保守内力对系统所做的功之和等于系统机械能的增量，即

$$W_{\text{外力}}+W_{\text{非保守内力}}=E-E_0$$

机械能守恒定律：作用于质点系的外力和非保守内力均不做功，或外力和非保守内力对质点系做功的代数和为零时，质点系的总机械能是守恒的，即当 $W_{\text{外力}}+W_{\text{非保守内力}}=0$ 时，有

$$E=E_0$$

课后习题

3-1　一质量为 60 kg 的人静止站在一条质量为 300 kg 且正在以 2 m·s^{-1} 的速率向湖岸驶近的小木船上，湖水是静止的，其阻力不计。现在人相对于船以速率 v 沿船的前进方向向河岸跳去，该人起跳后，船速减为原来的一半，速率 v 应为(　　)。

(A)2 m·s^{-1}　　(B)3 m·s^{-1}

(C)5 m·s^{-1}　　(D)6 m·s^{-1}

3-2　如下图所示，一质量为 m 的物体，位于质量可以忽略的直立弹簧的正上方高度为 h 处，该物体由静止开始落向弹簧，若弹簧刚度系数为 k，不考虑空气阻力，则物体可能获得的最大动能是(　　)。

(A) mgh　　(B) $mgh-\frac{m^2g^2}{2k}$

(C) $mgh+\frac{m^2g^2}{2k}$　　(D) $mgh+\frac{m^2g^2}{k}$

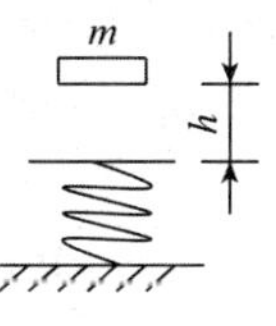

习题 3-2 图

3-3　用锤压钉不易将钉压入木块，用锤击钉则很容易将钉击入木块，这是因为(　　)。

(A)前者遇到的阻力大，后者遇到的阻力小

(B)前者动量守恒，后者动量不守恒

(C)后者锤的动量变化大，给钉的作用力就大

(D)后者锤的动量变化率大，给钉的作用力就大

3-4　在一般的抛体运动中，下列说法中正确的是(　　)。

(A)最高点动能恒为零

(B)在升高的过程中，物体动能的减少等于物体的势能增加和克服重力所做功之和

(C)抛射物体机械能守恒，因而同一高度具有相同的速度矢量

(D)在抛射物体和地球组成的系统中，物体克服重力做的功等于势能的增加

3-5　一轻绳跨过一定滑轮，两端各系一重物，它们的质量分别为 m_1 和 m_2，且 $m_1 > m_2$(滑轮质量及一切摩擦均不计)，如下图所示，此时系统的加速度大小为 a，今用一竖直向下的恒力 $\boldsymbol{F}_1 = m_1 g$ 代替 m_1，系统的加速度大小为 a'，则有(　　)。

(A) $a' = a$　　　　(B) $a' > a$

(C) $a' < a$　　　　(D)条件不足，无法确定

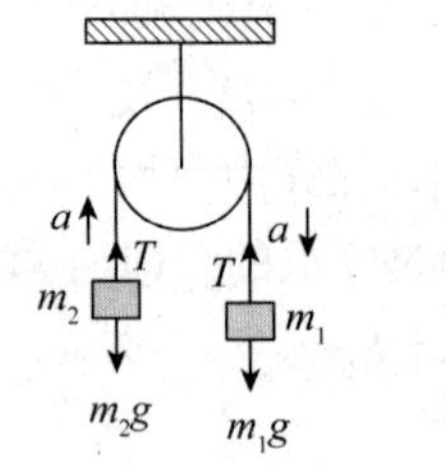

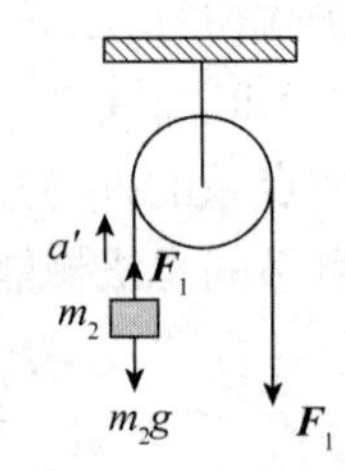

习题 3-5 图

3-6　关于功的概念，有以下几种说法：

(1)保守力做正功时，系统内相应的势能增加；

(2)质点运动经一闭合路径，保守力对质点做的功为零；

(3)作用力和反作用力大小相等、方向相反，所以两者所做的功的代数和必然为零。

在上述说法中(　　)。

(A)(1)、(2)是正确的　　　　(B)(2)、(3)是正确的

(C)只有(2)是正确的　　　　(D)只有(3)是正确的

3-7　一质量为 m_0 的弹簧振子，水平放置静止在平衡位置，如下图所示。一质量为 m 的子弹以水平速率 v 射入振子中，并随之一起运动。如果水平面光滑，此后弹簧的最大势能为(　　)。

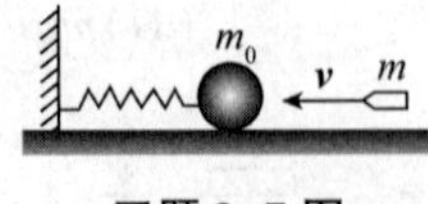

习题 3-7 图

(A) $\dfrac{1}{2}mv^2$　　　　(B) $\dfrac{m^2v^2}{2(m_0 + m)}$

(C) $(m_0 + m)\dfrac{m^2}{2m_0^2}v^2$　　　　(D) $\dfrac{m^2}{2m_0}v^2$

3-8　物体在恒力$\boldsymbol{F}$作用下作直线运动，在t_1时间内速度由0增加到v，在t_2时间内速率由v增加到$2v$。设F在t_1时间内做的功是A_1，冲量是I_1；在t_2时间内做的功是A_2，冲量是I_2，则(　　)。

(A) $A_1=A_2$，$I_1>I_2$　　(B) $A_1=A_2$，$I_1<I_2$

(C) $A_1<A_2$，$I_1=I_2$　　(D) $A_1>A_2$，$I_1=I_2$

3-9　质量为m的物体，在水平面上从发射点O以初始速率v_0抛出，v_0与水平面成仰角α，如下图所示。若不计空气阻力，求：(1) 物体从发射点O到最高点的过程中，重力的冲量；(2) 物体从发射点到落回至同一水平面的过程中，重力的冲量。

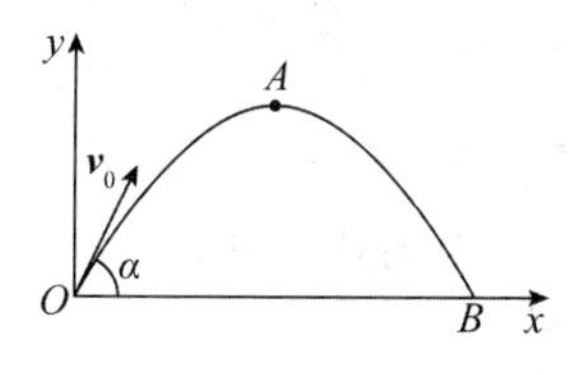

习题3-9图

3-10　合外力$\boldsymbol{F}_x=30+4t$(式中，$\boldsymbol{F}_x$的单位为N，t的单位为s)作用在质量$m=10$ kg的物体上，试求：(1)在开始2 s内此力的冲量；(2)若冲量$I=300$ N·s，此力作用的时间；(3)若物体的初速率$v_1=10\ \text{m}\cdot\text{s}^{-1}$，方向与$\boldsymbol{F}_x$相同，在$t=6.86$ s时，此物体的速率v_2。

3-11　质量为m的小球，在合外力$\boldsymbol{F}=-kx$作用下运动，已知$x=A\cos\omega t$，其中k、ω、A均为正常量，求在$t=0$到$t=\dfrac{\pi}{2\omega}$时间内小球动量的增量。

3-12　A、B两船在平静的湖面上平行逆向航行，当两船擦肩相遇时，两船各自向对方平稳地传递50 kg的重物，结果是A船停了下来，而B船以3.4 $\text{m}\cdot\text{s}^{-1}$的速度继续向前驶去。A、B两船原有质量分别为$0.5\times10^3$ kg和1.0×10^3 kg，求在传递重物前两船的速度。(忽略水对船的阻力)

3-13　质量为m的质点在外力$\boldsymbol{F}$的作用下沿x轴运动，已知$t=0$时质点位于原点，且初始速率为零。设外力$\boldsymbol{F}$随距离线性地减小，且$x=0$时，$\boldsymbol{F}=\boldsymbol{F}_0$；当$x=L$时，$\boldsymbol{F}=0$。试求质点从$x=0$处运动到$x=L$处的过程中力$\boldsymbol{F}$对质点所做的功和质点在$x=L$处的速率。

3-14　一质量为0.20 kg的球，系在长为2.00 m的细绳上，细绳的另一端系在天花板上，如下图所示。把小球移至使细绳与竖直方向成30°角的位置，然后从静止放开。求：(1)在细绳从30°角变化到0°角的过程中，重力和张力所做的功；(2)物体在最低位置时的动能和速率；(3)物体在最低位置时细绳的张力。

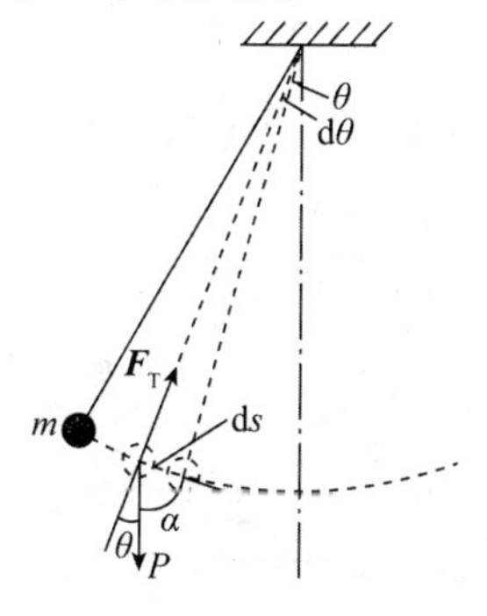

习题3-14图

3-15　有一自动卸货矿车，满载时的质量为 m'，从与水平成倾角 $\alpha = 30°$ 斜面上的点 A 由静止下滑，如下图所示。设斜面对车的阻力为车重的0.25倍，矿车下滑距离 l 时，与缓冲弹簧一起沿斜面运动。当矿车使弹簧产生最大压缩形变时，矿车自动卸货，然后矿车借助弹簧的弹性力作用，使之返回原位置 A 再装货。试问要完成这一过程，空载时与满载时车的质量之比应为多大？

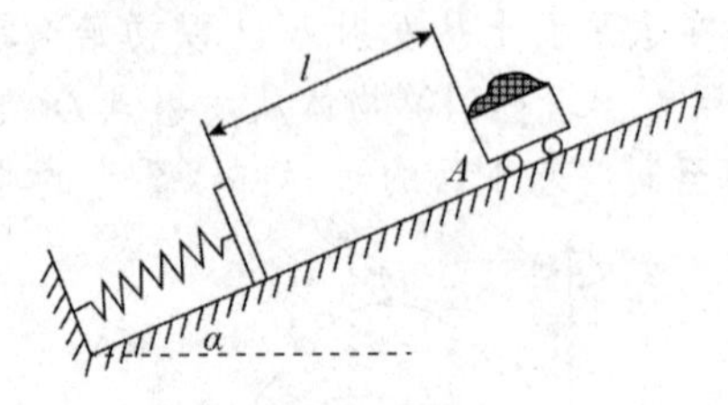

习题3-15图

3-16　一质量为 m 的地球卫星，沿半径为 $3R_E$ 的圆轨道运动，R_E 为地球的半径。已知地球的质量为 m_E。求：(1) 卫星的动能；(2) 卫星的引力势能；(3) 卫星的机械能。

3-17　天文观测台有一半径为 R 的半球形屋面，有一冰块从光滑屋面的最高点由静止沿屋面滑下，如下图所示。若摩擦力略去不计，求此冰块离开屋面的位置以及在该位置的速率。

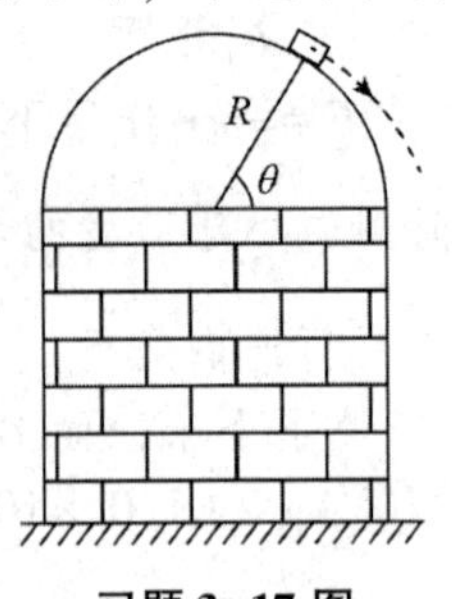

习题3-17图

3-18　质量为 m、速率为 v 的钢球，射向质量为 m' 的靶，靶中心有一小孔，内有刚度系数为 k 的弹簧，如下图所示，此靶最初处于静止状态，但可在水平面上作无摩擦滑动。求钢球射入靶内弹簧后，弹簧的最大压缩距离。

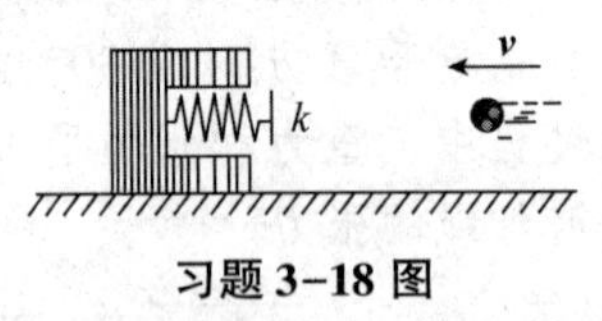

习题3-18图

3-19　一个质量为 m 的小球，从内壁为半球形的容器边缘点 A 滑下，如下图所示。设容器质量为 m'，半径为 R，内壁光滑，并放置在摩擦可以忽略的水平桌面上。开始时小球和容器都处于静止状态。当小球沿内壁滑到容器底部的点 B 时，其受到的向上支持力为多大？

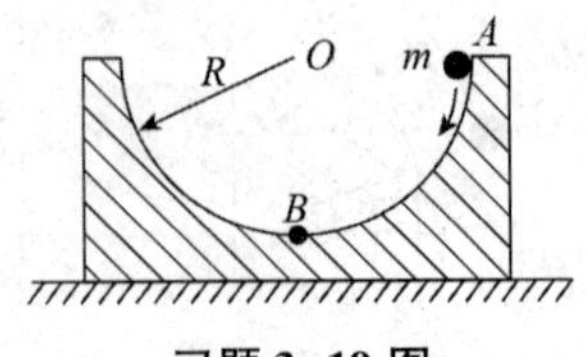

习题3-19图

第4章

刚体的转动

学习目标

1. 理解角量与线量的关系。
2. 理解刚体绕定轴转动的转动定律。
3. 理解刚体在绕定轴转动情况下的动能定理和角动量守恒定律。
4. 能够分析计算刚体定轴转动中的简单问题。

导学思考

1. 同学们在生活中或实习时留意观察会发现：柴油机和汽油机飞轮的边缘设计得比较厚；各种指针式仪表的指针采用密度较小的轻质材料，而且制成的指针又细又薄，如钟表中的秒针、检流计中的指针等。请思考为什么要这样设计呢？

2. 2023年5月30日，神舟十六号航天员乘组顺利抵达中国空间站，与神舟十五号乘组再次上演“太空会师”，这是中国人的骄傲。同学们，在第3章的学习中，我们知道航天器在运行时可以利用动量守恒定律，采用质量排出式(喷出气体)的方法进行姿态调整。这种调姿方法会消耗大量燃料，当燃料耗尽时，航天器就会失去对其姿态调控的动力。请大家想一想，可否用其他方式来实现航天器的姿态调控呢？

为了提高车辆的稳定性，汽车飞轮设计得比较大，而且汽车底盘都比较低，这样设计的原因是什么？

前几章研究的是质点运动的描述和质点动力学的问题，对于机械运动的研究，只局限于质点的情况是不够的。在实际的动力学问题中，更多的是质点系的问题，因此质点系力学的研究是很有实际意义的。

4.1 刚体的定轴转动

1. 刚体和刚体的运动

刚体是指在运动中和受力作用后，形状和大小不变，而且内部各点的相对位置不变的物体。绝对刚体实际上是不存在的，它只是一种理想模型。刚体的运动可以分为平动和转动两种基本运动，其他任何的复杂运动都可视为这两种基本运动的合成。刚体运动过程中，若各质点运动轨迹都保持完全相同，即刚体内任意两质点的连线始终平行于它们初始位置间的连线(见图 4-1)，则该运动为刚体的平动。若刚体内各质点在运动过程中均绕某一直线作圆周运动，则将这种运动称为刚体的转动(见图 4-2)，将该直线称为转轴(转轴可在刚体内部，也可在刚体外部)。

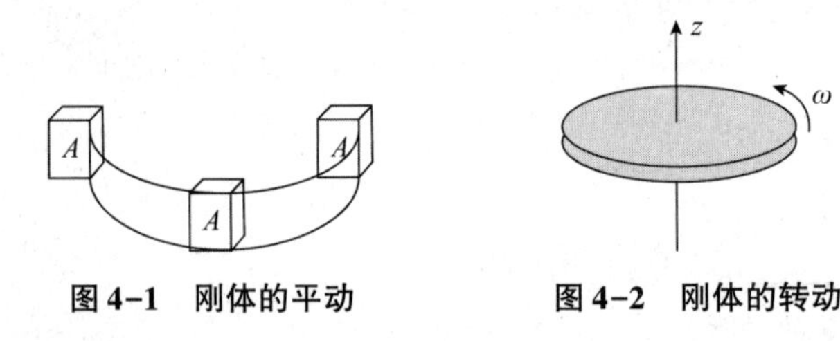

图 4-1　刚体的平动　　**图 4-2　刚体的转动**

2. 刚体转动的角速度和角加速度

在刚体转动中，若转轴的位置或方向是随时间变化的，这样的运动称为刚体的非定轴转动，该轴为瞬时转轴。若转轴固定不动，即位置和方向不随时间变化，刚体中各质元均作圆周运动，且各圆心都在转轴上，此时刚体的运动叫作刚体的定轴转动，该轴称为固定转轴。

选一个垂直于转轴的转动平面，以该转动平面与转轴的交点 O 为原点，取一极轴 x 轴，如图 4-3 所示，转动平面上任意质点对原点的位矢 $\boldsymbol{r}$ 与极轴的夹角 θ 称为角位置。当刚体绕固定轴转动时，角位置 θ 会随时间 t 改变。如图 4-4 所示，一刚体绕固定轴 z 轴转动。在 t 时刻，刚体上点 P 的角位置为 θ，经过时间间隔 Δt，点 P 的角位置为 $\theta+\Delta\theta$，$\Delta\theta$ (即末时刻与初时刻的角位置之差)为刚体在时间间隔 Δt 内的角位移，在 t 到 $t+\Delta t$ 时间内的角位移 $\Delta\theta$ 与 Δt 的比值称为刚体的平均角速度，用 $\overline{\omega}$ 表示，即

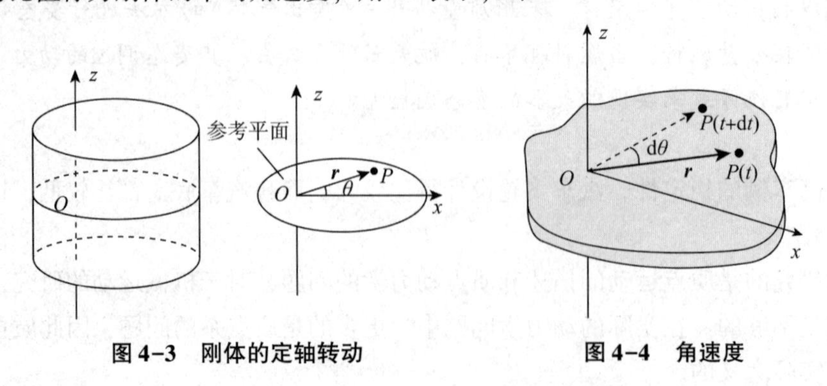

图 4-3　刚体的定轴转动　　**图 4-4　角速度**

$$\overline{\omega} = \frac{\Delta\theta}{\Delta t} \tag{4-1}$$

当 $\Delta t \to 0$ 时，平均角速度的极限称为瞬时角速度，简称角速度，用 ω 表示，即

$$\omega = \lim_{\Delta t \to 0} \frac{\Delta\theta}{\Delta t} = \frac{\mathrm{d}\theta}{\mathrm{d}t} \tag{4-2}$$

沿着转轴从上往下看，刚体的定轴转动有顺时针和逆时针两种情形，为了区别两种转动，我们规定：当刚体顺时针转动时，其角位置及角速度方向为负；当刚体逆时针转动时，其角位置及角速度方向为正。由此可以看出来，角速度是一个有方向的量。角速度的单位是弧度每秒(rad/s)。

刚体在作定轴转动时，其角速度的方向只需用正负表示即可；刚体在作非定轴转动时，需要用角速度矢量 $\boldsymbol{\omega}$ 表示。角速度矢量 $\boldsymbol{\omega}$ 的方向由右手定则确定：右手 4 指按照刚体转动方向弯曲，拇指伸直，此时拇指所指方向为角速度 $\boldsymbol{\omega}$ 的方向，如图 4-5 所示。

在时间间隔 Δt 内，角速度的增量 $\Delta\omega$ 与 Δt 的比值称为该时间段内刚体的平均角加速度，用 $\overline{\alpha}$ 表示，即

$$\overline{\alpha} = \frac{\Delta\omega}{\Delta t} \tag{4-3}$$

当 $\Delta t \to 0$ 时，平均角加速度的极限称为瞬时角加速度，简称角加速度，用 α 表示，即

$$\alpha = \lim_{\Delta t \to 0} \frac{\Delta\omega}{\Delta t} = \frac{\mathrm{d}\omega}{\mathrm{d}t} \tag{4-4}$$

对于刚体的定轴转动，角加速度 α 的方向可以用其正负来表示。角加速度的单位是弧度每二次方秒($\mathrm{rad/s^2}$)。

3. 角量和线量的关系

在作定轴转动时，刚体上各质元的角量，即角位置、角速度和角加速度均相同，但由于各质元作圆周运动的半径不尽相同，故各质元的线量，即速度和加速度不一定相同。由于刚体作定轴转动时各质元均作圆周运动，因此我们可以使用第 1 章有关圆周运动中所学的角量与线量的关系来对其进行描述。

一刚体绕固定轴 OO' 以角速度 ω 转动，刚体中某一质点 P 到转轴的距离为 r，如图 4-6 所示，则点 P 的线速度与角速度的关系为

$$\boldsymbol{v} = r\omega \tag{4-5}$$

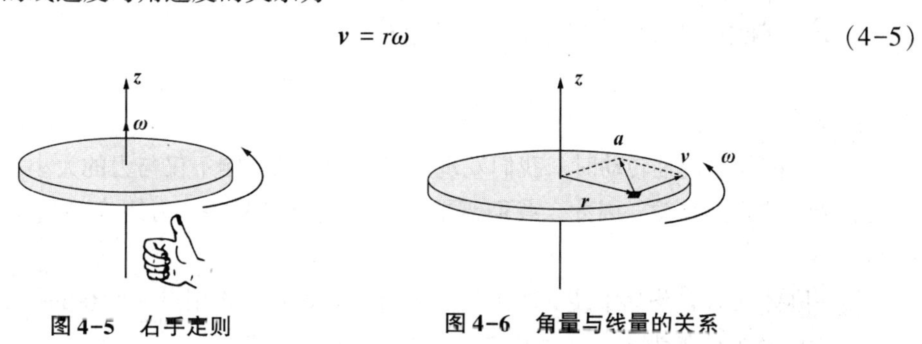

图 4-5　右手定则　　图 4-6　角量与线量的关系

切向加速度和法向加速度分别为

$$\boldsymbol{a}_{\mathrm{t}} = r\alpha \tag{4-6}$$

$$\boldsymbol{a}_{\mathrm{n}} = r\omega^2 \tag{4-7}$$

表4-1列出了质点的匀变速直线运动中的线量与刚体的定轴转动中的角量的大小对比关系。

表4-1　质点的匀变速直线运动中的线量和刚体的定轴转动中的角量的大小对比关系

质点的匀变速直线运动	刚体的定轴转动
x	θ
Δx	$\Delta\theta$
$v_0 \to v$	$\omega_0 \to \omega$
a	α
$v = v_0 + at$	$\omega = \omega_0 + \alpha t$
$x - x_0 = v_0 t + \frac{1}{2}at^2$	$\theta - \theta_0 = \omega_0 t + \frac{1}{2}\alpha t^2$
$v^2 = v_0^2 + 2a\Delta x$	$\omega^2 = \omega_0^2 + 2\alpha\Delta\theta$

例4-1　在高速旋转的微型电动机里，有一圆柱形转子可绕垂直其横截面并通过中心的转轴旋转。开始启动时，转子角速度为零。启动后转子转速随时间变化关系为：$\omega = \omega_{\mathrm{m}}(1 - \mathrm{e}^{-t/\tau})$。式中，$\omega_{\mathrm{m}} = 540\ \mathrm{r \cdot s^{-1}}$，$\tau = 2.0\ \mathrm{s}$。求：(1)$t$=6 s时电动机的转速；(2)启动后，电动机在$t$=6 s时间内转过的圈数；(3)角加速度随时间变化的规律。

解　(1)将t=6 s代入$\omega = \omega_{\mathrm{m}}(1 - \mathrm{e}^{-t/\tau})$，得

$$\omega = 0.95\omega_{\mathrm{m}} = 513\ \mathrm{r \cdot s^{-1}}$$

(2)电动机在6 s内转过的圈数为

$$N = \frac{1}{2\pi}\int_0^6 \omega \mathrm{d}t = \frac{1}{2\pi}\int_0^6 \omega_{\mathrm{m}}(1 - \mathrm{e}^{-t/\tau})\,\mathrm{d}t \approx 2.21 \times 10^3$$

(3)电动机转动的角加速度(单位为$\mathrm{rad \cdot s^{-2}}$)为

$$\alpha = \frac{\mathrm{d}\omega}{\mathrm{d}t} = \frac{\omega_{\mathrm{m}}}{\tau}\mathrm{e}^{-t/\tau} = 540\ \pi\mathrm{e}^{-t/2}$$

4.2　刚体定轴转动的转动定律

1. 力矩

在研究刚体的定轴转动时，我们发现力对于转动的影响不仅与力的大小有关，还与力的作用点和力的方向有关。因此，我们需要一个新的物理量——力矩来描述力对刚体转动的影响。

设一刚体在力$\boldsymbol{F}$作用下绕z轴转动，在刚体上取力$\boldsymbol{F}$作用点A所在的一个横截面Oxy，点A对原点O的位矢为$\boldsymbol{r}$，定义力$\boldsymbol{F}$对z轴的力矩为

$$\boldsymbol{M} = \boldsymbol{r} \times \boldsymbol{F} \tag{4-8}$$

由此可见，力矩$\boldsymbol{M}$是矢量，它的大小为$M = rF\sin\theta$(θ为$\boldsymbol{r}$和$\boldsymbol{F}$的夹角)，方向垂直于$\boldsymbol{r}$

和 $\boldsymbol{F}$ 所决定的平面，根据右手螺旋定则确定其指向。在国际单位制(SI)中，力矩的单位是牛·米(N·m)，力矩的量纲为 $ML^{-2}T^{-2}$。

例 4-2　质量为 m，长为 L 的细杆在水平粗糙桌面上绕过其一端的竖直轴旋转，如图 4-7 所示。杆的密度与离轴的距离成正比，杆与桌面间的摩擦因数为 μ，求摩擦力矩。

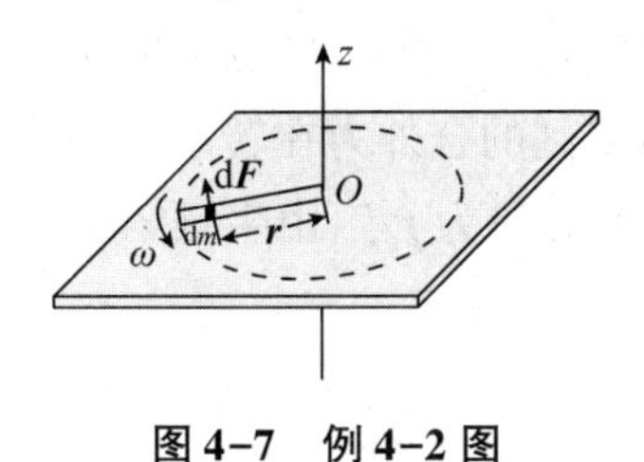

图 4-7　例 4-2 图

分析　由于细杆绕过其一端的竖直轴旋转，在细杆上不同位置处的摩擦力对竖直轴的力矩将不一样，应用积分计算。

解　建立如图 4-7 所示的坐标系，设细杆的线密度为 $\lambda = kr$。

由题意已知细杆质量为 m，由此可以确定比例系数 k，在 r 处，长 $\mathrm{d}r$ 的细杆的质量为

$$\mathrm{d}m = \lambda \mathrm{d}r = kr\mathrm{d}r$$

而

$$m = \int_L \mathrm{d}m = \int_0^L kr\mathrm{d}r = \frac{1}{2}kL^2$$

得

$$k = \frac{2m}{L^2}$$

即

$$\lambda = \frac{2m}{L^2}r$$

所以

$$\mathrm{d}m = \frac{2mr\mathrm{d}r}{L^2}$$

则 $\mathrm{d}m$ 处摩擦力的大小为

$$\mathrm{d}F = \mu g\mathrm{d}m = \frac{2\mu mg}{L^2}r\mathrm{d}r$$

$\mathrm{d}m$ 处的摩擦力对竖直轴的力矩为

$$\mathrm{d}M = -r\mathrm{d}F$$

总摩擦力矩的大小为

$$M = \int_L \mathrm{d}M = -\int_0^L \frac{2\mu mg}{L^2}r^2\mathrm{d}r = -\frac{2}{3}\mu mgL$$

式中，负号表示摩擦力矩的方向与角速度 $\boldsymbol{\omega}$ 方向相反，阻碍细杆的旋转。

2. 刚体绕定轴转动的转动定律

实验证明，只有当某个力对转轴的力矩不为零时，该力才会对转轴有转动效应。作用在刚体上的某个力，其平行于转轴的分量对转轴的力矩为零，因此在研究引起定轴转动的刚体的转动状态发生变化的原因时，我们只需要考虑该力在转动平面内的分量对转轴的力矩。

一刚体绕 z 轴转动，在刚体中任取一质量为 Δm_i 的质元，该质元绕 z 轴作半径为 r_i 的圆周运动，如图 4-8 所示。设它所受到的合外力在转动平面内的分量为 $\boldsymbol{F}_i$，刚体内其他质元对其作用的合内力在转动平面内的分量为 $\boldsymbol{f}_i$，由牛顿第二定律可知该质元的运动方程为

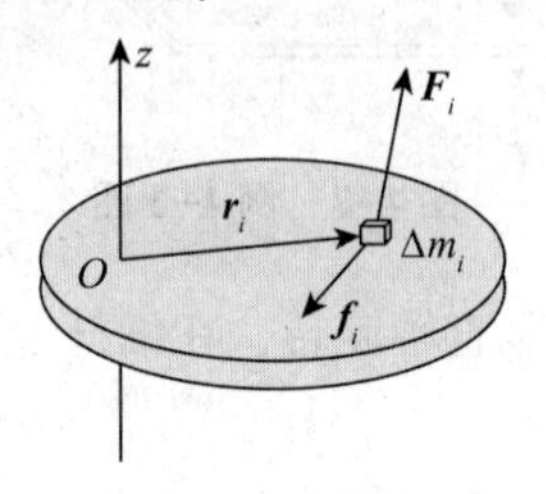

图 4-8　转动定律

$$\boldsymbol{F}_i + \boldsymbol{f}_i = \Delta m_i \boldsymbol{a}_i \tag{4-9}$$

以 F_{it} 和 f_{it} 分别表示这两个力在切向的分力，则该质元的切向运动方程为

$$F_{it} + f_{it} = \Delta m_i a_{it} \tag{4-10}$$

式中，a_{it} 为质元的切向加速度，由 $a_t = r\alpha$ 可得

$$F_{it} + f_{it} = \Delta m_i r_i \alpha \tag{4-11}$$

式(4-11)两边各乘以 r_i，得

$$F_{it} r_i + f_{it} r_i = \Delta m_i r_i^2 \alpha \tag{4-12}$$

式中，$F_{it} r_i$ 和 $f_{it} r_i$ 分别是两个力切向分量的力矩。考虑到这两个力的法向分量均通过 z 轴，故其力矩为零。所以，式(4-12)左边即表示质元 Δm_i 所受到的合力矩。

考虑到刚体内所有质点，可得

$$\sum F_{it} r_i + \sum f_{it} r_i = \sum (\Delta m_i r_i^2)\alpha \tag{4-13}$$

又考虑到刚体中质元之间的作用力与反作用力总是成对出现，且每一对作用力与反作用力对同一转轴的力矩之和为零，所以刚体中内力对转轴的合力矩为零，则式(4-13)可写成

$$\sum F_{it} r_i = \sum (\Delta m_i r_i^2)\alpha \tag{4-14}$$

式中，$\sum F_{it} r_i$ 为刚体内所有质元所受外力对转轴的力矩的代数和，即合外力矩，用 M 表示。

这样，式(4-14)可写成

$$M = \sum (\Delta m_i r_i^2)\alpha \tag{4-15}$$

式中，$\sum (\Delta m_i r_i^2)$ 仅由各质元相对于转轴的分布决定，可由一个物理量来表示。令 $J = \sum (\Delta m_i r_i^2)$，并称其为转动惯量。

这样，式(4-15)可写成

$$M = J\alpha \tag{4-16}$$

式(4-16)表明，刚体绕固定轴转动时，作用于刚体上的合外力矩等于刚体对转轴的转动惯量与角加速度的乘积。或者说绕定轴转动的刚体的角加速度与作用于刚体上的合外力矩成正比，与刚体的转动惯量成反比。这就是刚体的定轴转动的转动定律(简称转动定律)。转动定律是解决刚体的定轴转动问题的基本定律，它在定轴转动中的地位相当于牛顿第二定律在平动中的地位。

3. 转动惯量

通过式(4-16)不难看出，当不同的刚体受到相同的合外力矩时，刚体的转动惯量越大，其转动状态越难以改变。因此，转动惯量是描述刚体转动惯性大小的物理量。

根据 $J=\sum(\Delta m_i r_i^2)$ 可以看出，一个刚体的转动惯量为刚体内每一个质元的质量与各质元到转轴距离的平方的乘积之和。

如果是单个质点绕一定轴转动，其转动惯量为

$$J = mr^2 \tag{4-17}$$

如果是质量连续分布的刚体绕一定轴转动，其转动惯量为

$$J = \int r^2 \mathrm{d}m \tag{4-18}$$

在国际单位制中，转动惯量的单位名称为千克二次方米，符号为 $\mathrm{kg\cdot m^2}$， 量纲为 $\mathrm{ML^2}$。

刚体的转动惯量与以下 3 个因素有关：

(1)刚体的质量；

(2)刚体质量相对转轴的分布；

(3)转轴的位置。

还需指出，对于形状规则、质量连续均匀分布的刚体，可以用积分的方法计算出其转动惯量。对于任意刚体的转动惯量，一般用实验的方法测定。而且，转动惯量具有可加性，即整个刚体对某一转轴的转动惯量等于各个组成部分对该转轴的转动惯量之和。

例 4-3　质量为 m、长为 l 的匀质杆，如图 4-9 所示，求：(1)它对过质心且与其垂直的 C 轴的转动惯量为多少？(2)它对过一端且平行于 C 轴的 A 轴的转动惯量为多少？

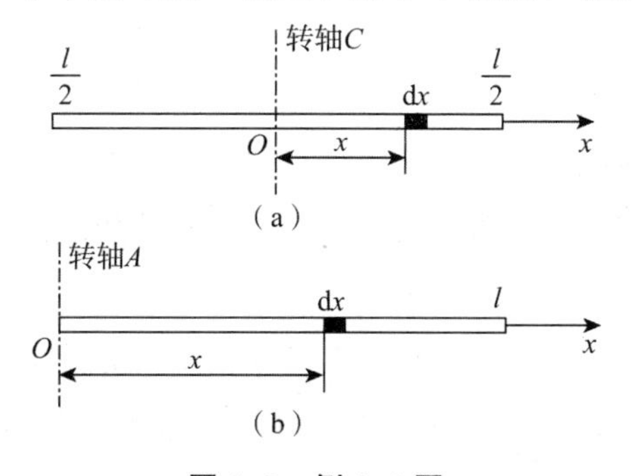

图 4-9　例 4-3 图

解　(1)取如图 4-9(a)所示的坐标，则

$$J_C = \int_{-l/2}^{l/2} x^2 \frac{m}{l}\mathrm{d}x = \frac{1}{12}ml^2$$

(2)取如图4-9(b)所示的坐标，则

$$J_A=\int_0^l x^2\frac{m}{l}\mathrm{d}x=\frac{1}{3}ml^2$$

4. 平行轴定理

若一个刚体绕某一通过刚体质心的 OC 轴转动，且刚体对该轴的转动惯量为 J_C，如图4-10所示，那么刚体绕另一与 OC 轴平行的 z 轴转动时，刚体对 z 轴的转动惯量为

$$J=J_C+md^2 \tag{4-19}$$

式中，m 为刚体质量；d 为两平行轴之间的距离。上述关系叫作转动惯量的平行轴定理。在例4-3中，第(1)问求出匀质杆绕质心轴转动的转动惯量为 $\frac{1}{12}ml^2$，根据平行轴定理，匀质杆绕一端转动的转动惯量为

$$J_A=J_C+md^2=\frac{1}{12}ml^2+m(\frac{1}{2}l)^2=\frac{1}{3}ml^2$$

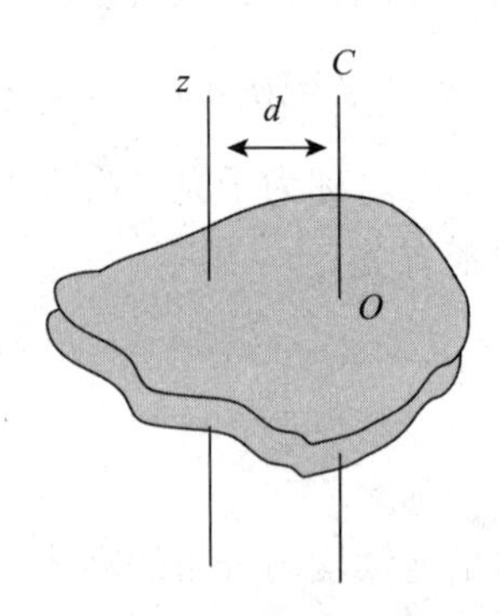

图4-10　平行轴定理

4.3　质点的角动量和角动量守恒

1. 质点的角动量

若质量为 m 的质点以速度 $\boldsymbol{v}$ 运动，其相对于参考点 O 的位矢为 $\boldsymbol{r}$。我们定义质点 m 对参考点 O 的角动量为质点的位矢 $\boldsymbol{r}$ 与质点动量 $m\boldsymbol{v}$ 的矢积，用 $\boldsymbol{L}$ 表示，即

$$\boldsymbol{L}=\boldsymbol{r}\times m\boldsymbol{v} \tag{4-20}$$

可以看出，角动量 $\boldsymbol{L}$ 是矢量，其方向垂直于 $\boldsymbol{r}$ 和 $m\boldsymbol{v}$ 所决定的平面，指向由右手螺旋定则确定。根据角动量定义可知，质点的角动量与参考点 O 的选取有关，因此在讲述质点的角动量时，需指出是对哪一点的角动量。

若质点 m 绕参考点 O 作半径为 r 的圆周运动，则 $\boldsymbol{r}$ 与 $\boldsymbol{v}$ 始终保持垂直，这时质点对参考点 O 的角动量 L 的大小为

$$L=rmv=mr^2\omega \tag{4-21}$$

在国际单位制中，角动量的单位是千克二次方米每秒，符号是 $kg \cdot m^2 \cdot s^{-1}$，量纲是 ML^2T^{-1}。

2. 质点的角动量定理

某一质点 m 对参考点 O 的角动量 $\boldsymbol{L} = \boldsymbol{r} \times m\boldsymbol{v}$，将其对时间 t 求导，有

$$\frac{d\boldsymbol{L}}{dt} = \frac{d}{dt}(\boldsymbol{r} \times m\boldsymbol{v}) = \boldsymbol{r} \times \frac{d(m\boldsymbol{v})}{dt} + \frac{d\boldsymbol{r}}{dt} \times m\boldsymbol{v} \tag{4-22}$$

由于 $\boldsymbol{F} = \frac{d(m\boldsymbol{v})}{dt}$，$\boldsymbol{v} = \frac{d\boldsymbol{r}}{dt}$，故式(4-22)可写成

$$\frac{d\boldsymbol{L}}{dt} = \boldsymbol{r} \times \boldsymbol{F} + \boldsymbol{v} \times m\boldsymbol{v} \tag{4-23}$$

根据矢积的性质，$\boldsymbol{v} \times m\boldsymbol{v}$ 等于零，而 $\boldsymbol{r} \times \boldsymbol{F} = \boldsymbol{M}$，于是可得

$$\boldsymbol{M} = \frac{d\boldsymbol{L}}{dt} \tag{4-24}$$

式(4-24)表明，作用于质点的合力对参考点 O 的力矩等于该质点对参考点 O 的角动量随时间的变化率。其积分形式为

$$\int_{t_1}^{t_2} \boldsymbol{M} dt = \boldsymbol{L}_2 - \boldsymbol{L}_1 \tag{4-25}$$

式中，$\int_{t_1}^{t_2} \boldsymbol{M} dt$ 叫作冲量矩。式(4-25)表明，对同一参考点 O，质点所受的冲量矩等于质点角动量的增量。式(4-24)和式(4-25)分别是质点的角动量定理的微分与积分形式。

3. 质点的角动量守恒定律

在式(4-25)中，若质点所受合力矩 $\boldsymbol{M} = \boldsymbol{0}$，则有

$$\boldsymbol{L} = \boldsymbol{r} \times m\boldsymbol{v} = \text{常矢量} \tag{4-26}$$

即质点对参考点 O 的合力矩为零时，质点对该参考点的角动量为一常矢量。这就是质点的角动量守恒定律。

4.4 刚体定轴转动的角动量和角动量守恒定律

1. 刚体的定轴转动的角动量

刚体绕定轴转动时，每一个质元都以相同的角速度绕该固定轴转动，所有质元对该轴的角动量之和就是刚体绕该固定轴转动的角动量。设某一个质元质量为 Δm_i，到某固定轴的距离为 r_i，角速度为 ω，则该质元对该固定轴的角动量为 $\Delta m_i v_i r_i = \Delta m_i r_i^2 \omega$，由于所有质元都具有相同的角速度，且对轴的角动量方向一致，所以刚体的定轴转动的角动量为

$$L = \sum L_i = \sum (\Delta m_i r_i^2 \omega) = \sum (\Delta m_i r_i^2) \omega = J\omega \tag{4-27}$$

这就是刚体对轴的角动量，即刚体对某固定轴的角动量等于刚体对该轴的转动惯量与角速度的乘积，方向与此时角速度方向相同。刚体的定轴转动是一维转动，因此我们根据右手

螺旋使用正、负来表示方向。

2. 刚体的定轴转动的角动量定理

我们知道，当转轴确定时，刚体的转动惯量也是确定的一个常数，则根据转动定律有

$$M = J\alpha = J\frac{\mathrm{d}\omega}{\mathrm{d}t} = \frac{\mathrm{d}(J\omega)}{\mathrm{d}t} = \frac{\mathrm{d}L}{\mathrm{d}t} \tag{4-28}$$

式(4-28)表明，刚体的定轴转动时，作用于刚体的合外力矩等于此时刚体角动量随时间的变化率，这就是刚体的定轴转动的角动量定理。

设有一转动惯量为 J 的刚体绕某定轴转动，在合外力矩 M 的作用下，在时间间隔 $\Delta t = t_2 - t_1$ 内，角速度由 ω_1 变为 ω_2，则由式(4-28)可得

$$\int_{t_1}^{t_2} M\mathrm{d}t = \int_{L_1}^{L_2} \mathrm{d}L = L_2 - L_1 = J\omega_2 - J\omega_1 \tag{4-29}$$

式(4-29)表明，绕定轴转动的刚体所受合外力矩的冲量矩等于刚体在这段时间内对该轴角动量的增量。它是刚体的定轴转动的角动量定理的积分形式。

3. 刚体的定轴转动的角动量守恒定律

当作用在刚体上的合外力矩 $M = 0$ 时，根据式(4-28)可以得到

$$J\omega = 常量 \tag{4-30}$$

式(4-30)说明，若刚体所受的合外力矩为零，或者不受外力矩的作用时，刚体对定轴的角动量保持不变。这就是刚体的定轴转动的角动量守恒定律。

需要说明的是，在前面叙述角动量守恒定律的过程中，都涉及一些理想化条件的限制，但是它的适用范围却远远超出原有条件。

例 4-4 质量为 m、长为 l 的均匀细棒，可绕过其一端的水平轴 O 转动，如图 4-11 所示。现将细棒拉到水平位置(OA') 后放手，细棒下摆到竖直位置(OA) 时，与静止放置在点 A 处的质量为 M 的物块做完全弹性碰撞，物块在水平面上向右滑行了一段距离 s 后停止。设物块与水平面间的摩擦因数 μ 处处相同，求证

$$\mu = \frac{6m^2 l}{(m + 3M)^2 s}$$

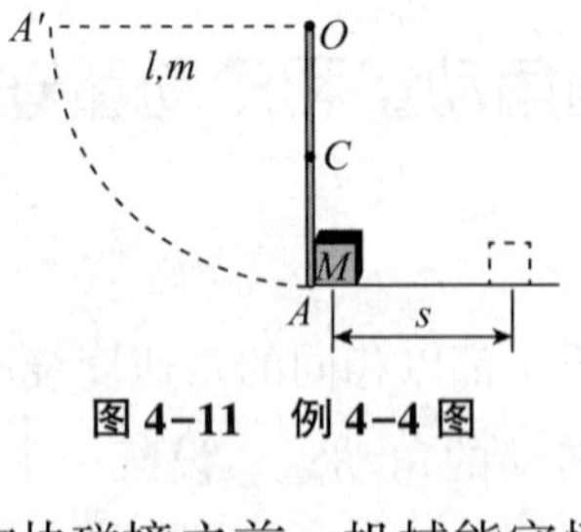

图 4-11 例 4-4 图

解 细棒在下降过程中且与物块碰撞之前，机械能守恒。将细棒和地球看作一个系统，以细棒在竖直位置时的质心 C 为重力势能零点，则有

$$mg\frac{l}{2} = \frac{1}{2}J\omega^2 = \frac{1}{6}ml^2\omega^2 \tag{1}$$

细棒与物块发生完全弹性碰撞，则在此过程中角动量和机械能守恒，设碰撞后细棒的角速度为 ω'，物块的速率为 v，则有

$$\frac{1}{3}ml^2\omega = \frac{1}{3}ml^2\omega' + lMv \tag{2}$$

$$\frac{1}{2}\times\frac{1}{3}ml^2\omega^2 = \frac{1}{2}\times\frac{1}{3}ml^2\omega'^2 + \frac{1}{2}Mv^2 \tag{3}$$

碰撞后的物块在水平面滑行，该过程满足动能定理，可得

$$-\mu Mgs = 0 - \frac{1}{2}Mv^2 \tag{4}$$

式(1)~式(4)联立可得

$$\mu = \frac{6m^2l}{(m+3M)^2s}$$

例4-5　半径为R，质量为M的圆柱体可绕水平轴O转动，它原来静止，若有质量为m，速率为v的子弹射入圆柱体边缘并留在其中，如图4-12所示，求子弹射入圆柱体后，圆柱体的角速度。

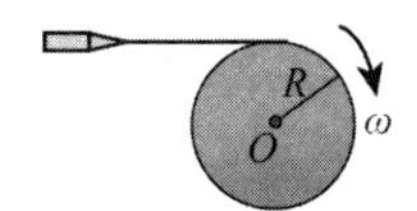

图4-12　例4-5图

解　在子弹射入过程中，子弹和圆柱体系统所受对水平轴O的合外力矩(忽略重力影响)为零，系统对水平轴O的角动量守恒，有

$$mvR = \left(mR^2 + \frac{1}{2}MR^2\right)\omega$$

因此，方向垂直纸面向里的圆柱体的角速度的大小为

$$\omega = \frac{2mv}{(M+2m)R}$$

4.5　刚体定轴转动的动能定理

1. 力矩做功

质点受到外力作用时发生位移，称为力对质点做功，是力在空间上的积累效应。若刚体在外力矩作用下发生角位移，就是力矩对刚体做功，是力矩在空间上的积累效应。

有一刚体在外力$\boldsymbol{F}$作用下绕转轴转过的角位移为$\mathrm{d}\theta$，力的作用点位移为$\mathrm{d}\boldsymbol{r}$，如图4-13所示，则力$\boldsymbol{F}$做的元功为

$$\mathrm{d}W = \boldsymbol{F}\cdot\mathrm{d}\boldsymbol{r} = F_t|\mathrm{d}\boldsymbol{r}| = F_t\mathrm{d}s = F_t r\mathrm{d}\theta$$

式中，F_t为力$\boldsymbol{F}$在作用点的切向分力，$\mathrm{d}s = |\mathrm{d}\boldsymbol{r}|$，又由力$\boldsymbol{F}$对转轴的力矩为$M = F_t r$，所以

$$\mathrm{d}W = M\mathrm{d}\theta \tag{4-31}$$

式(4-31)表明，力矩所做的元功$\mathrm{d}W$等于力矩M与角位移$\mathrm{d}\theta$的乘积。如果力矩保持不变，刚体在此力矩作用下转过θ时，力矩做的功为

$$W = \int_0^\theta \mathrm{d}W = M\int_0^\theta \mathrm{d}\theta = M\theta \tag{4-32}$$

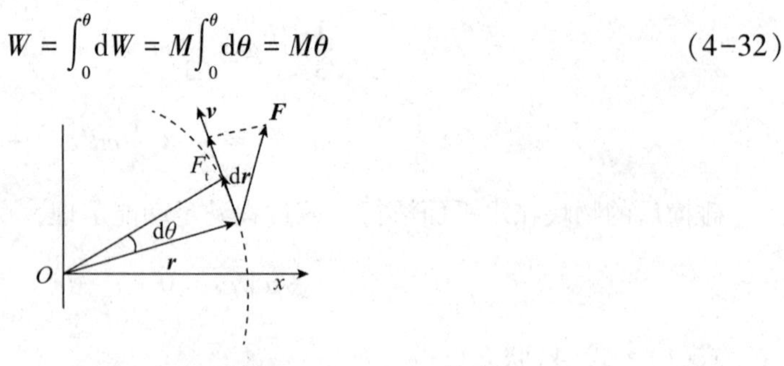

图 4-13　力矩做功

若力矩是变化的，则力矩做的功为

$$W = \int_0^\theta M\mathrm{d}\theta \tag{4-33}$$

力矩的功率是

$$P = \frac{\mathrm{d}W}{\mathrm{d}t} = M\frac{\mathrm{d}\theta}{\mathrm{d}t} = M\omega \tag{4-34}$$

即功率一定时，力矩与角速度成反比。

2. 转动动能

一个转动的刚体所具有的动能称作转动动能。设一转动的刚体在某时刻角速度为 ω，刚体内每一个质元都在各自的转动平面内作角速度为 ω 的圆周运动。设第 i 个质元的质量为 m_i，到转轴的距离为 r_i，则它的线速率 $v_i = r_i\omega$，该质元所具有的动能为

$$\frac{1}{2}\Delta m_i v_i^2 = \frac{1}{2}\Delta m_i r_i^2 \omega^2 \tag{4-35}$$

整个刚体所具有的动能为刚体内所有质元的动能之和，有

$$E_\mathrm{k} = \sum \frac{1}{2}\Delta m_i r_i^2 \omega^2 = \frac{1}{2}\left(\sum \Delta m_i r_i^2\right)\omega^2 = \frac{1}{2}J\omega^2 \tag{4-36}$$

式(4-36)表明，刚体的定轴转动的转动动能等于刚体的转动惯量与角速度二次方的乘积的一半。这与质点的平动动能的表达式 $E_\mathrm{k} = \frac{1}{2}mv^2$ 在形式上是完全相似的。

3. 刚体的定轴转动的动能定理

根据转动定律 $M = J\alpha = J\frac{\mathrm{d}\omega}{\mathrm{d}t}$，我们可以将力矩做功改写为

$$\mathrm{d}W = M\mathrm{d}\theta = J\frac{\mathrm{d}\omega}{\mathrm{d}t}\mathrm{d}\theta = J\frac{\mathrm{d}\theta}{\mathrm{d}t}\mathrm{d}\omega = J\omega\mathrm{d}\omega \tag{4-37}$$

式中，J 为常量，在时间间隔 Δt 内，合外力矩对刚体做功，刚体的角速率由 ω_1 变为 ω_2，合外力矩对刚体做的功为

$$W = \int \mathrm{d}W = J\int_{\omega_1}^{\omega_2} \omega\mathrm{d}\omega = \frac{1}{2}J\omega_2^2 - \frac{1}{2}J\omega_1^2 \tag{4-38}$$

式(4-38)表明，合外力矩对刚体做的功等于刚体转动动能的增量，这就是刚体的定轴

转动的动能定理。

例 4-6　A 和 B 两飞轮的轴杆在同一中心线上，如图 4-14 所示。A 轮的转动惯量 $J_A = 10\ kg \cdot m^2$，B 轮的转动惯量 $J_B = 20\ kg \cdot m^2$。开始时，A 轮的转速为 600 $r \cdot m^{-1}$，B 轮静止。两轮通过一摩擦离合器 C 接触，通过摩擦离合器 C，两者最终具有同样的转速，求该共同的角速度。另外在此过程中，两轮的机械能有何变化？

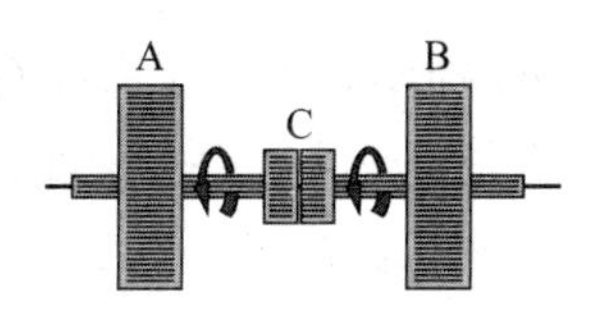

图 4-14　例 4-6 图

解　将 A、B、C 作为一系统来考虑，在啮合过程中，系统受到轴向的正压力和啮合器间的切向摩擦力，前者对转轴的力矩为零，后者对转轴存在力矩，但为系统的内力矩。系统没有受到其他外力矩，所以系统的角动量守恒。按角动量守恒定律可得

$$J_A\omega_A + 0 = (J_A + J_B)\omega$$

则共同的角速度为

$$\omega = \frac{J_A\omega_A}{J_A + J_B} = \frac{10 \times 2\pi \times 600/60}{10 + 20}\ rad \cdot s^{-1} = 20.9\ rad \cdot s^{-1}$$

在此过程中，两轮的机械能变化为

$$\begin{aligned}\Delta E &= \frac{1}{2}(J_A + J_B)\omega^2 - \frac{1}{2}J_A\omega_A^2 \\ &= \left[\frac{1}{2} \times (10 + 20) \times 20.9^2 - \frac{1}{2} \times 10 \times \left(2\pi \times \frac{600}{60}\right)^2\right] J \\ &\approx -1.32 \times 10^4\ J\end{aligned}$$

例 4-7　讨论下列各过程中动量、角动量、机械能是否守恒？

(1)一质量不计的细绳吊着一沙袋，子弹击入沙袋的过程(以子弹和沙袋为系统)，如图 4-15(a)所示；

(2)一刚性杆可绕支点 O 自由转动，子弹击入杆的过程(以子弹和杆为系统)，如图 4-15(b)所示；

(3)一质量不计的细绳连着一质量为 m 的小球作圆锥摆运动，圆锥摆摆动的过程(以圆锥摆为系统)，如图 4-15(c)所示。

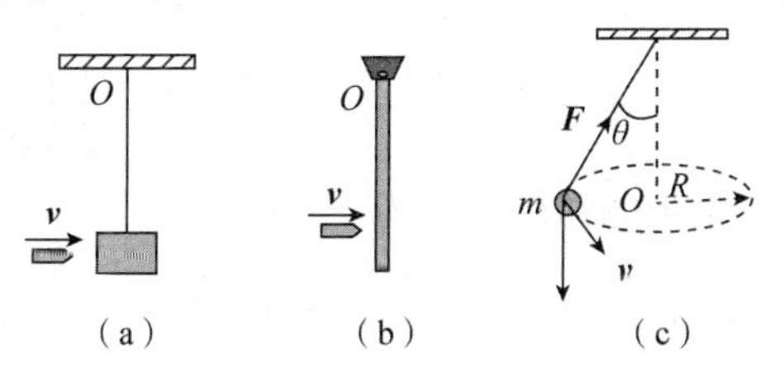

图 4-15　例 4-7 图

讨论 (1)以子弹和沙袋为系统，由于子弹击入沙袋的过程中，系统所受的合外力为零，合外力对支点O的力矩为零，如图4-15(a)所示，所以在该过程，系统动量守恒、角动量守恒。由于子弹击入沙袋的过程中，子弹与沙袋间的摩擦阻力(非保守力)将做功，所以系统机械能不守恒。

(2)以子弹和杆为系统，子弹击入杆的过程，由于支点O对杆的作用力不能忽略，系统所受的合外力不为零，如图4-15(b)所示，但由于支点O对杆的作用力对支点O的力矩为零，系统所受的合外力矩为零。子弹击入杆的过程，子弹与杆间的摩擦阻力将做功。所以该过程中系统角动量守恒、动量不守恒、机械能不守恒。

(3)以圆锥摆为系统，在圆锥摆摆动的过程中，系统所受的合外力不为零，如图4-15(c)所示，但张力$\boldsymbol{F}$的作用线通过O轴，不产生力矩。重力$\boldsymbol{G}$与O轴平行，也不产生力矩。因此，合外力对O轴的力矩为零。圆锥摆摆动的过程，没有任何力做功。所以该过程中系统机械能守恒、动量不守恒、角动量守恒。

例4-8 一长为l、质量为m'的杆可绕支点O自由转动，如图4-16所示。一质量为m的子弹以某一速率v射入杆内，其离支点的距离为a，若使杆的最大偏转角为30°，问子弹的速率v应为多少?

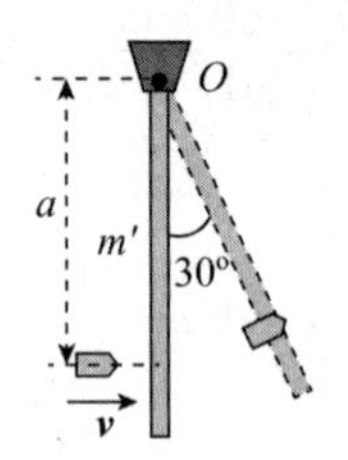

图4-16 例4-8图

分析 以子弹和杆为系统，子弹射入杆的过程，要注意该过程支点O对杆的作用力(外力)不可忽略，因此该过程系统动量不守恒。但系统对支点O合外力矩为零，故系统角动量守恒。

解 设子弹射入杆后杆摆动的角速度为ω，把子弹和杆看作一个系统。子弹射入杆的过程中系统角动量守恒，有

$$mva = \left(\frac{1}{3}m'l^2 + ma^2\right)\cdot\omega \tag{1}$$

子弹射入杆后，杆摆动到最大偏角的过程中，以子弹、细杆为系统，由动能定理，有

$$-mga(1-\cos 30°) - m'g\frac{l}{2}(1-\cos 30°) = 0 - \frac{1}{2}\left(\frac{1}{3}m'l^2 + ma^2\right)\omega^2 \tag{2}$$

式(1)、式(2)联立解得子弹的初始速率为

$$v = \frac{\sqrt{g(2-\sqrt{3})(m'l+2ma)(m'l^2+3ma^2)/6}}{ma}$$

【知识应用】

汽车中的刚体力学

转动惯量是研究、设计、控制转动物体运动规律的重要工程技术参数，如钟表摆轮、精密电表动圈的体形设计、枪炮的弹丸、电机的转子、机器零件、导弹和卫星的发射等，都不能忽视转动惯量的大小。汽车的制造与运行都是非常精密的，如果有一点不符合要求，就会导致很严重的后果。所以，在制作一辆汽车之前，各主要部件都要经过物理的精密测量才能用在汽车的制造与拼装上。因此测定物体的转动惯量具有重要的实际意义，下面让我们来看一些转动惯量在汽车上的应用。

1. 发动机

发动机是汽车的“心脏”，是能够把其他形式的能转化为机械能的机器。转动惯量是发动机本体以及整体设计的重要参数，也是发动机台架上进行整车的道路模态、发动机无负荷测功、估算汽缸内工作压力和平均指示压力等所必需的参数。发动机上有许多圆盘形的齿轮结构的皮带组，其中包含大量圆盘的转动惯量知识。另外，活塞和连轴部分也有着不规则转动惯量的应用。

通过发动机的瞬时转速可以求出曲轴的瞬时角加速度，只要知道发动机的瞬时转动惯量，就可以根据 $M = J\alpha$ 求出在曲轴上的力矩。如果能在汽车发动机不解体的情况下准确地确定转动惯量，就会对汽车的设计、装配给予很有价值的理论指导。因此，研究汽车发动机在不解体的情况下快速、准确地确定发动机的转动惯量是汽车检测研究的一个重要方向。

2. 轮胎

随着汽车工业的发展，汽车的速度越来越高，保证汽车在高速状态下的安全性变得越来越重要，这就需要汽车有较短的启动和制动时间，也就要求汽车有比较小的转动惯量。在计算机仿真技术的支持下，对汽车运动状态的动力学计算精度也越来越高。轮胎作为汽车不可缺少的组成部分，设计者通常会要求轮胎配套厂家提供轮胎的转动惯量作为计算依据。得到轮胎的转动惯量后，汽车厂家才能生产符合安全性能的车。目前，轮胎的转动惯量通常从实验中测得。

3. 离合器

离合器装在发动机和变速箱之间，与飞轮连为一体，其作用是连接或隔开发动机和变速箱之间的动力传递，为了迅速有效地传递或隔开发动机的动力，离合器的转动惯量是一个重要因素。又由于离合器的质量有从 0. 2 kg 的摩托车离合器到 50 kg 的卡型卡车离合器等多种型号，所以研究一种既适合离合器的复杂形态又能满足其质量变化的离合器转动惯量的精确测试方法是非常重要的。

【本章小结】

1. 力矩

力 $\boldsymbol{F}$ 的大小和力臂的乘积称为力 $\boldsymbol{F}$ 对转轴的力矩的大小，力矩是矢量，用 $\boldsymbol{M}$ 表示，即

$$\boldsymbol{M}=\boldsymbol{r}\times\boldsymbol{F}$$

2. 转动惯量

转动惯量J等于刚体上各质点的质量与各质点到转轴的距离的平方的乘积之和，它是描述刚体在转动中惯性大小的物理量。

对于质点系，有

$$J=\sum(\Delta m_i r_i^2)$$

对于质量连续分布，有

$$J=\int r^2\mathrm{d}m$$

3. 转动定律

绕定轴转动的刚体，其角加速度与它所受的合外力矩成正比，与它的转动惯量成反比，即

$$M=J\alpha$$

4. 角动量定理及其守恒定律

质点的角动量定理：

$$\boldsymbol{L}=\boldsymbol{r}\times m\boldsymbol{v}$$

质点的角动量守恒定律：若质点所受合力矩$\boldsymbol{M}=0$，则有$\boldsymbol{L}=\boldsymbol{r}\times m\boldsymbol{v}=$常矢量。

刚体的定轴转动的角动量定理：

$$L=J\omega$$

刚体的定轴转动的角动量守恒定律：作用在刚体上的合外力矩的冲量矩等于刚体角动量的增量，即

$$\int_{t_1}^{t_2}M\mathrm{d}t=J\omega_2-J\omega_1$$

若$M=0$，即刚体所受的合外力矩为零，则有

$$J\omega_2=J\omega_1=\text{常量}$$

即当刚体所受的合外力矩为零时，刚体的角动量保持不变。

5. 力矩的功　刚体的定轴转动的动能定理

转动动能

$$E_\mathrm{k}=\frac{1}{2}J\omega^2$$

力矩的元功

$$\mathrm{d}W=M\mathrm{d}\theta$$

刚体的定轴转动的动能定理：合外力矩对绕定轴转动的刚体所做的功等于刚体转动动能的增量，即

$$W=\frac{1}{2}J\omega_2^2-\frac{1}{2}J\omega_1^2$$

如果合外力矩所做的功等于零，刚体的转动动能保持不变。

课后习题

4-1 几个力同时作用在一个具有光滑固定转轴的刚体上，如果这几个力的矢量和为零，则此刚体(　　)。

(A)必然不会转动　　(B)转速必然不变

(C)转速必然改变　　(D)转速可能不变，也可能改变

4-2 一圆盘绕过盘心且与盘面垂直的光滑固定轴 O 以角速度 ω 按下图所示方向转动，若将两个大小相等方向相反但不在同一条直线的力 $\boldsymbol{F}_1$、$\boldsymbol{F}_2$ 沿盘面同时作用到圆盘上，则圆盘的角速度 ω (　　)。

(A)必然增大　　(B)必然减少

(C)不会改变　　(D)如何变化，不能确定

4-3 均匀细棒 OA 可绕通过其一端 O 而与棒垂直的水平光滑固定轴转动，如下图所示。今使棒从水平位置由静止开始自由下落，在棒从静止摆动到竖直位置的过程中，下述说法正确的是(　　)。

(A)角速度从小到大，角加速度从大到小

(B)角速度从小到大，角加速度从小到大

(C)角速度从大到小，角加速度从大到小

(D)角速度从大到小，角加速度从小到大

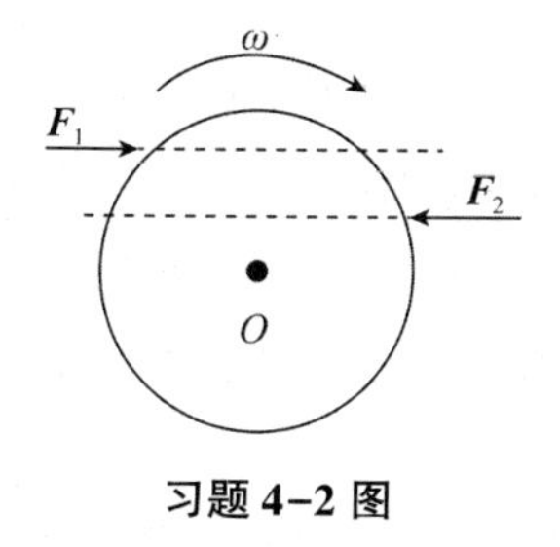

习题 4-2 图

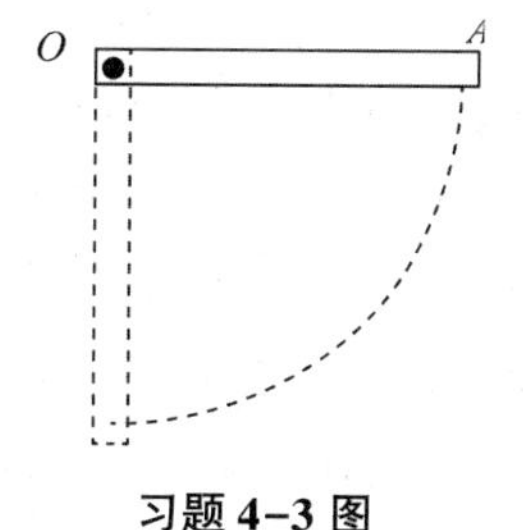

习题 4-3 图

4-4 一轻绳绕在有水平轴的定滑轮上，定滑轮的转动惯量为 J，轻绳下端挂一物体。物体所受重力为 $\boldsymbol{P}$，定滑轮的角加速度为 α。若将物体去掉而以与 $\boldsymbol{P}$ 相等的力直接向下拉细绳，定滑轮的角加速度 α 将(　　)。

(A)不变　　(B)变小

(C)变大　　(D)如何变化无法判断

4-5 关于刚体对轴的转动惯量，下列说法中正确的是(　　)。

(A)只取决于刚体的质量，与质量的空间分布和轴的位置无关

(B)取决于刚体的质量和质量的空间分布，与轴的位置无关

(C)取决于刚体的质量、质量的空间分布和轴的位置

(D)只取决于轴的位置，与刚体的质量和质量的空间分布无关

4-6 花样滑冰运动员绕通过自身的竖直轴转动，开始时两臂伸开，转动惯量为 J_0，角

速度为 ω_0；然后她将两臂收回，使转动惯量减少为 $\frac{1}{3}J_0$。这时她转动的角速度变为(　　)。

(A) $\frac{1}{3}\omega_0$　　(B) $\frac{1}{\sqrt{3}}\omega_0$

(C) $\sqrt{3}\omega_0$　　(D) $3\omega_0$

4-7　光滑的水平桌面上，有一长为 $2L$、质量为 m 的匀质杆，可绕过其中点且垂直于杆的竖直光滑固定轴 O 自由转动，其转动惯量为$\frac{1}{3}mL^2$，起初杆静止。桌面上有两个质量均为 m 的小球，各自在垂直于杆的方向上，正对着杆的一端，以相同速率 v 相向运动，如下图所示。当两小球同时与杆的两个端点发生完全非弹性碰撞后，就与杆粘在一起转动，则这一系统碰撞后转动的角速度应为(　　)。

(A) $\frac{2v}{3L}$　(B) $\frac{4v}{5L}$　(C) $\frac{6v}{7L}$　(D) $\frac{8v}{9L}$　(E) $\frac{12v}{7L}$

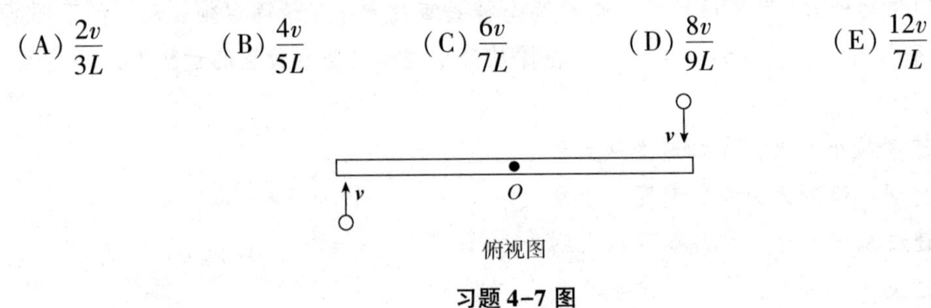

习题4-7图

4-8　一汽车发动机曲轴的转速在 12 s 内由 $1.2\times10^3\ \mathrm{r\cdot min^{-1}}$ 均匀地增加到 $2.7\times10^3\ \mathrm{r\cdot min^{-1}}$。求：(1)曲轴转动的角加速度；(2)在此时间内，曲轴转了多少圈？

4-9　某种电动机启动后角速度随时间变化的关系为 $\omega=\omega_0(1-e^{-t/\tau})$，式中 $\omega_0=9.0\ \mathrm{rad\cdot s^{-1}}$，$\tau=2$ s。求：(1)$t=6.0$ s时电动机的角速度；(2)电动机的角加速度随时间变化的规律；(3)启动后6.0 s内电动机转过的圈数。

4-10　水分子的形状如下图所示，从光谱分析知水分子对 AA' 轴的转动惯量 $J_{AA'}=1.93\times10^{-47}\ \mathrm{kg\cdot m^2}$，对 BB' 轴转动惯量 $J_{BB'}=1.14\times10^{-47}\ \mathrm{kg\cdot m^2}$，试由此数据和各原子质量求出氢原子(H)和氧原子(O)的距离 d 和夹角 θ(假设各原子都可当质点处理)。

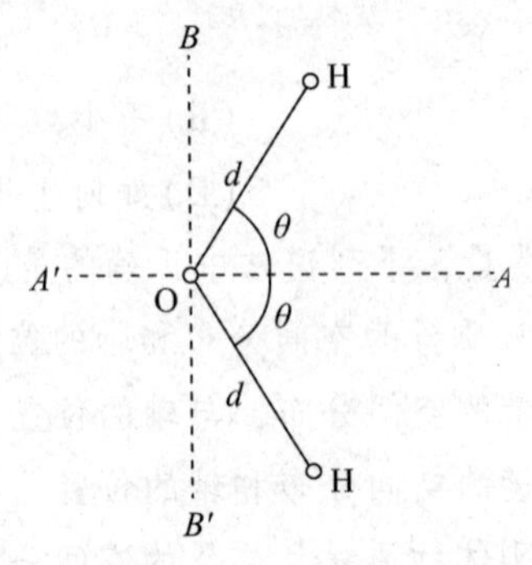

习题4-10图

4-11 一燃气轮机在试车时，燃气作用在涡轮上的力矩为 2.03×10^3 N·m，涡轮的转动惯量为 25.0 kg·m^2，当涡轮的转速由 2.80×10^3 r·min^{-1} 增大到 1.12×10^4 r·min^{-1} 时，所经历的时间 t 为多少？

4-12 一轴承光滑的定滑轮，质量为 $M=2.00$ kg，半径为 $R=0.10$ m，一根不能伸长的轻绳，一端固定在定滑轮上，另一端系有一质量为 $m=5.00$ kg 的物体，如下图所示。已知定滑轮的转动惯量为 $J=\frac{1}{2}MR^2$，其初始角速度 $\omega_0=10.0$ rad/s，方向垂直纸面向里。求：(1)定滑轮的角加速度的大小和方向；(2)定滑轮的角速度变化到 $\omega=0$ 时，物体上升的高度；(3)当物体回到原来位置时，定滑轮的角速度的大小和方向。

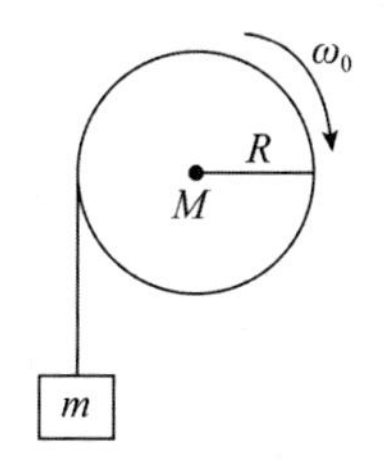

习题 4-12 图

4-13 如下图所示的装置中，定滑轮的半径为 r，绕转轴的转动惯量为 J，滑轮两边分别悬挂质量为 m_1 和 m_2 的物体 A、B。A 置于倾角为 θ 的斜面上，它和斜面间的摩擦因数为 μ，当 B 向下作加速运动时，求：(1)其下落加速度的大小；(2)滑轮两边绳子的张力。(设绳子的质量及伸长均不计，绳子与定滑轮间无滑动，定滑轮轴光滑)

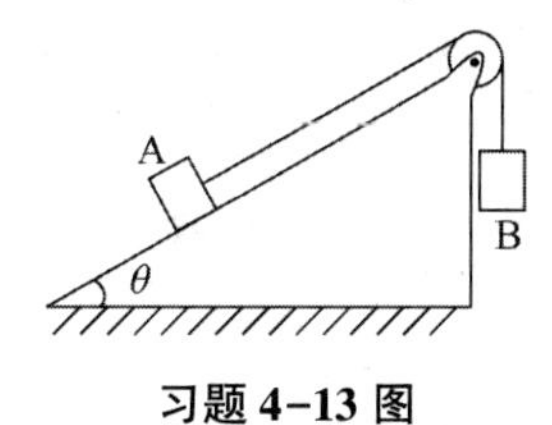

习题 4-13 图

4-14 质量分别为 m 和 $2m$、半径分别为 r 和 $2r$ 的两个均匀圆盘，同轴地粘在一起，可以绕通过盘心且垂直盘面的水平光滑固定轴转动，对转轴的转动惯量为 $\frac{9}{2}mr^2$，大小圆盘边缘都绕有绳子，绳子下端都挂一质量为 m 的重物，如下图所示。求盘的角加速度的大小。

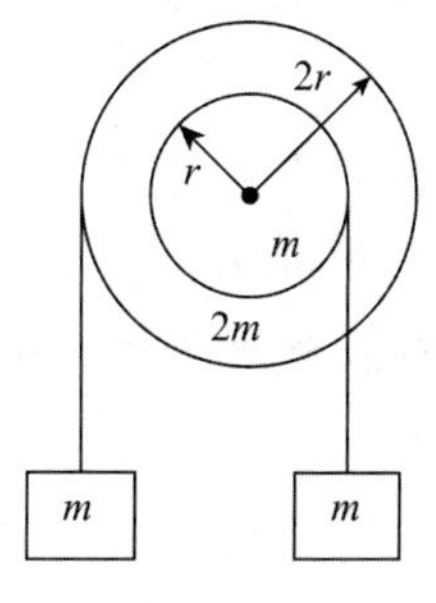

习题 4-14 图

4-15 质量为 $M=0.03$ kg，长为 $l=0.2$ m 的均匀细棒，在一水平面内绕通过细棒中心并与细棒垂直的光滑固定轴自由转动。细棒上套有两个可沿细棒滑动的小物体，每个质量都为 $m=0.02$ kg。开始时，两小物体分别被固定在细棒中心的两侧且距细棒中心各为 $r=0.05$ m，此系统以 $n_1=15\ \mathrm{r \cdot m^{-1}}$ 的转速转动。若将小物体松开，设它们在滑动过程中受到的阻力正比于它们相对细棒的速度(已知细棒对中心轴的转动惯量为 $Ml^2 \cdot 12^{-1}$)，求：(1)当两小物体到达细棒顶端时，系统的角速度是多少？(2)当两小物体飞离细棒顶端，细棒的角速度是多少？

4-16 一半径为 R、质量为 m 的匀质圆盘，以角速度 ω 绕其中心轴转动，现将它平放在一水平板上，圆盘与水平板表面的摩擦因数为 μ。(1) 求圆盘所受的摩擦力矩。(2) 问经多少时间后，圆盘转动才能停止？

4-17 一质量为 m'、半径为 R 的均匀圆盘，绕过其中心且与圆盘面垂直的水平轴以角速度 ω 转动，若在某时刻，一质量为 m 的小碎块从圆盘边缘裂开，且恰好沿竖直方向上抛，问：(1) 它可能达到的高度是多少？(2) 破裂后圆盘的角动量为多大？

4-18 半径分别为 r_1、r_2 的两个薄伞形轮，它们各自对通过轮心且垂直轮面转轴的转动惯量为 J_1 和 J_2。开始时轮 Ⅰ 以角速度 ω_0 转动，问与轮 Ⅱ 成正交啮合后(见下图)，两轮的角速度分别为多大？

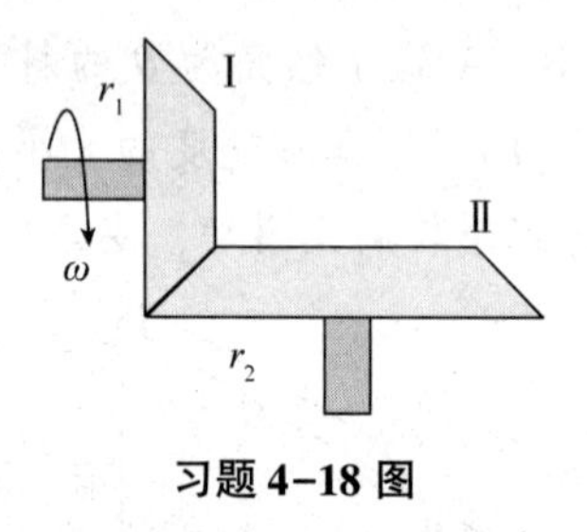

习题 4-18 图

4-19 一质量为 20.0 kg 的小孩，站在一半径为 3.00 m、转动惯量为 450 $\mathrm{kg \cdot m^2}$ 的静止水平转台的边缘上，此转台可绕通过转台中心的竖直轴转动，转台与竖直轴间的摩擦不计。如果此小孩相对转台以 1.00 $\mathrm{m \cdot s^{-1}}$ 的速率沿转台边缘行走，问转台的角速率有多大？

4-20 地球对自转轴的转动惯量为 $0.33\ m_E R^2$，其中 m_E 为地球的质量，R 为地球的半径。求：(1)地球自转时的动能；(2)潮汐对地球的平均力矩(由于潮汐的作用，地球自转的速度逐渐减小，一年内自转周期增加 3.5×10^{-5} s)。

4-21 有一空心圆环可绕竖直轴 OO' 自由转动，转动惯量为 J_0，圆环的半径为 R，初始角速度为 ω_0，如下图所示，今有一质量为 m 的小球静止在圆环内点 A，由于微小扰动小球向下滑动。问小球到达点 B、C 时，圆环的角速度与小球相对于圆环的速度各为多少？(假设圆环内壁光滑)

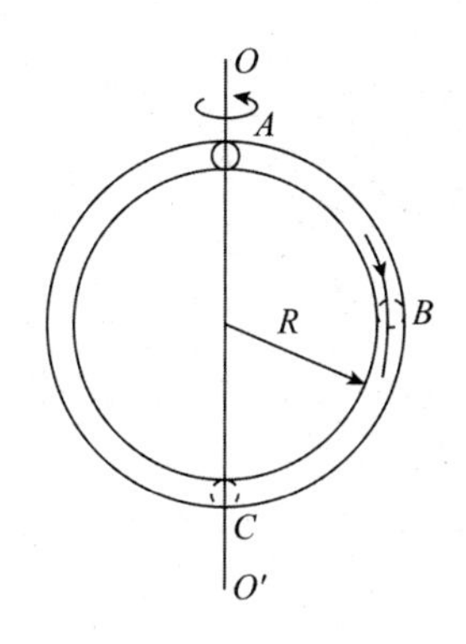

习题 4-21 图

4-22　一长为 l、质量为 m 的均匀细棒，在光滑的平面上绕质心作无滑动的转动，其角速度为 ω。若细棒突然改绕其一端转动，求：(1) 以端点为转轴的角速度 ω'；(2) 在此过程中转动动能的改变。

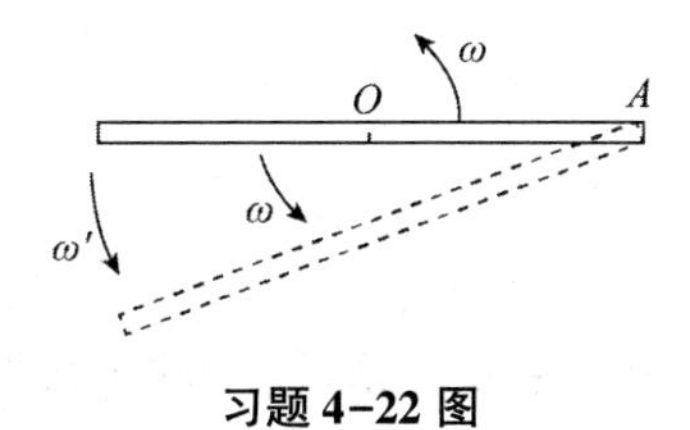

习题 4-22 图

第 5 章

振　动

学习目标

1. 理解描述简谐振动的 3 个重要参量：振幅、周期(频率、圆频率)、相位。
2. 掌握用旋转矢量描述简谐振动的方法。
3. 理解简谐振动的动力学特征、运动学特征、能量特征。
4. 了解阻尼振动、受迫振动、共振。
5. 理解同方向、同频率的简谐振动的合成规律，了解拍和相互垂直简谐振动合成的特点。

导学思考

1. 人们乘车、船以及飞机会感到振动；工厂中大型机械运转时，机器甚至厂房会振动；甚至地球本身也在不时地因地壳运动而振动……，这说明振动是物质运动的一种形式。上述不同场景下振动的共同特征是什么？如何来描述这种运动呢？

2. 我们在研究物体的运动时建立了“质点”的物理模型，在研究物体的转动时建立了“刚体”的物理模型。振动现象多种多样，那么，我们在研究物体的振动时需要建立什么样的物理模型呢？

3. 我们经常会听到“共振事件”，如 2010 年俄罗斯的伏尔加大桥“蛇形共振”，2020 年广东虎门大桥“发抖”，又如运动员登雪山时大声喊叫容易引起雪崩。那么，你知道产生共振的机理是什么吗？共振在生产和生活中有哪些应用呢？

物质运动的形式多种多样，本章研究另一种常见的运动——振动。具有周期性的运动称为振动，如日常生活中秋千的摆动、心脏的跳动、鼓膜的振动、内燃机活塞的运动等都是振动。本章以机械振动为例，介绍简谐振动的特征、常见的简谐振动形式、振动的合成，以及阻尼振动和受迫振动。

在科学技术领域，振动是声学、光学、无线电技术及近代物理学等学科的基础。本章以机械振动中最简单、最基本的简谐振动为主要研究内容，由于所有振动遵循的基本规律在形式上有许多共同之处，因此掌握机械振动的规律也是进一步研究其他形式振动的必要基础。

5.1　简谐振动

物体在一定位置(平衡位置)附近的往复运动称为机械振动，如海浪、地震等。振动不只限于机械振动，广义上讲，任何一个描述物体运动状态的物理量在某一量值附近随时间作周期性变化都可以叫作振动，如交流电路中的电压和电流，电磁场中电场强度和磁感应强度等都是振动。振动的形式多种多样，大多数情况比较复杂，简谐振动是最简单、最基本的振动，任何复杂的振动都可以认为是由许多简谐振动合成的。

1. 简谐振动的特征

一个作往复运动的物体，如果其偏离平衡位置的位移 x(或角位移 θ)随时间 t 按余弦(或正弦)规律变化，即

$$x = A\cos(\omega t + \varphi_0) \tag{5-1}$$

则这种振动称为简谐振动。

研究表明，作简谐振动的物体(或系统)，尽管描述它们偏离平衡位置位移的物理量可以千差万别，但描述它们动力学特征的运动微分方程是相同的。

下面以弹簧振子为例研究简谐振动的运动规律。将轻质弹簧(质量可忽略不计)一端固定，另一端系一个可以自由运动的物体所组成的系统称为弹簧振子。图 5-1 所示为一个放置于光滑水平面上的弹簧振子，当质量为 m 的物体位于点 O 时，弹簧处于自然状态(未伸长未压缩状态)，此时物体在水平方向所受合外力为零，则点 O 称为平衡位置，并取为坐标原点，水平向右为坐标系 x 轴正方向。

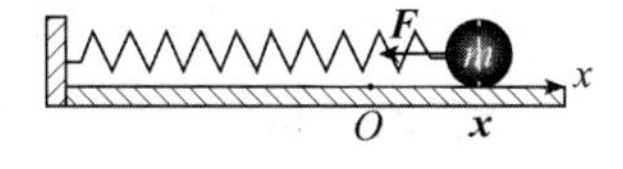

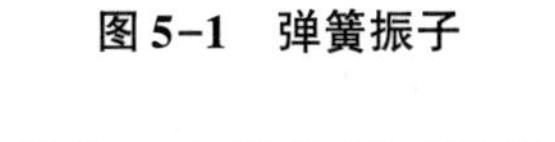

图 5-1　弹簧振子

由胡克定律可知，物体所受的弹力 $\boldsymbol{F}$ 与物体相对平衡位置的位移 x 成正比，其方向始终指向平衡位置，与位移方向相反，这种力被称为回复力。

设弹簧的刚度系数为 k，物体的质量为 m，不计各种阻力，当振子偏离平衡位置的位移为 x 时，其受到的弹力为

$$\boldsymbol{F} = -kx \tag{5-2}$$

根据牛顿第二定律，则弹簧振子的运动微分方程为

$$-kx = m\frac{d^2x}{dt^2} \tag{5-3}$$

令 $\omega^2=\frac{k}{m}$，则有

$$\frac{d^2x}{dt^2}+\omega^2 x=0 \tag{5-4}$$

式(5-4)的解可写成余弦函数形式，即式(5-1)，式(5-1)中 A 和 φ_0 是由初始条件确定的两个积分常数。式(5-4)是描述简谐振动的运动微分方程。

由于

$$\cos(\omega t+\varphi_0)=\sin\left(\omega t+\varphi_0+\frac{\pi}{2}\right)$$

令 $\varphi_1=\varphi_0+\frac{\pi}{2}$，则式(5-1)也可写为

$$x=A\sin(\omega t+\varphi_1) \tag{5-5}$$

式(5-4)的解也可写成正弦函数形式，即式(5-5)。为统一起见，本教材对简谐振动统一用余弦函数表示。

由此，我们可以给出简谐振动的一种较普遍的定义：如某力学系统的动力学方程可归结为式(5-4)的形式，且其中常量 ω 仅取决于系统本身的性质，则该系统的运动为简谐振动，作简谐振动的物体，称为谐振子。式(5-5)为简谐振动的运动学特征。

如果物体离开平衡位置后，受到一个方向总是指向平衡位置，大小与位移成正比的力，那么这个物体也一定在作简谐振动，这是简谐振动的动力学特征。

将式(5-1)对时间分别求一阶和二阶导数，可得到简谐振动物体的速度和加速度的表达式分别为

$$v=\frac{dx}{dt}=-\omega A\sin(\omega t+\varphi_0) \tag{5-6}$$

$$a=\frac{d^2x}{dt^2}=-\omega^2A\cos(\omega t+\varphi_0) \tag{5-7}$$

由式(5-1)、式(5-6)、式(5-7)可知，物体作简谐振动时，它的位移、速度和加速度都是周期性变化的，且速度和加速度具有相同的变化频率。位移的最大值为 A，速度的最大值为 ωA，加速度的最大值为 ω^2A，简谐振动位移、速度、加速度随时间的变化曲线如图5-2所示。

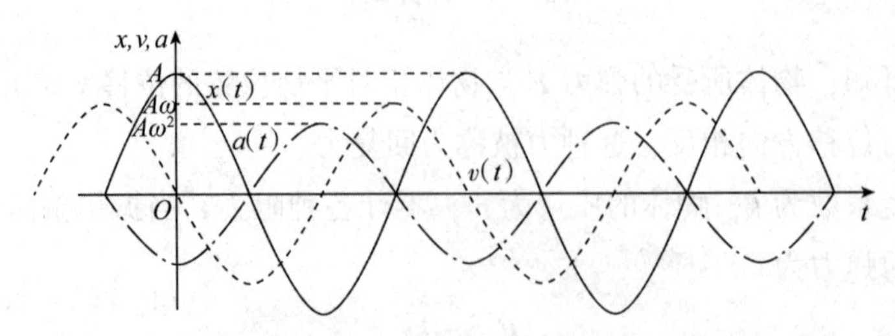

图5-2　简谐振动位移、速度、加速度随时间的变化曲线

2. 简谐振动的振幅、周期、频率和相位

1)振幅

$x = A\cos(\omega t + \varphi_0)$ 中 A 表示振动物体偏离平衡位置的最大距离，它表明了振动的幅度或振动的空间范围，这个量称为简谐振动的振幅，用符号 A 表示，振幅恒取正值。在图 5-1 描述的简谐振动中，移动物体离开平衡位置越远，则放开后物体的振幅就越大，可见，振幅的大小取决于振动系统的初始状态。对于弹簧振子的简谐振动，将 $t = 0$ 时的初始条件 $x = x_0$、$v = v_0$ 代入 $x = A\cos(\omega t + \varphi_0)$、$v = -\omega A\sin(\omega t + \varphi_0)$，有 $x_0 = A\cos\varphi_0$ 和 $v_0 = -A\omega\sin\varphi_0$，联立求解得

$$A = \sqrt{x_0^2 + \frac{v_0^2}{\omega^2}}$$

2)周期、频率

物体作简谐振动时，周而复始完成一次全振动所需的时间叫作简谐振动的周期，用 T 表示。由周期的性质，有

$$A\cos(\omega t + \varphi_0) = A\cos[\omega(t + T) + \varphi_0] = A\cos(\omega t + \varphi_0 + \omega T)$$

由于余弦函数的周期是 2π，所以有 $\omega T = 2\pi$，因此

$$T = \frac{2\pi}{\omega} = 2\pi\sqrt{\frac{m}{k}} \tag{5-8}$$

和周期密切相关的另一物理量是频率，即单位时间内系统所完成的完全振动的次数，用 ν 表示，即

$$\nu = \frac{1}{T} = \frac{1}{2\pi}\sqrt{\frac{k}{m}} \tag{5-9}$$

$$\omega = 2\pi\nu = \sqrt{\frac{k}{m}} \tag{5-10}$$

式(5-10)中，ω 表示系统在 2π 秒内完成的完全振动的次数，称为圆频率(又称角频率)。在国际单位制中，周期 T 的单位是 s，频率 ν 的单位是 Hz，圆频率 ω 的单位是 $\mathrm{rad \cdot s^{-1}}$。

质量 m 和刚度系数 k 都属于弹簧振子本身的固有性质，T、ν 或 ω 都表示简谐振动的周期性特征，完全取决于弹簧振子本身的性质。因此，T、ν、ω 分别称为系统的固有周期、固有频率、固有圆频率。

3)相位

当振幅 A 和圆频率 ω 一定时，物体在任意时刻的运动状态取决于 $(\omega t + \varphi_0)$。量值 $(\omega t + \varphi_0)$ 叫作振动的相位。相位是决定简谐振动物体运动状态的物理量，一定的相位对应着一个确定的运动状态。例如，当 $\omega t_1 + \varphi_0 = \frac{\pi}{2}$ 时，$x = 0$，$v = -\omega A$，表示在 t_1 时刻物体处在平衡位置，并以速度 ωA 向 x 轴负方向运动；而当 $\omega t_2 + \varphi_0 = \frac{3}{2}\pi$ 时，$x = 0$，$v = \omega A$，即在 t_2 时刻物体也在平衡位置，但以速度 ωA 向 x 轴正方向运动。可见由于振动的相位不同，物体

的运动状态也不相同。

$t=0$ 时的相位叫初相位，简称初相。由式(5-1)和式(5-6)得初相和初始条件之间的关系为

$$\tan \varphi_0 = -\frac{v_0}{\omega x_0} \tag{5-11}$$

可见，初相是由初始条件确定的。

设有两个频率相同的简谐振动，它们的运动方程分别为

$$x_1 = A_1\cos(\omega t + \varphi_1)$$
$$x_2 = A_2\cos(\omega t + \varphi_2)$$

两个简谐振动的相位之差称为相位差，用 $\Delta\varphi$ 表示，它的数值为

$$\Delta\varphi = (\omega t + \varphi_2) - (\omega t + \varphi_1) = \varphi_2 - \varphi_1$$

当 $\Delta\varphi = 2k\pi(k=0, \pm1, \pm2, \cdots)$，即相位差为零或 π 的偶数倍时，两个简谐振动的步调一致，称为同相。而当 $\Delta\varphi=(2k+1)\pi(k=0, \pm1, \pm2, \cdots)$，即相位差为 π 的奇数倍时，两个简谐振动的步调相反，称为反相。

如果 $\Delta\varphi > 0$，即 $\varphi_2 > \varphi_1$，称简谐振动 2 的相位超前简谐振动 1 的相位，或简谐振动 1 的相位滞后简谐振动 2 的相位。

例 5-1 已知一理想弹簧振子，$t = 0$ 时，$x = 0$，$v_0 < 0$，如图 5-3 所示，求初相 φ_0。

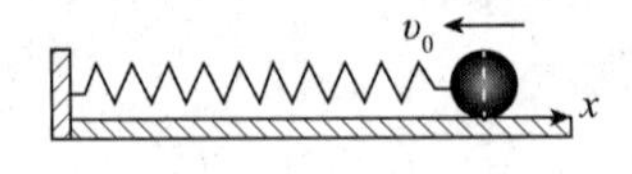

图 5-3 例 5-1 图

解 设简谐振动方程为

$$x = A\cos(\omega t + \varphi_0)$$

将 $t = 0$ 时，$x = 0$ 代入，可得

$$0 = A\cos \varphi_0$$

则可得

$$\varphi_0 = \pm\frac{\pi}{2}$$

又因为 $v_0 = -A\omega\sin \varphi_0 < 0$，所以

$$\sin \varphi_0 > 0$$

因此

$$\varphi_0 = \frac{\pi}{2}$$

例 5-2 假设有一质点作简谐振动，其振动方程为

$$x = 9 \times 10^{-2}\cos(10\pi t + 0.25\pi)$$

求振动的振幅、频率和初相，并求 $t=0.5$ s 时的位移和速度。

解 把该振动方程与 $x=A\cos(\omega t+\varphi_0)$ 比较可得

振幅 $A=9\times10^{-2}$ m；圆频率 $\omega=10\pi$ rad·s^{-1}；频率 $\nu=\frac{\omega}{2\pi}=5$ Hz；初相 $\varphi_0=0.25\pi$。

把 $t=0.5$ s 代入该振动方程，该时刻的位移为

$$x=9\times10^{-2}\cos(5\pi+0.25\pi)\text{ m}=-\frac{9}{2}\sqrt{2}\times10^{-2}\text{ m}$$

则速度为

$$v=\frac{\mathrm{d}x}{\mathrm{d}t}=-90\pi\times10^{-2}\sin(10\pi t+0.25\pi)\text{ m}\cdot\text{s}^{-1}$$

则 $t=0.5$ s 时的速度为

$$v=-90\pi\times10^{-2}\sin(5\pi+0.25\pi)\text{ m}\cdot\text{s}^{-1}\approx0.45\sqrt{2}\pi\text{ m}\cdot\text{s}^{-1}$$

例 5-3 一轻质弹簧一端固定，另一端连接一定质量的物体。整个系统位于水平面内，系统的圆频率为6.0 rad·s^{-1}，今将物体沿平面向右拉长到 $x_0=0.04$ m 处由静止释放，试求：(1)简谐振动方程；(2)物体从初始位置运动到第一次经过 $A/2$ 处时的速度。

解 (1)一轻质弹簧连接一物体，满足简谐振动，设简谐振动方程为

$$x=A\cos(\omega t+\varphi_0)$$

由初始条件得振幅和初相为

$$A=\sqrt{x_0^2+\frac{v_0^2}{\omega^2}}=0.04\text{ m}$$

$$\tan\varphi_0=-\frac{v_0}{\omega x_0}=0$$

则

$$\varphi_0=0$$

可得

$$x\approx0.04\cos 6.0t\text{ m}$$

(2)由题意画出图，如图 5-4 所示。

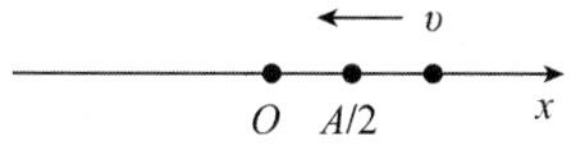

图 5-4 例 5-3 图

将 $A/2$ 代入求得的振动方程，得

$$\frac{A}{2}=A\cos\omega t$$

则 $\omega t=\frac{\pi}{3}$ 或者 $\omega t=\frac{5\pi}{3}$，速度 $v=-A\omega\sin\omega t\approx\pm0.208$ m·s^{-1}，按题意得

$$v=-0.208\text{ m}\cdot\text{s}^{-1}$$

5.2 旋转矢量

为了更直观地描述简谐振动的规律，还可采用旋转矢量表示法。

在 Oxy 平面上自原点 O 创建一矢量 $\boldsymbol{A}$，它的模等于简谐振动的振幅 A，如图 5-5 所示，并令 $t=0$ 时 $\boldsymbol{A}$ 与 x 轴的夹角等于简谐振动的初相 φ_0，然后使 $\boldsymbol{A}$ 以等于圆频率 ω 的角速度在平面上绕原点 O 逆时针匀角速转动，这样的矢量称为旋转矢量。显然，旋转矢量 $\boldsymbol{A}$ 任意时刻在 x 轴上的投影 $A\cos(\omega t+\varphi_0)$ 恰是式(5-1)描述的沿 x 轴作简谐振动的物体 t 时刻相对于原点 O 的位移。矢端沿圆周运动的速度大小为 $v_m=\omega A$，其方向与 x 轴的夹角等于 $\omega t+\varphi_0+\dfrac{\pi}{2}$，在 x 轴上的投影为 $v=v_m\cos\left(\omega t+\varphi_0+\dfrac{\pi}{2}\right)=-\omega A\sin(\omega t+\varphi_0)$，如图 5-6 所示，这正是式(5-6)给出的物体作简谐振动的速度公式；矢端作圆周运动的向心加速度大小为 $a_n=\omega^2A$，它与 x 轴的夹角为 $\omega t+\varphi_0+\pi$，加速度在 x 轴上的投影为 $a=a_n\cos(\omega t+\varphi_0+\pi)=-\omega^2A\cos(\omega t+\varphi_0)$，这正是式(5-7)给出的物体作简谐振动的加速度公式。

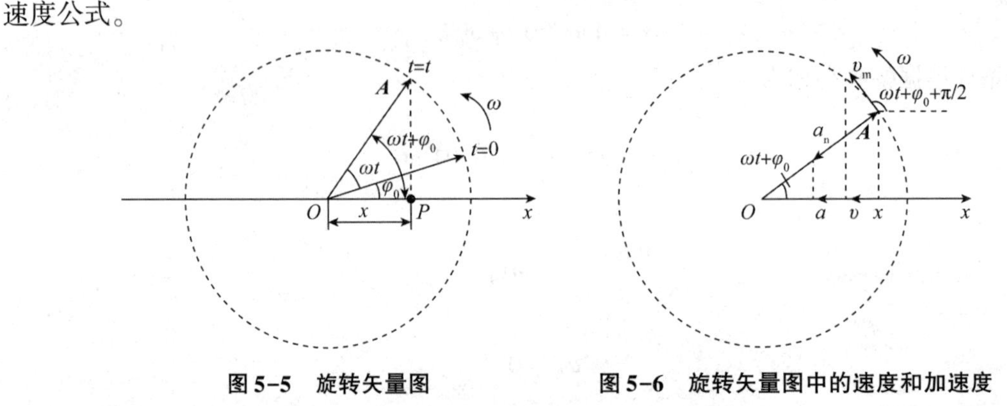

图 5-5 旋转矢量图　　图 5-6 旋转矢量图中的速度和加速度

从上面的讨论可知，简谐振动中速度的相位比位移的相位超前 $\dfrac{\pi}{2}$，加速度的相位比速度的相位超前 $\dfrac{\pi}{2}$，加速度的相位比位移的相位超前 π。

例 5-4 一质点沿 x 轴作简谐振动，$A=0.1$ m，$T=2$ s。$t=0$ 时，$x_0=0.05$ m，且 $v_0>0$，求：(1) 质点的振动方程；(2) $t=0.5$ s 时质点的位置、速度和加速度；(3) 若某时刻质点在 $x=-0.05$ m 处且沿 x 轴负方向运动，质点从该位置第一次回到平衡位置的时间是多少？

解 (1)设振动方程为 $x=A\cos(\omega t+\varphi)$，已知：$A=0.1$ m，$\omega=\dfrac{2\pi}{T}=\pi\ \mathrm{rad\cdot s^{-1}}$；$t=0$ 时，$x_0=\dfrac{A}{2}$，$v_0>0$。

由图5-7可知 $\varphi=-\dfrac{\pi}{3}$，则

$$x=0.1\cos\left(\pi t-\frac{\pi}{3}\right)$$

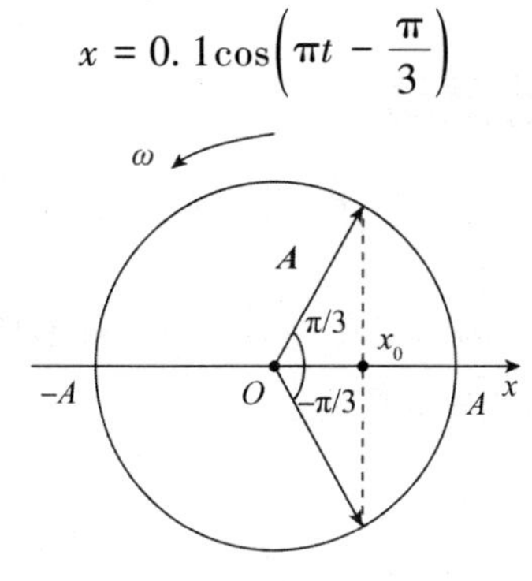

图5-7 例5-4图1

(2) $t=0.5$ s时，质点的位置、速度和加速度分别为

$$x=0.1\cos\left(\frac{\pi}{2}-\frac{\pi}{3}\right)\ \text{m}=0.1\cos\frac{\pi}{6}\ \text{m}\approx 0.086\ \text{m}$$

$$v=-0.1\pi\sin\left(\frac{\pi}{2}-\frac{\pi}{3}\right)\ \text{m}\approx -0.157\ \text{m}\cdot\text{s}^{-1}$$

$$a=-0.1\ \pi^2\cos\left(\frac{\pi}{2}-\frac{\pi}{3}\right)\ \text{m}\cdot\text{s}^{-2}\approx -0.855\ \text{m}\cdot\text{s}^{-2}$$

(3)当 $x=-0.05$ m，$v<0$ 时，由图5-8，得

$$\varphi_1=\frac{2\pi}{3}$$

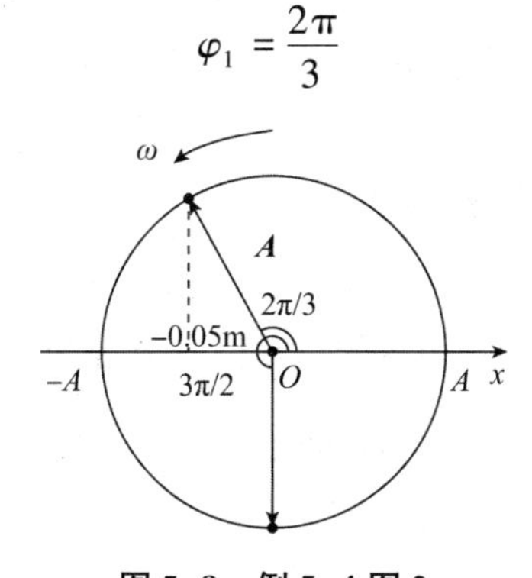

图5-8 例5-4图2

第一次回到平衡位置时

$$\varphi_2=\frac{3\pi}{2}$$

两位置相位差为

$$\Delta\varphi=\varphi_2-\varphi_1=\frac{3\pi}{2}-\frac{2\pi}{3}=\frac{5\pi}{6}$$

旋转矢量转过 $\Delta\varphi$ 需要的时间为

$$\Delta t=\frac{\Delta\varphi}{\omega}=\frac{5\pi}{6}\times\frac{1}{\pi}\ \mathrm{s}=\frac{5}{6}\ \mathrm{s}$$

5.3 几种常见的简谐振动

1. 单摆

长为 l 且不可伸长的轻绳，一端固定在点 O，另一端悬挂一质量为 m 且可视为质点的小球，这样组成的系统称为单摆，如图 5-9 所示。

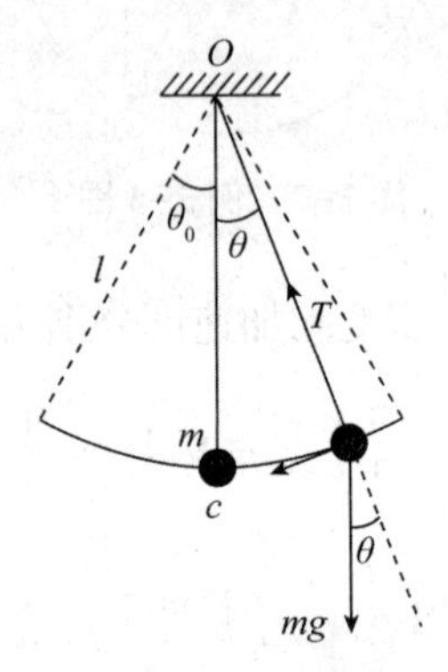

图 5-9 单摆

小球处于点 O 的竖直位置时，作用在小球上的合外力为零，这就是系统的平衡位置。当摆线偏离平衡位置一个很小的角度 $\theta(\leqslant 5^\circ)$ 时，在重力和轻绳拉力作用下，小球在竖直平面内绕点 O 沿圆弧摆动。轻绳拉力对点 O 的力矩为零，因此，重力与轻绳对点 O 的力矩为

$$M=-lmg\sin\theta\approx-mgl\theta$$

式中，负号表示力矩方向与角位移 θ 的方向相反，考虑到 θ 很小，有 $\sin\theta\approx\theta$。根据转动定律 $M=J\alpha$，$J=ml^2$，不计阻力时，小球的运动微分方程为

$$-mgl\theta=ml^2\frac{\mathrm{d}^2\theta}{\mathrm{d}t^2}$$

令 $\omega^2=\frac{g}{l}$，代入上式，可得

$$\frac{\mathrm{d}^2\theta}{\mathrm{d}t^2}+\omega^2\theta=0$$

上式为二阶常系数线性微分方程，其解为

$$\theta=A\cos(\omega t+\varphi) \tag{5-12}$$

比较式(5-12)与式(5-1)可知，在不计阻力情况下，单摆作小角度的摆动是简谐振动。

对于单摆，圆频率为 $\omega=\sqrt{\frac{g}{l}}$，固有周期为 $T=2\pi\sqrt{\frac{l}{g}}$，频率为 $\nu=\frac{1}{2\pi}\sqrt{\frac{g}{l}}$。

例5-5 今有一单摆，其 $l=0.8\ \text{m}$、$m=0.30\ \text{kg}$。将该单摆向右拉离平衡位置5°后自由释放，其旋转矢量图如图5-10所示。求：(1)ω、T；(2)θ_0、φ，以及振动方程；(3)最大角速度 $\omega_{\max}$；(4)轻绳中最大张力 $T_{\max}$。

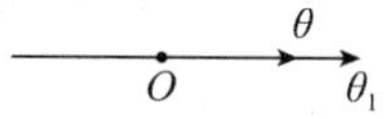

图5-10 例5-5图

解 (1) $\omega=\sqrt{\dfrac{g}{l}}=3.5\ \text{rad}\cdot\text{s}^{-1}$，$T=\dfrac{2\pi}{\omega}\approx1.795\ \text{s}$。

(2)由旋转矢量图可得 $\varphi=0$，$\theta_0=5°\approx0.087\ \text{rad}$，$\theta=0.087\cos3.5t$。

(3)最大角速度 $\omega_{\max}=\dfrac{\mathrm{d}\theta}{\mathrm{d}t}=\theta_0\omega\approx0.305\ \text{rad}\cdot\text{s}^{-1}$。

(4)张力 $T=mg\cos\theta+m\dfrac{v^2}{l}$。当 $\theta=0$，即单摆处于平衡位置时，张力最大，故

$$T_{\max}=mg\cos\theta+m\frac{v_{\max}^2}{l}=mg+ml\omega_{\max}^2\approx3.013\ \text{N}$$

2. 复摆

质量为 m 的任意形状的刚体，被支持在无摩擦的转轴 O 上，忽略空气阻力，将它从平衡位置拉开一个微小的角度 θ 后释放，则刚体绕转轴 O 作微小的自由摆动，这样的装置叫复摆，如图5-11所示。下面分析复摆在摆角很小时的运动规律。

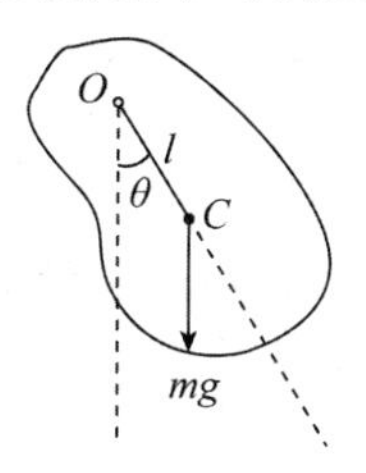

图5-11 复摆

复摆对转轴 O 的转动惯量为 J，复摆的质心 C 到转轴 O 的距离 $OC=l$。摆角为 θ 时复摆所受的重力矩为

$$M=-mgl\sin\theta$$

当摆角很小时 $\sin\theta\approx\theta$，由转动定律 $M=J\alpha$ 可得

$$\frac{\mathrm{d}^2\theta}{\mathrm{d}t^2}=-\frac{mgl}{J}\theta$$

令 $\omega^2=\dfrac{mgl}{J}$，则复摆的运动微分方程为

$$\frac{\mathrm{d}^2\theta}{\mathrm{d}t^2}+\omega^2\theta=0 \tag{5-13}$$

式(5-13)与弹簧振子和单摆(小角度)的微分方程形式相同，所以在不计摩擦阻力情况

下复摆作小角度的摆动是简谐振动。圆频率为 $\omega=\sqrt{\dfrac{mgl}{J}}$，周期为 $T=2\pi\sqrt{\dfrac{J}{mgl}}$，频率为 $\nu=\dfrac{1}{2\pi}\sqrt{\dfrac{mgl}{J}}$。

综上分析可知，尽管维持振动的机制不同，描述系统位置的变量不同，只要运动微分方程在形式上与式(5-4)相同，它们就作简谐振动。

5.4 简谐振动的能量

本节以弹簧振子为例来讨论简谐振动的能量。设质量为 m，刚度系数为 k 的弹簧振子，在某一时刻的位移为 x，速度为 v，则

$$x=A\cos(\omega t+\varphi_0)$$
$$v=-\omega A\sin(\omega t+\varphi_0)$$

又有 $\omega=\sqrt{\dfrac{k}{m}}$，则可得弹簧振子所具有的振动动能和振动势能分别为

$$\begin{aligned}E_{\mathrm{k}}&=\frac{1}{2}mv^2=\frac{1}{2}m\omega^2A^2\sin^2(\omega t+\varphi_0)\\&=\frac{1}{2}kA^2\sin^2(\omega t+\varphi_0)\end{aligned}\tag{5-14}$$

$$E_{\mathrm{p}}=\frac{1}{2}kx^2=\frac{1}{2}kA^2\cos^2(\omega t+\varphi_0)\tag{5-15}$$

式(5-14)和式(5-15)说明弹簧振子的动能和势能是按余弦或正弦的平方随时间变化的，图5-12表示初相为零时，动能、势能和总机械能随时间变化的曲线。显然，动能最大时，势能最小；而动能最小时，势能最大。简谐振动的过程正是动能和势能相互转换的过程。

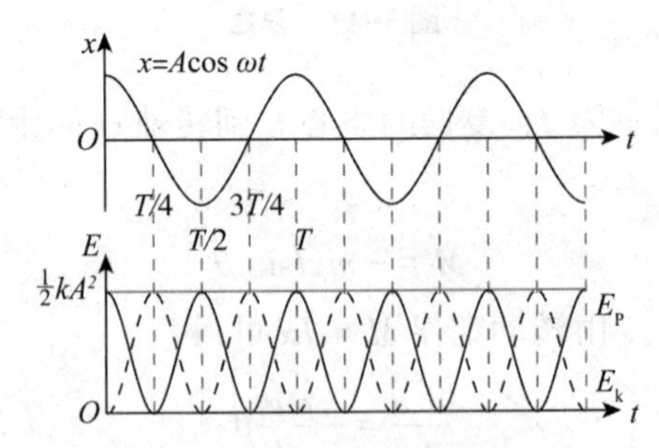

图5-12 简谐振动动能、势能和总机械能随时间变化的曲线

将式(5-14)和式(5-15)两式相加，即得简谐振动的总机械能为

$$E=\frac{1}{2}kA^2=\frac{1}{2}m\omega^2A^2=\frac{1}{2}mv_{\mathrm{m}}^2\tag{5-16}$$

可见，简谐振动系统在振动过程中机械能守恒。从力学角度看，简谐振动系统都是孤立

的保守系统。另外，从式(5-16)可以得出简谐振动是等幅振动，其能量正比于振幅的平方、正比于系统固有圆频率的平方。

动能在一个周期内的平均值为

$$\overline{E}_k=\frac{1}{T}\int_0^T E_k(t)\,dt=\frac{1}{T}\int_0^T\frac{1}{2}kA^2\sin^2(\omega t+\varphi_0)\,dt=\frac{1}{4}kA^2$$

同理，可得势能在一个周期内的平均值为

$$\overline{E}_p=\frac{1}{4}kA^2$$

即

$$\overline{E}_k=\overline{E}_p=\frac{1}{4}kA^2=\frac{1}{2}E \tag{5-17}$$

所以动能和势能在一个周期内的平均值相等，且等于总机械能的一半。

以上结论虽是由弹簧振子这一特例推出，但具有普遍意义，适用于任何简谐振动系统。

例5-6 质量为0.1 kg的物体，以振幅3.0×10^{-2} m作简谐振动，其最大加速度为12.0 $m\cdot s^{-2}$，求该物体：

(1)振动的周期；

(2)通过平衡位置时的动能；

(3)具有的总机械能；

(4)在何处动能和势能相等。

解 (1)因为 $a_{max}=A\omega^2$，故 $\omega=\sqrt{\frac{a_{max}}{A}}=\sqrt{\frac{12.0}{3.0\times10^{-2}}}\ s^{-1}=20\ s^{-1}$，得

$$T=\frac{2\pi}{\omega}\approx0.314\ s$$

(2)因通过平衡位置的速度为最大，故

$$\overline{E}_{k,\,max}=\frac{1}{2}mv_{max}^2=\frac{1}{2}m\omega^2A^2=2.0\times10^{-3}\ J$$

(3)总机械能为

$$E=\overline{E}_{k,\,max}=2.0\times10^{-3}\ J$$

(4)由 $E_k=E_p$，$E=E_k+E_p$，得

$$E_p=\frac{1}{2}E=\frac{1}{4}kA^2$$

将 $E_p=\frac{1}{2}kx^2$ 代入上式，得

$$E_p=\frac{1}{2}kx^2=\frac{1}{4}kA^2$$

则 $x=\pm\frac{\sqrt{2}}{2}A\approx2.121\times10^{-2}$ m，即在该处物体的动能和势能相等。

*5.5 阻尼振动　受迫振动　共振

简谐振动是一种等幅振动，它是不计阻力的理想情况。本节讨论物体受到弹性力、阻力或周期性外力作用时的振动情况。

1. 阻尼振动

和前面讨论的简谐振动不同，实际生活中的振动总会受到阻力的作用，由于需要克服阻力做功，振动系统的能量不断地减少，在能量随时间减少的同时，振幅也随时间而减少，直到最后停止振动。振动系统因阻力作用，作振幅不断减小的振动，称为阻尼振动。

振动系统的阻尼通常分为两种：一种是摩擦阻力使系统的能量逐渐转化为热能，这叫作摩擦阻尼；另一种是振动以波的形式向外传播，使振动系统的能量逐渐向外辐射出去，转化为波的能量，这叫作辐射阻尼。本节主要讨论摩擦阻尼。

实验表明，当物体以不太大的速率在黏性介质中运动时，物体受到的阻力与其运动的速率成正比，即

$$\boldsymbol{F}_{\mathrm{R}} = -\gamma v = -\gamma \frac{\mathrm{d}x}{\mathrm{d}t} \tag{5-18}$$

式中，γ 称为阻尼系数，它与物体的形状、大小及介质的性质有关，负号表示阻力与速度方向相反。对于弹簧振子，在弹性力 $\boldsymbol{F} = -kx$ 和阻力 $\boldsymbol{F}_{\mathrm{R}} = -\gamma v$ 作用下，它的动力学方程为

$$-kx - \gamma v = ma$$

或

$$m\frac{\mathrm{d}^2x}{\mathrm{d}t^2} + \gamma\frac{\mathrm{d}x}{\mathrm{d}t} + kx = 0$$

令 $2\beta = \dfrac{\gamma}{m}$ 和 $\omega_0^2 = \dfrac{k}{m}$，上式可写为

$$\frac{\mathrm{d}^2x}{\mathrm{d}t^2} + 2\beta\frac{\mathrm{d}x}{\mathrm{d}t} + \omega_0^2x = 0 \tag{5-19}$$

式(5-19)就是振动系统作阻尼振动的运动微分方程，其中 $\omega_0 = \sqrt{\dfrac{k}{m}}$ 是振动系统的固有圆频率，它由系统本身的性质所决定；$\beta = \dfrac{\gamma}{2m}$ 称为阻尼系数，它与系统本身的性质及介质的阻尼系数有关，显然，β 值越大，阻力的影响就越大，β 值越小，阻力的影响就越小。β 值的大小决定了振动系统的行为。

根据微分方程理论，因阻尼系数大小的不同，式(5-19)有 3 种不同形式的解，分别对应阻尼系统欠阻尼、临界阻尼和过阻尼 3 种不同的运动状态。

当阻尼系数较小，即 $\beta < \omega_0$ 时，系统处于欠阻尼状态，式(5-19)的通解为

$$x = A\,\mathrm{e}^{-\beta t}\cos(\omega t + \varphi) \tag{5-20}$$

式中，$\omega = \sqrt{\omega_0^2 - \beta^2}$，表明圆频率比固有圆频率小，振幅为$A\mathrm{e}^{-\beta t}$是随时间作指数衰减，阻尼系数越大，振幅衰减得越快。欠阻尼状态下的位移（x）－时间（t）曲线如图5-13中的a曲线所示。

当阻尼系数很大，即$\beta > \omega_0$时，式(5-19)的通解为

$$x = C\mathrm{e}^{(-\beta + \sqrt{\beta^2 - \omega_0^2})t} + D\mathrm{e}^{(-\beta - \sqrt{\beta^2 - \omega_0^2})t} \tag{5-21}$$

式中，C、D是由初始状态决定的积分常数。此时振子从初始状态缓慢地回到平衡位置，不再作周期运动，这称为过阻尼状态，它的位移-时间曲线如图5-13中的b曲线所示。

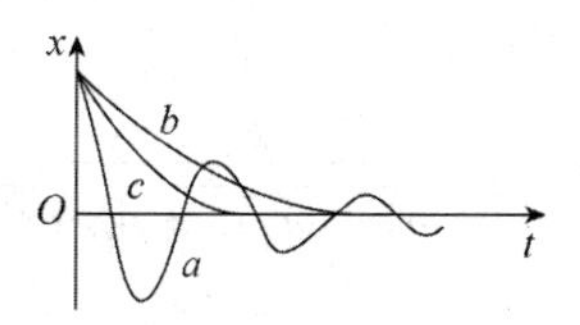

a—欠阻尼；b—过阻尼；c—临界阻尼。

图5-13　3种阻尼的位移-时间曲线

将弹簧振子放在黏度较大的油类介质中，就可以观察到弹簧振子在过阻尼状态下的运动。银行、宾馆等大型建筑的弹簧门上常装有一个消振油缸，消振油缸的作用就是避免弹簧门来回振动，使它工作在过阻尼状态。

当$\beta = \omega_0$时，式(5-19)的通解为

$$x = (A + Bt)\,\mathrm{e}^{-\beta t} \tag{5-22}$$

式中，A、B是由初始状态决定的常数。此时阻尼大小恰好使振子开始作非周期振动，与欠阻尼和过阻尼状态相比，这种状态下振动系统从开始振动的状态回到平衡位置所经过的时间最短。此称为临界阻尼状态，其位移-时间曲线如图5-13中c曲线所示。在陀螺经纬仪、灵敏电流计、精密天平等一些精密仪器中广泛采用临界阻尼系统，使仪器指针尽快停到应指示的位置。

2. 受迫振动

实际的振动系统由于受到阻力而消耗能量，振幅不断衰减。要使振动持续不断地进行，必须对振动系统施加一周期性外力，使系统不断得到能量补充，这种周期性外力叫驱动力。欠阻尼振动系统在持续的周期性外力作用下进行振动称为受迫振动。例如，钟摆的振动，机器运转时所引起的基座的振动都是受迫振动。

设一系统在弹性力$-kx$，阻力$-\gamma v$和周期性外力$F_0\cos\omega t$的作用下作受迫振动，则振动系统的动力学方程为

$$-kx - \gamma v + F_0\cos\omega t = ma$$

上式也可写为

$$m\frac{\mathrm{d}^2x}{\mathrm{d}t^2} = -kx - \gamma\frac{\mathrm{d}x}{\mathrm{d}t} + F_0\cos\omega t$$

令 $\omega_0^2 = \dfrac{k}{m}$，$2\beta = \dfrac{\gamma}{m}$，$F = \dfrac{F_0}{m}$，则振动方程可写为

$$\frac{\mathrm{d}^2x}{\mathrm{d}t^2}+2\beta\frac{\mathrm{d}x}{\mathrm{d}t}+\omega_0^2x=F\cos\omega t \tag{5-23}$$

式(5-23)的通解为

$$x=A_0\,\mathrm{e}^{-\beta t}\cos(\sqrt{\omega_0^2-\beta^2}\,t+\varphi_0)+A\cos(\omega t+\varphi) \tag{5-24}$$

式(5-24)表明受迫振动是由阻尼振动 $A_0\,\mathrm{e}^{-\beta t}\cos(\sqrt{\omega_0^2-\beta^2}\,t+\varphi_0)$ 和简谐振动 $A\cos(\omega t+\varphi)$ 合成的。阻尼振动是减幅振动，经过一段时间后，这一振动就衰减到可以忽略不计，受迫振动达到稳定状态，变为等幅的简谐振动。式(5-24)中振动的圆频率 ω 就是驱动力的圆频率，振幅 A 和初相分别为

$$A=\frac{F}{\sqrt{(\omega_0^2-\omega^2)^2+4\beta^2\omega^2}}$$

$$\tan\varphi=\frac{-2\beta\omega}{\omega_0^2-\omega^2}$$

由于周期性外力的初相为零，因此这里的初相就是稳定振动状态与驱动力的相位差，对此我们不作深入讨论。

3. 共振

由式(5-24)可知，受迫振动的振幅与驱动力的圆频率有关。当驱动力的圆频率为某一定值时，振幅 A 达到最大值。我们把驱动力的圆频率为某一定值时，受迫振动的振幅达到最大的现象叫作共振，共振时的圆频率叫作共振圆频率，用 ω_r 表示，该值可用求极值的方法求得。根据 $\frac{\mathrm{d}A}{\mathrm{d}\omega}=0$，可得

$$\omega_r=\sqrt{\omega_0^2-2\beta^2}$$

相应的最大振幅为

$$A_r=\frac{F}{2\beta\sqrt{\omega_0^2-\beta^2}}$$

由此可知，系统的共振圆频率是由固有圆频率 ω_0 和阻尼系数 β 决定的。当 $\beta\ll\omega_0$，ω_r 接近系统的固有圆频率 ω_0 时，共振振幅趋于无穷大。图 5-14 所示是不同阻尼情形共振振幅随 ω 变化的曲线。

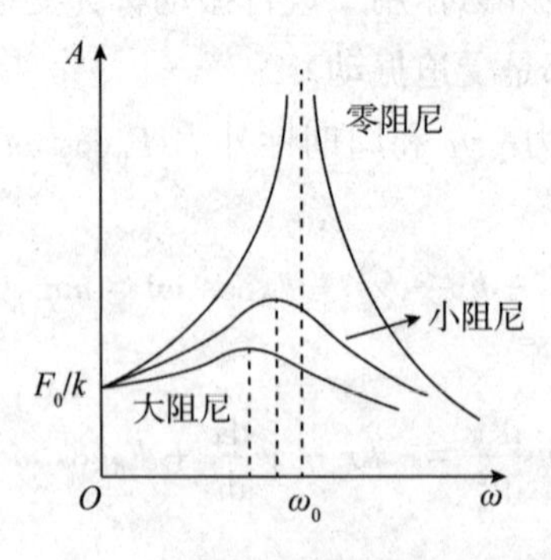

图 5-14　不同阻尼情形共振振幅随 ω 变化的曲线

共振在声学、光学、无线电技术等方面的应用是很普遍的。例如，钢琴、小提琴等乐器利用共振来提高音响效果，收音机的调谐装置也是利用电磁共振进行选台。共振也有其危害性，共振时，因为系统振幅过大会造成建筑物、机械设备的损坏等。历史上也曾有部队迈着整齐的步伐过桥时，引起的共振导致大桥坍塌的惨剧发生。在生活中，我们可以利用或者避免共振来解决实际的问题。

5.6 简谐振动的合成

在实际问题中，一个质点同时参与两个或多个振动(或者某个物理量同时参与两个或多个振动)的现象是经常遇到的。两个或两个以上振动的叠加，称为振动的合成。例如，民乐合奏时各种乐器的声音同时引起耳膜的振动、天线接收到多种电磁波而产生的电振动、多束光在空间相遇引起的电场强度和磁感应强度的振动等都是振动的叠加和合成问题。一般的振动合成比较复杂，下面讨论4种具有重要意义的特殊情况的简谐振动的合成(叠加)。

1. 两个同方向、同频率的简谐振动的合成

设一个质点同时参与两个同方向、同频率的简谐振动(分振动)：

$$\begin{cases} x_1 = A_1\cos(\omega t + \varphi_{10}) \\ x_2 = A_2\cos(\omega t + \varphi_{20}) \end{cases}$$

两个分振动在同一方向进行，那么合位移等于两个位移的代数和，即

$$x = x_1 + x_2 = A_1\cos(\omega t + \varphi_{10}) + A_2\cos(\omega t + \varphi_{20}) \tag{5-25}$$

由三角函数公式，式(5-25)可化为

$$x = A\cos(\omega t + \varphi_0) \tag{5-26}$$

式(5-26)中A 和φ_0分别表示合振动的振幅和初相，且有

$$A = \sqrt{A_1^2 + A_2^2 + 2A_1A_2\cos(\varphi_{20} - \varphi_{10})} \tag{5-27}$$

$$\tan\varphi_0 = \frac{A_1\sin\varphi_{10} + A_2\sin\varphi_{20}}{A_1\cos\varphi_{10} + A_2\cos\varphi_{20}}$$

由此可以得出，同方向、同频率的简谐振动合成后仍为简谐振动，且频率与分振动频率相同，合振动的振幅、相位由两个分振动的振幅 A_1、A_2 和初相 φ_{10}、φ_{20} 决定。

利用旋转矢量法讨论上述问题则更加简洁直观。取x轴正方向，画出两个分振动的旋转矢量$\boldsymbol{A}_1$、$\boldsymbol{A}_2$，它们与x轴的夹角分别为 φ_{10}、φ_{20}，以相同的角速度ω沿逆时针方向旋转，如图5-15所示。由于两个分矢量和的夹角恒定不变，故合矢量的模保持不变，并且以同样的角速度旋转。图中矢量$\boldsymbol{A}$即$t=0$时的合振动矢量，任意时刻的位移等于该时刻在x轴上的投影，即

$$x = A\cos(\omega t + \varphi_0)$$

可见合振动是振幅为A、初相为 φ_0 的简谐振动，圆频率与两个分振动相同，这和上文的结论一致。

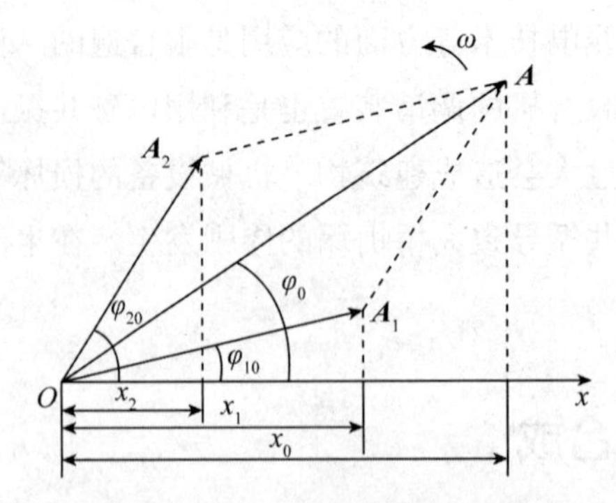

图 5-15　同方向同频率的简谐振动的合成的旋转矢量法

现在进一步讨论合振动的振幅和分振动相位差之间的关系，由式(5-27)可知以下结论。

(1)当相位差 $\varphi_{20}-\varphi_{10}=\pm 2k\pi\ (k=0,\ 1,\ 2,\ \cdots)$时，有

$$A=\sqrt{A_1^2+A_2^2+2A_1A_2}=A_1+A_2$$

即两个分振动相位相同时，合振幅等于两个分振动振幅之和，且最大。

(2)当相位差 $\varphi_{20}-\varphi_{10}=\pm(2k+1)\pi\ (k=0,\ 1,\ 2,\ \cdots)$时，有

$$A=\sqrt{A_1^2+A_2^2-2A_1A_2}=|A_1-A_2|$$

即两个分振动相位相反时，合振幅等于两个分振动振幅之差，且最小。

一般情况，两个分振动相位既不相同又非相反时，合振幅在 A_1+A_2 与 $|A_1-A_2|$ 之间。

例 5-7　两个同方向、同频率的简谐振动分别为 $x_1=4\cos(3t)$ 和 $x_2=2\cos\left(3t+\dfrac{\pi}{3}\right)$，$x_1$ 和 x_2 单位都为 m，求合振动方程。

解　两个同方向、同频率的简谐振动合成后仍为同频率的简谐振动，设简谐振动的方程为

$$x=A\cos(3t+\varphi)$$

振幅为

$$\begin{aligned}A&=\sqrt{A_1^2+A_2^2+2A_1A_2\cos(\varphi_2-\varphi_1)}\\&=\sqrt{4^2+2^2+2\times4\times2\cos\left(\frac{\pi}{3}-0\right)}=2\sqrt{7}\end{aligned}$$

初相为

$$\tan\varphi=\frac{A_1\sin\varphi_1+A_2\sin\varphi_2}{A_1\cos\varphi_1+A_2\cos\varphi_2}=\frac{4\sin0+2\sin\dfrac{\pi}{3}}{4\cos0+2\cos\dfrac{\pi}{3}}=\frac{\sqrt{3}}{5}$$

查表得，$\varphi=0.33$。由此得合振动方程为

$$y=2\sqrt{7}\cos(3t+0.33)$$

*2. 两个方向相互垂直的同频率的简谐振动的合成

设一个质点同时参与了两个方向相互垂直的同频率的简谐振动：

$$\begin{cases}x=A_1\cos(\omega t+\varphi_1)\\y=A_2\cos(\omega t+\varphi_2)\end{cases}$$

将上两个式子中的 t 消去，可得到合振动方程为

$$\frac{x^2}{A_1^2}+\frac{y^2}{A_2^2}-\frac{2xy}{A_1A_2}\cos\Delta\varphi=\sin^2\Delta\varphi \tag{5-28}$$

式(5-28)是椭圆方程，它的形状由相位差 $\Delta\varphi=\varphi_2-\varphi_1$ 决定。

(1)当 $\Delta\varphi=0$ 或者为 π 的整数倍时，合振动是简谐振动。

(2)当 $\Delta\varphi=\frac{\pi}{2}$ 或 $\frac{3\pi}{2}$ 时，合成轨迹是正椭圆形状，若 $A_1=A_2$，则正椭圆形状退化为圆形状。

(3)当 $0<\Delta\varphi<\pi$ 时，质点沿顺时针方向转动。

(4)当 $-\pi<\Delta\varphi<0$ 时，质点沿逆时针方向转动。

反过来讲，某个任意方向的简谐振动、某些椭圆运动、某些圆运动也可以分解为两个方向相互垂直的同频率的简谐振动。

由以上讨论可知，两个方向相互垂直的同频率的简谐振动，其合成轨迹可能是直线、椭圆或圆，如图 5-16 所示。合成轨迹的形态和运动旋转的方向由分振动的振幅和相位差决定。

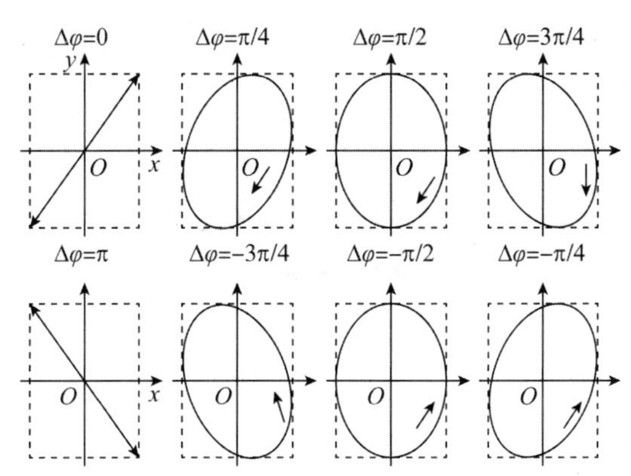

图 5-16 两个方向相互垂直的同频率的简谐振动的合成轨迹

两个方向相互垂直的同频率的简谐振动的合成理论在研究电磁波和光的偏振及偏振实验技术中有重要应用。

*3. 多个同方向、同频率的简谐振动的合成

对于一个质点同时参与多个同方向、同频率的简谐振动，可以用一个质点参与两个同方向、同频率的简谐振动的旋转矢量法进行合成。这里讨论一种特殊的情况，即多个简谐振动不仅方向相同、频率相同、振幅相同，而且依次间的相位差恒为 $\Delta\varphi$ 。设多个简谐振动分别为

$$\begin{cases}x_1=A_1\cos\omega t\\ x_2=A_2\cos(\omega t+\Delta\varphi)\\ x_3=A_3\cos(\omega t+2\Delta\varphi)\\ \vdots\\ x_N=A_N\cos[\omega t+(N-1)\Delta\varphi]\end{cases}$$

式中，$A_1=A_2=\cdots=A_N=A_0$。由之前的讨论可以推知，这些简谐振动的合振动仍为简谐振动，设其表达式为

$$x=A\cos(\omega t+\varphi)$$

下面求合振动的振幅 A 和初相 φ。

N 个旋转矢量 $\boldsymbol{A}_1$，$\boldsymbol{A}_2$，…，$\boldsymbol{A}_N$ 依次相接，$\angle OPB=\Delta\varphi$，如图 5-17 所示。$PO=PB=\cdots=PQ=R$，现在过点 P 作 $\boldsymbol{A}_1$ 和 $\boldsymbol{A}_2$ 的垂线，则两个垂线对点 P 所张的角就等于 $\Delta\varphi$。根据多个矢量合成的法则，由点 O 指向点 Q 的矢量 $\boldsymbol{A}$ 就是合矢量，合矢量 $\boldsymbol{A}$ 对点 P 所张的角 $\angle OPQ=N\Delta\varphi$。于是由几何关系，有

$$A=2R\sin\left(\frac{N\Delta\varphi}{2}\right)$$

$$A_0=2R\sin\left(\frac{\Delta\varphi}{2}\right)$$

上面两个式子相比，得合振动的振幅为

$$A=A_0\frac{\sin\left(\frac{N\Delta\varphi}{2}\right)}{\sin\left(\frac{\Delta\varphi}{2}\right)} \tag{5-29}$$

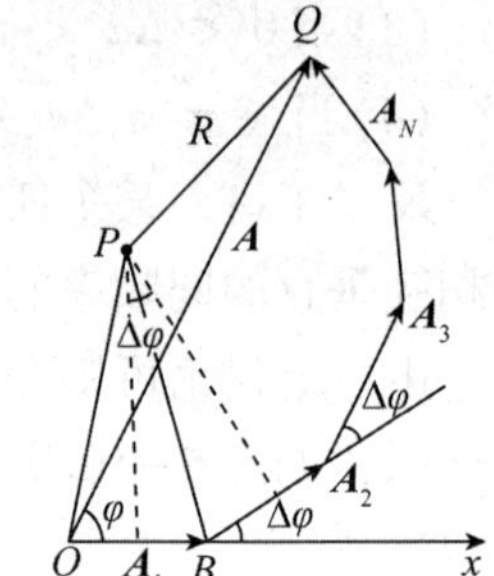

图 5-17　多个同方向同频率的等幅简谐振动的合成

又由等腰三角形 POQ 及 POB 可得

$$2\angle POQ=\pi-N\Delta\varphi$$
$$2\angle POB=\pi-\Delta\varphi$$

从而得合振动的初相为

$$\varphi=\angle POB-\angle POQ=\frac{N-1}{2}\Delta\varphi$$

下面讨论两种特殊情况。

(1)当 $\Delta\varphi=2k\pi(k=0,\pm1,\pm2,\cdots)$ 时，即多个同相位简谐振动的合成，由式(5-29)得

$$A=\lim_{\Delta\varphi\to0}A_0\frac{\sin\left(\frac{N\Delta\varphi}{2}\right)}{\sin\left(\frac{\Delta\varphi}{2}\right)}=NA_0$$

这种情况在矢量图中就是 N 个矢量 $\boldsymbol{A}_1$，$\boldsymbol{A}_2$，…，$\boldsymbol{A}_N$ 的方向都相同，如图 5-18 所示，合振动的振幅最大，$A=NA_0$。

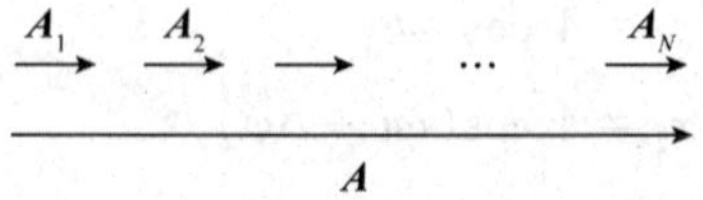

$\boldsymbol{A}_1$ → $\boldsymbol{A}_2$ → → … $\boldsymbol{A}_N$ →

$\boldsymbol{A}$ →

图 5-18　$\Delta\varphi=2k\pi(k=0,\pm1,\pm2,\cdots)$

(2)若 $N\Delta\varphi=2k\pi$($k=\pm1,\pm2,\cdots$，但不含 N 的整数倍)，此时，在矢量图中 N 个矢量

依次相接组成一个闭合的图形，如图 5-19 所示，显然合振幅应为零。

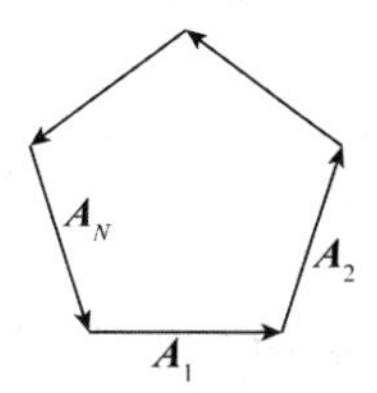

图 5-19 $N\Delta\varphi = 2k\pi$（$k = \pm 1, \pm 2, \cdots$，但不含 N 的整数倍）

多个同方向、同频率的简谐振动的合成理论，在讨论光波、声波及电磁波的干涉和衍射时经常用到。

*4. 两个同方向、不同频率简谐振动的合成

一质点同时参与两个同方向，频率分别为 ν_1、ν_2 的简谐振动，为了突出不同频率振动合成的结果，设这两个简谐振动的振幅相同，初相都是 φ，并且 $\omega_2 > \omega_1$，它们的分振动方程分别为

$$\begin{cases} x_1 = A\cos(\omega_1 t + \varphi) \\ x_2 = A\cos(\omega_2 t + \varphi) \end{cases}$$

根据三角函数公式，合振动的位移为

$$\begin{aligned} x = x_1 + x_2 &= A\cos(\omega_1 t + \varphi) + A\cos(\omega_2 t + \varphi) \\ &= 2A\cos\left(\frac{\omega_2 - \omega_1}{2}t\right)\cos\left(\frac{\omega_2 + \omega_1}{2}t + \varphi\right) \end{aligned} \tag{5-30}$$

显然，合振动不是简谐振动，对于 ω_2 和 ω_1 都比较大，而两者相差却很小的情况，有 $|\omega_2 - \omega_1| \ll \omega_2 + \omega_1$，因此式(5-30)第一部分 $2A\cos\left(\frac{\omega_2 - \omega_1}{2}t\right)$ 随时间的变化比第二部分 $\cos\left(\frac{\omega_2 + \omega_1}{2}t + \varphi\right)$ 随时间的变化慢很多，此时式(5-30)描述的是振幅随时间作缓慢变化的周期性运动。

这种振动方向相同、频率之和远大于频率之差的两个简谐振动合成时，合振幅随时间按周期性变化的现象称为拍，合振幅变化的频率称为拍频，用 ν 表示，它与周期的关系为 $T = \frac{1}{\nu}$。由于合振幅的周期为 π，所以式(5-30)第一部分可以写成

$$\left|2A\cos\left(\frac{\omega_2 - \omega_1}{2}t\right)\right| = \left|2A\cos\left[\frac{\omega_2 - \omega_1}{2}(t + T)\right]\right| = \left|2A\cos\left(\frac{\omega_2 - \omega_1}{2}t + \pi\right)\right|$$

经比较有

$$\frac{\omega_2 - \omega_1}{2}T = \pi$$

所以拍频为

$$\nu = \frac{1}{T} = \frac{\omega_2 - \omega_1}{2\pi} = \frac{\omega_2}{2\pi} - \frac{\omega_1}{2\pi} = \nu_2 - \nu_1$$

拍的应用是很广泛的，在各种声波、电磁振动，以及无线电技术中都有拍的应用。例

如，用音叉校准钢琴的频率，原理是音调有微小差别就会出现拍音，调整到拍音消失，钢琴的一个键就被校准了。

【知识应用】

振动的利与弊

除司空见惯的机械振荡(如钟摆、振弦和蹦床等)为我们的生活增添色彩外，各类电磁振荡，如无线电信号在电路中的来回运动还为我们提供了丰富的交流工具。事实上，振动是一种普遍的运动形式，大至宏观的宇宙，小至微观的粒子，各种形式的物理现象，如声、光、电、热等都存在振动。

振动在生产实践和科学实验中有着广泛的应用，它是很多机械装备和生产工艺的基础。例如，振动传输、振动筛选、振动研磨、振动抛光、振动沉桩、振动消除内应力等；振动也是电学技术应用的基础，如通信、广播、电视、雷达等工作的基础来源于电磁振荡；另外，振动还是研究物质结构的有力工具，如我们可以通过观察材料的吸收或发射光谱了解其组成，因为不同的分子对应了不同的化学键组合，从而表现出对应的化学键共振时的吸收或发射辐射峰值波长。总之，振动的应用不胜枚举。

但是，振动有时也会带来消极的影响。例如，振动会影响精密仪器设备的功能，降低加工精度和光洁度，加剧构件的疲劳和磨损，还可能引起结构的大变形；振动还会引起共振式破坏力，因为所有机械结构，如建筑物、桥梁和飞机等都具有一个或多个固有的振荡频率，如果结构受到与固有频率相匹配的驱动频率的影响，则可能具有破坏性的后果，如“狮吼功”震碎酒杯，地震中道路和桥梁的倒塌等。还有一个著名的破坏性案例：1940 年通车的美国华盛顿州的塔科马海峡大桥，风吹过海峡形成漩涡，经常使得大桥来回摇摆，因而该桥有着“舞动的格蒂”之称，通车 4 个月后，大桥发生了过山车一样的剧烈扭转振荡，中心不动，两边因有扭矩而扭曲，并不断振动，最终主跨钢梁及钢缆发生断裂，如图 5-20 所示。这一事故震惊了世界桥梁界，此后众多科学家投身于研究桥梁的风致振动问题，使得桥梁结构学与空气动力学得到了极大发展。

图 5-20　塔科马海峡大桥因共振坍塌

可见，事物的积极和消极影响是相伴存在的，振动这一物理学中最基本的运动形式也不例外，这是科学辩证法告诉我们的客观事实。我们要做的是以科学的态度对待它们，通过对各类现象的本质进行深入研究，做到扬长避短，造福人类。这是我们学习科学知识过程中应对事物的态度，也是工作作风，更是处事风格。

在以科学的方式研究振动的过程中，数学起到关键作用。在利用数学工具进行具体理论分析的时候，我们会发现，虽然各个不同领域中的振动各具特色，但往往有着相似的数学描述。我们从弹簧振子出发，发现其运动规律可以用常系数线性微分方程来描述，该方程同样也适用于描述振荡电路中的电荷运动、产生声波的音叉的振动，甚至化学反应中复杂的相互作用、生物学中菌落的繁殖生长等。

我们还可以借助几何图像来描述简谐振动。1610 年，伽利略用望远镜观察木星的卫星，测量了它相对于木星的位置，由他的原始数据所绘制的卫星侧向位移随时间的变化图可见，这是一个正弦依赖特性明显的简谐振动。但实际上，该卫星没有来回摆动，而是在一个围绕木星的近乎圆形的轨道上移动，因此我们也可以很直观地用一种方法来描述简谐振动：以一个匀速圆周运动来等效替代沿直径方向的投影运动，后者恰是简谐振动，这就是我们熟悉的研究简谐振动的旋转矢量法。像这样把物理图像和数学抽象以简单明了的方式结合起来，有助于我们对各种现象的分析和理解。

可见，对于物理来说，数学是一个重要的工具，可以描述物理运动、概括自然规律，数学作为逻辑推理和抽象思维的有力工具，能够帮助人们把握事物的本质及其内在的联系，从而有助于我们透过现象看本质，通过科学的方法对很多物理现象进行有机的统一。

【本章小结】

1. 简谐振动

(1)受力特征：振动物体受到回复力的作用，其大小为

$$F = -kx$$

(2)运动微分方程

$$\frac{d^2x}{dt^2} + \omega^2 x = 0$$

(3)运动规律

$$x = A\cos(\omega t + \varphi_0)$$

$$v = \frac{dx}{dt} = -\omega A\sin(\omega t + \varphi_0)$$

$$a = \frac{d^2x}{dt^2} = -\omega^2 A\cos(\omega t + \varphi_0)$$

(4)特征量。

振幅 A：振幅的大小取决于振动系统的初始状态。

周期、频率、圆频率之间的关系：$T=\dfrac{1}{\nu}$，$\omega=2\pi\nu$。

初相 φ_0：$t=0$ 时的相位叫初相。

2. 旋转矢量

模等于振幅 A，在平面上绕点 O 以等于圆频率 ω 的角速度沿逆时针匀角速转动的矢量称为旋转矢量。

3. 几种常见的简谐振动

(1)单摆：圆频率为 $\omega=\sqrt{\dfrac{g}{l}}$，周期为 $T=2\pi\sqrt{\dfrac{l}{g}}$，频率为 $\nu=\dfrac{1}{2\pi}\sqrt{\dfrac{g}{l}}$。

(2)复摆：圆频率为 $\omega=\sqrt{\dfrac{mgl}{J}}$，周期为 $T=2\pi\sqrt{\dfrac{J}{mgl}}$，频率为 $\nu=\dfrac{1}{2\pi}\sqrt{\dfrac{mgl}{J}}$。

4. 简谐振动的能量

动能

$$E_k=\frac{1}{2}mv^2=\frac{1}{2}m\omega^2A^2\sin^2(\omega t+\varphi_0)$$

$$=\frac{1}{2}kA^2\sin^2(\omega t+\varphi_0)$$

势能

$$E_p=\frac{1}{2}kx^2=\frac{1}{2}kA^2\cos^2(\omega t+\varphi_0)$$

机械能

$$E=\frac{1}{2}kA^2=\frac{1}{2}m\omega^2A^2=\frac{1}{2}mv_m^2$$

5. 阻尼振动、受迫振动、共振

1)阻尼振动

运动方程

$$\frac{d^2x}{dt^2}+2\beta\frac{dx}{dt}+\omega_0^2x=0$$

欠阻尼($\beta<\omega_0$)时，振动系统作阻尼振动的运动方程的解为 $x=A\,e^{-\beta t}\cos(\omega t+\varphi)$，式中，$\omega=\sqrt{\omega_0^2-\beta^2}$ 可近似看作是一种振幅逐渐减小的简谐振动。

临界阻尼($\beta=\omega_0$)时，振动系统不作往复运动，而是较快地回到平衡位置并停下来。

过阻尼($\beta>\omega_0$)时，振动系统不作往复运动，而是非常缓慢地回到平衡位置。

2)受迫振动

运动微分方程

$$\frac{d^2x}{dt^2}+2\beta\frac{dx}{dt}+\omega_0^2x=F\cos\omega t$$

稳定解为

$$x = A\cos(\omega t + \varphi)$$

其中

$$A = \frac{F}{\sqrt{(\omega_0^2 - \omega^2)^2 + 4\beta^2\omega^2}}$$

$$\tan\varphi = \frac{-2\beta\omega}{\omega_0^2 - \omega^2}$$

3)共振

当周期性外力的圆频率等于系统的固有圆频率 ω_0 时，受迫振动的振幅 A 达到最大值，发生共振，系统的共振频率由固有圆频率 ω_0 和阻尼系数 β 决定，其值为

$$\omega_r = \sqrt{\omega_0^2 - 2\beta^2}$$

相应的最大振幅为

$$A_r = \frac{F}{2\beta\sqrt{\omega_0^2 - \beta^2}}$$

6. 简谐振动的合成

(1)两个同方向、同频率的简谐振动的合成。

两个分振动方程为

$$\begin{cases} x_1 = A_1\cos(\omega t + \varphi_{10}) \\ x_2 = A_2\cos(\omega t + \varphi_{20}) \end{cases}$$

设合振动方程为

$$x = A\cos(\omega t + \varphi_0)$$

则合振动的振幅和初相为

$$A = \sqrt{A_1^2 + A_2^2 + 2A_1A_2\cos(\varphi_{20} - \varphi_{10})}$$

$$\tan\varphi_0 = \frac{A_1\sin\varphi_{10} + A_2\sin\varphi_{20}}{A_1\cos\varphi_{10} + A_2\cos\varphi_{20}}$$

(2)两个方向相互垂直的同频率的简谐振动的合成。

两个分振动方程为

$$\begin{cases} x = A_1\cos(\omega t + \varphi_1) \\ y = A_2\cos(\omega t + \varphi_2) \end{cases}$$

则合振动方程为

$$\frac{x^2}{A_1^2} + \frac{y^2}{A_2^2} - \frac{2xy}{A_1A_2}\cos\Delta\varphi = \sin^2\Delta\varphi$$

式中，$\Delta\varphi = \varphi_2 - \varphi_1$。

(3)多个同方向、同频率的简谐振动的合成。

一个质点同时参与多个同方向同频率的简谐振动，其合振动仍为原方向上同频率的简谐

振动，用几何法求得合振动的旋转矢量 $\boldsymbol{A}$，从而求得合振幅和初相。

(4)两个同方向、不同频率简谐振动的合成。

当 $|\omega_2-\omega_1| \ll \omega_2+\omega_1$ 时，将产生拍，拍频为

$$\nu=\frac{1}{T}=\frac{\omega_2-\omega_1}{2\pi}=\frac{\omega_2}{2\pi}-\frac{\omega_1}{2\pi}=\nu_2-\nu_1$$

课后习题

5-1 两个同频率简谐振动的曲线如下图所示，曲线1的相位比曲线2的相位(　　)。

(A)落后$\frac{\pi}{2}$　　(B)超前$\frac{\pi}{2}$

(C)落后 π　　(D)超前 π

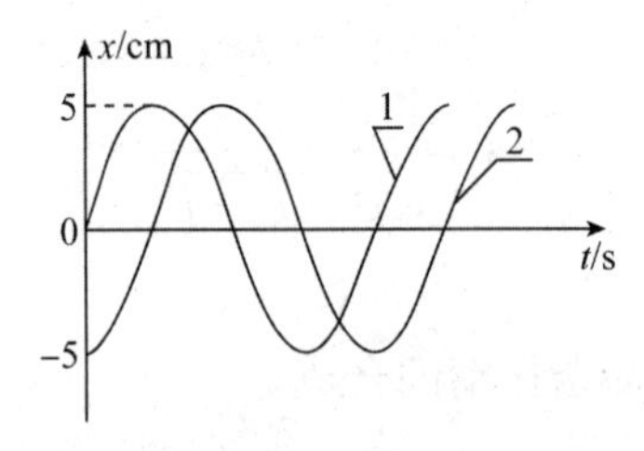

习题5-1图

5-2 一质点作简谐振动的周期是 T，当由平衡位置向 x 轴正方向运动时，从1/2位移处运动到最大位移处的这段路程所需的时间为(　　)。

(A)$T/12$　　(B)$T/8$

(C)$T/6$　　(D)$T/4$

5-3 当质点以频率 ν 作简谐振动时，它的动能的变化频率为(　　)。

(A)$\nu/2$　　(B)ν

(C)2ν　　(D)4ν

5-4 弹簧振子的振幅增大到原振幅的两倍时，其振动周期、振动能量、最大速度和最大加速度等物理量的变化为(　　)。

(A)其振动周期不变，振动能量为原来的两倍，最大速度为原来的两倍，最大加速度为原来的两倍

(B)其振动周期为原来的两倍，振动能量为原来的4倍，最大速度为原来的两倍，最大加速度为原来的两倍

(C)其振动周期不变，振动能量为原来的4倍，最大速度为原来的两倍，最大加速度为原来的两倍

(D)其振动周期、振动能量、最大速度和最大加速度均不变

5-5 两个完全相同的轻质弹簧下挂着两个质量不同的振子，若它们以相同的振幅作简

谐振动，则它们的(　　)。

(A)初相必定相同　　(B)频率相同

(C)总机械能相同　　(D)周期相同

5-6　将水平弹簧振子向右拉离平衡位置10 cm，由静止释放作简谐振动，振动周期为2 s。若选拉开方向为正方向，并以振子第一次经过平衡位置时开始计时。求这一简谐振动的振动方程。

5-7　一质点沿 x 轴作简谐振动，以平衡位置为原点，已知周期为 T，振幅为 A。(1)若 $t=0$ 时质点过 $x=0$ 处且朝 x 轴正方向运动，求其振动方程；(2)若 $t=0$ 时质点过 $x=A/2$ 处且朝 x 轴负方向运动，求其振动方程。

5-8　质量为 10×10^{-3} kg 的小球与轻质弹簧组成的系统，按 $x=0.1\cos(8\pi t+\frac{\pi}{3})$ (x 的单位为m，t 的单位为s)的规律作简谐振动，求：(1)振动的周期、振幅、初相及速度与加速度的最大值；(2)最大的回复力、振动能量、平均动能和平均势能，在哪些位置上动能与势能相等？(3) $t_2=5$ s 与 $t_1=1$ s 两个时刻的相位差。

5-9　一个沿 x 轴作简谐振动的弹簧振子，振幅为 A，周期为 T，其振动方程用余弦函数表示。如果 $t=0$ 时质点的状态分别是：(1) $x_0=-A$；(2)过平衡位置向正方向运动；(3)过 $x=\frac{A}{2}$ 处向负方向运动；(4)过 $x=\frac{A}{\sqrt{2}}$ 处向正方向运动。试求出相应的初相，并写出振动方程。

5-10　有一轻质弹簧，下面悬挂质量为1.0 kg的物体时，伸长量为4.9 cm。用这个弹簧和一个质量为8.0 g的小球构成弹簧振子，将小球由平衡位置向下拉开1.0 cm后，给予向上的初始速度 $v_0=5.0\ \text{cm}\cdot\text{s}^{-1}$，求振动周期和振动方程。

5-11　下图所示为两个简谐振动的曲线，试分别写出其振动方程。

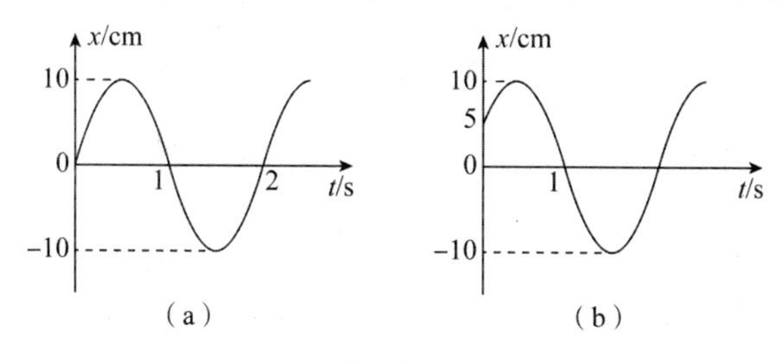

习题5-11图

5-12　简谐振动的振动方程为 $x=0.10\cos(20\pi t+0.25\pi)$。求：(1)振动的振幅、圆频率、频率、周期和初相；(2) $t=2$ s 时刻的位移、速度和加速度；(3)分别画出位移、速度、加速度与时间的关系曲线。

5-13　一质点在 x 轴上作简谐振动，选取该质点向右运动通过点 A 时作为计时起点($t=0$)，经过3 s后质点第一次经过点 B，再经过3 s后质点第二次经过点 B，若已知该质点在点

A、点 B 具有相同的速率，且 $AB=12$ cm。求：(1)质点的简谐振动方程；(2)质点在点 A 处的速率。

5-14　两质点作同频率同振幅的简谐振动。第一个质点的振动方程为 $x_1 = A\cos(\omega t + \varphi)$，当第一个质点自振动正方向回到平衡位置时，第二个质点恰在振动正方向的端点。求第二个质点的振动方程及它们的相位差。

5-15　一质量为 10×10^{-3} kg 的物体作简谐振动，振幅为 24 cm，周期为 4.0 s，当 $t=0$ 时位移为 24 cm。求：(1)$t=0.5$ s 时，物体所在的位置及此时所受力的大小和方向；(2)物体由起始位置运动到 $x=12$ cm 处所需的最短时间；(3)在 $x=12$ cm 处物体的总机械能。

5-16　一弹簧振子，弹簧的刚度系数为 $k=25\ \mathrm{N\cdot m^{-1}}$，当物体以初始动能 0.2 J 和初始势能 0.6 J 振动时，试回答：(1)弹簧振子的振幅是多大？(2)弹簧振子的位移多大时，势能和动能相等？(3)弹簧振子的位移是振幅的一半时，势能多大？

5-17　一欠阻尼振动系统的圆频率为 ω，测得相继两次振动的最大位移分别为 x_1 和 x_2，求阻尼系数。

5-18　质量为 5×10^{-2} kg 的弹簧振子以振幅 2.0×10^{-2} m 作简谐振动，其最大加速度为 $2.0\ \mathrm{m\cdot s^{-2}}$，求：(1)弹簧振子通过平衡位置时的动能；(2)系统的总机械能；(3)弹簧振子在何处动能和势能相等？

5-19　证明：水面上沉浮的木块在作简谐振动，振动的周期为

$$T = 2\pi\sqrt{\frac{m}{S\rho g}}$$

式中，m 是木块的质量；S 是木块的横截面积；ρ 是水的密度；g 是重力加速度。

5-20　一单摆摆球质量为 m，摆长为 l，作角振幅为 θ_0 的简谐振动，振动方程为

$$\theta = \theta_0\cos(\omega t + \varphi)$$

求此摆球在任意时刻的动能、势能(以最低点为势能零点)和总机械能。

5-21　两个同方向同频率的简谐振动，其合振动的振幅为 0.20 cm，与第一个分振动的相位差为 $\frac{\pi}{6}$，已知第一个分振动的振幅为 0.173 m，求第二个分振动的振幅以及第一个和第二个分振动的相位差。

5-22　有两个简谐振动 $x_1 = A_1\cos\omega t$，$x_2 = A_2\sin\omega t$，且 $A_1 < A_2$，求合振动的振幅。

5-23　质量为 0.1 kg 的质点同时参与两个方向相互垂直的简谐振动，其振动方程分别为

$$\begin{cases} x = 0.06\cos\left(\frac{\pi}{3}t + \frac{\pi}{3}\right) \\ y = 0.03\cos\left(\frac{\pi}{3}t - \frac{\pi}{6}\right) \end{cases}$$

式中，x、y 以 m 为单位；t 以 s 为单位。求：(1)质点运动的轨迹；(2)质点在任意位置所

受的力。

5-24 已知两个简谐振动的振动方程分别为

$$\begin{cases} x_1 = \sqrt{3} \times 10^{-2}\cos\left(\dfrac{\pi}{2}t + \dfrac{5\pi}{7}\right) \\ x_2 = 1 \times 10^{-2}\cos\left(\dfrac{\pi}{2}t + \dfrac{3\pi}{14}\right) \end{cases}$$

式中，x_1、x_2 以 m 为单位；t 以 s 为单位。求合振动的振动方程。

第6章

波　动

学习目标

1. 理解描述波动的3个重要参量：波长、周期、波速的物理意义，并能熟练地计算这些物理量。

2. 理解波动方程的物理意义，并能熟练地求出同一波线上两点间的相位差，或同一位置处不同时刻质点的振动相位差。

3. 掌握求解波源不在坐标原点时的波动方程的方法。

4. 理解平均能量密度、平均能流密度的概念及波动能量的特点。

5. 理解波动叠加原理，掌握波的相干条件。

6. 了解多普勒效应及其在生活中的应用。

导学思考

1. 在生活中我们有这样的体验，交响乐队合奏的音乐或几个人同时谈话时的声音，这些声波要在空间相遇而叠加，但我们也能分辨出各种乐器的声音或每个人的声音。这是为什么呢?

2. 在生活中大家都遇到过“只闻其声不见其人”的现象，请同学们思考该现象出现的原因是什么。

3. 飞驰的火车、疾驶的警车接近我们时，我们会感到其笛声非常尖锐刺耳，而离开我们时其笛声会立刻变得低沉下去。同一个振源发出的声音，“接近”和“离开”我们时音调变化非常明显，这个现象的物理学原理是什么呢？请上网查阅交通警察测量车辆行驶速度的测速仪和医生观察血流的方向和速度使用的仪器的基本原理。

前面我们研究了振动，振动在空间的传播过程称为波动，简称波。波也是一种常见的运动形式，如机械振动在介质内的传播叫作机械波，如声波、水波、地震波；电磁振动在真空或介质中的传播叫作电磁波，如可见光、无线电波、X 射线等；近代物理研究表明，微观的实物粒子也具有明显的波粒二象性，这种波叫作物质波，如电子、质子等微观粒子。尽管各类波的具体物理机制不同，但它们都具有叠加性、都能发生干涉和衍射现象等波动的普遍性质。本章主要讨论机械波中简谐波的基本规律，涉及波的基本概念、波动方程、波的能量、波的干涉和衍射、驻波、多普勒效应等内容。

6.1　机械波的几个概念

1. 机械波产生的条件

由连续不断的无穷多个质点构成的介质，若各质点间有相互作用力，而且可以有相对运动，这样的介质称为连续介质，宏观上讲，固体、液体、气体均可视作连续介质。机械波的产生必须具备两个条件：有作机械振动的物体(称为波源)；有连续介质。向平静的水面扔一枚石子，石子入水处的水的质元发生振动，振动向四周传播，形成同心圆形波纹即为水面波。音叉振动时，引起周围空气的振动，此振动在空气中的传播叫作声波。可见，机械振动在连续介质中传播就形成了机械波。

如果连续介质中各质点之间的相互作用力是弹性的，则该介质称为弹性介质，在振动中使该介质各部分振动的回复力是弹性力，产生的波称为弹性波。例如，声波即为弹性波。机械波不全是弹性波，如水面波就不是弹性波，水面波中的回复力是水质元所受的重力和表面张力，它们都不是弹性力。本章只讨论弹性波。

2. 横波和纵波

波在传播过程中，按振动方向和传播方向之间的关系，可分为横波与纵波。振动方向与传播方向垂直的波叫作横波，如用手抖动一根柔软的绳子，可以产生横波。当横波在介质中传播时，介质中层与层之间将发生相对位错，产生剪切应变。在连续介质中只有固体才能产生剪切应变，故横波只能在固体中传播。

振动方向和传播方向一致的波称为纵波，如气体或液体中的声波就是纵波，因其有疏部和密部的稀疏和稠密的状态变化，故又称为疏密波。纵波会引起介质产生容变，固体、液体、气体都能承受容变，故纵波能在所有物质中传播。

顺便指出，水面波的形成原因比较复杂，不能简单地归入基本的横波或纵波。然而，任何复杂形式的波动，都可以看成横波和纵波的叠加。

3. 波长、波的周期和频率、波速

定量描述波动性质的物理量是波长、波的周期和频率、波速。

1) 波长

沿波的传播方向，相位差为 2π 的两质元之间的距离，即一个完整波形的长度称为波长，用 λ 表示。对于横波就是两相邻波峰或波谷相位相同点间的距离，而纵波为两相邻密部或疏部对应点之间的距离。通常，在 2π 的长度内含有波长的数目叫作波数，记作 k，则有 $k=\frac{2\pi}{\lambda}$。

2)波的周期和频率

波前进一个波长的距离需要的时间称为波的周期 T。周期的倒数称为波的频率 ν，即单位时间内传播完整波形的个数。由于波源完成一次全振动，波前进一个波长的距离，因此波的周期或频率等于波源的振动周期或频率。

3)波速

波动是振动状态的传播，某一振动状态在单位时间内所传播的距离叫作波速，又称为相速，用 u 表示，有

$$u=\frac{\lambda}{T}=\lambda\nu$$

上式给出了波速与波的时间周期 T 和空间周期(波长) λ 之间的关系，对于各类波都适用，具有普适性。但必须指出，波的周期或频率由波源的振动周期或频率决定，与介质无关。而波速则取决于介质的性质，与波源无关。

可以证明，机械波的波速由介质性质决定，在固体中波速为

$$u=\sqrt{\frac{G}{\rho}}\ (\text{横波})$$

$$u=\sqrt{\frac{E}{\rho}}\ (\text{纵波})$$

在液体或气体中纵波的波速为

$$u=\sqrt{\frac{K}{\rho}}\ (\text{纵波})$$

式中，G 为剪切模量；E 为弹性模量；K 为体积模量；ρ 为介质密度。

在拉紧的绳索或细线中，横波的波速由下式给出

$$u=\sqrt{\frac{F_{\mathrm{T}}}{\rho_{\mathrm{l}}}}\ (\text{横波})$$

式中，F_{T} 为绳索或细线的张力；ρ_{l} 为绳索或细线的线密度。

另外，在同一介质中，横波和纵波的传播速度不同。同一温度下，波在不同介质中波速不同；在同一介质中，不同温度下波速一般也不同。

4. 波线、波面、波前

为了形象地描述波在空间的传播情况，我们采用几何图形来表示波的传播方向和各质点相位相关的波线、波面、波前几个概念。

波传播到的空间称为波场。沿波的传播方向的射线称为波线，又叫波射线。波传播过

程中振动状态(振动相位)相同的点构成的曲面叫波面，也称为波阵面或同相面，任意时刻波面可以有多个。在波传播的过程中，某一时刻最前面的波面称为波前，波前只有一个，随时间推移，波前以波速向前推移。在各向同性介质中，波线和波面处处垂直。根据波面的形状，波可分为平面波、球面波、柱面波。平面波和球面波的波线、波前和波面如图 6-1 所示。

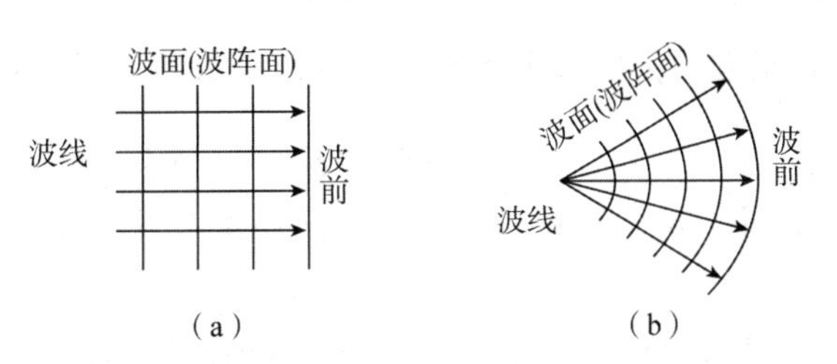

图 6-1　平面波和球面波的波线、波前和波面

(a)平面波；(b)球面波

6.2　平面简谐波

1. 平面简谐波的波函数

机械波是机械振动在大量质点参与的弹性介质中的传播，通常来讲，介质中各个质点的振动情况是很复杂的，由此产生的波动也很复杂。如果波源作简谐振动，介质也不吸收能量，介质中的各质点也作简谐振动，这样的波叫简谐波。在平面简谐波中，波线是一组垂直于波面的平行射线，因此可选用其中一根波线为代表来研究平面简谐波的传播规律。我们所需要研究的平面简谐波的波动表达式，就是任意波线上任意点的振动方程，即这列平面简谐波的波动方程。

下面先讨论沿 x 轴正方向传播的平面简谐波。设波速为 u，在均匀无吸收的介质中传播，x 轴即为一条波线，在波线上任选一点 O 作为坐标系的原点，如图 6-2 所示，设原点 O 处质点的振动方程为

$$y_0 = A\cos(\omega t + \varphi) \tag{6-1}$$

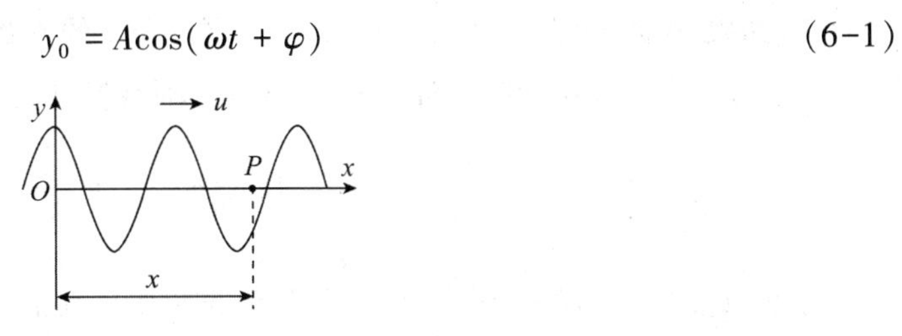

图 6-2　沿 x 轴正方向传播的平面简谐波

式(6-1)中，y_0 是原点在 t 时刻离开平衡位置的位移。设点 P 为 x 轴上任意点，其坐标为 x，现求点 P 处质点在任意时刻 t 的位移。由于振动是由原点 O 传播到点 P，所以点 P 处

质点的振动是落后于原点 O 的，落后的时间就等于 $\frac{x}{u}$，点 P 在 t 时刻将重复原点 O 在 $\left(t-\frac{x}{u}\right)$ 时的运动状态，即点 P 在 t 时刻的振动方程为

$$y=A\cos\left[\omega\left(t-\frac{x}{u}\right)+\varphi\right] \tag{6-2}$$

式(6-2)就是沿 x 轴正方向传播的平面简谐波的波动方程，有时也称为平面简谐波的波函数。

如果平面简谐波沿 x 轴负方向传播，则点 P 的振动比原点 O 超前时间 $\frac{x}{u}$，点 P 在 t 时刻将重复原点 O 在 $\left(t+\frac{x}{u}\right)$ 时的运动状态，此时点 P 的振动方程为

$$y=A\cos\left[\omega\left(t+\frac{x}{u}\right)+\varphi\right] \tag{6-3}$$

式(6-3)是沿 x 轴负方向传播的平面简谐波的波动方程。考虑到速度反向，只需要将式(6-2)中的 u 改写为 $-u$ 就可以得到沿 x 轴负方向传播的平面简谐波的波动方程，即式(6-3)。

因此，平面简谐波波动方程的一般形式为

$$y=A\cos\left[\omega\left(t\mp\frac{x}{u}\right)+\varphi\right] \tag{6-4}$$

又因为 $\omega=\frac{2\pi}{T}=2\pi\nu$，$u=\lambda\nu=\frac{\lambda}{T}$，$k=\frac{2\pi}{\lambda}$，故波动方程通常还可得到如下几种表达式

$$\begin{cases} y=A\cos\left[2\pi\left(\frac{t}{T}\mp\frac{x}{\lambda}\right)+\varphi\right] & (6\text{-}5) \\ y=A\cos\left(2\pi\nu t\mp\frac{2\pi x}{\lambda}+\varphi\right) & (6\text{-}6) \\ y=A\cos(\omega t\mp kx+\varphi) & (6\text{-}7) \end{cases}$$

2. *波动方程的物理意义*

下面以沿 x 轴正方向传播的平面简谐波为例，进一步讨论波动方程的物理意义。

(1)如果 $x=x_0$，即 x 一定，则位移 y 只是时间 t 的函数，此时波动方程表示 x_0 处质点在不同时刻的位移。其振动曲线如图 6-3 所示，则其振动方程为

$$y=A\cos\left(\omega t-\frac{\omega x_0}{u}+\varphi\right)=A\cos\left(\omega t-2\pi\frac{x_0}{\lambda}+\varphi\right)=A\cos(\omega t+\varphi') \tag{6-8}$$

式(6-8)中，$\varphi'=\varphi-2\pi\frac{x_0}{\lambda}$ 是质点振动的初相，其中，$-2\pi\frac{x_0}{\lambda}$ 表示 x_0 处质点落后于原点 O 处质点的相位，x_0 越大，则相位落后越多，因此波线上各点的振动相位依次落后。若 $x_0=\lambda$，2λ，3λ，…，则有 $\varphi'=\varphi-2\pi$，$\varphi-4\pi$，$\varphi-6\pi$，…，这表明波线上每隔一个波长的距离，质点的振动情况就重复一次，波长表征了波的空间周期性。

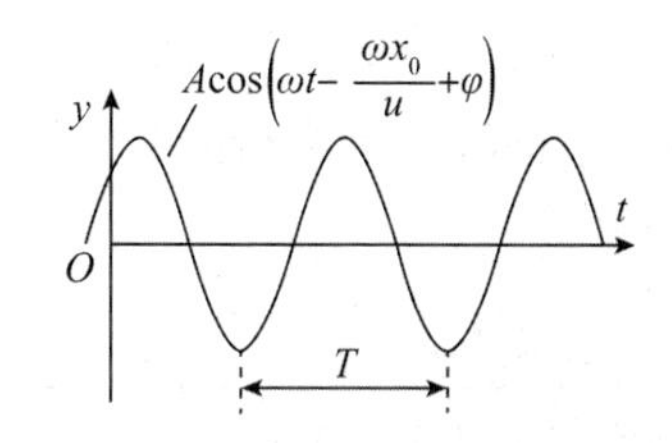

图 6-3　波线上给定点的振动曲线

同时，也可以得出同一质点在相邻两个时刻的振动相位差为

$$\Delta\varphi = \omega(t_2 - t_1) = \frac{t_2 - t_1}{T}2\pi \tag{6-9}$$

式(6-9)表征了波的时间周期性。

(2)如果 $t=t_0$，即 t 一定，则位移 y 只是 x 的函数，此时波动方程表示 t_0 时刻波线上各个质点离开各自平衡位置的位移情况，即

$$y = A\cos\left[\omega\left(t_0 - \frac{x}{u}\right) + \varphi\right] \tag{6-10}$$

式(6-10)称为 t_0 时刻的波形方程，作出 t_0 时刻的 $y-x$ 曲线，如图 6-4 所示，该曲线称为 t_0 时刻的波形曲线(波形图)。值得注意的是，t_0 时刻横波的 $y-x$ 曲线相当于 t_0 时刻所拍的波形“照片”，t_0 时刻纵波的 $y-x$ 曲线只是该时刻所有质点的位移分布。

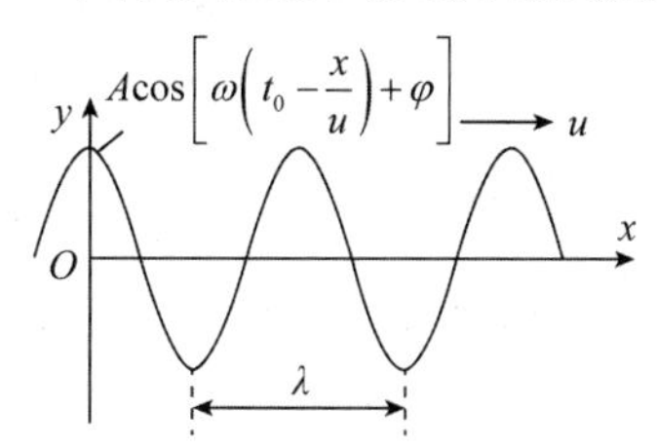

图 6-4　给定时刻($t=t_0$)的波形曲线

同一波线上两个质点之间的相位差为

$$\Delta\varphi = \left[\omega\left(t_0 - \frac{x_2}{u}\right) + \varphi\right] - \left[\omega\left(t_0 - \frac{x_1}{u}\right) + \varphi\right] = -\frac{\omega}{u}(x_2 - x_1) = -\frac{2\pi}{\lambda}(x_2 - x_1)$$

其中，$x_2 - x_1$ 叫作波程差。上式表示同一时刻波线上任意两点间相位差与波程差的关系。

(3)如果 x、t 都在变化，则波动方程为

$$y = A\cos\left[\omega\left(t - \frac{x}{u}\right) + \varphi\right] \tag{6-11}$$

式(6-11)表示波线上各质点在不同时刻的位移分布情况，图 6-5 分别画出了 t 时刻和 t_0 时刻的波形图，可以看出波在 Δt 时间内传播了 Δx 距离，也即波在 t 时刻 x 处的相位，经过 Δt 时间传播到了 $x + \Delta x$ 处，反映了波形不断向前推进的波动传播的过程，表明波的传播实际上是相位的传播，用公式表示有

$$\frac{2\pi}{\lambda}(ut - x) = \frac{2\pi}{\lambda}[u(t + \Delta t) - (x + \Delta x)] \tag{6-12}$$

式(6-12)表明要想获取 $t+\Delta t$ 时刻的波形，只需要将 t 时刻的波形沿着波前进的方向移动 $\Delta x=u\Delta t$ 距离就可以得到，因此这种波又称为行波。

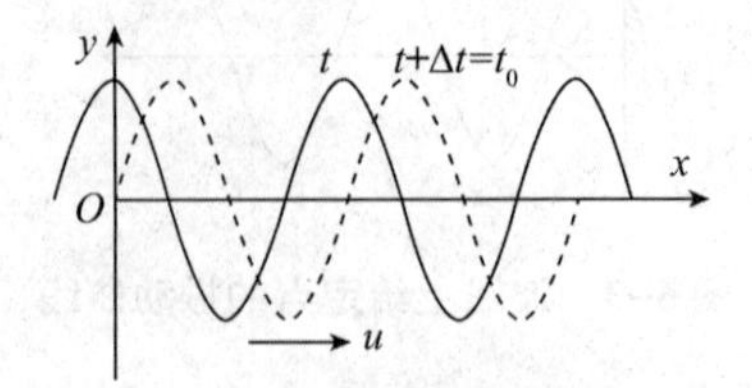

图 6-5　t 时刻和 t_0 时刻的波形图

例 6-1　已知波动方程 $y=5\cos[\pi(2.5t-0.1x)]$，式中 x、y 的单位为 cm，t 的单位为 s，求波长、周期和波速。

解　本题可采用比较系数法。

将波动方程改写成

$$y=5\cos\left[2\pi\left(\frac{2.5}{2}t-\frac{0.1}{2}x\right)\right]$$

与波动方程 $y=A\cos\left[2\pi\left(\frac{t}{T}-\frac{x}{\lambda}\right)+\varphi\right]$ 比较得

$$T=\frac{2}{2.5}\ \text{s}=0.8\ \text{s}$$

$$\lambda=\frac{2}{0.1}\ \text{cm}=20\ \text{cm}$$

$$u=\frac{\lambda}{T}=25\ \text{cm}\cdot\text{s}^{-1}$$

例 6-2　已知波动方程 $y=0.1\cos\left[\frac{\pi}{10}(25t-x)\right]$ (SI)，求：(1)同一时刻距原点为 6 m 和 8 m 两点处质点振动的相位差；(2)波线上各点在时间间隔 0.3 s 内的相位差。

解　由波动方程 $y=0.1\cos\left[\frac{\pi}{10}(25t-x)\right]$ 可得

$$T=0.8\ \text{s}$$

$$\lambda=20\ \text{m}$$

(1)同一时刻，在波线上任意两点处质点振动的相位差

$$\Delta\varphi=\left[2\pi\left(\frac{t}{T}-\frac{x_2}{\lambda}\right)+\varphi\right]-\left[2\pi\left(\frac{t}{T}-\frac{x_1}{\lambda}\right)+\varphi\right]=-\frac{2\pi}{\lambda}(x_2-x_1)$$

将 $x_1=6\ \text{m}$, $x_2=8\ \text{m}$ 代入，可得

$$\Delta\varphi=-\frac{2\pi}{\lambda}(x_2-x_1)=-\frac{2\pi}{20}(8-6)=-\frac{\pi}{5}$$

这表明同一时刻，$x_2=8$ m 处的相位比 $x_1=6$ m 处的相位落后 $\frac{\pi}{5}$。

(2)波线上任意确定点在某一时间间隔的相位差为

$$\Delta\varphi = \left[2\pi\left(\frac{t_2}{T} - \frac{x}{\lambda}\right) + \varphi\right] - \left[2\pi\left(\frac{t_1}{T} - \frac{x}{\lambda}\right) + \varphi\right] = \frac{2\pi}{T}(t_2 - t_1)$$

将数据代入，得

$$\Delta\varphi = \frac{2\pi}{T}(t_2 - t_1) = \frac{2\pi}{0.8} \times 0.3\ \text{s} = \frac{3\pi}{4}\ \text{s}$$

例 6-3 已知 $t=0$ 时的波形曲线为Ⅰ，波沿 x 方向传播，经 $t=1/2$ s 后波形曲线为Ⅱ，如图 6-6 所示。已知波的周期 $T>1$ s，试根据图中绘出的条件求出波动方程，以及点 P 的振动方程。

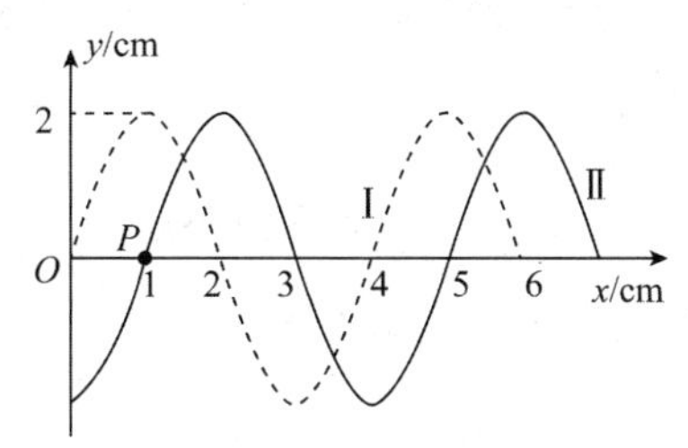

图 6-6 例 6-3 图

解 由图可知，$\lambda = 0.04$ m。则波速、周期、圆频率分别为

$$u = \frac{x_1 - x_0}{t} = \frac{0.01}{1/2}\ \text{m} \cdot \text{s}^{-1} = 0.02\ \text{m} \cdot \text{s}^{-1}$$

$$T = \frac{\lambda}{u} = \frac{0.04}{0.02}\ \text{s} = 2\ \text{s}$$

$$\omega = \frac{2\pi}{T} = \pi\ \text{rad} \cdot \text{s}^{-1}$$

设原点 O 的振动方程为

$$y_0 = A\cos(\omega t + \varphi)$$

将 $t=0$ 代入振动方程，$\cos\varphi = 0$，则可得 $\varphi = \pm\frac{\pi}{2}$，此时 $v_0 < 0$，φ 取 $\frac{\pi}{2}$，则原点 O 的振动方程为 $y_0 = 0.02\cos\left(\pi t + \frac{\pi}{2}\right)$。

因振动沿 x 轴正方向传播，进而可以写出波动方程，即

$$y = 0.02\cos\left[\pi\left(t - \frac{x}{0.02}\right) + \frac{\pi}{2}\right]$$

则点 P 的振动方程为

$$y_A = 0.02\cos\left[\pi\left(t - \frac{0.01}{0.02}\right) + \frac{\pi}{2}\right] = 0.01\cos\pi t$$

6.3 波的能量

波在弹性介质中传播时，介质中的质元由近及远地振动起来，振动的质元不仅具有动能，而且由于振动质元处介质发生了形变，因而也具有势能。可见，波动的传播伴随着能量的传播，这也是各种波的共同性质。

1. 波动能量的传播

我们以在细棒内传播的平面简谐纵波为例，导出波动能量的表达式。

一密度为 ρ，横截面积为 S，沿 x 轴放置的细棒，有一平面简谐纵波以波速 u 在细棒内沿 x 轴正方向传播，如图 6-7 所示。

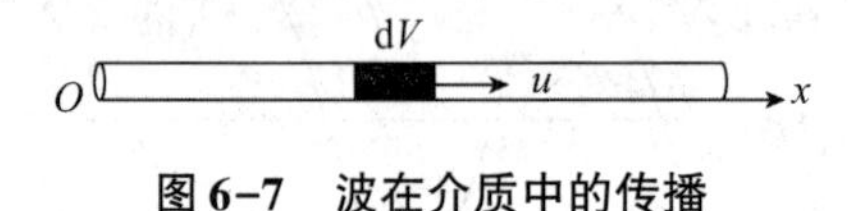

图 6-7　波在介质中的传播

于棒内任取一体积元 $\mathrm{d}V = S\mathrm{d}x$，该体积元的质量为 $\mathrm{d}m = \rho\mathrm{d}V$，当平面简谐纵波

$$y = A\cos\left[\omega\left(t - \frac{x}{u}\right) + \varphi\right]$$

在介质中传播时，体积元在 t 时刻的振动速度为

$$v = \frac{\partial y}{\partial t} = -\omega A\sin\left[\omega\left(t - \frac{x}{u}\right) + \varphi\right]$$

那么可得体积元的动能为

$$\mathrm{d}E_{\mathrm{k}} = \frac{1}{2}\rho v^2 \mathrm{d}V = \frac{1}{2}\rho\omega^2 A^2 \sin^2\left[\omega\left(t - \frac{x}{u}\right) + \varphi\right]\mathrm{d}V \tag{6-13}$$

该体积元的应变为 $\frac{\mathrm{d}y}{\mathrm{d}x}$，当所取体积元无限小时，拉伸应变可写为 $\frac{\partial y}{\partial x}$，即

$$\frac{\partial y}{\partial x} = \frac{\omega A}{u}\sin\left[\omega\left(t - \frac{x}{u}\right) + \varphi\right]$$

由弹性模量 E 的定义及胡克定律，体积元受到的弹力为

$$F = ES\frac{\mathrm{d}y}{\mathrm{d}x} = k\mathrm{d}y$$

则弹性势能可表示为

$$\mathrm{d}E_{\mathrm{p}} = \frac{1}{2}k(\mathrm{d}y)^2 = \frac{1}{2}\frac{ES}{\mathrm{d}x}(\mathrm{d}y)^2 = \frac{1}{2}ES\mathrm{d}x\left(\frac{\partial y}{\partial x}\right)^2$$

因为 $u = \sqrt{\frac{E}{\rho}}$，所以

$$\mathrm{d}E_{\mathrm{p}} = \frac{1}{2}\rho u^2 \mathrm{d}V\frac{\omega^2 A^2}{u^2}\sin^2\left[\omega\left(t - \frac{x}{u}\right) + \varphi\right] = \frac{1}{2}\rho\omega^2 A^2 \sin^2\left[\omega\left(t - \frac{x}{u}\right) + \varphi\right]\mathrm{d}V \tag{6-14}$$

比较式(6-13)和式(6-14)，可见 $\Delta E_k = \Delta E_p$，动能和势能在任意时刻都具有相同的表达式，两者的变化是同相位的，同时达到最大值又同时达到最小值；在简谐振动的振动能量中，振动的动能和势能相位不同，动能最大时，势能为零，反之势能最大时，动能为零。可见，波动能量和振动能量有着显著不同的特点。

由于体积元的总机械能等于动能和势能之和，可得

$$dE = dE_k + dE_p = \rho\omega^2 A^2 \sin^2\left[\omega\left(t - \frac{x}{u}\right) + \varphi\right] dV \tag{6-15}$$

从式(6-15)可以得出，体积元的机械能不守恒，而是随时间周期性变化，该体积元不断地从后面的介质中获得能量，又不断地把能量传递给前面的介质，就这样，能量从介质的一端传到了另一端，这说明波动是振动能量的传播。

2. 能流和能流密度

波在介质中传播时，介质单位体积内的能量叫波的能量密度，记为 w。那么，介质中距振源 x 处时间 t 的能量密度为

$$w = \frac{dE}{dV} = \rho\omega^2 A^2 \sin^2\left[\omega\left(t - \frac{x}{u}\right) + \varphi\right] \tag{6-16}$$

式(6-16)表明，介质中任意处波的能量密度是关于时间 t 的函数。通常取一个周期内的平均值，叫作平均能量密度，记作 $\overline{w}$，则有

$$\overline{w} = \frac{1}{T}\int_0^T w dt = \frac{1}{T}\int_0^T \rho\omega^2 A^2 \sin^2\left[\omega\left(t - \frac{x}{u}\right) + \varphi\right] dt = \frac{1}{2}\rho\omega^2 A^2 \tag{6-17}$$

可见，对于在均匀介质中传播的平面简谐波，各处的平均能量密度均相同。这一结论适用于各种机械波。

波在介质中的传播过程伴随着能量的传播或能量的流动，为了表述波动的传播过程中能量流动的特性，这里我们引入能流和能流密度。

单位时间通过某一面积的能量叫作通过该面积的能流，用 P 表示。如图6-8所示，设介质中垂直于波速 u 的面积为 S，则 dt 时间内通过 S 的能流为

$$P = \frac{wSu dt}{dt} = wuS \tag{6-18}$$

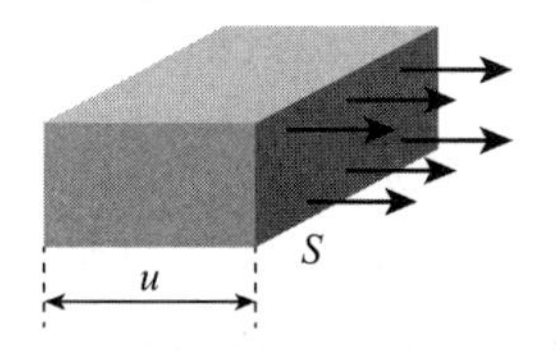

图6-8 通过 S 的能流

可见，能流也是随时间周期性变化的，取一个周期内的平均值，便有平均能流为

$$\overline{P} = \overline{w}uS \tag{6-19}$$

即平均能流的大小和平均能量密度、波速有关，单位为W(瓦)。

垂直通过单位面积的平均能流叫作能流密度(波的强度)，记作 I，即

$$I=\frac{\overline{P}}{S}=\overline{w}u=\frac{1}{2}\rho\omega^2A^2u \tag{6-20}$$

能流密度是一个矢量，在各向同性介质中，传播方向与波速相同，矢量表达式为

$$\boldsymbol{I}=\overline{w}\boldsymbol{u} \tag{6-21}$$

由式(6-20)可知，对于机械波，能流密度与振幅的平方和圆频率的平方成正比，单位为 $\mathrm{W\cdot m^{-2}}$。

实际上波在介质中传播时，能量总有一部分被介质吸收转为热能，因此机械能会不断减少，表现为波的振幅或波的强度沿波传播的方向逐渐减少，这种现象称为波的吸收。在考虑吸收的情况下，波的强度衰减规律为

$$I=I_0\,\mathrm{e}^{-2\alpha x} \tag{6-22}$$

式中，I_0 和 I 分别为 $x=0$ 和 x 处波的强度，α 取决于介质性质，称为介质的吸收系数。

例 6-4 在截面积为 S 的圆管中，有一列平面简谐波，其波动方程为 $y=A\cos\left(\omega t-\frac{2\pi x}{\lambda}\right)$，圆管中波的平均能量密度为 $\overline{w}$，则通过圆管截面的平均能流是多少?

解 根据式(6-19)，由于平均能量密度 $\overline{w}$ 和圆管截面积题目已给出，这里只需要计算出波速 u 的表达式，由于 $u=\frac{\lambda}{T}$，$T=\frac{2\pi}{\omega}$，所以 $u=\frac{\omega\lambda}{2\pi}$，故

$$\overline{P}=\frac{\omega\lambda}{2\pi}\overline{w}S$$

例 6-5 用聚焦超声波的方法可以在液体中产生强度为 $120\ \mathrm{kW\cdot cm^{-2}}$ 的大振幅超声波。设该超声波的频率为 $\nu=500\ \mathrm{kHz}$，液体的密度为 $\rho=10^3\ \mathrm{kg\cdot m^{-3}}$，声速为 $u=1\ 500\ \mathrm{m\cdot s^{-1}}$，求这时液体质元振动的振幅。

解 由 $I=\frac{1}{2}\rho\omega^2A^2u$ 可得

$$A=\frac{1}{\omega}\sqrt{\frac{2I}{\rho u}}=\frac{1}{2\pi\nu}\sqrt{\frac{2I}{\rho u}}=\frac{1}{2\pi\times500\times10^3}\sqrt{\frac{2\times120\times10^7}{10^3\times1500}}\ \mathrm{m}\approx1.27\times10^{-5}\ \mathrm{m}$$

可见液体中超声波的振幅实际上是极小的。

6.4 波的衍射和干涉 驻波

本节我们讨论几列波在介质中同时传播并相遇的时候，介质中各质点的运动规律。

1. 惠更斯原理

波动的传播是由于介质中质点之间的相互作用，介质中任何一质点的振动将直接引起临近各质点的振动，因此，波动到达的任意质点都可看作新的波源。例如，水面波传播时如果前进中遇到一个有孔的障碍物时，不论之前的波面是什么形状，只要小孔的线度远小于波

长，小孔的后面就出现了圆形波，该圆形波好像是以小孔为波源产生的一样，与原来的波的形状无关。这说明小孔可以看作新的波源，其发出的波称为次波(子波)。

在研究这类现象时，1690年荷兰物理学家惠更斯提出，介质中波面上的各点，都可以看作是发射子波的波源，之后任意时刻这些子波的包络面就是新的波面，这就是著名的惠更斯原理。

惠更斯原理对任何波动过程都适用，不论是电磁波还是机械波，也不管传播的介质是否均匀，只要知道某一时刻的波面，就可以根据这一原理采用几何作图的方法确定下一时刻的波面，进而确定波的传播方向。

以 O 为中心的球面波以波速 u 在介质中传播，在 t 时刻波面是以 R_1 为半径的球面 S_1，如图6-9(a)所示。根据惠更斯原理，S_1 上的各点都可以看作发射子波的波源。以 S_1 上各点为中心，以 $r = u\Delta t$ 为半径画出许多半球面形的子波，这些子波的包络面 S_2 就是形成的新的波面。显然，S_2 是以 O 为中心，半径为 $R_2 = R_1 + u\Delta t$ 的球面。

如果已经知道平面波在某时刻的波面 S_1，根据惠更斯原理，同样可以求出以后任意时刻新的波面，如图6-9(b)所示。

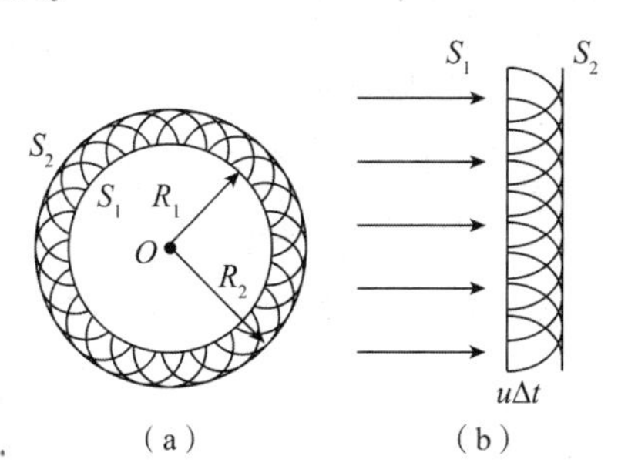

图6-9 用惠更斯原理求新的波阵面

(a)球面波；(b)平面波

从上述讨论中可知，当波在各向同性均匀介质中传播时，波面的形状总是保持不变，即波的传播方向保持不变。同理，波在各向异性的介质或者非均匀介质中传播时也可以根据惠更斯原理求出新的波面，只是波面的形状和波的传播方向都可能发生变化。

2. 波的衍射

波的衍射是指波在传播过程中遇到障碍物时，传播方向发生改变，能绕过障碍物的边缘继续前进的现象。

用惠更斯原理可以说明波的衍射现象。当一平面波到达一宽度与波长相近的缝时，缝上的各点都可以看作发射子波的波源，根据惠更斯原理用几何方法可以作出这些子波的包络面，就得出新的波前，此时已不再是平面，波动扩展到了按直线传播应该是阴影的区域，靠近边缘处波面弯曲，波的传播方向发生了改变，表示波已绕过障碍物的边缘而继续传播，如图6-10所示。

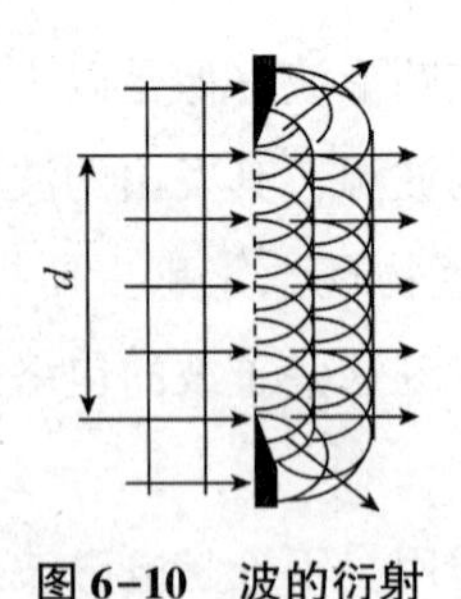

图 6-10　波的衍射

衍射现象是否显著，是由障碍物的大小与波长之比决定的，比值越小，衍射现象越明显。室内能够听到室外的声音，就是由于声音的波长和所碰到障碍物的大小差不多，声音绕过了门窗。

3. 波的叠加

在生活中，我们经常遇到几列波同时传到某一处相遇，分开后仍保持原波特性(频率、波长、振动方向等)继续传播。例如，乐队合成或几个人同时谈话时，人们能分辨出各种乐器或各个人的声音，不同电台发射的无线电波虽在空中相遇过，但传到收音机天线的电波仍是原电台的电波。通过观察和总结，人们发现波所传播的振动不因波相遇而发生相互影响，每个波列都保持单独传播时的动态特性而继续传播，这称为波的独立传播原理。

从波的独立传播原理可以得出结论：波相遇处，介质中各点的振动就是各波列单独传播时在该点各振动的合成，这个结论称为波的叠加原理。

对于各种介质中的机械波或电磁波，当波的振幅不大时，叠加原理都成立。但对于大振幅的波，如强烈的爆炸声波和强激光在介质中传播时，叠加原理就不成立，这时相遇波会有互相影响，对于在真空中传播的电磁波(光波)，则叠加原理普遍成立。

4. 波的干涉

一般情况下，n 列波在空间相遇时，叠加的情况比较复杂。如果两列波频率相同，振动方向相同，相位相同或相位差恒定，这样的两类波称为相干波，满足这些条件的波源称为相干波源。两列相干波在空间相遇时，有些点振动始终加强，而另一些点振动始终减弱，这种现象称为波的干涉。

以上讨论可知，波的干涉出发点仍然是求相干区域内各质元的同频率同方向的简谐振动的合成。

设 S_1 和 S_2 为相干波源，它们的振动方程分别为

$$y_1 = A_1\cos(\omega t + \varphi_1)$$

$$y_2 = A_2\cos(\omega t + \varphi_2)$$

式中，ω 为圆频率；A_1、A_2 为两波源的振幅；φ_1、φ_2 分别为两波源的振动初相。设由这两个波源发出的两列波在同一介质中传播相遇，现分析相遇区域内任意点 P 的振动合成情况。

不考虑介质对波能量的吸收，两列波各自传播到点 P 时的振动方程分别为

$$y_1 = A_1\cos\left(\omega t - \frac{2\pi r_1}{\lambda} + \varphi_1\right)$$

$$y_2 = A_2\cos\left(\omega t - \frac{2\pi r_2}{\lambda} + \varphi_2\right)$$

式中，r_1 和 r_2 分别为 S_1 和 S_2 到点 P 的距离，如图6-11 所示，λ 是波长，显然，点 P 同时参与了两个同方向同频率的简谐振动。

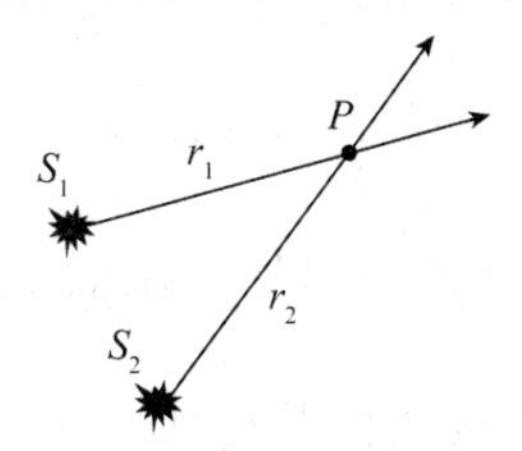

图6-11 波的合成

设合振动方程为

$$y = y_1 + y_2 = A\cos(\omega t + \varphi)$$

合振动的振幅 A 和初相由以下两式决定：

$$A = \sqrt{A_1^2 + A_2^2 + 2A_1A_2\cos\Delta\varphi} \tag{6-23}$$

$$\tan\varphi = \frac{A_1\sin\left(\varphi_1 - \frac{2\pi r_1}{\lambda}\right) + A_2\sin\left(\varphi_2 - \frac{2\pi r_2}{\lambda}\right)}{A_1\cos\left(\varphi_1 - \frac{2\pi r_1}{\lambda}\right) + A_2\cos\left(\varphi_2 - \frac{2\pi r_2}{\lambda}\right)}$$

由于波的强度和振幅的平方成正比，若用 I_1、I_2 和 I 分别表示两分振动和合振动的强度，则式(6-23)可表示为

$$I = I_1 + I_2 + 2\sqrt{I_1I_2}\cos\Delta\varphi \tag{6-24}$$

式(6-24)中，$\Delta\varphi$ 为点 P 处两分振动的相位差，即

$$\Delta\varphi = \left(\varphi_2 - \frac{2\pi r_2}{\lambda}\right) - \left(\varphi_1 - \frac{2\pi r_1}{\lambda}\right) = \varphi_2 - \varphi_1 - 2\pi\frac{r_2 - r_1}{\lambda}$$

对于给定的点 P，波程差 $r_2 - r_1$ 是一个常量，那么 $\Delta\varphi$ 也是确定的。对于空间中不同的质元，由于波程差 $r_2 - r_1$ 不同，相位差 $\Delta\varphi$ 也不同，因而各点有不同的振幅和波的强度，从而出现振幅或强度分布不均匀，而又相对稳定的干涉图样。

对于满足

$$\Delta\varphi = \varphi_2 - \varphi_1 - 2\pi\frac{r_2 - r_1}{\lambda} = \pm 2k\pi(k = 0, 1, 2, \cdots) \tag{6-25}$$

的空间各点，$A = A_1 + A_2 = A_{max}$，$I = I_1 + I_2 + 2\sqrt{I_1I_2} = I_{max}$，合振幅和强度均有最大值，这些点始终加强，称为干涉相长或干涉加强。

对于满足

$$\Delta\varphi=\varphi_2-\varphi_1-2\pi\frac{r_2-r_1}{\lambda}=\pm(2k+1)\pi\ (k=0,\ 1,\ 2,\ \cdots) \tag{6-26}$$

的空间各点，$A=|A_1-A_2|=A_{\min}$，$I=I_1+I_2-2\sqrt{I_1I_2}=I_{\min}$，合振幅和强度均有最小值，这些点始终减弱，称为干涉相消或干涉减弱。

如果两相干波源的初相相同，那么式(6-25)和式(6-26)可化为

$$\delta=r_2-r_1=\pm 2k\frac{\lambda}{2},\ 加强(k=0,\ 1,\ 2,\ \cdots) \tag{6-27}$$

$$\delta=r_2-r_1=\pm(2k+1)\frac{\lambda}{2},\ 减弱(k=0,\ 1,\ 2,\ \cdots) \tag{6-28}$$

式(6-27)和式(6-28)表明，当两个相干波源同相位时，在两列波的叠加区域内，波程差等于半波长的偶数倍的各点，合振幅和强度最大；波程差等于半波长的奇数倍的各点，合振幅和强度最小。

在其他情况下，合振幅的数值则在最大值和最小值之间。两列不满足相干条件的波相遇叠加称为波的非相干叠加，这时空间任意一点合成波的强度等于两列波强度的代数和，即

$$I=I_1+I_2$$

波的干涉是波动的基本特征之一，只有线性波动的叠加，才可能产生波的干涉。

例 6-6 波源 A、B 为相干波源，振幅皆为 5 cm，频率为 100 Hz，如图 6-12 所示，当点 A 为波峰，点 B 为波谷时，波速为 $10\ \mathrm{m\cdot s^{-1}}$，试求点 P 的干涉结果。

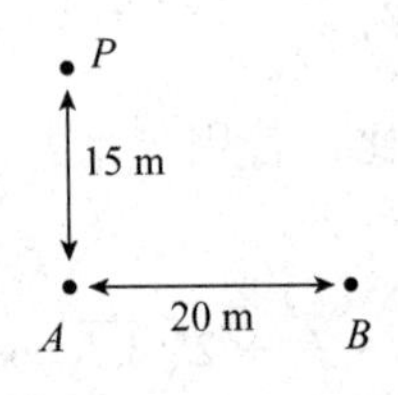

图 6-12 例 6-6 图

解 由图可知，$AP=15\ \mathrm{m}$，$AB=20\ \mathrm{m}$，则

$$BP=\sqrt{15^2+20^2}\ \mathrm{m}=25\ \mathrm{m}$$

波源 A、B 在点 P 的相位差为

$$\Delta\varphi=\varphi_B-\varphi_A-2\pi\frac{BP-AP}{\lambda}=\pi-2\pi\frac{25-15}{\frac{10}{100}}=-199\pi$$

$$A^2=A_1^2+A_2^2+2A_1A_2\cos(\Delta\varphi)=0$$

因此得，点 P 因干涉而静止。

例 6-7 已知波源 B、C 为同一介质中的两个相干波源，相距 30 m，如图 6-13 所示。它们产生相干波的频率为 $\nu=100\ \mathrm{Hz}$，波速 $u=400\ \mathrm{m\cdot s^{-1}}$，且振幅都相同，已知点 B 为波峰时，点 C 为波谷。求 BC 连线上因干涉而静止的各点的位置。

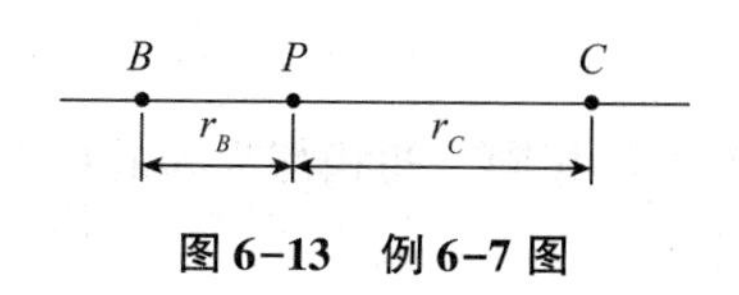

图6-13　例6-7图

解　设波源 B 的振动相位 $\varphi_B=0$，依题意波源 B、C 振动相位相反，则波源 C 振动初相为 $\varphi_C=\pi$。设点 P 为 BC 连线上的任意一点，与波源 B、C 的距离分别为 r_B、r_C，则在点 P 由波源 B、C 所引起的分振动相位差为

$$\Delta\varphi_P=\varphi_C-\varphi_B-\frac{2\pi}{\lambda}(r_C-r_B)$$

由题意知 $\varphi_C-\varphi_B=\pi$，且

$$\lambda=\frac{u}{\nu}=\frac{400}{100}\ \text{m}=4\ \text{m}$$

要想因干涉而静止，其相位差 $\Delta\varphi_P$ 必须满足

$$\Delta\varphi_P=\pi-\frac{2\pi}{\lambda}(r_C-r_B)=\pm(2k+1)\pi$$

化简得

$$r_B-r_C=\pm k\lambda(k=0,1,2,\cdots)\tag{1}$$

现在分3种情况进行讨论。

(1)若点 P 在波源 B 左侧，则 $r_B-r_C=-30$ m，不满足式(1)，故点 B 左侧不存在因干涉而静止的点。

(2)若点 P 在波源 C 右侧，则 $r_B-r_C=30$ m，不满足式(1)，故点 C 右侧不存在因干涉而静止的点。

(3)若点 P 在波源 B、C 之间，则 $r_B-r_C=2r_B-30$ m，代入式(1)得

$$r_B=\frac{30}{2}\pm\frac{k\lambda}{2}=15\pm 2k(k=0,1,2,\cdots,7)$$

即在与波源 B 距离 r_B 为1 m，3 m，5 m，7 m，…，29 m的各点因干涉而静止。

5. 驻波

1)驻波的产生及特点

驻波是在同一介质中两列振幅、频率、振动方向均相同的相干波，在同一直线上沿相反方向传播叠加时形成的合成波，驻波是一种特殊形式的波的干涉。弦线上各点的振幅不同：有些点始终静止不动，相当于振幅为零，称为波节；有些点振动最强，相当于振幅最大，称为波腹，如图6-14所示。

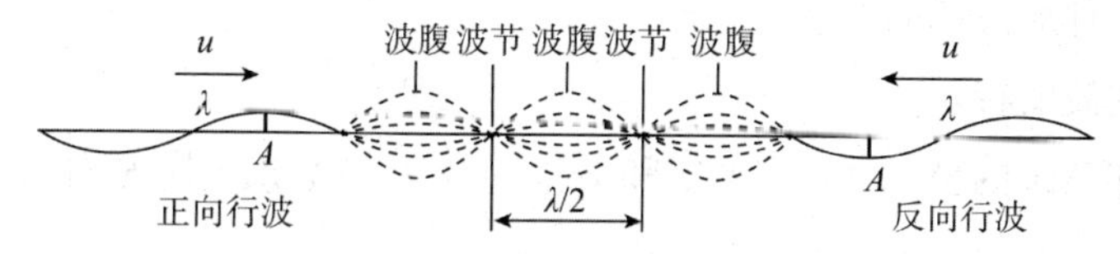

图6-14　驻波形成示意图

2)驻波方程

设两列振幅、频率和传播速度都相同，初相都为零的相干波在同一介质中分别沿 x 轴正方向和负方向传播，波函数则为

$$\begin{cases} y_1 = A\cos\left[2\pi\left(\frac{t}{T} - \frac{x}{\lambda}\right)\right] \\ y_2 = A\cos\left[2\pi\left(\frac{t}{T} + \frac{x}{\lambda}\right)\right] \end{cases}$$

叠加产生的合振动为

$$y = y_1 + y_2 = A\cos\left[2\pi\left(\frac{t}{T} - \frac{x}{\lambda}\right)\right] + A\cos\left[2\pi\left(\frac{t}{T} + \frac{x}{\lambda}\right)\right]$$

由三角关系式，上式可化为

$$y = 2A\cos\left(2\pi\frac{x}{\lambda}\right)\cos\left(2\pi\frac{t}{T}\right) \tag{6-29}$$

式(6-29)就是驻波方程，式中 $2A\cos\left(2\pi\frac{x}{\lambda}\right)$ 与时间 t 无关，只与位置 x 有关，相当于振动方程的振幅项，大小随位置 x 按余弦规律周期性变化。

在波腹位置处，振幅 $2A\cos\left(2\pi\frac{x}{\lambda}\right) = 2A$，即 $\left|\cos\left(2\pi\frac{x}{\lambda}\right)\right| = 1$，则

$$x = \pm k\frac{\lambda}{2}(k = 0, 1, 2, \cdots)$$

相邻两波腹之间的距离为

$$\Delta x = x_{k+1} - x_k = (k+1)\frac{\lambda}{2} - k\frac{\lambda}{2} = \frac{\lambda}{2}$$

在波节位置处，振幅 $2A\cos\left(2\pi\frac{x}{\lambda}\right) = 0$，即 $\left|\cos\left(2\pi\frac{x}{\lambda}\right)\right| = 0$，则

$$x = \pm(2k+1)\frac{\lambda}{4}(k = 0, 1, 2, \cdots)$$

相邻两波节之间的距离为

$$\Delta x = x_{k+1} - x_k = [2(k+1)+1]\frac{\lambda}{4} - (2k+1)\frac{\lambda}{4} = \frac{\lambda}{2}$$

通过上述分析可知，两相邻波腹和两相邻波节之间的距离都是 $\lambda/2$，那么可得相邻波腹和相邻波节之间的距离为 $\lambda/4$，由此可见，只要从实验中测得波节或波腹的距离，就可以确定波长，这也是一种测波长的方法。

下面来讨论驻波的特点。

任选两个相邻波腹的坐标 $x_k = k\lambda/2$ 和 $x_{k+1} = (k+1)\lambda/2$，代入式(6-29)，则有

$$y = 2A\cos k\pi\cos\omega t \tag{6-30}$$

$$y' = 2A\cos[(k+1)\pi]\cos\omega t = -2A\cos k\pi\cos\omega t \tag{6-31}$$

式(6-30)和式(6-31)表明，两相邻波腹质点的振动相位相反，说明波节两侧的相位相反；式(6-31)中振动系数 $2A\cos k\pi$ 根据余弦三角函数的取值变化规律可得，波节两侧有相反的符号，也说明波节两侧的相位相反，那么波节两侧各点同时沿相反方向达到各自位移的最大值，又同时反向通过平衡位置；两波节间 $2A\cos\left(2\pi\frac{x}{\lambda}\right)$ 具有相同的符号，表明各点的振动相位相同，说明两相邻波节之间各点沿相同方向达到各自的最大值，又同时沿相同方向通过平衡位置。

总之，相邻波节之间(同一段)相位相同，而振幅不同，相邻段相位相反，可见，驻波实质上是一种分段振动的现象。驻波中的各点以确定的振幅在各自的平衡位置附近振动，任意时刻都有一定的波形，波形既不向左也不向右，没有振动状态或相位的传播，没有能量沿某一确定的方向传播，故称之为驻波。换言之，驻波不传播能量，这也是驻波和行波的一个重要区别。

3)半波损失

由入射波和反射波叠加得到的驻波，如固定点处是波节，则入射波和反射波在该固定点的相位是相反的，这表明入射波固定点反射时相位发生了 π 的相位突变，由于相距半波长的两点相位差为 π，因此这种 π 的相位突变现象称之为半波损失。

一般情况，入射波在两介质的界面上反射时是否有半波损失取决于界面两边的相对波阻。波阻是指介质的密度 ρ 与波速 u 的乘积 ρu，波阻较大的介质称为波密介质，波阻较小的介质称为波疏介质，当波从波疏介质垂直入射到波密介质界面上反射时，有半波损失，界面处形成波节；当波从波密介质垂直入射到波疏介质界面上反射时，无半波损失，界面处形成波腹。

例 6-8 一长弦两端各系在一波源上，所产生的波分别为 $y_1 = 0.06\cos[\pi(4t + x)]$ 和 $y_2 = 0.06\cos[\pi(4t - x)]$ (SI)，在弦上沿相反方向传播而形成驻波，求：(1)各波的频率、波长和波速；(2)波腹和波节的位置。

解 (1)将已知波化成平面简谐波的标准形式，则有

$$\begin{cases} y_1 = 0.06\cos[\pi(4t + x)] = 0.06\cos\left[2\pi\left(2t + \dfrac{x}{2}\right)\right] \\ y_2 = 0.06\cos[\pi(4t - x)] = 0.06\cos\left[2\pi\left(2t - \dfrac{x}{2}\right)\right] \end{cases}$$

与波的标准形式 $y = A\cos\left[2\pi\left(\nu t - \frac{x}{\lambda}\right)\right]$ 相比较，可得频率为 $\nu = 2$ Hz，波长 $\lambda = 2$ m，波速 $u = 4\ \mathrm{m\cdot s^{-1}}$。

(2)由 $x = k\frac{\lambda}{2}$ 得波腹的位置在 $x = 0$，± 1 m，± 2 m，…；由 $x = (2k+1)\frac{\lambda}{4}$ 得波节的位置在 $x = \pm 0.5$ m，± 1.5 m，± 2.5 m，…。

6.5 多普勒效应

在前面的讨论中，波源和观察者相对于介质是静止的，所以波的频率、波源的频率和观察者接收到的频率都相同。但在实际的生活中，经常会发生波源或观察者相对于介质运动的情况。例如，当站在月台上，高速行驶的火车鸣笛而来时，听到的汽笛音调就会变高；反之，当火车鸣笛离去时，听到的汽笛音调会变低。如果波源或观察者或两者相对于介质运动，则发现观察者接收到的频率和波源振动的频率不同。这种观察者接收到的频率有赖于波源或观察者运动的现象，称为多普勒效应。

简单起见，我们以波源和观察者在一条直线上的运动情况进行讨论。波源的振动频率用 ν 表示，它表示波源在单位时间内发出完整波的数目；观察者接收到的频率为 ν_b，它表示观察者在单位时间内接收到的完整波的数目。

1. 波源不动，观察者相对介质运动

若观察者不动，波以波速 u 向着观察者点 P 传播，如图 6-15 所示，$\mathrm{d}t$ 时间内传播的距离为 $u\mathrm{d}t$，则观察者接收到完整波数就是 $u\mathrm{d}t$ 距离内的完整波数。现在观察者以速度 v_0 迎着波的传播方向运动，$\mathrm{d}t$ 时间内移动了 $v_0\mathrm{d}t$ 的距离，那么观察者也接收到 $v_0\mathrm{d}t$ 距离内的完整波数，即在 $u\mathrm{d}t+v_0\mathrm{d}t$ 距离内的完整波观察者都能接收到，因此观察者接收到的完整波的数目(接收到的频率)为

$$\nu_b=\frac{u+v_0}{\lambda}=\frac{u+v_0}{u}\nu \tag{6-32}$$

由此可见，当观察者向着静止波源运动时，观察者接收到的频率高于波源的频率。

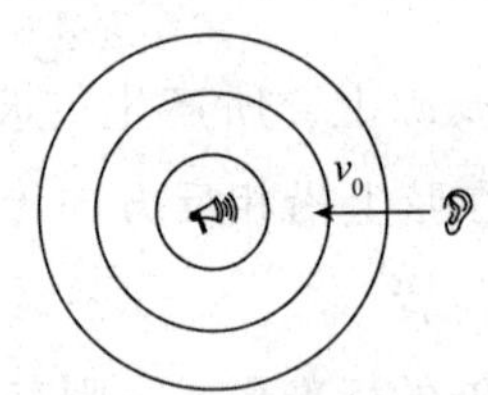

图 6-15　波源静止，观察者相对介质运动

同样地，当观察者远离波源运动时，接收到的频率为

$$\nu_b=\frac{u-v_0}{\lambda}=\frac{u-v_0}{u}\nu$$

这时观察者接收到的频率低于波源的频率。

2. 波源相对介质运动，观察者静止

设波源 S 以速度 v_s 向着观察者运动，如图 6-16 所示。波源 S 的振动在一个周期内向前传播的距离就是波长，又由于波源向着观察者运动，所以在一个周期内波源也在波的传播方向上移动了 v_sT 的距离，到达 S' 处，这样看起来整个波就在 S' 和点 P 之间，介质中的波长

发生了变化，相当于变短了，为

$$\lambda' = \lambda - v_s T = \frac{u - v_s}{\nu}$$

此时，观察者接收到的频率为

$$\nu_b = \frac{u}{\lambda'} = \frac{u}{u - v_s}\nu \tag{6-33}$$

这表明，当波源向着静止的观察者运动时，观察者接收到的频率高于波源的频率。

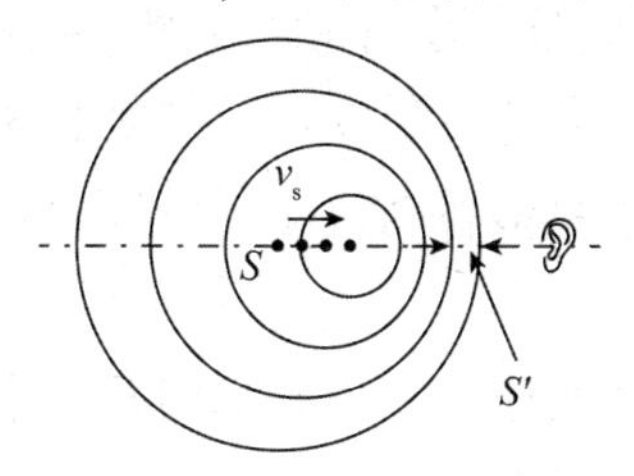

图6-16 波源相对介质运动，观察者静止

同理，当波远离观察者时，观察者接收到的频率为

$$\nu_b = \frac{u}{\lambda'} = \frac{u}{u + v_s}\nu \tag{6-34}$$

即观察者接收到的频率低于波源的频率。

3. 观察者和波源同时相对介质运动

综合以上两种情况，当观察者和波源同时相对介质运动时，观察者所接收到的频率为

$$\nu_b = \frac{u \pm v_0}{u \mp v_s}\nu \tag{6-35}$$

式(6-35)中，观察者向着波源运动时，v_0 前取正号，远离时取负号；波源向着观察者运动时，v_s 前取负号，反之取正号。因此可得，只要观察者和波源相互接近，接收到的频率就大于原来波源的频率；两者相互远离，接收到的频率就小于原来波源的频率。

例6-9 一列速度为80 km · h^{-1} 的火车向车站驶来，问：(1)火车上汽笛的频率为1 000 Hz，站在站台上的旅客听到的汽笛的频率应是多少？(2)若以同样频率的汽笛在车站鸣叫，列车内的旅客听到的汽笛的频率为多少？声速为340 m · s^{-1}。

解 (1) $u = 340\ \text{m}\cdot\text{s}^{-1}$，$v_0 = 0$，$v_s = 80 \times 10^3\ \text{m}\cdot\text{h}^{-1} = 22.2\ \text{m}\cdot\text{s}^{-1}$，$\nu = 1\,000\ \text{Hz}$，由式(6-33)可得站台上旅客接收到的频率为

$$\nu_b = \frac{u}{u - v_s}\nu = \frac{340}{340 - 22.2} \times 1\,000\ \text{Hz} \approx 1\,070\ \text{Hz}$$

(2) $v_s = 0$，$v_0 = 80 \times 10^3\ \text{m}\cdot\text{h}^{-1} = 22.2\ \text{m}\cdot\text{s}^{-1}$，由式(6-32)可得列车内旅客接收到的频率为

$$\nu_b = \frac{u + v_0}{u}\nu = \frac{340 + 22.2}{340} \times 1\,000\ \text{Hz} \approx 1\,065\ \text{Hz}$$

【知识应用】

多普勒效应与我们的生活

多普勒效应是一个在我们日常生活中经常出现的现象。当一个声源向我们靠近的时候，我们听到的声音会越来越高；反之，当声源渐渐远离我们时，我们听到的声音就会越来越低。回想一下一辆救护车或者警车不断尖叫着向你驶来的场景，就很容易理解这个现象。正是这么一个简单的事情，引起了物理学家多普勒(见图 6-17)的兴趣，他对此研究出了自己的一套理论。体检过的读者一定对彩超机器不陌生，实际上，彩超所应用的原理也是多普勒效应。所以说，多普勒效应与我们的生活息息相关。

图 6-17　多普勒肖像

我们的生活中充满了这样那样的原理，虽然我们并不掌握这些原理，但并不影响我们的正常活动。举个简单的例子，每个人都有手机，手机上下载了各种各样的 App，没有几个人真正了解 App 应用的原理，但这并不妨碍我们使用手机。人们可能会觉得对这些原理了解与否，并没有什么实质性的改变。其实不然，当你对一个原理了解越多的时候，你就会“活得明白”，而且还能增加一些小小的乐趣。

要了解多普勒效应，首先需要知道多普勒是谁。

多普勒全名克里斯琴·约翰·多普勒，1803 年出生于奥地利的萨尔茨堡。克里斯琴·多普勒家族并非科学世家，他们家族经营石匠生意，而按照家族的传统，多普勒理所当然成了生意的接班人。但是多普勒从小体弱多病，这使得他免于承担生意上的重任。试想一下，如果多普勒当时继承家族生意，那么世界上就会多一个毫不显眼的石匠商人，而少了一颗璀璨的科学明珠。

多普勒并非一开始就从事物理学研究，1829 年，他毕业于维也纳大学，被任命为高等数学和力学教授的助理。在这段时间，他发表了几篇论文。4 年之后，他又跑到一家工厂当会计，之后又来到一所技术中学担任老师，同时还在布拉格理工学院兼职当讲师。1841 年，教学出色的多普勒成为理工学院的数学教授。科学家的灵感有时候比小说家的灵感来得更加写意和传奇，巧合到无以复加，如砸中牛顿的苹果，梦见咬住自己尾巴的蛇的门捷列夫。多普勒研究多普勒效应的灵感虽然没有苹果和蛇那么闻名，但同样有趣。那天是休息日，多普勒带孩子出去玩。布拉格理工学院附近有一条铁路，多普勒就带孩子去那里散步。孩子们看着一列火车从远处开来，再呼啸而去，拍手叫好。多普勒却被这个现象给迷惑了，他在想为什么火车在靠近时笛声越来越刺耳，在火车通过他们之后，声调骤然降低。随着火车快速地远去，笛声响度则逐渐变弱，直到消失。换作常人，不会觉得这有什么稀奇。自然是发声的物体距离我们越近，声音越响亮啊！这似乎没有什么值得关注和研究的。但就是这个再平常不过的现象吸引了多普勒的注意，笛声声调变化的原理是什么呢？他一直想着这个问题，都忘了自己是带孩子出来玩，到天黑才回家。

后来，多普勒一直潜心研究这种现象，他发现这是由于振源与观察者之间存在着相对运动，使观察者听到的声音频率不同于振源频率的现象，这就是著名的频移现象。声源和观测者存在着相对运动，当声源离观测者而去时，声波的波长增加，音调降低，当声源接近观测者时，声波的波长减小，音调升高。音调的变化同声源与观测者间的相对速度和声速的比值有关。这一比值越大，改变就越明显，这就是多普勒效应的定义。

多普勒经过更加细致的研究发现，声源完成一次全振动时会向外发出一个固定波长的波，频率表示单位时间内完成的全振动的次数，因此波源的频率等于单位时间内波源发出的完全波的个数。观察者听到的声音音调，就是观察者接收到的频率，即单位时间接收到的完全波的个数。当波源和观察者有相对运动时，完全波的个数也会相应地增多或者减少，因此声调的高低就会发生改变。到这里，多普勒彻底研究清楚了声源和观测者之间的关系，并得出一个公式来进行计算。

但是多普勒虽然得出了结论，却没有来得及进行实际验证。因为多普勒效应的发现，他被委任为维也纳大学物理学院第一任院长。从此工作越来越繁忙，加上他的身体抱恙，使得他腾不出精力来完善自己的研究。这之后没多久，多普勒就在意大利的威尼斯去世。那一年，他刚刚 49 岁。

多普勒效应的应用范围之广超乎人们的想象，前面提到一辆向我们驶来的救护车笛声的改变只是多普勒效应小小的展示。多普勒效应不仅适用于声波，它也适用于所有类型的波。美国天文学家哈勃发现远离银河系的天体发射的光线频率变低，即移向光谱的红端，他将这种现象称为红移，天体离开银河系的速度越快红移越大，这说明这些天体在远离银河系，这也是多普勒效应的一种应用。通过多普勒效应，哈勃得出了宇宙正在膨胀的结论。天文学家观察到遥远星体光谱的红移现象，可以计算出星体与地球的相对速度。我们生活中经常可以见到移动信号基站，这些基站为手机发送信号，以完成人们通话和上网的需求。要知道移动信号基站的建设也考虑到了多普勒效应。警方可用雷达侦测车速，也是多普勒效应的应用之一。

所以说，看似跟我们毫不相关的多普勒效应实际上影响着我们每一天的生活，还有我们的宇宙。

【本章小结】

1. 机械波的几个概念

(1) 产生机械波的两个条件：波源和弹性介质。

(2) 根据质元振动方向与波传播方向的关系，机械波分为纵波和横波。

(3) 描述机械波的特征量：波速 u 、波长 λ 、周期 T 、频率 ν 、圆频率 ω 。它们之间存在的关系为

$$u=\frac{\lambda}{T}=\lambda\nu,\ \omega=2\pi\nu$$

2. 平面简谐波的波动方程

沿 x 轴正方向传播

$$y = A\cos\left[\omega\left(t - \frac{x}{u}\right) + \varphi\right]$$

沿 x 轴负方向传播

$$y = A\cos\left[\omega\left(t + \frac{x}{u}\right) + \varphi\right]$$

3. 波的能量

平均能量密度 $\overline{w}$

$$\overline{w} = \frac{1}{2}\rho\omega^2 A^2$$

能流密度 I (或波的强度)

$$I = \frac{\overline{P}}{S} = \overline{w}u = \frac{1}{2}\rho\omega^2 A^2 u$$

4. 惠更斯原理

介质中波前上的各点都可以看作发射子波的波源，而在其后的任意时刻，这些子波的包络面就是新的波前。

5. 波的干涉

波的干涉就是频率相同、振动方向相同、相位相同或相位差恒定的两列波在空间相遇时，使某些地方振动始终加强，而使另一些地方振动始终减弱，形成的稳定的强弱分布的现象。

干涉加强(相长)

$$\Delta\varphi = \varphi_2 - \varphi_1 - 2\pi\frac{r_2 - r_1}{\lambda} = \pm 2k\pi \,(k = 0, 1, 2, \cdots)$$

干涉减弱(相消)

$$\Delta\varphi = \varphi_2 - \varphi_1 - 2\pi\frac{r_2 - r_1}{\lambda} = \pm(2k + 1)\pi \,(k = 0, 1, 2, \cdots)$$

6. 驻波

驻波：由在同一介质中两列振幅、频率和传播速度都相同，相位差恒定的相干波在同一直线上沿相反方向传播时叠加形成，其波动方程为

$$y = 2A\cos\left(2\pi\frac{x}{\lambda}\right)\cos\left(2\pi\frac{t}{T}\right)$$

7. 多普勒效应

多普勒效应：波源和观察者有相对运动时，观察者接收到的频率与波源发出的频率不同的现象。观察者接收到的频率为

$$\nu_b = \frac{u \pm v_0}{u \mp v_s}\nu$$

波源与观察者相向运动时，v_0 取正，v_s 取负；波源与观察者相离运动时，v_0 取负，v_s 取正。

课后习题

6-1 机械波的波动方程为 $y=0.05\cos(6\pi t+0.06\pi x)$，式中 y 和 x 的单位是 m，t 的单位是 s，则(　　)。

(A)波长为 5 m　　(B)波速为 $10\ \mathrm{m\cdot s^{-1}}$

(C)周期为 $\frac{1}{3}$s　　(D)波沿 x 轴正方向传播

6-2 下列说法中正确的是(　　)。

(A)由波速表达式 $u=\lambda\nu$，则波源频率越高，波速越大

(B)横波是沿水平方向振动的波，纵波是沿竖直方向振动的波

(C)机械波只能在弹性介质中传播，而电磁波可以在真空中传播

(D)波源振动的频率就是波的频率，波源振动的速度就是波的传播速度

6-3 一平面简谐波在弹性介质中传播，在介质质元从平衡位置运动到最大位移处的过程中(　　)。

(A)它的动能转化为势能

(B)它的势能转化为动能

(C)它从相邻的一段质元获得能量其能量逐渐增大

(D)它把自己的能量传给相邻的一段质元，其能量逐渐减小

6-4 两列波长为 λ 的相干波在点 p 相遇，如下图所示。波在点 S_1 的振动初相是 φ_1，点 S_1 到点 p 的距离是 r_1；波在点 S_2 的振动初相是 φ_2，点 S_2 到点 p 的距离是 r_2。以 k 代表零或正、负整数，则点 p 处干涉极大的条件为(　　)。

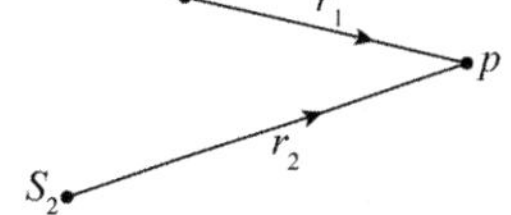

习题 6-4 图

(A) $r_2-r_1=k\pi$

(B) $\varphi_2-\varphi_1=2k\pi$

(C) $\varphi_2-\varphi_1+2\pi(r_2-r_1)/\lambda=2k\pi$

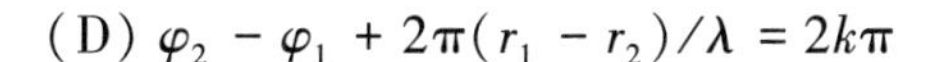
(D) $\varphi_2-\varphi_1+2\pi(r_1-r_2)/\lambda=2k\pi$

6-5 沿着相反方向传播的两列相干波，其波动方程为 $y_1=A\cos[2\pi(\nu t-x/\lambda)]$ 和 $y_2=A\cos[2\pi(\nu t+x/\lambda)]$。叠加后形成的驻波中，波节的位置坐标为(　　)。

(A) $x=\pm(2k+1)\lambda/4$

(B) $x=\pm(2k+1)\lambda/2$

(C) $x=\pm\lambda/2$

(D) $x=\pm\lambda$

6-6 一沿 x 轴正方向传播的平面简谐波的波长为 10 m，坐标为 3 m 的点的振动方程为 $y_A=0.06\cos(100\pi t)$ (SI)，则波速为多少？该波的波动方程如何？

6-7 已知波源在原点的一列平面简谐波，波动方程为 $y=A\cos(Bt-Cx)$，其中 A、B、C 为正值恒量。求：(1)波的振幅、波速、频率、周期与波长；(2)传播方向上距离波源为 l

处一点的振动方程；(3)任意时刻，在波的传播方向上相距为 d 的两点的相位差。

6-8　一简谐波以 $0.8\ \mathrm{m\cdot s^{-1}}$ 的速度沿一长弦线传播，在 $x=0.1\ \mathrm{m}$ 处，弦线质元的位移随时间的变化关系为 $y=0.05\sin(1.0-4.0t)$。写出这一简谐波的波动方程。

6-9　已知平面简谐波的周期 $T=0.5\ \mathrm{s}$，波长 $\lambda=10\ \mathrm{m}$，振幅 $A=0.1\ \mathrm{m}$。当 $t=0$ 时，原点处质点振动的位移恰为正方向的最大值，波沿 x 轴正方向传播。求：(1)波动方程；(2)坐标为 $\lambda/2$ 处质点的振动方程。

6-10　沿绳子传播的平面简谐波的波动方程为 $y=0.05\cos(10\pi t-4\pi x)$(SI)。求：(1)绳子上各质点振动时的最大速度和最大加速度；(2)求 $x=0.2\ m$ 处质点在 $t=1\ \mathrm{s}$ 时的相位，它是原点在哪一时刻的相位？这一相位所代表的运动状态在 $t=1.25\ \mathrm{s}$ 时刻到达哪一点？

6-11　下图为沿轴传播的平面余弦波在某时刻的波形曲线。求：(1)若波沿 x 轴正方向传播，该时刻 O、A、B、C 各点的振动相位是多少？(2)若波沿 x 轴负方向传播，上述各点的振动相位又是多少？

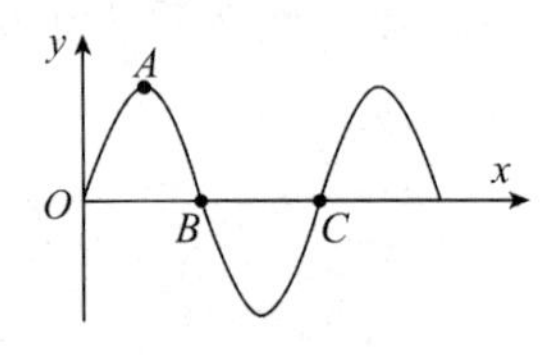

习题6-11图

6-12　一列平面简谐波沿 x 轴正方向传播，波速为 $5\ \mathrm{m\cdot s^{-1}}$，波长为 $2\ \mathrm{m}$，原点处质点的振动曲线如下图所示。求：(1)波动方程；(2) $t=0$ 时的波形曲线及距离波源 $0.5\ \mathrm{m}$ 处质点的振动曲线。

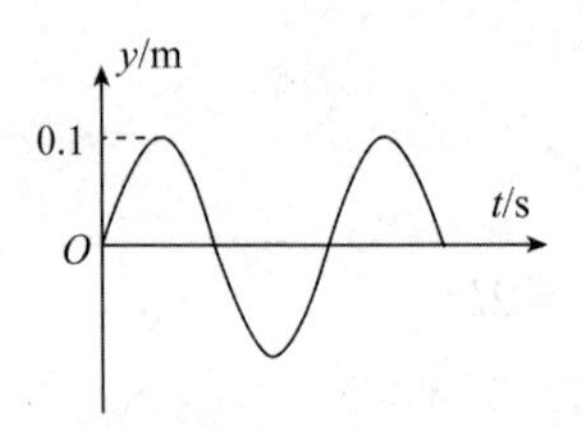

习题6-12图

6-13　已知 $t=0$ 时和 $t=0.5\ \mathrm{s}$ 时的波形曲线分别为下图中曲线(a)和(b)，波沿 x 轴正方向传播，试根据图中给出的条件求：(1)波动方程；(2)点 P 的振动方程。

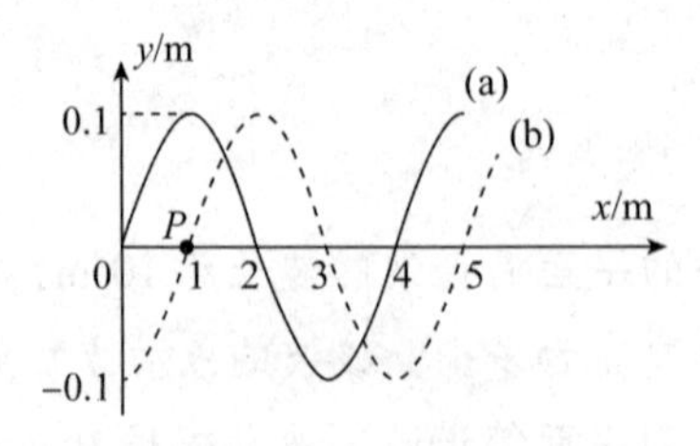

习题6-13图

6-14　一列机械波沿 x 轴正方向传播，$t=0$ 时的波形如下图所示，已知波速为 $10\ \mathrm{m\cdot s^{-1}}$，波长为 2 m，求：(1)波动方程；(2)点 P 的振动方程及振动曲线；(3)点 P 的坐标；(4)点 P 回到平衡位置所需的最短时间。

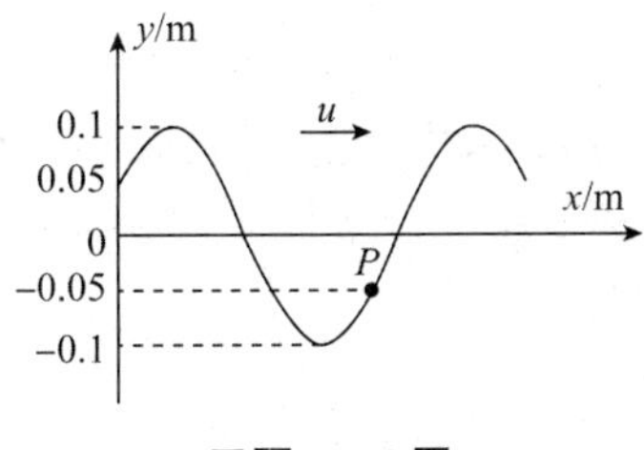

习题 6-14 图

6-15　有一平面简谐波在空间传播，如下图所示，已知点 P 的振动方程为 $y_P = A\cos(\omega t + \varphi_0)$。(1)分别就图中给出的两种坐标写出其波动方程；(2)写出距点 P 为 b 的点 Q 的振动方程。

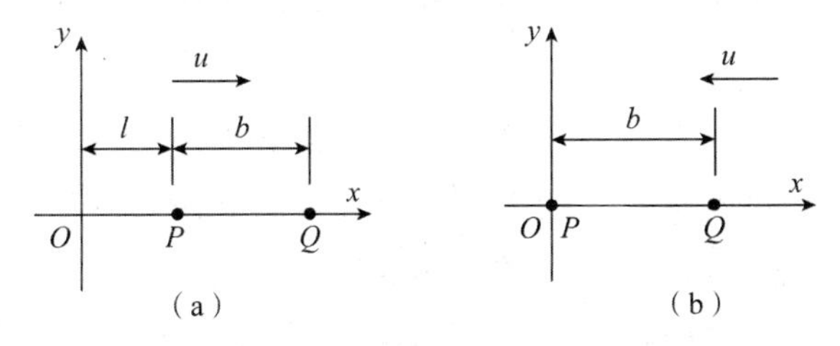

习题 6-15 图

6-16　已知平面简谐波的波动方程为 $y = A\cos[\pi(4t + 2x)]$ (SI)。(1)写出 $t=4.2$ s 时各波峰位置的坐标，并求此时离原点最近一个波峰的位置，该波峰何时通过原点？(2)画出 $t=4.2$ s 时的波形曲线。

6-17　S_1 和 S_2 为两相干波源，振幅均为 A_1，相距 $\dfrac{\lambda}{4}$，波源 S_1 较波源 S_2 相位超前 $\dfrac{\pi}{2}$，如下图所示，求：(1)波源 S_1 外侧各点的合振幅和强度；(2)波源 S_2 外侧各点的合振幅和强度。

S_1　　　　S_2

习题 6-17 图

6-18　设点 B 发出的平面横波沿 BP 方向传播，它在点 B 的振动方程为 $y_1 = 4\times10^{-3}\cos 2\pi t$ (SI)；点 C 发出的平面横波沿 CP 方向传播，它在点 C 的振动方程为 $y_2 = 4\times10^{-3}\cos(2\pi t + \pi)$ (SI)，如下图所示。设 $BP=0.4$ m，$CP=0.5$ m，波速 $u=0.2\ \mathrm{m\cdot s^{-1}}$，求：(1)两列波传到点 P 时的位相差；(2)当这两列波的振动方向相同时，点 P 处合振动的振幅。

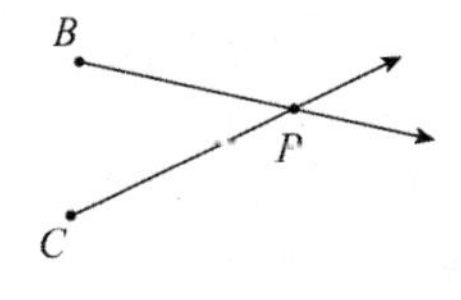

习题 6-18 图

6-19 一弹性波在介质中传播的速度为 1×10^{3} m·s^{-1}，振幅为 1×10^{-4} m，频率 1×10^{3} Hz。若该介质的密度为 800 kg·m^{-3}，求：(1)该波的能流密度；(2)1 min 内垂直通过一面积 $S=4\times10^{-4}$ m^{2} 的总机械能。

6-20 在一个两端固定的3.0 m长的弦线上激发起了一个驻波，该驻波有3个波腹，其振幅为1.0 cm，弦上的波速为100 m·s^{-1}。求：(1)该驻波的频率；(2)如果该驻波是由入射波与反射波叠加而形成，产生驻波的入射波和反射波的波动方程。

6-21 一驻波方程为 $y=0.02\cos(20x)\cos(750t)$ (SI)，求：(1)形成此驻波的两行波的振幅和波速；(2)相邻两波节间的距离。

6-22 汽车驶过前、后，车站的观测者测得声音的频率由1 200 Hz变到1 000 Hz，已知空气中声速为340 m·s^{-1}，则汽车的行驶速度是多少？

6-23 一驱逐舰停在海面上，它的水下声呐向一驶近的潜艇发射 1.69×10^{4} Hz 的超声波。由该潜艇反射回来的超声波的频率和发射频率相差220 Hz，则该潜艇航速多大？已知海水中的声速为 1.53×10^{3} m·s^{-1}。

6-24 在公路检查站上，警察用雷达测速仪测量来往车辆的速度，所用雷达波的频率为 5.0×10^{10} Hz。发出的雷达波被一迎面开来的汽车反射回来，与入射波合成后的拍频为 1.1×10^{4} Hz。此汽车是否已超过了限定车速100 km·h^{-1}？

6-25 两列火车分别以72 km·h^{-1}和54 km·h^{-1}的速度相向而行，第一列火车发出一个600 Hz的汽笛声，若声速为340 m·s^{-1}，求在第二列火车上的乘客听见该声音的频率在相遇前是多少？在相遇后是多少？

第7章

波动光学

学习目标

1. 理解相干光的条件及获得相干光的方法，掌握光程的概念以及光程差和相位差的关系。

2. 能分析杨氏双缝干涉条纹及薄膜等厚干涉条纹的位置。

3. 了解惠更斯-菲涅耳原理及它对光的衍射现象的定性解释。

4. 了解用波带法来分析单缝的夫琅禾费衍射条纹分布规律的方法，会分析缝宽及波长对衍射条纹分布的影响。

5. 理解光栅衍射公式，会确定光栅衍射谱线的位置，会分析光栅常数及波长对光栅衍射谱线分布的影响。

6. 理解自然光与偏振光的区别，理解布儒斯特定律和马吕斯定律。

导学思考

1. 在生活中，你可能观察过这样一些现象，那就是肥皂泡或水面上的一层油膜在太阳光的照射下，从某一角度观察时会发现肥皂泡、油膜呈现出美丽的色彩，这个物理现象是怎样形成的呢？

2. 当你挑选眼镜时，配镜师会向你展示各种各样的镜片，推荐你在镜片上定制抗反射涂层(也称为“防眩光涂层”或“AR涂层”)，说这样可改善视力、减少眼睛疲劳。这是由于AR镀膜能够几乎消除眼镜镜片前后表面的反射，那么“防眩光涂层”是如何减少反射的光量呢？

3. 在观看3D电影时，需要带着特制的偏光眼镜，这时，两个眼镜接收的是具有不同偏振方向的光；偏光太阳镜可以减弱炫光，使人看到的天空变暗，它们的原理是什么？当我们谈到光的偏振时，究竟指的是什么？你还能举出偏振光在生活中的其他现象及应用吗？

人们对光的规律和本性的认识经历了漫长的过程。研究最早的内容是几何光学，它以光的直线传播性质和折射、反射定律为基础，研究光在透明介质中的传播规律。关于光的本性的认识，从17世纪开始，人们陆续发现了光的衍射和干涉现象，这一时期关于光的“微粒说”和“波动说”存在着争议，以牛顿为代表“微粒说”和以惠更斯为代表的“波动说”让光的波粒之争走向了高潮，这个时期是几何光学向波动光学过渡的时期。进入19世纪，由托马斯·杨和菲涅尔从实验和理论上建立起一套比较完整的光的波动理论，至此，光的波动说取得了决定性的胜利。19世纪中叶，麦克斯韦和赫兹找到了光和电磁波之间的联系，建立了光的电磁理论。19世纪末和20世纪初，人们通过对黑体辐射、光电效应和康普顿效应的研究，又证实了光的量子性，形成了具有崭新内涵的微粒学说——以光的粒子性为基础的量子光学。光和一切微观粒子都具有波粒二象性，这个认识使人们对光波的认识又向前迈了一大步。20世纪60年代激光的发现使光学的发展又获得了新的活力，激光技术与其他学科技术相结合，带来了光全息技术、光信息处理技术、光纤技术的飞速发展，这些技术在人们的生产和生活中发挥着日益重大的作用和影响。现代光学分支也逐渐形成，带动了物理学及其他相关科学的不断发展。本章从波动的角度来介绍光的性质。

7.1 光的相干性

1. 相干光

在讨论机械波时已经指出，两列波发生干涉现象的条件是：频率相同、振动方向相同、相位相同或相位差恒定。在干涉相遇的区域内，有些点始终是加强的，有些点始终是减弱的。若两束光的光矢量满足相干条件，则它们是相干光，相应的光源叫作相干光源。

光是电磁波，由振动的电场强度分量 $\boldsymbol{E}$ 和振动的磁感应强度分量 $\boldsymbol{B}$ 组成，它们作同步同频率的振动，振动方向相互垂直并且均与传播方向垂直，如图7-1所示。两个分量中，由于对感光仪器(包括人眼)起作用的主要是 $\boldsymbol{E}$，因而人们常说的光波的振动一般是指其电场强度分量 $\boldsymbol{E}$ 的振动，有时也将 $\boldsymbol{E}$ 称为光矢量。

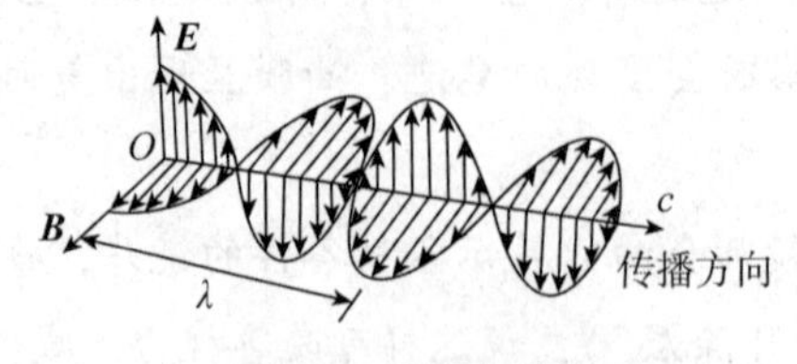

图7-1　平面光波

大量实验表明，从两个独立的光源发出的相同频率的光波，在它们所发出的光照射到的区域内，也观察不到光强有明暗相间的分布，即使是同一个普通光源上不同部分发出的光，也不会产生干涉，这是由光源发光本质的复杂性决定的。

光是由物质的原子或分子的运动状态发生变化时产生的辐射引起的。发光过程中，由于能量的损失或周围原子的作用，辐射过程常常中断，延续时间很短（$10^{-8}\sim10^{-11}$ s），也就是说，原子和分子所发的光是一个短短的波列。普通光源中的大量原子或分子是各自相互独立地发出一个个波列的，它们的辐射是偶然的，彼此间没有任何联系。因此在同一时刻，各原子或分子所发出的光，即使频率相同，相位和振动方向也不一定相同。此外，由于原子或分子的发光是间歇的，当它们发出一个波列之后，要间隔若干时间才能发出第二个波列，即使是同一个原子，它先后所发出波列的振动方向和相位也很难相同，所以这样的光源是不相干的。

要实现光的干涉必须采用特殊的方法，原则上可以将光源上同一发光点发出的光波分成两束，使之经历不同路径再会合叠加。由于这两束光是来自同一原子或分子同时发出的光，所以它们的频率和初相必然完全相同，在相遇点，这两光束的相位差是恒定的，而振动方向一般总有相互平行的振动分量，从而满足相干条件，可以产生干涉现象。

获得相干光的具体方法有两种：分波阵面法和分振幅法。前者是从同一波阵面上的不同部分产生的次级波相干，如杨氏双缝干涉；后者是利用光在透明介质薄膜表面的反射和折射将同一光束分割成振幅较小的两束相干光，如薄膜干涉。

2. 光程差

对光波的定性描述也可以定量表达，电场强度 E 的大小随时间作周期性的变化，即

$$E=E_0\cos(\omega t+\varphi_0) \tag{7-1}$$

在光的传播路径上，距离光源为 r 处的光矢量 $\boldsymbol{E}$ 的大小的变化规律，即波动方程为

$$E=E_0\cos\left[\omega\left(t-\frac{r}{c}\right)+\varphi_0\right]\quad 或\quad E=E_0\cos\left(\omega t+\varphi_0-\frac{2\pi r}{\lambda}\right) \tag{7-2}$$

波动是振动在空间的传播，现在就一个特殊的例子来讨论两列波的叠加。为简单起见，仅讨论单色的简谐波，设有两个这样的光源 S_1 和 S_2 发出的两个光波，其波动方程可分别表示为

$$E_1=E_{01}\cos\left(\omega t-\frac{2\pi r_1}{\lambda_1}+\varphi_{01}\right) \tag{7-3}$$

$$E_2=E_{02}\cos\left(\omega t-\frac{2\pi r_2}{\lambda_2}+\varphi_{02}\right) \tag{7-4}$$

当两个光波分别经过 r_1 和 r_2 的距离在空间某点 P 相遇时，点 P 的光振动应该是两个光波分别引起的光振动的叠加。在任意时刻的相位差为

$$\Delta\varphi=\varphi_{02}-\varphi_{01}-2\pi\left(\frac{r_2}{\lambda_2}-\frac{r_1}{\lambda_1}\right) \tag{7-5}$$

设光源 S_1 发出的光波到达点 P 时光路上的介质折射率为 n_1，S_2 发出的光波到达点 P 时光路上的介质折射率为 n_2，则 λ_1 和 λ_2 与光在真空中的波长 λ 之间有如下关系：

$$\lambda_1=\frac{\lambda}{n_1},\ \lambda_2=\frac{\lambda}{n_2}$$

则有

$$\Delta\varphi = \varphi_{02} - \varphi_{01} - 2\pi\left(\frac{n_2r_2 - n_1r_1}{\lambda}\right) \tag{7-6}$$

由式(7-6)可见，相位差 $\Delta\varphi$ 取决于两个因素：其一是由两光源 S_1 和 S_2 的初相位差决定的，即 $\varphi_{02} - \varphi_{01}$；其二是由波源 S_1、S_2 到达点 P 所通过的路程和所经过介质的性质决定的，即 $n_2r_2 - n_1r$，以 δ 记之，将光经过的几何路程与该路程上的介质折射率的乘积 nr 称为光程，所以 $\delta = n_2r_1 - n_1r_1$ 即为参与叠加的两光波的光程差。

由相干波干涉增强和减弱的条件，可知两个光波在空间某点相遇时干涉增强还是干涉减弱取决于两个光波的初相差和光程差。若两个光波的初相差($\varphi_{02} - \varphi_{01}$)恒定，则只取决于光程差。特别地，在 $\varphi_{02} = \varphi_{01}$ 的情况下，干涉增强(最强)时满足

$$\delta = \pm k\lambda\ (k = 0,\ 1,\ 2,\ 3,\ \cdots) \tag{7-7a}$$

干涉减弱(最弱)时满足

$$\delta = \pm(2k + 1)\frac{\lambda}{2}(k = 0,\ 1,\ 2,\ 3,\ \cdots) \tag{7-7b}$$

7.2 杨氏双缝干涉　劳埃德镜实验

1. 杨氏双缝干涉

杨氏双缝干涉是利用分波阵面法获得相干光，从而形成干涉现象的典型实验。实验如图 7-2 所示，一普通单色光源(如钠光灯)，入射到带小孔 S 的屏上，S 可以视为发射球面波的点光源，从 S 发出的球面波遇到其后面开有两个小针孔 S_1 和 S_2 的屏。S_1 和 S_2 的光振动都来自同一点光源 S，是由同一波面分出来的，满足相干条件，S_1 和 S_2 即为一对相干光源。从 S_1 和 S_2 发出的光波到达后面的接收屏 E 上，就得到明暗相间的干涉图样。

杨氏双缝干涉条纹的明暗对比度十分明显，干涉条纹都与狭缝平行，条纹间距相等。用不同的单色光源做实验时，各明暗条纹的间距并不相同，波长较短的单色光如紫光，条纹较密集，波长较长的单色光如红光，条纹较稀疏，如图 7-3 所示。激光问世后，利用它的单色性好和高亮度的特性，照射双缝可以得到更加清晰明亮的干涉条纹。

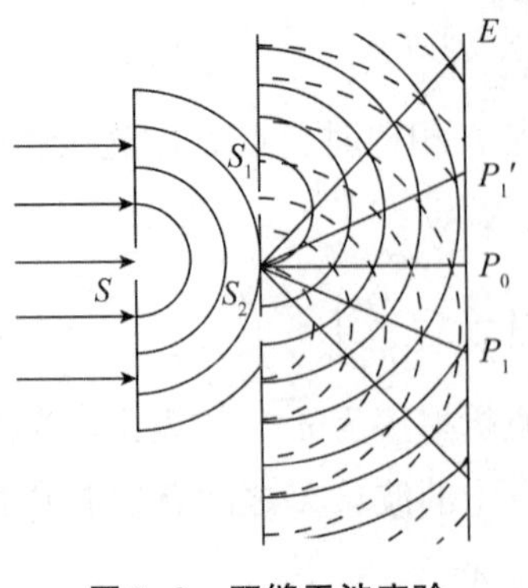

图 7-2　双缝干涉实验

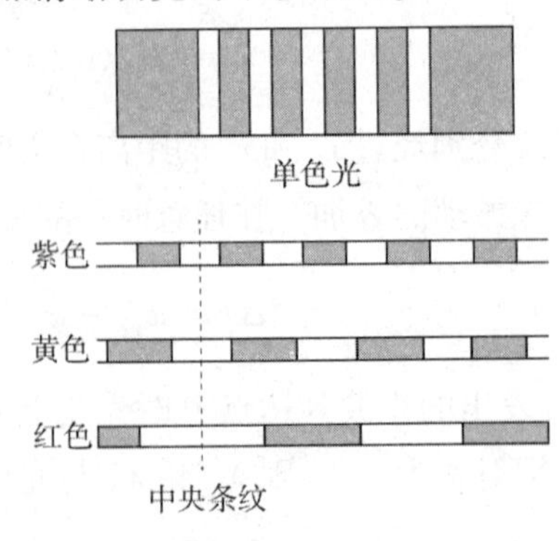

图 7-3　干涉条纹

下面定量分析屏幕上形成干涉明暗条纹应满足的条件。干涉条纹计算如图 7-4 所示，光波在真空中传播时折射率 $n_1 = n_2 = 1$，$D \gg d$，θ 很小，则有光程差为

$$\delta = r_2 - r_1 \approx d\sin\theta \tag{7-8}$$

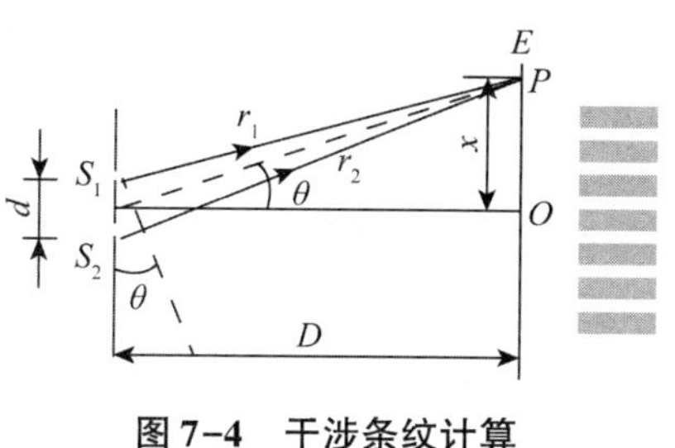

图 7-4　干涉条纹计算

在点 P 发生干涉增强的条件满足

$$d\sin\theta = \pm k\lambda\,(k = 0,\ 1,\ 2,\ \cdots) \tag{7-9a}$$

在点 P 产生干涉减弱时满足

$$d\sin\theta = \pm(2k+1)\frac{\lambda}{2}\,(k = 0,\ 1,\ 2,\ \cdots) \tag{7-9b}$$

θ 分别对应明(暗)条纹中心的角位置。对光程差为其他值的各点，光强介于最明和最暗之间。

设点 P 离屏幕中心点 O 的距离为 x，因为 θ 很小，故 $x = D\sin\theta \approx D\tan\theta$，则明纹中心的位置为

$$x = \pm k\frac{D}{d}\lambda\,(k = 0,\ 1,\ 2,\ \cdots) \tag{7-10a}$$

暗纹中心位置为

$$x = \pm(2k+1)\frac{D}{2d}\lambda\,(k = 0,\ 1,\ 2,\ \cdots) \tag{7-10b}$$

两相邻明纹或暗纹的距离(条纹间距)均为

$$\Delta x = \frac{D}{d}\lambda \tag{7-11}$$

由上面分析可知，杨氏双缝干涉条纹有如下特点：

(1)屏上明暗条纹的位置，是对称分布于屏幕中心点 O 两侧且平行于狭缝的直条纹，明暗条纹交替排列；

(2)相邻两个明纹或两个暗纹的间距相等，与干涉级无关，相邻条纹间距和波长成正比，与双缝间距成反比。

因此，当 D、d 一定时，用不同的单色光做实验，则入射光波长越小，条纹越密；波长越大，条纹越稀。如果用白光做实验，则除了中央明纹的中部因各单色光重合而显示为白色，其他各级明纹将因不同色光的波长不同，使得它们的极大所出现的位置错开而出现彩色。

例 7-1　在杨氏双缝干涉实验中，单色光垂直入射到缝间距为 0.45 mm 的双缝上。双缝

与屏之间垂直距离为 1.0 m，若测得第一级明纹到同侧第四级明纹的距离为 3.6 mm，求：(1)所用单色光的波长；(2)若入射光波长为 650 nm，则相邻两暗纹之间的距离为多少？

解　(1)根据光屏上干涉明纹条件 $x=\pm k\dfrac{D}{d}\lambda$ 可得

$$\Delta x_{1-4}=x_4-x_1=\frac{D}{d}\lambda(k_4-k_1)$$

可知，入射光波长为

$$\lambda_1=\frac{d}{D}\frac{x_4-x_1}{k_4-k_1}=\frac{0.45\times10^{-3}\times3.6\times10^{-3}}{1.0(4-1)}\ \text{m}=540\ \text{nm}$$

(2)若入射光波长为 $\lambda_2=650$ nm，则相邻两条纹间距为

$$\Delta x=\frac{D}{d}\lambda_2=\frac{1}{0.45\times10^{-3}}\times650\times10^{-6}\ \text{mm}\approx1.44\ \text{mm}$$

*2. 劳埃德镜实验

劳埃德镜实验也是以分波阵面法获得相干光源，它不但显示了光的干涉现象，而且显示了当光由光疏介质(折射率较小的介质)入射到光密介质(折射率较大的介质)时，反射光的相位发生了跃变。

图 7-5 给出了劳埃德镜实验示意图，劳埃德镜是一块下表面涂黑的平面玻璃片或金属板。从狭缝 S_1 发出的光，一部分直接射向屏 E，另一部分掠射到反射镜面 M 上，反射后到达屏 E 上。S_2 是 S_1 在镜中的虚像，反射光可看成是虚光源 S_2 发出的，S_2 和 S_1 构成一对相干光源，图中阴影区域表示叠加的区域，于是在屏上可以看到明暗相间的干涉条纹。

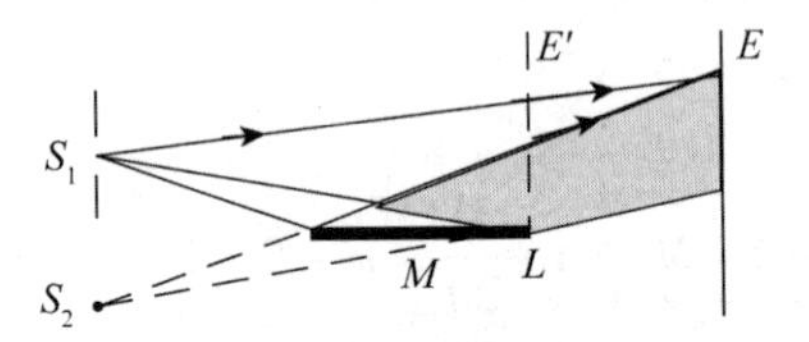

图 7-5　劳埃德镜实验示意图

若将屏 E 移至镜端 L 处且与镜接触的 E' 处，此时从 S_2、S_1 发出的光到达接触点 L 的距离相等，在 L 处应出现明纹，但实验事实是暗纹，这表明由直射到屏上的光波和从镜面反射来的光在 L 处相位相反，即相位差为 π。这一相位的变化只能在反射过程中发生，这意味着光从光疏介质掠射向光密介质界面反射时，损失了半个波长的波程，这种现象称为半波损失。这一现象在第 6 章驻波中介绍过。实验表明，光从光疏介质入射到光密介质而被反射时，都会产生半波损失。

7.3　薄膜干涉

上一节讨论的均为分波阵面干涉，这类干涉要得到清晰的条纹必须采用宽度很小的光源，但这在实际应用中不能满足对条纹亮度的要求(激光有亮度大、相干性好的特点，是一种例外)。而分振幅干涉可使用扩展光源，可获得强度较大的干涉效应，因此这类干涉广泛

应用于干涉计量技术中，很多重要的干涉仪，都是以此类干涉为基础。

薄膜干涉是通过分振幅法获取相干光源，是常见的光的干涉现象，如肥皂泡和水面上的油膜在太阳光的照射下，呈现出美丽的彩色，就是薄膜干涉现象。类似的现象出现在照相机的镜头、眼镜镜片的镀膜层上，劈尖和牛顿环等装置呈现出来的也是薄膜干涉条纹。下面我们来讨论薄膜干涉的基本原理。

1. 薄膜干涉

我们先来讨论光线入射在厚度均匀的薄膜上产生的干涉现象。设有一透明薄膜 MN，如图 7-6 所示，薄膜的两个表面近似平行，其厚度为 d，折射率为 n_2，膜的两边为折射率为 n_1 的介质，且 $n_2 > n_1$，薄膜干涉使用单色扩展光源，从面光源上的一点 S 发出的单色光，以入射角 i 入射到薄膜上的点 A 处，这时光线将分为两部分，一部分就在点 A 被反射，反射光线为 a。大部分以折射角 γ 折射入薄膜内，其中一部分在下表面点 C 反射回到点 B，然后进入折射率为 n_1 的介质的为光线 b，其余部分由下表面进入折射率为 n_1 的介质，在薄膜内的点 B 处也有一部分光反射，由于经过两次反射的光大大减弱可以忽略不计，光线 a、b 出自光源的同一点 S，是相干光，当用透镜把它们会聚在点 P 上时，就会产生干涉。

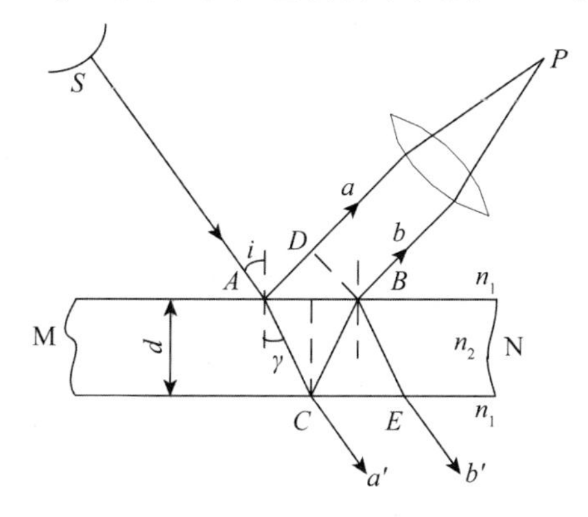

图 7-6　薄膜干涉

现在我们用光程差的概念来分析薄膜干涉的加强和减弱条件。光线 a 所经历的路程为 SAP，光线 b 所经历的路程为 $SACBP$。在图 7-6 上通过点 B 作垂直于 a 和 b 的光线 BD。从图中看出，SA 段是 a、b 两光线共同经历的路程，而由于通过透镜没有附加光程差，设点 P 为主焦点，则 DP 段和 BP 段的光程是相等的。所以 a、b 两光线的光程差为

$$\delta = n_2(AC + CB) - n_1 AD + \frac{\lambda}{2} \tag{7-12}$$

其中，$\frac{\lambda}{2}$ 是由于光线入射到薄膜 MN 上时，在上表面反射有半波损失。从图 7-6 可以看出

$$AC = CB = \frac{d}{\cos\gamma} \tag{7-13}$$

$$AD = AB\sin i = 2d\tan\gamma\sin i$$

根据折射定律 $n_1\sin i = n_2\sin\gamma$，可得

$$AD = 2d\tan\gamma \cdot \frac{n_2}{n_1}\sin\gamma$$

将此 AD 值及式(7-13)中 AC 和 CB 的值代入式(7-12)，整理后得

$$\delta = 2n_2 d\cos\gamma + \frac{\lambda}{2} = 2d\sqrt{n_2^2 - n_1^2\sin^2 i} + \frac{\lambda}{2} \tag{7-14}$$

于是决定 a 和 b 两反射线会聚点 P 的明、暗干涉条件为

$$\delta = 2d\sqrt{n_2^2 - n_1^2\sin^2 i} + \frac{\lambda}{2} = \begin{cases} k\lambda & (k=1,\ 2,\ \cdots)\ \text{明纹} \\ (2k+1)\dfrac{\lambda}{2} & (k=0,\ 1,\ 2,\ \cdots)\ \text{暗纹} \end{cases} \tag{7-15}$$

由式(7-15)看出，在厚度一定、折射率 n_2 及周边介质都确定的情况下，光程差是随入射光的倾角(入射角 i)而改变的。因此，对于厚度 d 均匀的薄膜，具有相同倾角的各光线光程差相同。显然，这些光线的干涉情况相同，同时增强(或减弱)，这就是等倾干涉。等倾干涉形成的条纹叫作等倾干涉条纹。

同理，在透射光中也有干涉现象。图 7-6 中光线 a' 是由点 C 直接透射到介质 n_1 中的；而光线 b' 是在点 A 折射入薄膜内，在点 C 和点 B 处经两次连续反射后，再从点 E 透射到介质 n_1 中的。这两次反射都在光密介质入射到光疏介质界面上发生，因而不存在半波损失。所以，两束透射的相干光的光程差为

$$\delta' = 2d\sqrt{n_2^2 - n_1^2\sin^2 i}$$

与式(7-13)比较可知，当反射光相互增强时，透射光相互减弱；当反射光相互干涉减弱时，透射光相互干涉将增强。

2. 劈尖干涉

前面讨论了厚度均匀的薄膜干涉现象，如果平行光束入射到不均匀的薄膜上，所产生的干涉将不再是等倾干涉现象。这种情况下，当光线垂直入射时，在薄膜厚度相同的地方，干涉情况相同，我们会观测到等厚干涉条纹。常见的有劈尖干涉和牛顿环。

在两块相叠合的平板玻璃之间，在其一端垫入纸片或一细丝，如图 7-7(a)所示。在两玻璃之间形成一端薄一端厚的劈尖形空气薄膜，称为空气劈尖。两平板玻璃的交线称为棱边，在平行于棱边的线上，对应的空气厚度是相等的。当平行单色光垂直照射平板玻璃时，就可在劈尖表面观察到明暗相间的干涉条纹。这是由空气薄膜的上下表面反射出来的两列光波叠加干涉而成的。下面来定量讨论劈尖干涉条纹形成的原理。

如图 7-7(a)所示，两平板玻璃的夹角 θ 很小(为了显示清楚，图中 θ 被夸大了)，所以在劈尖上下表面反射的光线都可看作垂直于劈尖表面，且满足相干条件，因此在劈尖表面相遇时相干叠加。设劈尖在点 C 处的厚度为 d，当光线 a、b 在劈尖表面反射，形成两相干光线 a_1、b_1 之间的光程差为

$$\delta = 2n_2 d + \frac{\lambda}{2}$$

式中，$\frac{\lambda}{2}$ 是由半波损失引起的附加光程差；对空气劈尖有 $n_2=1$。代入数据后，得到 a_1、b_1 这两条光线的反射光的干涉条件为

$$\delta = 2d + \frac{\lambda}{2} = \begin{cases} k\lambda & (k=1, 2, \cdots) \text{ 明纹} \\ (2k+1)\frac{\lambda}{2} & (k=0, 1, 2, \cdots) \text{ 暗纹} \end{cases} \tag{7-16}$$

由式(7-16)可知，光程差仅取决于劈尖的厚度，厚度 d 相同的地方满足相同的干涉条件，干涉结果相同，即厚度相等的地方干涉条纹的亮度相同，我们把这种干涉现象称为等厚干涉，这些条纹称为等厚干涉条纹。等厚干涉条纹可用透镜或眼睛聚焦在劈尖的表面上观察到。

在劈尖中，如果平板玻璃的表面是严格的几何平面，则平行于棱边的直线上各点，空气薄膜的厚度都相等，因此劈尖干涉条纹是一系列平行于劈尖棱边的明暗相间的直条纹，如图 7-7(b)所示。图中实线表示暗条纹(简称暗纹)，虚线表示明条纹(简称明纹)。如果平板玻璃表面不平整，则干涉条纹将在凹凸不平处发生弯曲，由此我们可以检验平板玻璃表面是否平整。

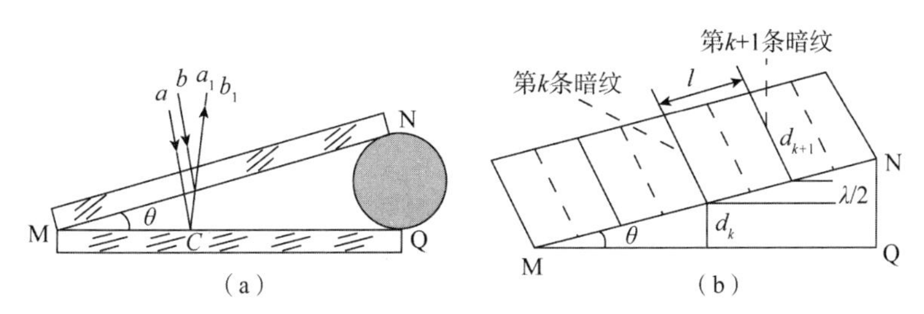

图 7-7　劈尖干涉

在劈尖干涉的直条纹中，任意两相邻明纹或暗纹之间的距离 l 都是相同的，所对应的空气厚度之差为

$$l\sin\theta = d_{k+1} - d_k = \frac{1}{2}(k+1)\lambda - \frac{1}{2}k\lambda = \frac{\lambda}{2} \tag{7-17}$$

显然，劈尖夹角 θ 越小，干涉条纹越稀疏；θ 越大，干涉条纹越稠密。如果劈尖的夹角 θ 相当大，干涉条纹将无法分辨。干涉条纹只有在很薄的劈尖上才能看到。

由式(7-17)可知，如果已知劈尖的夹角 θ，测出干涉条纹，就可以计算出单色光的波长；如果已知单色光的波长，就可以计算出微小的角度 θ。

工程技术上，常利用式(7-17)测定细丝的直径或薄片的厚度及检测加工平面的质量。

3. 牛顿环

等厚干涉的另一个特例是牛顿环。如图 7-8(a)所示，牛顿环仪器是由一块平板玻璃上，放置一曲率半径 R 很大的凸透镜所构成的。在凸透镜的凸表面与平板玻璃的平面间，形成一个上表面为球面、下表面为平面的空气薄膜，在以两表面接触点为中心的圆周上空气层的厚

度相等。所以，当单色平行光垂直射向凸透镜时，凸透镜下表面所反射的光和平板玻璃上表面反射的光发生干涉，将呈现干涉条纹。干涉条纹的形状是以接触点 O 为中心的许多同心环，称为牛顿环，如图7-9所示。牛顿环的明、暗干涉环纹处的空气层厚度为 d，则干涉条件为

$$\delta = 2d + \frac{\lambda}{2} = \begin{cases} k\lambda & (k = 1, 2, \cdots) \text{ 明环} \\ (2k+1)\dfrac{\lambda}{2} & (k = 0, 1, 2, \cdots) \text{ 暗环} \end{cases} \tag{7-18}$$

从图7-8(b)看出，距离接触点为 r 处，空气层厚度 d 满足关系式

$$r^2 = R^2 - (R-d)^2 = 2Rd - d^2$$

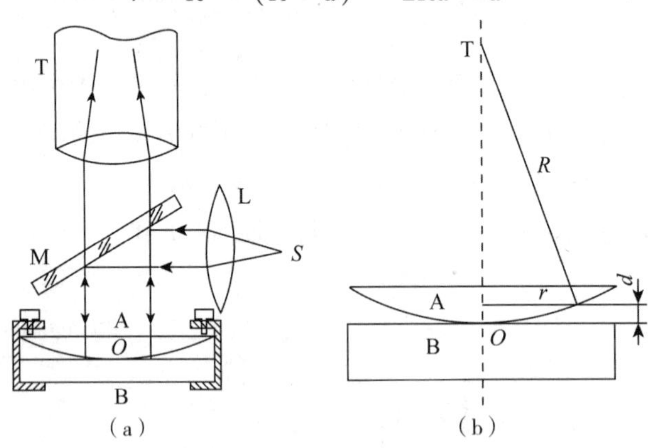

图7-8　牛顿环

(a)牛顿环仪器简图；(b)牛顿环半径计算用图

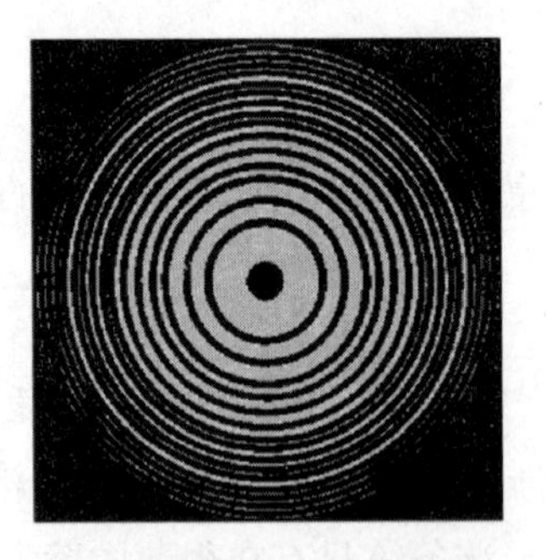

图7-9　牛顿环干涉环纹

因凸透镜与平板玻璃间空气层极薄，则有 $R \gg d$，$d^2 \ll 2Rd$，略去 d^2，由上式可得

$$d = \frac{r^2}{2R} \tag{7-19}$$

式(7-19)表明，某环纹所在处，空气层的厚度与该处离开接触点 O 的距离 r 平方成正比。所以，距接触点 O 越远，光程差增加得越快，环纹也变得越来越密。在接触点 O 处，$d=0$，两反射光的光程差为 $\dfrac{\lambda}{2}$，因而牛顿环的中心是暗斑。

把式(7-19)代入式(7-18)，求得反射光中的明环和暗环的半径分别为

$$r=\begin{cases}\sqrt{\dfrac{(2k-1)R\lambda}{2}} & (k=1,\ 2,\ \cdots)\ 明环\\ \sqrt{kR\lambda} & (k=0,\ 1,\ 2,\ \cdots)\ 暗环\end{cases}\tag{7-20}$$

上述劈尖干涉和牛顿环的干涉图样，都是在薄膜反射光中看到的。在透射光中，同样也可以看到干涉图样。但透射光干涉图样的明暗纹的位置与反射光的恰好相反，即在劈尖干涉中，棱边处是明条纹，而在牛顿环中接触点是亮斑。

例 7-2　在工程上，常用劈尖干涉来测量细丝的直径或薄片的厚度等，如图 7-10 所示，把金属丝夹在两块平板玻璃之间，形成空气劈尖，金属丝和棱边间距为 $D=30\ \text{mm}$。在 $\lambda=600\ \text{nm}$ 的单色光垂直照射下，测得两相邻明条纹之间的距离 $l=0.15\ \text{mm}$，求金属丝的直径。

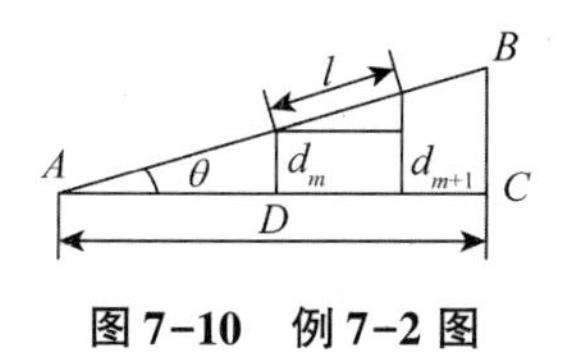

图 7-10　例 7-2 图

解　由图可知，金属丝直径为

$$d=D\tan\theta$$

式中，θ 为劈尖夹角。由式(7-17)知 $l\sin\theta=\dfrac{\lambda}{2}$，因为 θ 很小，$\tan\theta\approx\sin\theta=\dfrac{\lambda}{2l}$，则得金属丝直径为

$$d=D\tan\theta=D\frac{\lambda}{2l}=30\times10^{-3}\times\frac{600\times10^{-9}}{2\times0.15\times10^{-3}}\ \text{m}=6\times10^{-5}\ \text{m}=0.06\ \text{mm}$$

例 7-3　用钠光灯发出的黄光作单色光做牛顿环实验，测得第 k 级暗环的直径为 5.63 mm，第 $k+10$ 级暗环的直径为 7.96 mm，已知黄光的波长 $\lambda=589.3\ \text{nm}$，求所用凸透镜的曲率半径和 k 值。

解　根据牛顿环的暗环公式 $r=\sqrt{kR\lambda}$，得

$$r_k=\sqrt{kR\lambda},\quad r_{k+10}=\sqrt{(k+10)R\lambda}$$

由以上两式得

$$R=\frac{r_{k+10}^2-r_k^2}{10\lambda}=\frac{D_{k+10}^2-D_k^2}{40\lambda}$$

将有关数据代入上式，计算得

$$R\approx1.34\ \text{m}$$

$$k=10$$

7.4　光的衍射

大量实验表明，光在传播过程中遇到障碍物时，能绕过障碍物的边缘继续前进，这种偏

离直线传播的现象，称为光的衍射现象。和干涉一样，光的衍射现象是光的波动性的一个基本特征，在光学发展史上，它是光的波动学说的有力证据之一。

1. 光的衍射现象

自点(或线)光源发出的光波，当其通过圆孔、狭缝等任意形状的孔或任意形状的障碍物而到达观察屏上时，按光沿直线传播的特性，在屏上应该呈现明晰的影像，影内完全没有光，影外有均匀的光强分布。然而实际上当孔或障碍物线度与光源波长的数量级相差不多时，发现光进入影内，并且在影外的光强分布不再均匀，而出现明暗相间的条纹。例如，自点光源发出的光源，通过与光源相距一定距离的小圆孔(直径约 3×10^{-3} m)，则在圆孔后的观察屏上得到明暗相间的圆形图样，如图 7-11 所示。说明点光源发出的球面光波通过小孔时，出现光传播偏离光学规律的现象。如果用其他形状的孔或障碍物做实验，可以观察类似的现象，这就是光的衍射现象。

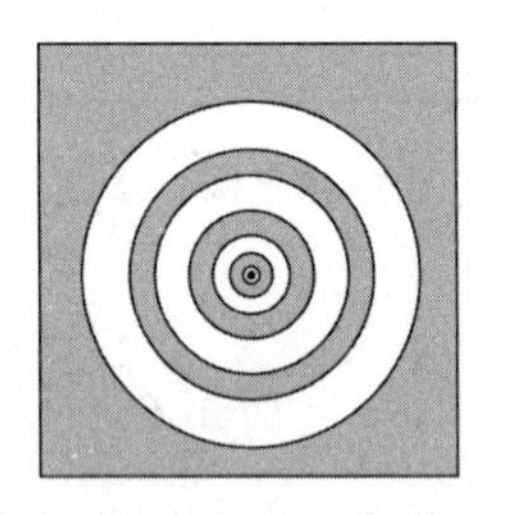

图 7-11　圆孔衍射图样

衍射系统由光源、衍射屏和观察屏组成，通常根据三者相对位置的大小，把衍射现象分为两类：光源和观察屏或其中之一与衍射屏的距离为有限远时的衍射称为菲涅耳衍射(见图 7-12)；而光源和观察屏的距离为无限远的衍射时(即入射到衍射屏和离开衍射屏的光都是平行光)的衍射称为夫琅禾费衍射(见图 7-13)。

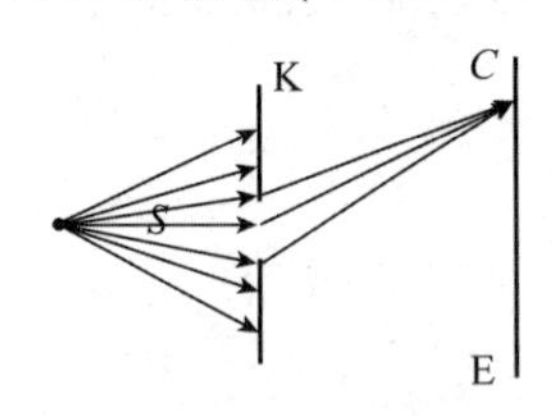

图 7-12　菲涅耳衍射

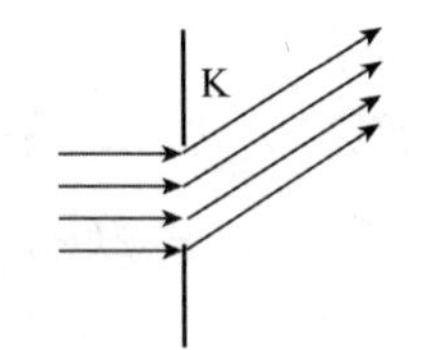

图 7-13　夫琅禾费衍射

2. 惠更斯-菲涅耳原理

惠更斯原理指出：光波的波面 S (见图 7-14)上的每一点均可看成是发射子波的新波源，任意时刻子波的包络面就是新的波面。

虽然惠更斯原理可以解释光的衍射现象的存在，但由于各种介质中光的传播速度不同，波面的几何形状和光波传播方向都发生变化，它不能确定沿不同方向传播的光振动振幅。因而不能解释为什么会出现衍射条纹，更不能确定条纹的位置的光强分布。菲涅耳基于子波相干叠加概念，从惠更斯原理发展出惠更斯-菲涅耳原理：从同一波阵面上各点发出的子波是相干波，在传播过程相遇时产生干涉现象，空间各点波的强度由各子波在该点的相干叠加所决定。

根据菲涅耳“子波相干叠加”的设想，若光波在某一时刻的波面为 S，如图7-14所示，$\mathrm{d}S$ 为波面 S 上任意面元，则空间任意点 P 的光振动可由波面 S 上所有面元发出的子波在该点相互干涉的总效应得到，$\mathrm{d}S$ 发出的子波在点 P 引起的光振动的振幅与 $\mathrm{d}S$ 成正比，与点 P 到 $\mathrm{d}S$ 的距离 r 成反比，还和 r 和 $\mathrm{d}S$ 的法线之间的夹角 θ 有关。设波面 S 上的初相为0，则 $\mathrm{d}S$ 在点 P 引起的光振动可表示为

$$\mathrm{d}E = C\frac{K(\theta)}{r}\cos\left[2\pi\left(\frac{t}{T}-\frac{r}{\lambda}\right)\right]\mathrm{d}S \tag{7-21}$$

式中，C 为比例系数；$K(\theta)$ 为随 θ 的增大而缓慢减小的函数，称为倾斜因子。整个波面 S 在点 P 引起的光振动的振幅为

$$E = \int_S \mathrm{d}E = C\int_S \frac{K(\theta)}{r}\cos\left[2\pi\left(\frac{t}{T}-\frac{r}{\lambda}\right)\right]\mathrm{d}S \tag{7-22}$$

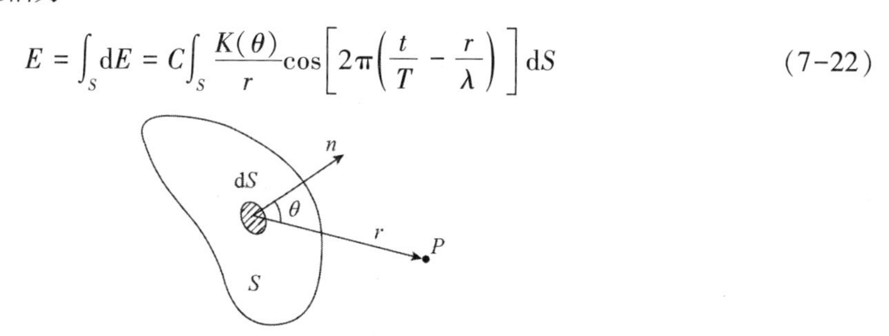

图7-14　惠更斯-菲涅耳原理

式(7-22)为惠更斯-菲涅耳原理的数学表达式，是研究衍射问题的基础。但积分一般比较复杂，只对少数简单情况可求解，复杂的情况可利用计算机进行数值分析运算求解。后面我们将用半波带法和振幅矢量法来解释衍射现象。

7.5　夫琅禾费单缝衍射

图7-15所示是夫琅禾费单缝衍射实验装置。在衍射屏K上开有一宽度为 a 的细长狭缝，单色光源 S 发出的光经透镜 L_1 后变为平行光，入射到衍射屏上，经过狭缝后产生衍射，再经过透镜 L_2 聚焦在焦平面的处的观察屏E上，呈现出一系列平行狭缝的衍射条纹。

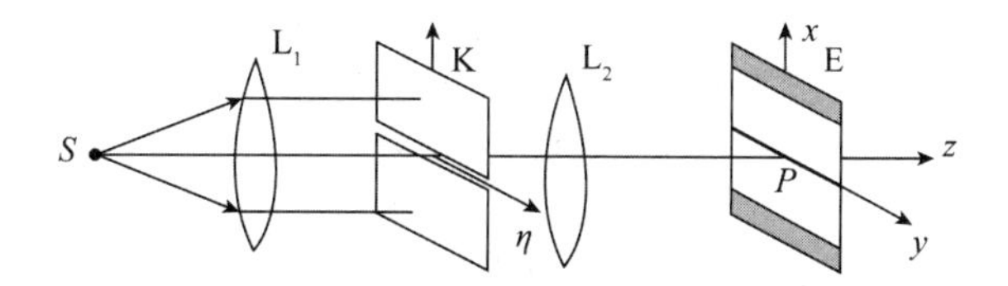

图7-15　夫琅禾费单缝衍射实验装置

现在我们用半波带法来解释夫琅禾费单缝衍射图样。

利用式(7-22)处理次级波相干叠加，要求对波面作无限分割。半波带法是以比较粗糙

的有限分割代替无限分割，有关积分的运算化为有限项的求和。半波带法虽然不够精细，但可方便地得到衍射图样的基本定性特征。

单色平行光垂直入射到K的缝平面AB上，波面AB上的每一点都发射沿各方向传播的光波，称为衍射光波，如图7-16(a)所示。沿某一方向的衍射光与狭缝平面法线的夹角θ称为衍射角。通过点A作平面AC，使其与BC垂直，由于透镜不产生附加光程差，则单缝边缘两点A、B沿θ方向的衍射光，传到点P的光程差为

$$BC = a\sin\theta$$

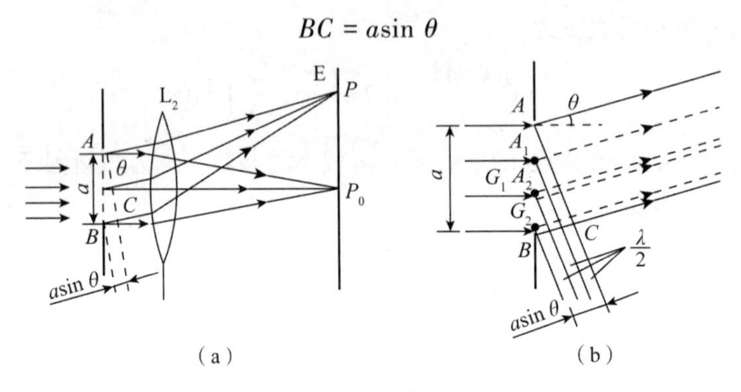

图7-16 单缝衍射条纹的计算

设BC恰好等于入射单色光半波长的整数倍，即

$$a\sin\theta = \pm m\frac{\lambda}{2}$$

这相当于把BC分成m等份，作彼此相距$\frac{\lambda}{2}$的平行于AC的平面，这些平面把波面AB切割成了m个波带，如图7-16(b)所示，每一窄条带的宽度为

$$\Delta l = \frac{\lambda}{2\sin\theta}$$

这些窄条带称为半波带。相邻两半波带上的点都是一一对应的，如A_1A_2带上的点G_1和A_2B带上的点G_2，对应点上发出的沿θ方向的衍射光，到达点P时光程差都为$\frac{\lambda}{2}$，即两者在点P引起的光振动的相位差为π。由于所有半波带的面积都相等，所以各个半波带在点P引起的光振动的振幅相等。因此任何两个相邻的半波带所发射的光波，在点P叠加将完全相互抵消。

如果整个缝平面对于给定的衍射角θ可以分成偶数($2k$)个半波带，则每对相邻的半波带在点P引起的光振动相互抵消，屏E上将出现暗纹，即产生暗纹的条件为

$$a = 2k\Delta l = 2k\frac{\lambda}{2\sin\theta}$$

如果整个缝平面对于某给定的衍射角θ可以分成奇数($2k+1$)个半波带，则每对相邻的半波带在P点引起的光振动相互抵消，只剩下一个半波带的子波没有被抵消，屏E上将呈现明纹，即产生明纹的条件为

$$a=(2k+1)\Delta l=(2k+1)\frac{\lambda}{2\sin\theta}$$

当衍射角 $\theta=0$ 时，则

$$a\sin\theta=0$$

表明平行光束无光程差，故会聚于点 P_0，则点 P_0 干涉加强，该点位于中央明纹中心。

综上所述，当平行单色光垂直入射时，单缝衍射明、暗条纹的条件为

$$a\sin\theta=\begin{cases}0 & \text{中央明纹中心}\\ \pm k\lambda & \text{暗条纹}\quad (k=1,\ 2,\ \cdots)\\ \pm(2k+1)\dfrac{\lambda}{2} & \text{明条纹}\end{cases}\tag{7-23}$$

式中，k 为级数，正、负号表示衍射条纹对称分布于中央明纹两侧。另外，此与杨氏干涉条纹的条件恰好相反，切勿混淆。

应该指出，对于任意衍射角 θ 来说，AB 不能分成恰好整数个半波带，即 BC 不一定等于 $\frac{\lambda}{2}$ 的整数倍，对应于这些衍射角的衍射光束经透镜汇聚后，在屏 E 上的光强介于最明和最暗之间。因此在单缝衍射条纹中，强度分布不是均匀的。图 7-17 给出了单缝衍射图样的强度分布曲线。

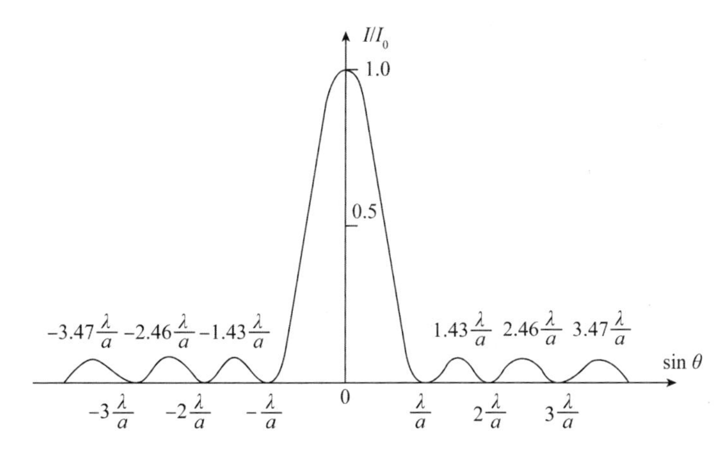

图 7-17　单缝衍射图样的强度分布曲线

从图中可见，中央明纹最亮，条纹也最宽，约为其他条纹宽度的两倍，第一级暗纹中心的间距在 $a\sin\theta=-\lambda$ 和 $a\sin\theta=\lambda$ 之间。当 θ 很小时，中央明纹的角宽度(条纹对透镜中心所张的角度)为 $2\Delta\theta=2\frac{\lambda}{a}$，有时也用半角宽度描述，即

$$\Delta\theta=\frac{\lambda}{a}\tag{7-24}$$

这一关系称衍射的反比律，以 f 表示透镜的焦距，则在屏幕观察到的中央明纹的线宽度为

$$\Delta x = 2f\tan\Delta\theta = 2\frac{\lambda}{a}f \tag{7-25}$$

其他明纹的角宽度均相等且等于中央明纹的半角宽度，即式(7-24)也表示各次级明纹的角宽度，其线宽度为$\Delta x = \frac{\lambda}{a}f$。中央明纹不仅最亮(强度最大)，而且衍射斑纹也最宽，它的半角宽度$\Delta\theta$的大小作为衍射效应强弱的标志。在单缝宽度给定的条件下，半角宽度$\Delta\theta$与波长成正比。用单色光照射时，波长越长，衍射效应越显著；波长越短，衍射效应越不明显。在极限情况$\lambda\rightarrow 0$时，衍射效应可完全忽略。这再一次说明几何光学是短波的极限。

用复色光照射时，由式(7-24)可知，波长不同的单色光的半角宽度不同，其同级的各次级明纹不会重叠在一起。如采用白光照射，除中央明纹为白色明纹外，在其两侧各种单色光按波长自短而长，依次由近到远排成对称的彩色图样。紫色光靠近中央明纹，而红色光则离开中央明纹最远，这种由衍射所产生的彩色图样，称为衍射光谱。

例7-4　在夫琅禾费单缝衍射实验中，缝的宽度$a=0.40$ mm，以波长$\lambda=589$ nm的单色光垂直照射，设透镜的焦距$f=1.0$ m。求：(1)第一级暗纹距中心的距离；(2)第二级明纹距中心的距离。

解　(1)由单缝衍射的暗纹条件$a\sin\varphi_1 = k\lambda$，得$\varphi_1 \approx \sin\varphi_1 = \frac{k\lambda}{a}$，则第一级($k=1$)暗纹距中心的距离为

$$x_1 = f\tan\varphi_1 \approx f\varphi_1 = 1.47\times10^{-3}\ \mathrm{m}$$

(2)由明纹条件$a\sin\varphi_2 = (2k+1)\frac{\lambda}{2}$，得$\varphi_2 \approx \sin\varphi_2 = (2k+1)\frac{\lambda}{2a}$，则第二级($k=2$)明纹距中心的距离为

$$x_2 = f\tan\varphi_2 \approx f\varphi_2 = 3.68\times10^{-3}\ \mathrm{m}$$

在上述计算中，由于k取值较小，即φ较小，故$\varphi\approx\sin\varphi\approx\tan\varphi$。如$k$取值较大，则应严格计算。

7.6　光栅衍射

对于单缝衍射条纹，若缝较宽，则明纹亮度较强，但条纹间隔很窄；若缝较窄，虽然条纹间隔变宽了，但光强度会减弱。进行波长的测量和分析时，为了测量的准确，则要求衍射条纹必须分得开，条纹既窄又明亮。实际上，测定光波波长时不是使用单缝，而是采用能满足上述测量要求的衍射光栅。

1. 衍射光栅

由许多等宽的狭缝等距离地排列起来形成的光学元件叫衍射光栅，用于透射光衍射的叫透射光栅，用于反射光衍射的叫反射光栅。广义而言，具有周期性的空间结构或光学性能的衍射装置都可称为光栅。

我们在玻璃片上刻画出 N 个等间距、等宽度的直线，刻痕处相当于毛玻璃成为光栅不透明部分，两划痕之间透光部分成为光栅的狭缝，设不透光部分的宽度为 b，缝的宽度为 a。相邻两狭缝间的距离 $d = a + b$，称为光栅常数。近代光栅每毫米上刻有上千条细痕，总共有上万条刻痕，这种光栅是相当精密的光学元件。

图 7-18 所示为透射式平面衍射光栅实验的示意图，当一束平行单色光波入射到光栅上，每个狭缝都要产生衍射，经光栅衍射的光波通过透镜 L_2 的会聚作用，在置于 L_2 后焦平面的观察屏 E 上，形成光栅衍射图样。这些衍射条纹的特点是：明条纹很亮很窄，相邻明条纹之间的暗条纹很宽，衍射图样十分清晰。

2. 光栅公式

下面简单讨论一下，要在屏上某处出现光栅衍射明条纹应满足的条件。

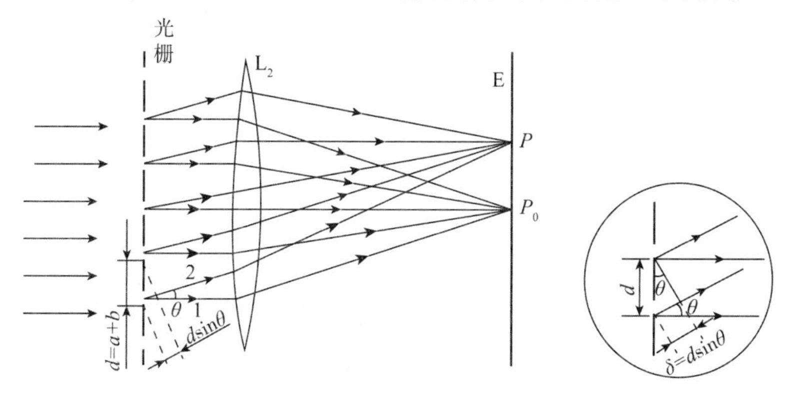

图 7-18　透射式平面衍射光栅实验的示意图

任取相邻狭缝，对应点沿 θ 方向发出的衍射光会被透镜会聚于一点 P，它们的光程差为 $d\sin\theta$，如图 7-18 所示。根据干涉原理，当此值恰好是入射光波长的整数倍时，则两衍射光在点 P 干涉加强。此时，其他任意两缝沿该衍射角 θ 方向射出的两衍射光到达点 P 处的光程差也一定是 λ 的整数倍，它们的干涉效果也都是互相加强的，于是所有各缝沿该衍射角 θ 方向射出的光在屏上会聚时形成明条纹。因此，光栅衍射的明条纹的位置条件为

$$d\sin\theta = \pm k\lambda \quad (k = 0,\ 1,\ 2,\ \cdots) \tag{7-26}$$

式(7-26)称为光栅公式，k 为明条纹级数。这些明条纹细窄而明亮，通常称为主极大条纹，$k = 0$ 为零级主极大；$k = 1$ 为第一级主极大，其他以此类推。正、负号表示各级主极大对称分布在零级主极大两侧。

对光栅中每一条透光缝，由于衍射，都将在屏幕上呈现衍射图样，而由于各缝发出的衍射光都是相干光，所以缝与缝之间透过的光又要发生干涉，因此光栅的衍射条纹是衍射和干涉的总效果。由于每个狭缝产生的衍射极大的位置相同，所以随着狭缝的增多，明条纹的亮度将增大，而且实验表明，缝数增加时明条纹也变细了。从各缝发来的光中，总有许多缝的光干涉相消。在两个主极大之间，也还有总光强为零的位置。

还应当指出，由于单缝衍射的光强分布在某些 θ 值时可能为零，所以如果对应这些 θ 值按多光束干涉出现某些主极大时，这些主极大将消失，这种现象叫缺级现象，所缺的级次由

光栅常数 d 和缝宽 a 的比值决定。当 θ 除满足式(7-26)之外，同时也满足方程

$$a\sin\theta=\pm k'\lambda \quad (k'=1, 2, 3, \cdots) \tag{7-27}$$

时，由于各个狭缝所发出的光波各自满足暗纹的条件，当然也就无缘谈及缝与缝之间的干涉加强作用了。所以虽然按式(7-26)应该出现明纹，而实际上都并不出现。因此产生缺级现象时，明条纹的级数 k 与单缝衍射暗条纹的级数 k' 之间的关系为

$$k=\frac{a+b}{a}k'=\frac{d}{a}k' \tag{7-28}$$

例 7-5 波长为 600 nm 的单色光垂直入射在一光栅上，第二级主极大出现在 $\sin\theta=0.20$ 处，第四级缺级。试问：(1)光栅上相邻两缝的间距是多少？(2)光栅上狭缝的宽度有多大？(3)在$-90°<\theta<90°$范围内，实际呈现的全部级数。

解 (1)由题已知 $k=2$ 时，$\sin\theta=0.20$，则由分析可得光栅常数

$$d=\frac{k\lambda}{\sin\theta}=6\times10^{-6}\text{m}=6\ \mu\text{m}$$

(2)由缺级条件 $k=\dfrac{d}{a}k'$，得$\dfrac{d}{a}=\dfrac{k}{k'}=m$，$k=mk'$，即 mk' 级明纹缺级。

由题意 $k=4$ 缺级，即 $\dfrac{d}{a}=\dfrac{4}{k'}$。

当 $k'=1$ 时，$m=4$，$a=1.5\ \mu\text{m}$，即±4，±8，±12，…级缺级。(符合题意)

当 $k'=2$ 时，$m=2$，第±2，±4，±6，…级缺级。(第二级已存在，不符合题意，舍去)

当 $k'=3$ 时，$m=\dfrac{4}{3}$，$a=4.5\ \mu\text{m}$，第±4，±8，±12，…级缺级。(符合题意)

当 $k'=4$ 时，$m=1$，第±1，±2，±3，±4，…级缺级。(不符合题意，舍去)

因此，狭缝宽度 a 为 1.5 μm 或者 4.5 μm，而缺级只发生在±4，±8，±12，…级。

(3)由光栅公式 $d\sin\theta=\pm k\lambda(k=0, 1, 2, \cdots)$，可知屏上呈现条纹最高级次应满足 $k<d/\lambda=10$，故考虑到缺级，实际屏上呈现的级数为：0，±1，±2，±3，±5，±6，±7，±9，共 15 条。

*3. 光栅光谱和光栅光谱仪

由光栅公式可知，光栅常数 d 一定时，衍射角 θ 的大小和入射光波的波长有关，波长越长，衍射角越大，相应的各级衍射条纹距离中央零级主极大越远。因此白光通过光栅后除零级主极大外，各种波长的光的各级主极大的位置不同，它们将形成各自的衍射图样，如果用线光源照射衍射图样，就是不同颜色的亮线，称为光谱线(简称谱线)。各种波长的同一级谱线组成一个彩色光带，这些光带的整体称为光栅光谱或衍射光谱。

各级衍射光谱如图 7-19 所示。中央明纹(或称零级明纹)显然仍为白色条纹，其他各级谱线按波长的长短依次排列。在同一级谱线组成的光带中，波长较短的紫光(图中以 V 表示)靠近中央明纹；波长较长的红光(图中以 R 表示)则远离中央明纹。各级谱线对称分布于中央明纹两侧，它们分别称为第一级光谱、第二级光谱……因为谱线间的距离随光谱的级数增加而增加，所以高级数的光谱彼此有可能重叠。

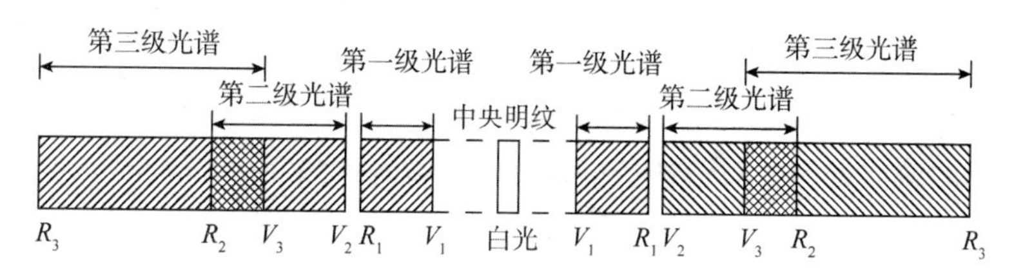

图 7-19　各级衍射光谱

不同物质的发射光谱和吸收光谱是研究物质结构的依据，测定物质的光栅光谱中各谱线的波长和相对强度，便可以确定该发光(吸收光)物质的成分和含量。这种分析方法叫作光谱分析，它在科学技术中有着广泛的应用。

凡是能够将复色光按不同波长分成光谱的光学仪器都称为光谱仪。用光栅作分光元件的就叫光栅光谱仪，其示意图如图 7-20 所示。

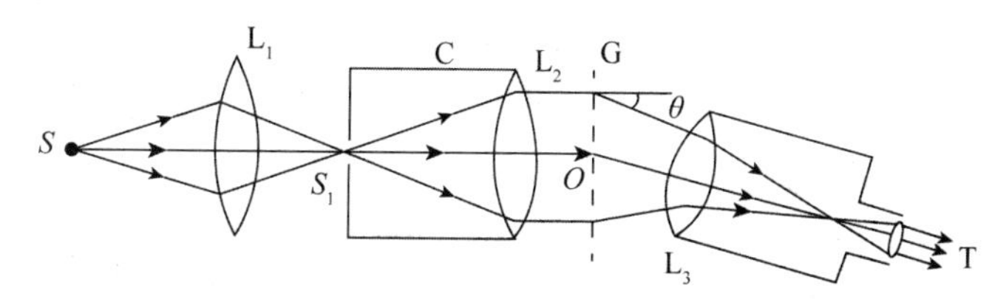

图 7-20　光栅光谱仪示意图

从光源 S 发出的光经过狭缝 S_1 进入平行光管 C，由 C 发出的平行光垂直入射到光栅 G 上，在光栅后面用望远镜 T 观察光谱。望远镜 T 在图中所示的平面内绕点 O 可以转动，借以观察不同方向上的各级光谱。对应于某一级光谱线的衍射角 θ，可以精确地由刻度盘读出。根据光栅公式就可以算出未知的波长，这种装置叫分光计。如果在望远镜上有照相设备，还可以摄取光栅光谱，就构成了光栅摄谱仪。

7.7　光的偏振

前面讨论光的干涉和衍射现象表明了光的波动性质。但没有讨论光是横波还是纵波，而光的偏振现象将揭示光的横波性。光的电磁理论指出：光是特定频率范围内的电磁波。光矢量的振动方向与光的传播方向垂直，说明光是横波。光的偏振现象，继光的干涉和衍射现象揭示了光的波动性后，进一步为光的电磁波本性提供了有力证据。

1. 光的偏振现象

从波动学中我们知道，波可分为横波和纵波。横波的传播方向与质点的振动方向垂直，通过波的传播方向且包含振动矢量的那个平面称为振动面。显然，振动面与包含传播方向在内的其他平面不同，这通常称为波的振动方向相对传播方向没有对称性，这种不对称叫作偏振，实验表明，只有横波才有偏振现象。我们来看一个机械波的例子，如图 7-21 所示，将橡皮绳一端固定，用手拉着穿过缝隙的橡皮绳的另一端上下抖动，于是就有横波沿绳传播。如果 A、B 两者的缝隙方向垂直，那么通过 A 的振动传到 B 处就被挡住，在 B 之后不再有波动；如果以波动的传播方向为轴转动 B，使两缝的方向一致，则通过 A 的振动可以无阻碍地通过 B。显然这种现象只可能在横波的情况下发生，而纵波的振动方向与传播方向一致，转动 B，不论缝的取向如何，对波的传播没有任何影响。

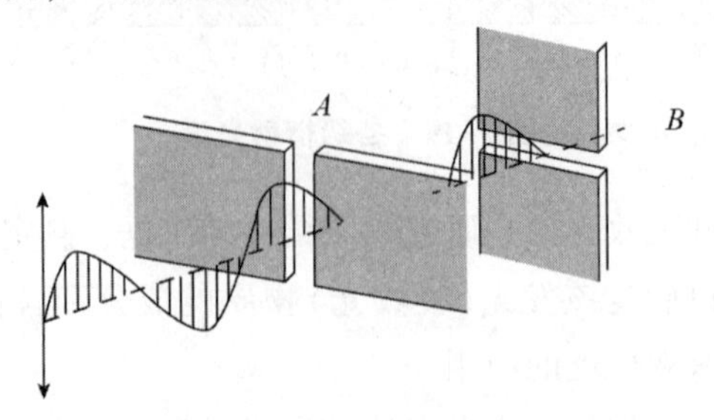

图 7-21 机械波偏振

光波是电磁波，光波中光矢量 $\boldsymbol{E}$ 的振动方向总是和光的传播方向垂直。当光的传播方向确定以后，光振动与光传播方向垂直的平面内的振动方向，仍然是不确定的。光矢量可能有各种不同的振动状态，这种振动状态通常称为光的偏振态。

2. 自然光与偏振光

普通光源中，在垂直于光传播方向的平面内，光矢量具有轴对称性而且均匀分布，各方向光振动的振幅相同，这就是所谓的自然光，因此自然光的基本特征是其横向振动具有对称性，如图 7-22(a)所示。为了研究问题方便起见，常把自然光中各个方向的光振动都分解为方向确定的两个相互垂直的分振动，从而就可将自然光表示成两个相互垂直、振幅相等、独立的光振动，如图 7-22(b)所示。这种分解不论在哪两个相互垂直的方向上进行，其分解的结果都是相同的。显然，每一独立光振动的光强都等于自然光光强的一半。由于自然光光振动的随机性，这两个相互垂直的光矢量之间没有恒定的相位差，因而它们是不相干的。如图 7-22(c)所示是自然光的表示法，图中用短线和点分别表示在纸面内和垂直纸面的光振动。图 7-22 给出了自然光的 3 种表示方法。

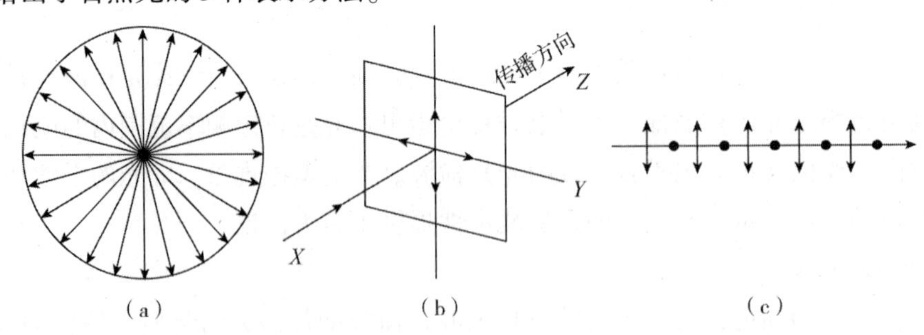

图 7-22 自然光

(a)自然光中，光振动的对称分布；(b)自然光分解为两个相互垂直的光振动；(c)从左向右传播的自然光

如果光矢量 $\boldsymbol{E}$ 只限定在确定的平面内，且沿确定的方向振动，则称这种光为平面偏振光。由于偏振光的光矢量 $\boldsymbol{E}$ 在与传播方向垂直的平面上的投影为一直线，因此称这种光为

线偏振光，简称偏振光。在光学实验中，采用某种装置将自然光中相互垂直的两个分振动之一完全移除，就可获得线偏振光，所以线偏振光又称为完全偏振光。

图7-23所示是线偏振光的示意图。图7-23(a)表示光振动方向垂直纸面的线偏振光；图7-23(b)表示光振动方向在纸面内的线偏振光。

应强调指出，因为不可能把一个原子所发射的光波分离出来，所以在实验中所获得线偏振光是包含众多原子的光波中光振动方向都已相互平行的成分。

除自然光和线偏振光之外，还有一种介于两者之间的偏振光，这种光在垂直于光的传播方向的平面内，各方向的振动都有，但它的振幅大小不相等，称为部分偏振光。部分偏振光可以看成是线偏振光和自然光的混合，常将其表示成某一确定方向的光振动较强，与之垂直方向的光振动较弱。图7-24所示是部分偏振光的表示方法。图7-24(a)表示在纸面内的光振动较强；图7-24(b)则表示垂直纸面的光振动较强。

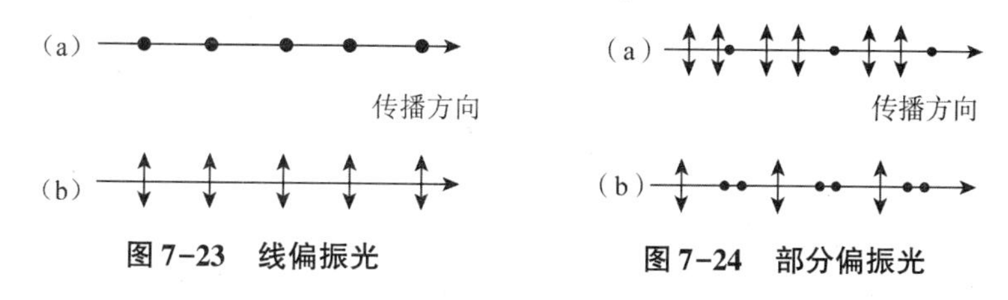

图7-23 线偏振光

图7-24 部分偏振光

3. 偏振片 起偏和检偏

普通光源发出的光都是自然光。从自然光中获得线偏振光的装置称为起偏器。偏振片是最简单的起偏器。

当今广泛应用的人造偏振片是在透明的基片上蒸镀一层某种物质(如硫酸金鸡纳碱、碘化硫酸奎宁等)的晶粒制成的。这种晶粒对相互垂直的两个光振动能进行选择性吸收，对某一方向上的光振动吸收强烈，而对与之垂直的光振动吸收很少，晶粒的这种性质称为二向色性。通过二向色性，可以实现只允许特定方向的光振动通过。这一只允许特定光振动通过的方向称为偏振片的偏振方向，也称透光轴。

图7-25表示一束自然光通过偏振片 P_1 后，成为光振动方向平行于偏振方向的线偏振光。此处偏振片 P_1 的作用是把自然光变为线偏振光，偏振片 P_1 即为起偏器。

偏振片既可以用作起偏器，使自然光成为线偏振光，又可以用来检查某一光是否为线偏振光，这一过程称为检偏，偏振片又可作为检偏器。在图7-25中，自然光通过起偏器 P_1 变成线偏振光，射到偏振片 P_2 上，若 P_2 与 P_1 偏振化方向相同，则通过 P_1 的线偏振光仍然透过 P_2；若把 P_2 绕光的传播方向转过一定角度，在 P_2 后面可以观察到部分光，若转到 P_2 与 P_1 相互垂直的方向，则通过 P_1 的线偏振光不能通过 P_2。如果以入射到 P_2 上的线偏振光的传播方向为轴，不断旋转偏振片 P_2，就可以观察到光线明、暗交替的变化过程。如果入射到 P_2 偏振片的不是线偏振光而是自然光，以同样的方法旋转 P_2 时，透过的光将无变化，此处偏振片起到了检查入射光是否为线偏振光的作用，并可以确定线偏振光的光振动方向，P_2 称为检偏器。

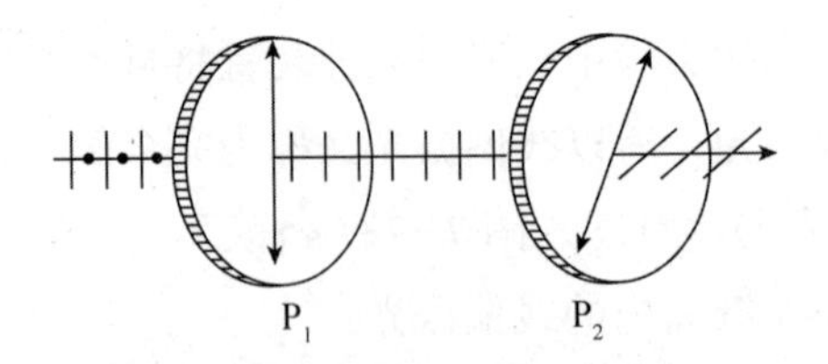

图 7-25 偏振片的起偏和检偏

4. 马吕斯定律

马吕斯于 1809 年研究线偏振光通过检偏器后的透射光光强时，发现了光强的变化规律。如果入射线偏振光的光强为 I_0，透过检偏器后，透射光强为

$$I = I_0 \cos^2\alpha \tag{7-29}$$

式中，α 为入射线偏振光的振动方向与检偏器的透光轴方向之间的夹角。式(7-29)称为马吕斯定律。

下面给出证明，如图 7-26 所示，设 $\boldsymbol{E}_0$ 为沿 OM 的入射线偏振光的光矢量，$\boldsymbol{E}_0$ 与偏振片透光轴 ON 的夹角为 α。将光矢量 $\boldsymbol{E}_0$ 分解为平行和垂直于光轴 ON 的两个分量，则有

$$\begin{cases} E_1 = E_0\cos\alpha \\ E_2 = E_0\sin\alpha \end{cases}$$

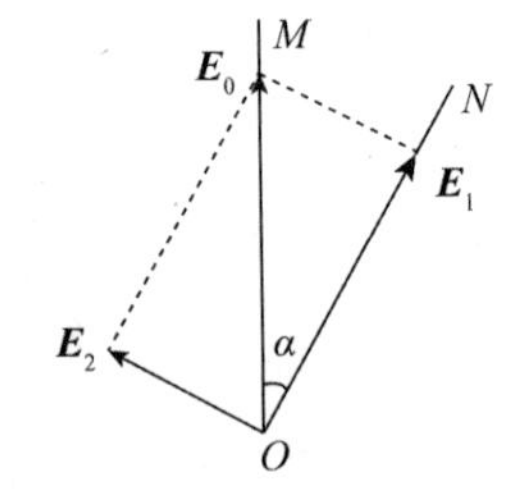

图 7-26 马吕斯定律的证明

显然，只有平行于偏振方向 ON 的分量 $\boldsymbol{E}_1$ 能透过偏振片。由于光强和振幅的平方成正比，因此线偏振光的入射光光强 I_0 和透射光强 I 之间存在如下关系：

$$\frac{I}{I_0} = \frac{E_1}{E_2} = \frac{E_0\cos^2\alpha}{E_0} = \cos^2\alpha \tag{7-30}$$

整理后即为式(7-29)。

例 7-6 使自然光通过两个偏振化方向成 60°角的偏振片，透射光强为 I_1，若在这两个偏振片之间插入另一偏振片，它的方向与前两个偏振片均成 30°角，则透射光强为多少？

解 设入射自然光强为 I_0，偏振片 I 对入射的自然光起起偏作用，透射的线偏振光光强恒为 $\frac{I_0}{2}$，而偏振片Ⅱ对入射的线偏振光起检偏作用，此时透射与入射的线偏振光光强满足马吕斯定律。若偏振片Ⅲ插入两块偏振片之间，则偏振片Ⅱ、Ⅲ均起检偏作用，故透射光强必须两次应用马吕斯定律方能求出。

入射光通过偏振片Ⅰ和Ⅱ后，透射光强为

$$I_1 = \left(\frac{1}{2}I_0\right)\cos^2 60°$$

插入偏振片Ⅲ后，其透射光强为

$$I_2 = \left[\left(\frac{1}{2}I_0\right)\cos^2 30°\right]\cos^2 30°$$

两式相比可得 $I_2 = 2.25I_1$。

【知识应用】

增透膜和增反膜

在 7.3 节中，利用薄膜干涉，可以测定薄膜的厚度和波长。此外，还可用以提高光学仪器的透射率和反射本领。光射到光学元件表面时，其能量分成反射和透射两部分，因此透射光和反射光的强度将会减少。在照相机或其他光学元件中，常常采用透镜组合。为了减少在透镜等元件的玻璃表面上因反射而引起的能量损失，常在镜面上镀一层厚度均匀的透明薄膜，如氟化镁(MgF_2)等，它的折射率介于玻璃与空气之间。适当选择膜的厚度，使入射光在薄膜上下界面的反射由于干涉减弱，又因为能量守恒，所以透射光就会增强。这种减少反射光强度而使透射光增强的薄膜称为增透膜。当然，每一种增透膜只对特定波长的光才有增透作用。对于照相机，一般选择人眼最敏感的黄绿色的波长($\lambda = 550$ nm)作为控制波长。使光学厚度等于此波长的 1/4，在白光下观看此薄膜的反射光，黄绿光最弱，红光、蓝光相对强一些，这就是平时所看到的照相机镜头的颜色。

对于有些光学器件，则需要减小其透射率，以增加反射光强度。例如，氦氖激光器中的谐振腔反射镜，要求对波长 $\lambda = 632.8$ nm 的反射率在 99% 以上，利用薄膜干涉，在玻璃表面镀上高反射率的透明薄膜，利用上下两表面的光程差满足干涉增强的条件，使反射光增强，这种薄膜叫增反膜。由于反射光的能量约占入射光能量的 5%，为了达到高反射的目的，常在玻璃表面交替镀上折射率高低不同的多层介质膜，一般镀到 13 层，有的多达 15 层或 17 层，宇航员头盔和面甲上都镀有对红外线具有高反射率的多层膜。

【本章小结】

1. 相干光

相干条件：振动方向相同；频率相同；相位差恒定。

相干光的产生：分波阵面法；分振幅法。

2. 光程差

(1)光程：光经过的几何路程与该路程上的介质折射率的乘积 nr。

(2)光程差：$\delta = n_2 r_1 - n_1 r_1$。

两个光波在空间某点相遇时是干涉增强还是干涉减弱，取决于两个光波的初相差和光程差。若两个光波的初相差($\varphi_{02} - \varphi_{01}$)恒定，则只取决于光程差。

3. 分波阵面法

(1)杨氏双缝干涉实验：用分波阵面法产生两相干光源，干涉条纹是等间距的直条纹。

明纹中心位置为

$$x = \pm k \frac{D}{d}\lambda \ (k = 0, 1, 2, \cdots)$$

暗纹中心位置为

$$x=\pm(2k+1)\frac{D}{2d}\lambda\,(k=0,\ 1,\ 2,\ \cdots)$$

两相邻明纹或暗纹的距离(条纹间距)均为

$$\Delta x=\frac{D}{d}\lambda$$

(2)半波损失：光(波)从光(波)疏介质射向光(波)密介质界面反射时，损失了半个波长波程的现象叫作半波损失。

4. 薄膜干涉

(1)等倾干涉：薄膜厚度均匀，具有相同倾角的入射光线干涉情况相同，同时增强(或减弱)。干涉条件为

$$\delta=2d\sqrt{n_2^2-n_1^2\sin^2 i}+\frac{\lambda}{2}=\begin{cases}k\lambda & (k=1,\ 2,\ \cdots)\ \text{明纹}\\(2k+1)\dfrac{\lambda}{2} & (k=0,\ 1,\ 2,\ \cdots)\ \text{暗纹}\end{cases}$$

(2)等厚干涉：光线垂直入射，薄膜等厚处干涉情况相同。

劈尖干涉：干涉条纹为等间距直条纹。空气劈尖干涉条件为

$$\delta=2d+\frac{\lambda}{2}=\begin{cases}k\lambda & (k=1,\ 2,\ \cdots)\ \text{明纹}\\(2k+1)\dfrac{\lambda}{2} & (k=0,\ 1,\ 2,\ \cdots)\ \text{暗纹}\end{cases}$$

牛顿环：干涉条纹为同心圆环。反射光中的明环和暗环的半径分别为

$$r=\begin{cases}\sqrt{\dfrac{(2k-1)R\lambda}{2}} & (k=1,\ 2,\ \cdots)\ \text{明环}\\\sqrt{kR\lambda} & (k=0,\ 1,\ 2,\ \cdots)\ \text{暗环}\end{cases}$$

5. 光的衍射

(1)惠更斯-菲涅尔原理：从同一波阵面上各点发出的子波，在传播过程相遇时也能相互叠加而产生干涉现象，空间各点波的强度由各子波在该点的相干叠加所决定。

(2)夫琅禾费单缝衍射：可用半波带法分析，单色光垂直入射时，单缝衍射明、暗条纹的条件为

$$a\sin\theta=\begin{cases}0 & \text{中央明纹中心}\\\pm k\lambda & \text{暗条纹}\\\pm(2k+1)\dfrac{\lambda}{2} & \text{明条纹}\end{cases}\quad(k=1,\ 2,\ \cdots)$$

(3)光栅衍射：明条纹很亮很窄，相邻明条纹之间的暗条纹很宽，衍射图样十分清晰，缝数越多，谱线越细越亮。

光栅公式：明条纹的位置满足条件为

$$d\sin\theta = \pm k\lambda \quad (k = 0, 1, 2, \cdots)$$

光栅的衍射条纹是单缝衍射和多光束干涉的总效果，谱线强度受单缝衍射的影响可产生缺级现象。

6. 光的偏振

(1)光的偏振态：光波是横波，电场矢量表示光矢量，光矢量可能有各种不同的振动状态，这种振动状态通常称为 3 类偏振态：自然光、线偏振光、部分偏振光。

(2)线偏振光：可用偏振片产生和检验。

马吕斯定律：$I = I_0 \cos^2\alpha$。

课后习题

7-1　做双缝干涉实验时，若在缝 S_1 后面放一红色滤光片，S_2 后面放一绿色滤光片，问能否观察到干涉条纹？为什么？

7-2　空气中的肥皂泡，随着泡膜的厚度变薄，膜上将出现颜色，当膜进一步变薄并将破裂时，膜上将出现黑色，为什么？

7-3　用空气劈尖的等厚干涉条纹，可以测量精密加工工件表面极小纹路的深度。工件表面上平板玻璃使其间形成空气劈尖，如下图所示。以单色光垂直照射玻璃表面，在显微镜中观察干涉条纹。由于工件表面不平，观察到干涉条纹如下图所示。试根据纹路弯曲的方向说明工件表面上纹路是凹的还是凸的？

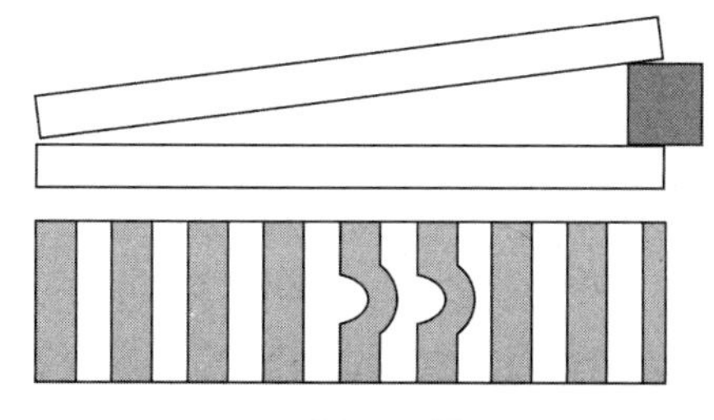

习题 7-3 图

7-4　单缝衍射中，为什么衍射角 θ 越大(级数越大)的那些明条纹的亮度越低？

7-5　光栅上每单位长度的狭缝条数越多时，光栅常数 $d=a+b$ 是越大还是越小？各级明纹的位置是分得越开还是越靠拢？各级明纹的亮度是越亮还是越暗？对测定光波波长是越有利还是越不利？

7-6　常用偏振片的偏振化方向是没有标明的，你有什么简易的方法将它确定下来？

7-7 在双缝干涉实验中，若单色光源 S 到两缝 S_1、S_2 距离相等，则观察屏上中央明纹位于点 O 处，如右图所示，现将光源 S 向下移动到 S'位置，则(　　)。

(A)中央明纹向上移动，且条纹间距增大

(B)中央明纹向上移动，且条纹间距不变

(C)中央明纹向下移动，且条纹间距增大

(D)中央明纹向下移动，且条纹间距不变

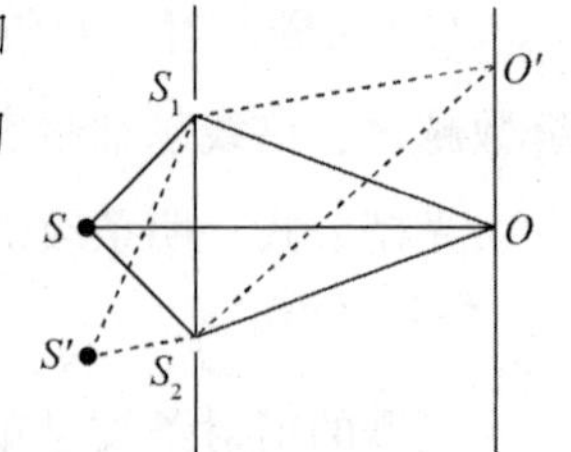

习题7-7图

7-8 平板玻璃构成空气劈尖，左边为棱边，用单色平行光垂直入射。若上面的平板玻璃以棱边为轴，沿逆时针方向作微小转动，则干涉条纹的(　　)。

(A)间隔变小，并向棱边方向平移

(B)间隔变大，并向远离棱边方向平移

(C)间隔不变，向棱边方向平移

(D)间隔变小，并向远离棱边方向平移

7-9 用单色光垂直照射在观察牛顿环的装置上，如下图所示。当平凸透镜垂直向上缓慢平移而远离平板玻璃时，可以观察到这些环状干涉条纹(　　)。

(A)向右平移

(B)向中心收缩

(C)静止不动

(D)向外扩张

(E)向左平移向外扩张

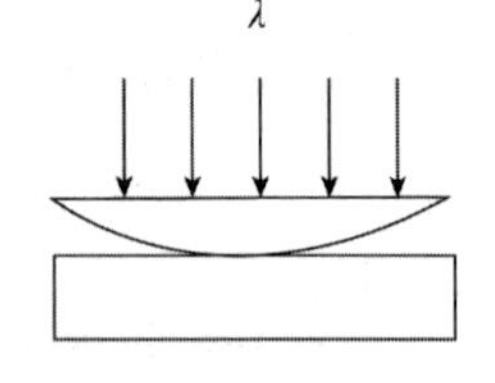

习题7-9图

7-10 在夫琅禾费单缝衍射实验中，波长为 λ 的单色光垂直入射在宽度为 3λ 的单缝上，对应于衍射角为30°的方向，单缝处波面可分成的半波带数目为(　　)。

(A)2个　　(B)3个

(C)4个　　(D)6个

7-11 波长 $\lambda=550$ nm 的单色光垂直入射于光栅常数 $d=1.0\times10^{-4}$ cm 的光栅上，可能观察到的光谱线的最大级次为(　　)。

(A)4　　(B)3

(C)2　　(D)1

7-12 一束自然光和线偏振光的混合光，让它垂直通过一偏振片。若以此入射光束为轴旋转偏振片，测得透射光强度最大值是最小值的5倍，那么入射光束中自然光与线偏振光的光强之比为(　　)。

(A)1∶2　　(B)1∶5

(C)1∶3　　(D)2∶3

7-13 在双缝干涉实验中，单色光源 S_0 到两缝 S_1 和 S_2 的距离分别为 l_1 和 l_2，并且 $l_1-l_2=3\lambda$，λ 为入射光的波长，双缝之间的距离为 d，双缝到屏幕的距离为 D，如下图所示。求：

(1) 零级明条纹到屏幕中央点 O 的距离；(2) 相邻明条纹间的距离。

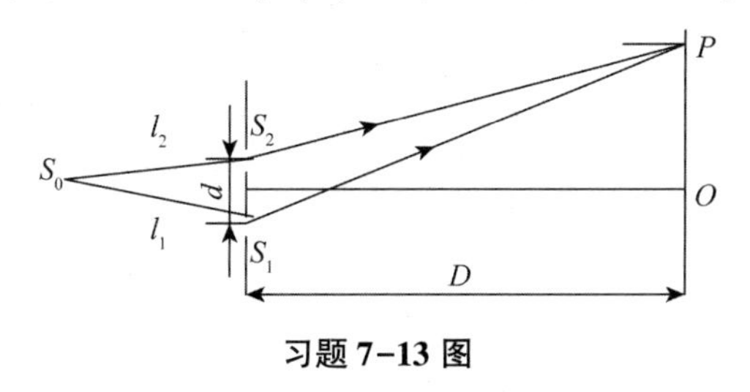

习题 7-13 图

7-14　一双缝装置的一个缝被折射率为 1.40 的薄玻璃片所遮盖，另一个缝被折射率为 1.70 的薄玻璃片所遮盖。在玻璃片插入以后，屏上原来中央极大的所在点，现变为第五级明纹。假定 $\lambda=480$ nm，且两玻璃片厚度均为 d，求 d 值。

7-15　牛顿环装置的平凸透镜与平板玻璃有一小缝隙 d，如下图所示。现用波长为 λ 的单色光垂直照射，已知平凸透镜的曲率半径为 R，求反射光形成的牛顿环的各暗环半径。

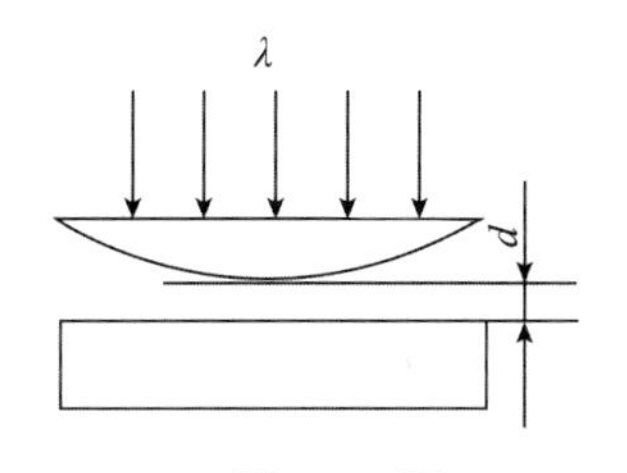

习题 7-15 图

7-16　用波长 $\lambda=500$ nm 的单色光垂直照射在由两块玻璃板(一端刚好接触成为劈棱)构成的空气劈形膜上，劈尖角 $\theta=2\times10^{-4}$ rad。如果劈形膜内充满折射率为 $n=1.40$ 的液体。求从劈棱数起第四个明条纹在充入液体前后移动的距离。

7-17　白光垂直照射到空气中一厚度为 380 nm 的肥皂膜上。设肥皂膜的折射率为 1.32，试问该膜的正面呈现什么颜色？背面呈现什么颜色？

7-18　在夫琅禾费单缝衍射实验中，垂直入射的光有两种波长，$\lambda_1=4\,000$ Å(1 Å$=10^{-10}$ m)，$\lambda_2=7\,600$ Å。已知单缝宽度 $a=1.0\times10^{-2}$ cm，透镜焦距 $f=50$ cm。求：(1) 两种光第一级衍射明条纹中心之间的距离；(2) 若用光栅常数 $d=1.0\times10^{-3}$ cm 的光栅替代单缝，其他条件相同，两种光第一级主级大之间的距离。

7-19　波长 $\lambda=6\,000$ Å 的单色光垂直入射到一光栅上，测得第二级主级大的衍射角为 30°，且第三级是缺级。求：(1) 光栅常数 $(a+b)$ 等于多少？(2) 透光缝可能的最小宽度 a 等于多少？(3) 在选定了上述 $(a+b)$ 和 a 之后，在屏幕上可能呈现的全部主极大的级次。

7-20　一衍射光栅，每厘米有 200 条透光缝，每条透光缝宽为 $a=2\times10^{-3}$ cm，在光栅后方有一焦距 $f=1$ m 的凸透镜。现以 $\lambda=600$ nm 的单色平行光垂直照射光栅，求：(1) 宽度为 a 透光缝的单缝衍射中央明条纹宽度为多少？(2) 在该中央明条纹宽度内，有几个光栅衍射主极大？

7-21　3个偏振片P_1、P_2、P_3按此顺序叠在一起，P_1、P_3的偏振化方向保持相互垂直，P_1与P_2的偏振化方向的夹角为α，P_2可以入射光线为轴转动，现将光强为I_0的单色自然光垂直入射在偏振片上，不考虑偏振片对可透射分量的反射和吸收。求：(1)穿过3个偏振片后的透射光强I与α的函数关系式；(2)定性画出在P_2转动一周的过程中透射光强I随α变化的函数曲线。

第8章

气体动理论

学习目标

1. 理解理想气体和平衡态的概念，理解理想气体的状态方程。
2. 深入理解理想气体压强的微观实质和压强公式。
3. 理解温度的微观本质，掌握温度与气体分子平均平动动能的关系式。
4. 理解能量按自由度均分定理，掌握理想气体内能的计算方法。
5. 了解气体分子热运动速率分布的统计规律，了解麦克斯韦速率分布曲线的物理意义。

导学思考

1. 热胀冷缩现象是我们生活中常见的物理现象，气体的热胀冷缩现象尤为明显。夏天为了防止爆胎，给轮胎的充气量与冬天相比就要少一些，这是人们从生活实践中得出的经验。那么，从气体动理论的角度该如何解释这一现象呢？

2. 宇宙飞船、高速列车和汽车运行速度的大小都是可以测量的。气体分子也在不停的运动，由于其内部高频次的相互碰撞，对某个气体分子而言，其运动速率和运动方向都有很大的随机性。我们知道，1 mol 的气体中含有 6.02×10^{23} 个气体分子。对于一定质量的气体，其所含的气体分子数将是一个惊人的数字。那么，对大量的气体分子运动的速率该怎样测定或计算呢？

物质的运动形式是多种多样的，在力学中已经研究了物质最简单的运动形式——机械运动，并采用了牛顿力学确定论的研究方法。在这一章和下一章中，将研究物质的热运动。而研究热运动的规律有微观的统计力学和宏观的热力学两种方法。统计力学方法是从宏观物体由大量微观粒子所构成、粒子又不停地作热运动的观点出发，运用概率论研究大量微观粒子的热运动规律，这一章气体动理论将讨论这方面的问题。热力学方法是从能量观点出发，以大量实验观测为基础，来研究物质热现象的客观基本规律及其应用，这部分内容将在下一章讨论。热力学和气体动理论从不同角度研究物质热运动规律，它们是相辅相成的。

8.1 基本概念

1. 系统与外界

在研究气体分子热运动的宏观性质和变化规律时，我们把研究的宏观对象(如气体、液体、固体、化学电磁、电介质、磁介质等)称为热力学系统，简称为系统。如讨论一个容器内的气体，则这个容器内的气体就是一个热力学系统。

一个热力学系统由大量的粒子(原子、分子)组成。例如，把一个氧气瓶里面的氧气(或其他容器中的气体)看作一个热力学系统，它所包含的气体分子数目的数量级通常是 10^{23}。

与热力学系统发生相互作用的外部环境，称为外界。通俗地讲，外界就是系统以外的部分。例如，讨论容器内的气体，则气体为系统，而容器的器壁为外界。外界可能是有形的，也可能是无形的。例如，将盛有气体的容器置于外场(电场或磁场等)中，当讨论气体的行为时，则容器壁和外场都是外界，这里所说的外场(即电场和磁场)就是无形的。

2. 气体的状态参量

在力学中，我们用位置矢量和速度矢量来描述质点的运动状态。对于气体，位置矢量和速度矢量只能用来描述分子的运动状态，不能用来描述整个气体的状态。由大量分子组成的一定量气体，其状态可用气体的体积 V、压强 p 和温度 T 来描述。这些描述状态的参量，叫作状态参量。

1)气体的体积

在描述气体的 3 个状态参量中，气体的体积是气体分子所能达到的空间，与气体分子本身体积的总和是完全不同的；当气体盛在密闭容器中时，气体的体积即为容器的容积。

在国际单位制中，体积的单位是立方米，符号是 m^3。常用的体积单位还有 L、dm^3、cm^3 等，它们之间的换算关系是

$$1\ L=1\ dm^3=10^{-3}\ m^3=10^3\ cm^3$$

2)气体的压强

气体的压强是气体作用在容器壁单位面积上的指向器壁的垂直作用力，是气体分子对器壁碰撞的宏观表现。

在国际单位制中，压强的单位名称是帕斯卡，简称帕，符号是 Pa，且

$$1\ Pa=1\ N\cdot m^{-2}$$

通常，人们把 45° 纬度海平面处测得 0 ℃时大气压的值(1.013×10^5 Pa)称为标准大气压，即

$$1\ \text{atm} = 1.013 \times 10^5\ \text{Pa}$$

3）气体的温度

温度的概念比较复杂，微观上反映了物体中分子热运动的剧烈程度，宏观上表示物体的冷热程度，并规定较热的物体有较高的温度。要想定量地确定一物体的温度，必须对不同的温度给以具体的数量的标志，温度的数值表示方法称为温标。各种各样温度计的数值都是由各种温标决定的。国际上规定热力学温标为基本温标，以这个温标确定的温度就是热力学温度，用符号 T 表示。

热力学温度的单位为开尔文，它是国际单位制中 7 个基本单位之一，简称开，符号是 K。

另外，摄氏温标是我们常用的温标，以这个温标确定的温度就是摄氏温度，用符号 t 表示，其单位为摄氏度，符号是℃。热力学温度 T 和摄氏温度 t 的关系为

$$T = 273.15 + t$$

3. 平衡态

把一定质量的气体装在一给定体积的容器中，经过一段时间以后，容器中各部分气体的压强相等、温度相同。此时气体的 3 个状态参量都具有确定的值，可以用一组 p、V、T 值来表示。如果容器中的气体与外界之间没有能量和物质的传递，气体的能量也没有转化为其他形式的能量，则气体的状态参量将不随时间变化。这种在不受外界影响的条件下，系统的宏观性质不随时间变化的状态，叫作平衡态。

当然，在实际中不可能存在完全不受外界影响，并且宏观性质绝对保持不变的系统，所以平衡态只是一个理想的概念，它是在一定条件下对实际情况的概括和抽象，严格的平衡态在实际中是不存在的。然而，若气体的状态变化很微小，以致可以略去不计，则可以把气体的状态看成是近似平衡态。本章所讨论的气体状态，除特别声明外，指的都是平衡态。

平衡态除了由一组状态参量来表示，还常用状态图中的一个点来表示。例如，给定的理想气体，其一个平衡态可由 $p-V$ 图中对应的一个点来代表（或 $p-T$ 图、$V-T$ 图中一个点），不同的平衡态对应于不同的点，如图 8-1 所示。一条连续曲线代表一个由平衡态组成的变化过程，曲线上的箭头表示过程进行的方向，不同曲线代表不同过程。

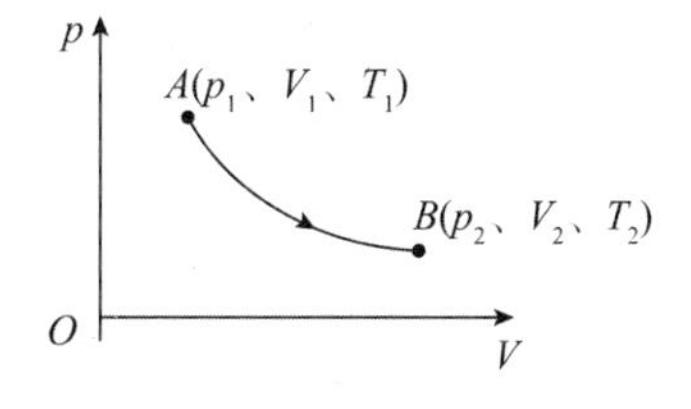

图 8-1　平衡态 p-V 图

4. 理想气体的状态方程

对处于平衡态的一定量气体来说，当其状态参量中任意一个参量发生变化时，其他两个参量一般也将随之改变。但这 3 个状态参量也必有一定的关系，即其中一个量是其他两个量

的函数，如

$$T=f(p, V)$$

这个方程就是一定量的气体处于平衡态时的气体状态方程。一般来说，这个方程的形式是很复杂的，它与气体的性质有关。

任何一个物理定律都有一定的适用范围。一定量的气体，在温度不太低(与室温相比)、压强不太高(与大气压相比)的实验条件下，可总结出以下3条实验定律。

(1)玻意耳定律：当 T 为常量时，$pV=C_1$。

(2)盖吕萨克定律：当 P 为常量时，$V/T=C_2$。

(3)查理定律：当 V 为常量时，$p/T=C_3$。(C_1、C_2、C_3 为常数)

设想有这样一种气体，它在任何情况下都遵守上述3条实验定律和阿伏伽德罗定律，这种气体叫作理想气体。理想气体也是一种理想模型。

由气体的3条实验定律和阿伏伽德罗定律可得平衡态时，理想气体的状态方程为

$$pV=\frac{m'}{M}RT=\nu RT \tag{8-1}$$

应用式(8-1)时，应注意各物理量的含义及单位。p、V、T 这3个状态参量的含义及单位已在前面介绍。

在国际单位制中，气体的质量 m' 的单位是kg；M 为气体的摩尔质量，单位是 $\mathrm{kg\cdot mol^{-1}}$；$\nu$ 为气体的物质的量，$\nu=\dfrac{m'}{M}$，单位为mol；R 为普适气体常数，$R=8.31\ \mathrm{J\cdot mol^{-1}\cdot K^{-1}}$。

在常温常压下，实际气体都可近似地当作理想气体来处理。

8.2 理想气体的压强和温度

热力学系统由大量分子、原子等作无规则运动的微观粒子组成，若要从微观上来讨论理想气体，了解其宏观状态参量(如温度、压强等)与微观粒子的运动之间的关系，首先应明确平衡态下理想气体分子的微观模型和性质。

1. 理想气体的微观模型

从气体动理论的观点看，理想气体是一种理想化的气体模型，其微观模型是：

(1)分子本身的大小与分子间平均距离相比可以忽略不计，分子可以看作质点；

(2)除碰撞的瞬间外，分子间的相互作用力可忽略不计；

(3)气体分子间的碰撞以及气体分子与器壁间的碰撞可看作是完全弹性碰撞。

综上所述，理想气体的分子模型是弹性的自由运动的质点。

含有大量分子的理想气体中，由于频繁的碰撞，一个分子的运动状态是极为复杂和难以预测的，而大量分子的整体却呈现确定的规律性，这是统计平均的效果。在平衡态时，理想气体分子的统计假设有：

(1)在无外场作用时，气体分子在各处出现的概率相同，平均而言，分子数密度 n 处处相同，沿各个方向运动的分子数相同；

(2)分子可以有各种不同的速度，速度取向在各方向等概率。

平衡态时，气体的性质与方向无关，分子速度按方向的分布是完全相同的，各个方向上速率的各种平均值相等，即

$$\bar{v}_x = \bar{v}_y = \bar{v}_z,\ \overline{v_x^2} = \overline{v_y^2} = \overline{v_z^2} = \frac{1}{3}\overline{v^2}$$

2. 理想气体的压强

从微观上看，单个分子对器壁的碰撞是间断的、随机的；而大量分子对器壁的碰撞是连续的、恒定的。也就是说，气体对器壁的压强应该是大量分子对器壁不断碰撞的统计平均结果。这里可以类比我们打着雨伞在雨中行走，当雨点很密时，大量雨点就会连续不断地打在雨伞上，雨伞上到处受到冲击，就分辨不出个别雨点的冲力，而受到的是一个均匀的连续的压力，如图 8-2 所示。同时注意到，平衡态时，气体内任意截面和容器壁上的压强都相同。

假设有一边长分别为 x、y 和 z 的长方体容器，贮有 N 个质量为 m 同类气体分子，如图 8-3 所示。在平衡状态下，器壁各处压强相同，任选器壁的一个面，如选择与 x 轴垂直的 A_1 面，计算其所受压强。

图 8-2　雨伞受到雨滴的连续压力

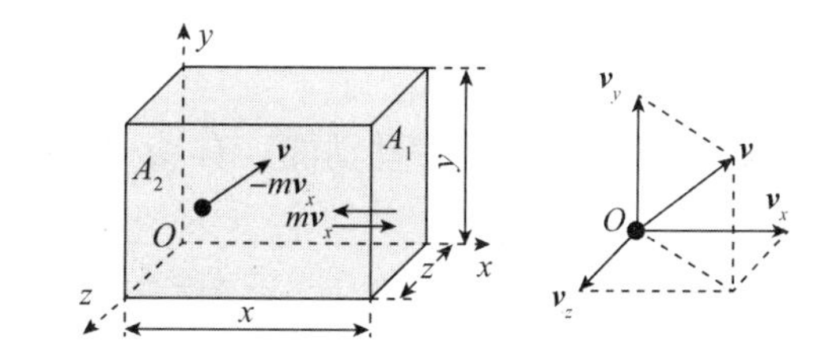

图 8-3　气体动理论的压强公式推导

在大量分子中，任选一个分子 i，设其速度为

$$v = v_{ix} + v_{iy} + v_{iz}$$

当分子 i 与器壁 A_1 碰撞时，由于碰撞是完全弹性的，故该分子在 x 轴方向的速度分量由 v_{ix} 变为 $-v_{ix}$，所以在碰撞过程中该分子的 x 方向动量增量为

$$(-mv_{ix}) - mv_{ix} = -2mv_{ix}$$

由动量定理知，它等于器壁施予该分子的冲量，又由牛顿第三定律知，分子 i 在每次碰撞时对器壁的冲量为 $2mv_{ix}$。

分子 i 在与 A_1 面碰撞后弹回作匀速直线运动，并与其他分子相碰，由于两个质量相等的弹性质点完全弹性碰撞时交换速度，故可等价 i 分子直接飞向 A_2，与 A_2 面碰撞后又回到 A_1 面再作碰撞，分子 i 在相继两次与 A_1 面碰撞的过程中，在 x 轴上移动的距离为 $2x$，因此分子 i 相继两次与 A_1 面碰撞的时间间隔为 $\Delta t = 2x/v_{ix}$。那么，单位时间内 i 分子对 A_1 面的

碰撞次数 $Z = 1/\Delta t = v_{ix}/2x$。所以，在单位时间内 i 分子对 A_1 面的冲量为 $2mv_{ix} \cdot \frac{v_{ix}}{2x}$。根据动量定理，该冲量就是 i 分子对 A_1 面的平均冲力($\overline{F}_{ix}$)，即

$$\overline{F}_{ix} = 2mv_{ix} \cdot \frac{v_{ix}}{2x}$$

所有分子对 A_1 面的平均作用力为上式对所有分子求和，即

$$\overline{F}_x = \sum_{i=1}^{N} \overline{F}_{ix} = \frac{m}{x}\sum_{i=1}^{N} v_{ix}^2$$

由压强定义有

$$p = \frac{\overline{F}_x}{yz} = \frac{m}{xyz}\sum_{i=1}^{N} v_{ix}^2 = \frac{mN}{Nxyz}\sum_{i=1}^{N} v_{ix}^2$$

分子数密度 $n = \frac{N}{xyz}$，x 轴方向速度平方平均值为

$$\overline{v_x^2} = \frac{1}{N}\sum_{i=1}^{N} v_{ix}^2$$

故有 $p = nm\overline{v_x^2}$。在平衡态下有 $\overline{v}_x = \overline{v}_y = \overline{v}_z$，及 $\overline{v_x^2} + \overline{v_y^2} + \overline{v_z^2} = \overline{v^2}$。所以有

$$\overline{v_x^2} = \frac{1}{3}\overline{v^2}$$

$$p = \frac{1}{3}nm\overline{v^2} = \frac{2}{3}n\left(\frac{1}{2}m\overline{v^2}\right)$$

如果以 $\overline{\varepsilon}_k$ 表示分子平均平动动能，有 $\overline{\varepsilon}_k = \frac{1}{2}m\overline{v^2}$，则上式为

$$p = \frac{2}{3}n\overline{\varepsilon}_k \tag{8-2}$$

式(8-2)叫作理想气体的压强公式，它表明气体作用于器壁的压强正比于单位体积内的分子数 n 和分子平均平动动能 $\overline{\varepsilon}_k$。分子数密度越大，压强越大；分子的平均平动动能越大，压强也越大。实际上，分子对器壁的碰撞是断续的，分子施于器壁的冲量的大小涨落不定，所以压强 p 是一个统计平均量。而气体中单位体积内的分子数也是涨落不定的，所以 n 也是一个统计平均量。因此式(8-2)是表征3个统计平均量 p、n、$\overline{\varepsilon}_k$ 之间相互联系的一个统计规律，而不是一个力学规律。

3. 温度与分子平均平动动能的关系

温度是热学中特有的一个物理量，它在宏观上表征了物质冷热状态的程度。那么温度的微观本质是什么呢?

将理想气体状态方程式(8-1)变为

$$p = \frac{m'}{M}\frac{R}{V}T = \frac{N}{N_A}\frac{R}{V}T = n\frac{R}{N_A}T$$

式中，N 是体积 V 中的气体分子数；N_A 是阿伏伽德罗常数；n 是分子数密度。

令 $k=\frac{R}{N_A}=1.38\times10^{-23}\ \text{J}\cdot\text{K}^{-1}$，$k$ 为玻尔兹曼常数，于是理想气体状态方程为

$$p=nkT \tag{8-3}$$

将式(8-2)与式(8-3)比较，可得

$$\bar{\varepsilon}_k=\frac{3}{2}kT \tag{8-4}$$

这就是理想气体分子的平均平动动能与温度的关系式，如同压强公式一样，它也是气体动理论的基本公式之一。式(8-4)表明，处于平衡态时的理想气体，其分子的平均平动动能与气体的温度成正比。气体的温度越高，分子的平均平动动能越大；分子的平均平动动能越大，分子热运动的程度越激烈。

需要说明以下 3 点。

(1)温度的微观本质是分子热运动剧烈程度的量度，宏观物体的冷热程度就是分子热运动剧烈程度的反映。

(2)如同压强一样，温度也是一个统计物理量。温度与大量分子的平均平动动能相联系，对少数的分子说它们有多少温度没有意义。

(3)两个理想气体系统，当其温度相等时，表明两种气体的分子具有相同的平均平动动能。当其通过器壁进行热接触时，没有能量的定向传递；若二者温度不等，就会通过与器壁分子的碰撞，将分子热运动的能量从高温侧传导到低温侧。由此可见，传热实际上传导的是分子热运动的能量。

例 8-1　一容器内储有氧气，其压强为 $p=1.01\times10^5$ Pa，温度为 $t=27$ ℃。求：(1)单位体积内的氧分子数；(2)氧分子的质量；(3)氧分子的平均平动动能。

解　(1)根据 $p=nkT$，得单位体积内的氧分子数 n 为

$$n=\frac{p}{kT}=\frac{1.01\times10^5}{1.38\times10^{-23}\times(273+27)}\ \text{m}^{-3}=2.44\times10^{25}\ \text{m}^{-3}$$

(2)氧分子的摩尔质量为 $32.00\times10^{-3}\ \text{kg}\cdot\text{mol}^{-1}$，由 $M=mN_A$，可得氧分子的质量 m 为

$$m=\frac{M}{N_A}=\frac{32.00\times10^{-3}}{6.022\times10^{23}}\ \text{kg}=5.314\times10^{-26}\ \text{kg}$$

(3)氧分子的平均平动动能为

$$\bar{\varepsilon}_k=\frac{3}{2}kT=\frac{3}{2}\times1.38\times10^{-23}\times(273+27)\ \text{J}=6.21\times10^{-21}\ \text{J}$$

计算结果表明，单个气体分子的质量和平均平动动能都是非常小的，而常温常压下一定体积内的分子总数则是十分巨大的。

8.3　能量均分定理　理想气体的内能

我们在研究大量气体分子的无规则运动时，只考虑了每个分子的平动。实际上，气体分

子具有一定的大小和比较复杂的结构，不能看作质点。因此，分子的运动不仅有平动，还有转动与分子内原子间的振动。分子热运动的能量应将这些运动的能量都包括在内。为了说明分子无规则运动的能量所遵从的统计规律，并在这个基础上计算理想气体的内能，我们将借助于自由度的概念。

1. 自由度

确定一个物体的空间位置所需要的独立坐标数，称为物体的自由度。

1) 单原子分子(如氦、氖、氩等)

单原子分子可以看作是自由运动的质点，它们的位置需要用 3 个独立的平动坐标，如 x、y、z 来决定，所以有 3 个自由度。

2) 双原子分子(如氢、氧、氮等)

由两个原子组成的分子的自由度，分刚性分子和非刚性分子两种结构模型讨论。如果分子内原子间距离保持不变(不振动)，则这种分子称为刚性分子，否则称为非刚性分子。

刚性双原子分子可看作由保持一定距离的两个质点组成，如图 8-4 所示。由于质心运动的位置需要用 3 个独立坐标决定，连线在空间转动的方位需要用两个独立坐标决定(决定连线方位的 3 个立体角坐标 α、β、γ 中只有两个是独立的，因为 $\cos^2\alpha + \cos^2\beta + \cos^2\gamma = 1$)，而两质点以连线为轴的转动又可以不计，所以刚性双原子分子共有 5 个自由度，其中有 3 个平动自由度与两个转动自由度。

非刚性双原子分子，除整体作平动和转动外，两个原子还沿着连线方向作微振动，原子间的距离要发生变化，可视为由一根质量可忽略的弹簧结构的两个质点组成。因此，非刚性双原子分子共有 6 个自由度，除 3 个平动自由度和两个转动自由度外，还有一个振动自由度。

3) 多原子分子

多原子分子(由 3 个或 3 个以上原子组成的分子)的自由度数，需要根据结构情况进行具体分析才能确定。一般来讲，如果某一个分子由 n 个原子组成，则这个分子最多有 $3n$ 个自由度，其中 3 个是平动自由度，3 个是转动自由度，其余 $3n-6$ 个是振动自由度。当分子的运动受到某种限制时，其自由度数就会减少。

刚性多原子分子除了具有双原子的 3 个平动自由度和两个转动自由度，还有一个绕轴自转的自由度。因此刚性多原子分子有 3 个平动自由度和 3 个转动自由度，共有 6 个自由度，即刚性多原子分子如同旋转的刚性陀螺一样(见图 8-5)，有 6 个自由度。

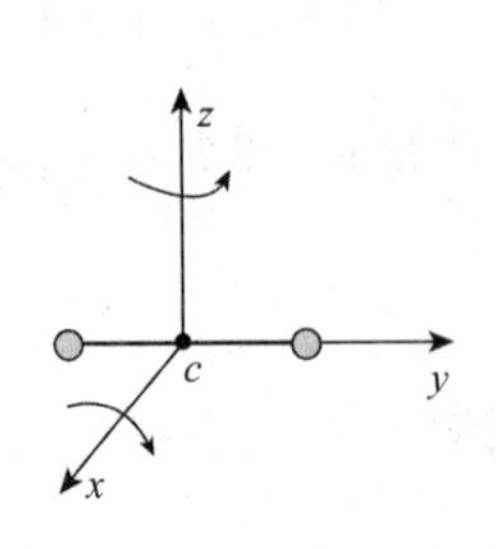

图 8-4　刚性双原子分子

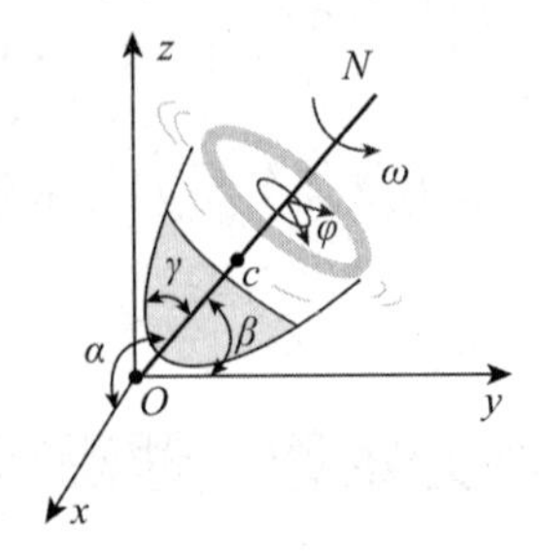

图 8-5　旋转的刚性陀螺

设 i 表示分子自由度，t 表示平动自由度，r 表示转动自由度，s 表示振动自由度，则

$$i = t + r + s$$

因此，单原子分子 $i=3$(平)，刚性双原子分子 $i=3$(平)+2(转)=5，非刚性双原子分子 $i=3$(平)+2(转)+1(振)=6，刚性多原子分子 $i=3$(平)+3(转)=6。

2. 能量均分定理

在平衡态下，大量气体分子作无规则运动时，沿各个方向运动的机会是均等的，根据统计规律可以推论，分子的平均平动动能应均匀地分配于每一个平动自由度上。

前面我们知道在平衡态下，理想气体分子的平均平动动能为

$$\bar{\varepsilon}_{\mathrm{k}} = \frac{1}{2}m\overline{v^2} = \frac{3}{2}kT$$

而

$$\frac{1}{2}m\overline{v^2} = \frac{1}{2}m(\overline{v_x^2} + \overline{v_y^2} + \overline{v_z^2}) = \frac{3}{2}kT$$

因此

$$\frac{1}{2}m\overline{v_x^2} = \frac{1}{2}m\overline{v_y^2} = \frac{1}{2}m\overline{v_z^2} = \frac{1}{2}kT$$

即气体分子在 x、y、z 轴方向运动的平均平动动能相等，由于这 3 个坐标轴对应着 3 个平动自由度，可以认为分子在每一个平动自由度上具有相同的平均平动动能 $\frac{1}{2}kT$。

1871 年，奥地利物理学家玻尔兹曼提出了等概率假设：当系统处于平衡态时，其各个可能的微观状态出现的概率相等，分子在任意自由度(无论是平动，还是转动)上运动的概率均相同，没有哪一个自由度占优势，每一自由度上的平均动能都相等。

因此，我们可以把分子平动动能的统计规律推广到其他运动形式上去，即一般来说，不论平动、转动或振动运动形式，在平衡态下，相应于每一个平动自由度、转动自由度或振动自由度，其平均动能都应等于 $\frac{1}{2}kT$。能量按这样的原则分配，叫作气体分子能量按自由度均分定理，简称能量均分定理。

这个定理指出，在温度为 T 的平衡态下，物质(气体、固体或液体)分子的每一个自由度都具有相同的平均动能，其大小都等于 $\frac{1}{2}kT$。按照这个定理，如果气体分子有 i 个自由度，则分子的平均动能为

$$\bar{\varepsilon} = \frac{i}{2}kT \tag{8-5}$$

能量均分定理是关于分子热运动动能的统计规律，是对大量分子统计平均所得的结果。对个别分子而言，它的动能随时间而变，并不等于 $\frac{i}{2}kT$，而且它的各种形式的动能也不按自由度均分，但对大量分子整体而言，由于分子的无规则热运动及频繁的碰撞，能量可以从

一个分子转到另一个分子，从一种自由度的能量转化为另一种自由度的能量。这样，在平衡态时，就形成能量按自由度分配的统计规律。

3. 理想气体的内能

一般气体的内能除了分子的动能和势能(分子内原子间的势能)，还应包括分子间的相互作用能。但对理想气体来说，由于分子间的相互作用能可略去不计，所以理想气体的内能，只是气体内所有分子的动能和分子内原子间的势能之和。

若已知一种理想气体分子的自由度为 i，那么，1 mol 该理想气体的平均能量，即 1 mol 该理想气体的内能 E_m 为

$$E_m = N_A \bar{\varepsilon} = N_A \frac{i}{2}kT = \frac{i}{2}RT \tag{8-6}$$

因此质量为 m' 的理想气体的内能为

$$E = \frac{m'}{M}\frac{i}{2}RT = \nu \frac{i}{2}RT \tag{8-7}$$

从式(8-7)可以看出，理想气体的内能不仅与温度有关，而且与分子的自由度有关。对给定的理想气体，其内能仅是温度的单值函数，即 $E = E(T)$，这是理想气体的一个重要性质。当气体的温度改变 dT 时，其内能也相应变化 dE，有

$$dE = \nu \frac{i}{2}RdT \tag{8-8}$$

例 8-2 一容积为 10 cm^3 的电子管，当温度为 300 K 时，用真空泵把管内空气抽成压强为 5×10^{-6} mmHg 的高真空，空气分子可以认为是刚性双原子分子，求：(1)此时管内有多少个空气分子？(2)空气分子平均转动动能的总和是多少？(3)空气分子平均动能的总和是多少？

解 设管内总分子数为 N。

(1)把压强单位换算成国际单位，则真空中的压强为

$$p = \frac{5\times10^{-6}}{760}\times1.013\times10^5 \text{ Pa} = 6.66\times10^{-4} \text{ Pa}$$

由 $p = nkT$ 得管内空气分子数为

$$N = \frac{pV}{kT} = \frac{6.66\times10^{-4}\times10^{-5}}{1.38\times10^{-23}\times300} = 1.61\times10^{12}$$

虽然是高真空，但电子管中分子数密度达到了约 10^{17} 的大量级，这些分子仍应遵循统计规律。

(2)空气分子转动自由度 $r = 2$，由能量均分定理，平均转动动能的总和为

$$E_1 = N\times\frac{2}{2}kT = 1.61\times10^{12}\times\frac{2}{2}\times1.38\times10^{-23}\times300 \text{ J} = 6.67\times10^{-9} \text{ J}$$

(3)空气分子自由度 $i = 5$，则平均动能的总和为

$$E_2 = N \times \frac{5}{2}kT = 1.61 \times 10^{12} \times \frac{5}{2} \times 1.38 \times 10^{-23} \times 300\ \text{J} = 1.67 \times 10^{-8}\ \text{J}$$

8.4　麦克斯韦气体分子速率分布律

1. 麦克斯韦气体分子速率分布律

处于平衡态下的气体分子的运动是杂乱无章的，分子之间频繁的碰撞使得每一个分子运动速度的大小和方向不断变化，各个分子的速度千差万别，不尽相同。这种分子运动的无规律性和偶然性，使得我们不可能详细了解每一个分子的速度状况。但若从大量分子的整体来看，仍有可能找出一些关于分子速率的统计性规律。这个规律在 1859 年由麦克斯韦采用数学统计方法从理论上导出，我们把理想气体分子速率分布规律叫麦克斯韦气体分子速率分布律，简称麦克斯韦速率分布律。

分子速率的分布函数为

$$f(v) = 4\pi v^2 \left(\frac{m}{2\pi kT}\right)^{\frac{3}{2}} e^{\frac{-mv^2}{2kT}} \tag{8-9}$$

式中，T 是热力学温度；m 为分子质量；k 为玻尔兹曼常数。式(8-9)适用于平衡态下的理想气体，它是分子质量与气体温度比的函数，其速率分布曲线如图 8-6 所示。

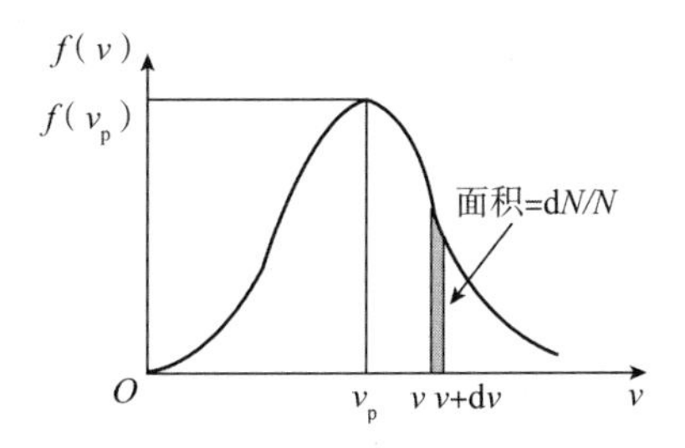

图 8-6　理想气体的速率分布曲线

曲线下面宽度为 dv 的面积等于分布在此速率区间内的分子数占总分子数的比率 $\frac{dN}{N}$。同一种理想气体在平衡态下，温度升高时速率分布曲线变宽、变平坦，但曲线下的总面积不变。随着温度的升高，速率较大的分子在分子总数中的比率增大。同一温度下，分子质量 m 越小，曲线越宽、越平坦，在分子总数中速率较大的分子所占比率越高。

1）速率分布函数 $f(v)$

$\frac{dN}{N}$ 是 v 的函数，在不同速率附近取相等的区间，此比率一般不相等。当速率区间足够小时(宏观小，微观大)，$\frac{dN}{N}$ 还应与区间大小成正比。

因此有

$$\frac{\mathrm{d}N}{N}=f(v)\,\mathrm{d}v=4\pi\left(\frac{m}{2\pi kT}\right)^{\frac{3}{2}}\mathrm{e}^{\frac{-mv^2}{2kT}}v^2\,\mathrm{d}v \tag{8-10}$$

式(8-10)的物理意义为：在速率 v 附近，速率区间 $v \sim v+\mathrm{d}v$ 中的分子数占总分子数的比率(分子处于单位速率间隔内的概率)。因此，$\mathrm{d}N=Nf(v)\,\mathrm{d}v$ 表示：在速率 v 附近，速率区间 $v \sim v+\mathrm{d}v$ 的分子数。$\dfrac{\Delta N}{N}=\int_{v_1}^{v_2}f(v)\,\mathrm{d}v$ 表示：在速率 v 附近，速率区间 $v_1 \sim v_2$ 的分子数占总分子数的比率。$\Delta N=N\int_{v_1}^{v_2}f(v)\,\mathrm{d}v$ 表示：在速率 v 附近，速率区间 $v_1 \sim v_2$ 的分子数。

2)归一化条件

因速率分布在 $0 \sim +\infty$ 内的分子数是总分子数 N，进而有

$$\int_0^{+\infty}f(v)\,\mathrm{d}v=1 \tag{8-11}$$

式(8-11)表示速率 $0 \sim +\infty$ 整个速率范围内的分子数占总分子数的比率为1，这个结论是由速率分布函数的物理意义所决定的，它是速率分布函数所必须满足的条件，叫作速率分布函数 $f(v)$ 的归一化条件。

2. 几个特征速率

1)最概然速率 v_p

由图8-6可知，速率分布曲线有个高峰，即速率分布函数 $f(v)$ 有一个极大值。与 $f(v)$ 极大值对应的速率叫作最概然速率，通常用 v_p 表示。它的物理意义是：在一定温度下，在 $0 \sim +\infty$ 整个速率范围内，v_p 附近单位速率区间内的分子数占总分子数的概率最大。用求函数极值的方法表示，即

$$\frac{\mathrm{d}f(v)}{\mathrm{d}v}=0$$

可求得满足麦克斯韦速率分布律的平衡态下气体分子的最概然速率为

$$v_\mathrm{p}=\sqrt{\frac{2kT}{m}}=\sqrt{\frac{2RT}{M}}\approx 1.41\sqrt{\frac{RT}{M}} \tag{8-12}$$

所得结果说明，温度越高，v_p 越大，速率分布曲线的高峰向速率大的一方移动；气体的摩尔质量越大，v_p 越小，速率分布曲线的高峰向速率小的一方移动。

2)平均速率 $\bar{v}$

$\bar{v}$ 为大量分子速率的统计平均值，根据求平均值的定义有

$$\bar{v}=\frac{\int_0^N v\,\mathrm{d}N}{N}=\int_0^\infty vf(v)\,\mathrm{d}v$$

将麦克斯韦速率分布函数 $f(v)$ 代入，可得理想气体速率从0到 $+\infty$ 整个区间内的算术平均速率为

$$\bar{v}=\sqrt{\frac{8kT}{\pi m}}=\sqrt{\frac{8RT}{\pi M}}\approx 1.60\sqrt{\frac{RT}{M}}$$

$\bar{v}$ 用来讨论分子的碰撞，计算分子运动的平均距离、平均碰撞次数等。

3) 方均根速率 $\sqrt{\overline{v^2}}$

根据平均值公式，速率 v 的平方的平均值为

$$\overline{v^2} = \frac{\int_0^N v^2 \mathrm{d}N}{N} = \int_0^{\infty} v^2 f(v)\,\mathrm{d}v$$

将麦克斯韦速率分布函数 $f(v)$ 代入，可得理想气体分子的方均根速率为

$$\sqrt{\overline{v^2}} = \sqrt{\frac{3kT}{m}} = \sqrt{\frac{3RT}{M}} \approx 1.73\sqrt{\frac{RT}{M}}$$

方均根速率用于计算分子的平均平动动能，在讨论气体压强和温度的统计规律中使用。

从以上结果可以看出，气体分子的 3 种特征速率 v_{p}、$\bar{v}$ 和 $\sqrt{\overline{v^2}}$ 都与 $\sqrt{T}$ 成正比，与 $\sqrt{m}$ 或 $\sqrt{M}$ 成反比。在这 3 种速率中，方均根速率 $\sqrt{\overline{v^2}}$ 最大，平均速率 $\bar{v}$ 次之，最概然速率 v_{p} 最小。在室温下，它们的数量级一般为每秒几百米。这 3 种速率对不同的问题，有各自的应用，从不同的方面反映气体分子热运动的规律。

3. 麦克斯韦速率分布曲线的性质

当温度升高时，气体分子的速率普遍增大，速率分布曲线中的最概然速率 v_{p} 向量值增大的方向迁移。但归一化条件要求曲线下总面积不变，因此，分布曲线宽度增大，高度降低，整个曲线变得较平坦，如图 8-7 所示。

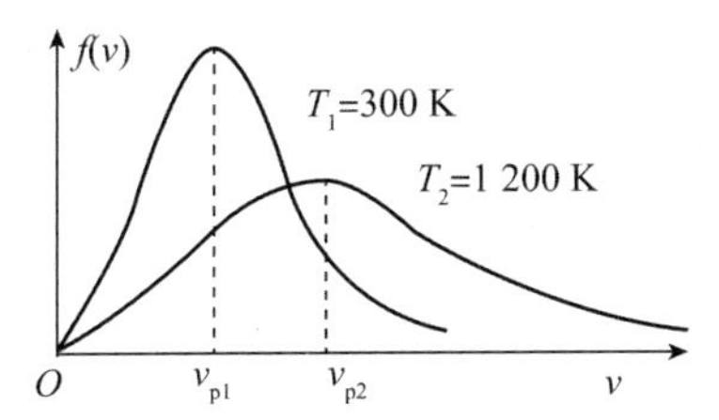

图 8-7　不同温度下分子速率分布

在相同温度下，对不同种类的气体，分子质量大的，速率分布曲线中的最概然速率 v_{p} 向量值减小方向迁移。因总面积不变，所以分布曲线宽度变窄，高度增大，整个曲线比质量小的显得陡些，即曲线随分子质量变大而左移，如图 8-8 所示。

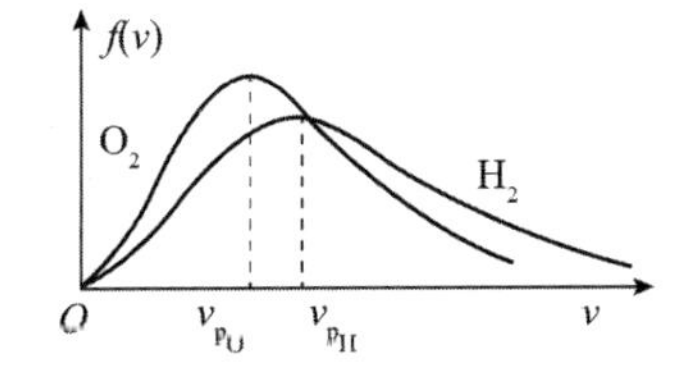

图 8-8　不同质量的分子速率分布

8.5 分子的平均碰撞频率和平均自由程

前面我们讨论了分子对给定平面的碰撞，得出了气体的压强公式。除了分子对给定平面的碰撞，分子间的碰撞也是气体动理论的重要内容之一。分子间通过碰撞来实现动量、动能的交换，而气体由非平衡态达到平衡态的过程，就是通过分子间的碰撞来实现的。例如，容器中气体各个地方的温度不相同时，通过分子间的碰撞来实现动能的交换，从而使容器内温度达到处处相等。

设想气体中有一个分子 α，在时刻 t 与 A 处分子发生碰撞，经 Δt 时间后，到达 B 处，如图 8-9 所示。在此时间内，这个分子在前进过程中要与其他分子发生非常频繁的碰撞，每发生一次碰撞，分子的速度不仅大小会变化，而且方向会变化，其路径是曲折的，因此，分子从 A 处到达 B 处要经历较长时间。

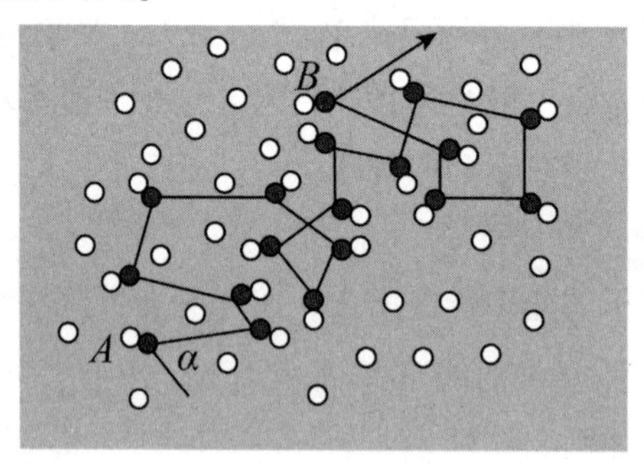

图 8-9 分子碰撞

分子在任意两次连续碰撞之间自由通过的路程叫作分子的自由程，单位时间内一个分子与其他分子碰撞的次数称为分子的碰撞频率。由图 8-9 可知，分子的自由程有长有短，任意两次碰撞所需时间多少也具有偶然性。自由程和碰撞频率大小是随机变化的，但是大量分子无规则热运动的结果，使分子的自由程与碰撞频率服从一定的统计规律。我们可采用统计平均方法分别计算出平均碰撞频率和平均自由程。

1. 平均碰撞频率

为使问题简化，先假设分子中只有一个分子 α 以平均速率 $\bar{v}$ 运动，其余分子都看成是静止不动的，并把分子看成是直径为 d 的弹性小球，分子 α 与其他分子碰撞时，都是完全弹性碰撞，如图 8-10 所示。

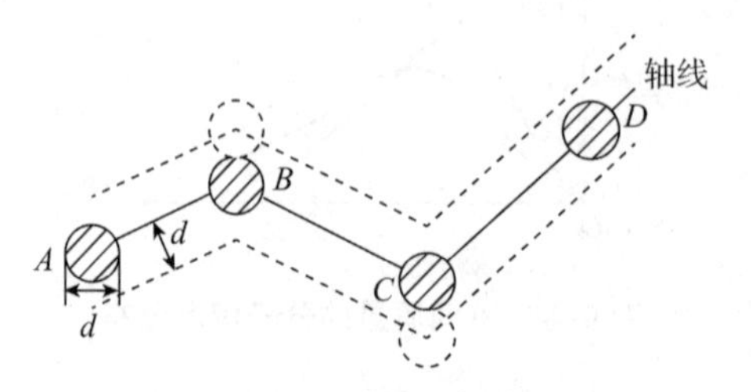

图 8-10 分子碰撞次数的计算

在分子 α 的运动过程中，它的球心轨迹是一系列折线，凡是其他分子的球心离开折线的距离小于 d（或等于 d）的，都将和分子 α 发生碰撞。如果以 1 s 内分子 α 的球心所经过的轨迹为轴，以 d 为半径作一圆柱体，由于圆柱体的长度为 $\bar{v}$，所以圆柱体的体积是 $\pi d^2\bar{v}$。这样，球心在这圆柱体内的其他分子，均将与分子 α 发生碰撞。设分子数密度为 n，则圆柱体内分子的平均碰撞频率为

$$\bar{Z} = \pi d^2 \bar{v} n \tag{8-13}$$

显然，$\bar{Z}$ 的数值就是分子 α 在 1 s 内和其他分子发生碰撞的平均次数，πd^2 也叫作碰撞截面。

在推导式(8-13)的过程中，曾作如下假设：分子 α 以平均速率 $\bar{v}$ 运动，而其他分子都没有运动，这个假设与实际情况有很大差别。实际上，一切分子都在不停地运动着。另外，各个分子运动的速率各不相同，且遵守麦克斯韦速率分布律。考虑到以上因素，必须对式(8-13)加以修改。修改后，分子的平均碰撞频率增大到式(8-13)所给数值的 $\sqrt{2}$ 倍，即

$$\bar{Z} = \sqrt{2}\pi d^2 \bar{v} n \tag{8-14}$$

2. 平均自由程

由于 1 s 内分子平均走过的路程为 $\bar{v}$，一个分子与其他分子的平均碰撞频率为 $\bar{Z}$，因此，平均自由程 $\bar{\lambda}$ 为

$$\bar{\lambda} = \frac{\bar{v}}{\bar{Z}} = \frac{1}{\sqrt{2}\pi d^2 n} \tag{8-15}$$

从式(8-15)可知，分子的平均自由程是与分子的有效直径的平方和分子数密度成反比。

又因为 $p = nkT$，所以式(8-15)可改写为

$$\bar{\lambda} = \frac{kT}{\sqrt{2}\pi d^2 p} \tag{8-16}$$

式(8-16)表明，当温度恒定时，平均自由程与气体的压强成反比，压强越小(空气越稀薄)，平均自由程越长。

在标准状态下，$\bar{v}$ 的数量级为 $10^2\ \mathrm{m \cdot s^{-1}}$，$\bar{\lambda}$ 的数量级为 10^{-7} m，则平均碰撞频率 $\bar{Z}$ 的数量级为 $10^9\ \mathrm{s^{-1}}$，即在 1 s 内分子与其他分子平均要碰撞几十亿次。这样频繁的碰撞不是我们日常生活中所能想象的。从这一估算中可见分子热运动的极大无规则性，频繁的碰撞正是大量分子整体出现统计规律的基础。

例 8-3　试估算下列两种情况下空气分子的平均自由程：(1) 273 K、1.013×10^5 Pa 时；(2) 273 K、1.333×10^{-3} Pa 时。

解　空气中气体的成分绝大部分是氧气和氮气分子。它们的有效直径 d 的数值均在 3.10×10^{-10} m 附近。把已知数据代入式(8-16)，可得到平均自由程。

(1)在 $T = 273$ K、$p = 1.013 \times 10^5$ Pa 时，平均自由程为

$$\bar{\lambda} = \frac{1.38 \times 10^{-23} \times 273}{\sqrt{2}\pi \times (3.10 \times 10^{-10})^2 \times 1.013 \times 10^5}\ \mathrm{m} \approx 8.71 \times 10^{-8}\ \mathrm{m}$$

(2)在 $T=273$ K、$p=1.333\times10^{-3}$ Pa 时，平均自由程为

$$\bar{\lambda}=\frac{1.38\times10^{-23}\times273}{\sqrt{2}\pi\times(3.10\times10^{-10})^2\times1.333\times10^{-3}}\ \mathrm{m}\approx6.62\ \mathrm{m}$$

$\bar{\lambda}\approx6.62$ m 这个值是很大的，所以在通常的容器中，在高度真空($p=1.333\times10^{-3}$ Pa)的情况下，分子间发生碰撞的概率是很小的。

从上例可以看出，空气分子在 0 ℃、1.333×10^{-3} Pa 时的平均自由程约为 6.62 m，这个值远大于日常生活中的保温容器两壁间的线度。在这个容器中，空气分子彼此间很少碰撞，分子只与容器壁发生碰撞。我们就说该容器两壁间已处于“真空”状态。虽然这时容器中仍有大量分子存在，但其分子数密度 n 已很小。可见，真空度越高，气体分子的平均自由程越长。

【知识应用】

真空与麦克劳真空计的设计原理

1. 真空的概念

当容器中气体很稀薄，压力比一个大气压(即 1.013×10^5 Pa)小得多时，通常就叫作真空。

在真空技术中，气体的稀薄程度叫作真空度，它常用气体压力的大小来表示。压力越小，气体越稀薄，称为真空度越高；反之，压力越大，称为真空度越低。有资料显示，目前用实验技术所能达到的最高真空度约在 10^{-12} Pa 数量级。

这里需要明确，在我们称为真空的空间中，实际上还是存在着大量的气体分子的，只不过比一般的气体稀薄而已。由本章理想气体的状态方程(式 8-3)

$$p=nkT$$

可得单位体积内的气体分子数为

$$n=\frac{p}{kT}$$

式中，p 气体的压强，T 为气体的热力学温度，k 为玻尔兹曼常量。若 p 以 Pa 为单位，n 以 m^{-3} 为单位，则上式可写为

$$n=7.24\times10^{22}\ \frac{p}{T}(m^{-3})$$

由上式可知，在温度 T=300 K(即 27 ℃)时，有

$p=1\ \mathrm{atm}=1.01\times10^5$ Pa　　$n=2.44\times10^{25}(\mathrm{m}^{-3})=2.44\times10^{19}(\mathrm{cm}^{-3})$

$p=10^{-5}\ \mathrm{atm}=1.01$ Pa　　$n=2.44\times10^{20}(\mathrm{m}^{-3})=2.44\times10^{14}(\mathrm{cm}^{-3})$

$p=10^{-10}\ \mathrm{atm}=1.01\times10^{-5}$ Pa　　$n=2.44\times10^{15}(\mathrm{m}^{-3})=2.44\times10^{9}(\mathrm{cm}^{-3})$

$p=10^{-15}\ \mathrm{atm}=1.01\times10^{-10}$ Pa　　$n=2.44\times10^{10}(\mathrm{m}^{-3})=2.44\times10^{4}(\mathrm{cm}^{-3})$

可见，即使在真空度达 1.01×10^{-10} Pa 的超高真空中，每立方厘米气体分子数仍然在 2.4 万个以上。当然，这比 1 atm 下每立方厘米气体的分子数要少得多。

在工业生产与科学研究上，真空技术有着非常广泛和及其重要的应用。特别是高新技术领域，如表面科学、微电子材料加工、纳米结构、先进冶炼技术等方面都是以真空环境为基础开展研究和生产的。具体的应用有：生产半导体材料、元件，制造电子管、X 光管、显像管，以及电子显微镜、回旋加速器、真空冶炼、真空干燥、真空镀膜、真空热处理等。

为什么一些仪器需要在真空环境中工作，为什么某些生产工艺需要真空环境里进行，现举例说明：如电子管中的阴极发射电子时，不但要求阴极不被空气中的氧或二氧化碳所氧化，还不能被空气中的杂质沾附表面而阻碍电子的发射，这就必须把电子管抽成真空。这样可以增大管内气体分子的平均自由程，减少碰撞，使阴极发射的大部分电子，不会因和分子碰撞而改变其运动轨迹，并减少因电子和气体分子碰撞而产生的电离。又如，在半导体材料锗或硅中，即使有百万分之一或千万分之一的杂质，也会破坏其特性，因此，必须在真空中提纯；再如，含有微量杂质的金属材料钛，一碰就会裂开，而在真空中冶炼的纯钛却和不锈钢的性质相近，而又比不锈钢轻得多，其应用价值得到了重大提升。此外，真空还有绝热性好、绝缘性强、气化点低等优点。不同的生产技术对真空度的要求是不一样的，如电子显微镜、回旋加速器等对真空度的要求就较高。

2. 麦克劳真空计的设计原理

用来测量真空度的仪器称为真空计，实际上它就是测量低压强的压力计，这里介绍一种工业生产上常用的真空计——麦克劳真空计，也称旋转压缩式真空计。它设计依据的基本原理是气体状态方程的玻意耳定律。

麦克劳真空计整个装置如图 8-11 所示，它用玻璃制成，固定在手提式金属板上，便于悬挂和旋转。玻璃泡 B 的上端连有闭口的毛细管 L，它的底部与毛细管 C 相连，L 与 C 平行并具有相同的截面积 S，A 中装有适量的水银。测量前将真空计水平放置，如图 8-11(a)所示。此时 A、B、L 和 C 都与被测容器相通，它们的压强相同，用 p_0 表示。测量时，将真空计竖起，使水银流向 B 泡，此时 B 泡中稀薄气体被压缩至毛细管 L 中，与被测容器隔绝，被压缩的稀薄气体的压强增大。当竖直到 C 管中水银面与 L 管顶端相齐时，L 管中水银面比 C 管低 Δh 高度，如图 8-11(b)所示。

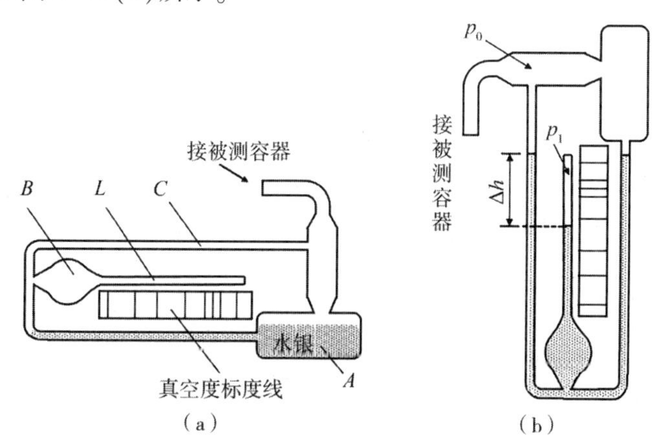

图 8-11　麦克劳真空计

玻璃泡 B 中原来气体压强为 P_0，其体积为 V_0(包括 L 管体积)；稀薄气体被压缩后，它的压强增大到 p_1，体积缩小到 V_1，整个过程是在室温下进行的，是一个等温过程。根据气体状态方程的玻意耳定律中压强与体积的关系，可得

$$p_0V_0 = p_1V_1$$

因为 C 管上端仍与被测容器相连，所以 L 管中的压强 p_1 应为 C 管上端气体压强(被测容器中的压强)p_0 与水银面高度差 Δh 所产生的压强 p_h 之和，则为

$$p_1 = p_0 + p_h$$

因为 V_0 比 V_1 大得多，所以 p_0 比 p_1 小得多，可近似认为

$$p_1 = p_h = \rho g\Delta h$$

又因为气体压缩后的体积 $V_1 = S\Delta h$，所以得

$$p_0V_0 = \rho g\Delta hS\Delta h = \rho gS(\Delta h)^2$$

$$p_0 = \frac{\rho gS}{V_0}(\Delta h)^2 = k(\Delta h)^2$$

上式中 ρ、S、V_0 在真空计制作时就是已知数据，k 为真空计的固定常数。因此从水银面高度差 Δh 就可测得被测容器中气体压强 p_0。由上式可看出，V_0 越大、S 越小，真空计可以测量的真空度就越高。麦克劳真空计的产品在 L 管旁边附有标尺(图8-12)，可以直接读出压强 p_0 的大小(真空度的大小)。麦克劳真空计的测量范围为1 333.2 ~0.013 3 帕(10 ~ 10^{-4} 毫米汞柱)的真空度。

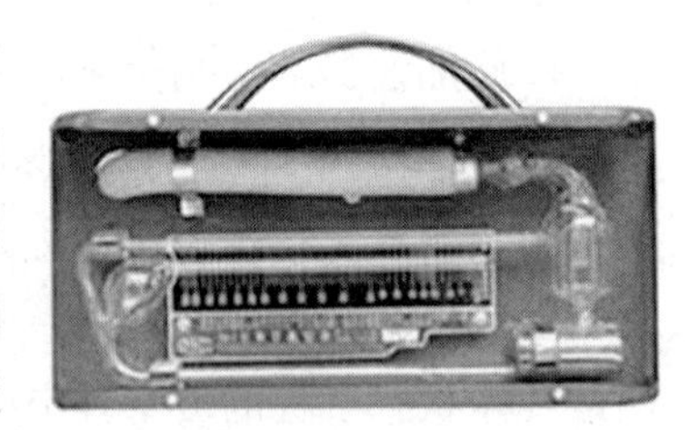

图8-12 麦克劳真空计产品

需要特别指出，用这种真空计只能测量气体的真空度，不能测量蒸汽的真空度。因为蒸汽在压缩时会凝结，不遵守气体状态方程的玻意耳定律。麦克劳真空计也不能连续测定气压的变化，即不能连续地指示出真空系统在抽气过程中压强的变化情况。在实际工作中，需要根据测量真空度的不同要求，还可以选用电阻真空计、电离真空计等不同的真空计进行真空度的测量。

【本章小结】

1. 理想气体的状态方程

(1)理想气体的状态参量：压强(p)、温度(T)、体积(V)。

(2)平衡态：在不受外界影响的条件下，系统的宏观性质不随时间变化的状态。

(3)状态方程：$pV = \frac{m'}{M}RT = \nu RT$。

2. 理想气体的压强和温度

(1)理想气体的微观模型。

(2)理想气体的压强：$p = \frac{2}{3}n\bar{\varepsilon}_k$。

(3)温度与分子平均平动动能的关系：$\bar{\varepsilon}_k = \frac{3}{2}kT$。

3. 能量均分定理

(1)自由度：确定一个物体的空间位置所需要的独立坐标数。

(2)能量均分定理：在平衡态下，相应于每一个平动自由度、转动自由度或振动自由度，其平均动能都应等于$\frac{1}{2}kT$。

(3)理想气体的内能：$E = \frac{m'}{M}\frac{i}{2}RT = \nu\frac{i}{2}RT$。

4. 麦克斯韦气体分子速率分布律

(1)麦克斯韦气体分子速率分布函数为

$$f(v) = 4\pi v^2\left(\frac{m}{2\pi kT}\right)^{\frac{3}{2}} \mathrm{e}^{\frac{-mv^2}{2kT}}$$

归一化条件为

$$\int_0^{+\infty} f(v)\,\mathrm{d}v = 1$$

(2)几个特征速率：$v_\mathrm{p} = \sqrt{\frac{2kT}{m}} = \sqrt{\frac{2RT}{M}} \approx 1.41\sqrt{\frac{RT}{M}}$，$\bar{v} = \sqrt{\frac{8kT}{\pi m}} = \sqrt{\frac{8RT}{\pi M}} \approx 1.60\sqrt{\frac{RT}{M}}$，$\sqrt{\overline{v^2}} = \sqrt{\frac{3kT}{m}} = \sqrt{\frac{3RT}{M}} \approx 1.73\sqrt{\frac{RT}{M}}$。

5. 分子平均碰撞频率和平均自由程

(1)平均碰撞频率：$\bar{Z} = \sqrt{2}\pi d^2\bar{v}n$。

(2)平均自由程：$\bar{\lambda} = \frac{\bar{v}}{\bar{Z}} = \frac{1}{\sqrt{2}\pi d^2 n} = \frac{kT}{\sqrt{2}\pi d^2 p}$。

课后习题

8-1　处于平衡状态的一瓶氦气和一瓶氮气的分子数密度相同，分子的平均平动动能也相同，则它们(　　)。

(A)温度、压强均不相同

(B)温度相同，但氦气压强大于氮气的压强

(C)温度、压强都相同

(D)温度相同，但氦气压强小于氮气的压强

8-2　1 mol 氦气和 1 mol 氧气(均视为刚性双原子分子的理想气体)，当温度为 T 时，它们的内能分别为(　　)。

(A) $\frac{3}{2}RT$，$\frac{5}{2}kT$　　　　(B) $\frac{3}{2}kT$，$\frac{5}{2}kT$

(C) $\frac{3}{2}RT$，$\frac{3}{2}RT$　　(D) $\frac{3}{2}RT$，$\frac{5}{2}RT$

8-3　在标准状态下，氧气和氦气体积之比为 $V_1:V_2=1:2$，都视为刚性分子的理想气体，则其内能之比 $E_1:E_2$ 为(　　)。

(A) 3∶10　　(B) 5∶6

(C) 1∶2　　(D) 5∶3

8-4　在恒定不变的压强下，气体分子的平均碰撞频率 $\overline{Z}$ 与气体的热力学温度 T 的关系为(　　)。

(A) $\overline{Z}$ 与 T 无关　　(B) $\overline{Z}$ 与 T 成正比

(C) $\overline{Z}$ 与 $\sqrt{T}$ 成反比　　(D) $\overline{Z}$ 与 $\sqrt{T}$ 成正比

8-5　已知 n 为分子数密度，$f(v)$ 为麦克斯韦速率分布函数，则 $nf(v)\mathrm{d}v$ 表示(　　)。

(A) 速率 v 附近，$\mathrm{d}v$ 区间内的分子数

(B) 单位体积内速率在 $v\sim v+\mathrm{d}v$ 区间内的分子数

(C) 速率 v 附近，$\mathrm{d}v$ 区间内分子数占总分子数的比率

(D) 单位时间内碰到单位器壁上，速率在 $v\sim v+\mathrm{d}v$ 区间内的分子数

8-6　一定质量的气体，在压强保持不变的情况下温度由 50 ℃升到 100 ℃，其体积将改变百分之几?

8-7　1 mol 氧气，在温度为 27 ℃时，它的平均平动动能、平均能量和内能各是多少?

8-8　容积 $V=1\ \mathrm{m}^3$ 的容器内混有 $N_1=1.0\times10^{25}$ 个氢气分子和 $N_2=4.0\times10^{25}$ 个氧气分子，混合气体的温度为 400 K，求：

(1) 气体分子的平均动能总和；

(2) 混合气体的压强。

8-9　说明下列各量的物理意义：$\frac{1}{2}kT$、$\frac{3}{2}kT$、$\frac{i}{2}kT$、$\frac{m'}{M}\frac{i}{2}RT$、$\frac{i}{2}RT$、$\frac{3}{2}RT$。

8-10　容器内有 11 kg 二氧化碳和 2 kg 氢气(两种气体均视为刚性分子的理想气体)，已知混合气体的内能是 8.1×10^6 J，求：

(1) 混合气体的温度；

(2) 两种气体分子的平均动能。(二氧化碳的 $M=44\times10^{-3}\ \mathrm{kg\cdot mol^{-1}}$)

8-11　Ⅰ、Ⅱ两条曲线分别是两种不同气体(氢气和氧气)在同一温度下的麦克斯韦速率分布曲线，如下图所示。试由图中数据求：

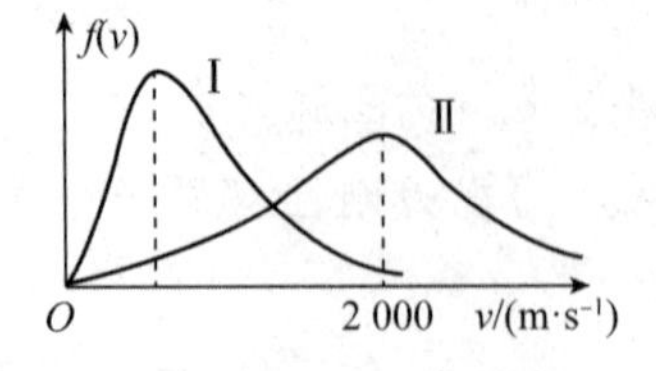

习题 8-11 图

(1)氢气分子和氧气分子的最概然速率；

(2)两种气体所处的温度；

(3)若图中Ⅰ、Ⅱ分别表示氢气在不同温度下的麦克斯韦分子速率分布曲线，那么哪条曲线的气体温度较高？

8-12 温度相同的氢气和氧气，若氢气分子的平均平动动能为6.21×10^{-21} J，试求：

(1)氧气分子的平均平动动能及温度；

(2)氧气分子的最概然速率。

8-13 速率分布函数$f(v)$ 的物理意义是什么？试说明下列各量的物理意义(n 为分子数密度，N 为系统总分子数)：$f(v)\mathrm{d}v$、$nf(v)\mathrm{d}v$、$Nf(v)\mathrm{d}v$、$\int_0^v f(v)\mathrm{d}v$、$\int_0^\infty f(v)\mathrm{d}v$、$\int_{v_1}^{v_2} Nf(v)\mathrm{d}v$。

8-14 一瓶氧气和一瓶氢气处于等压、等温的状态，氧气体积是氢气的两倍，求：

(1)氧气和氢气分子数密度之比；

(2)氧分子和氢分子的平均速率之比。

8-15 计算在标准状态下氢气分子的平均自由程和平均碰撞频率。(氢分子的有效直径$d=2\times10^{-10}$ m)

8-16 1 mol 氦气，其分子热运动动能的总和为3.75×10^{3} J，求氦气的温度。

8-17 温度为27 ℃的1 mol 氧气具有多少平动动能？多少转动动能？

8-18 求在常温下氧气压强为2.026 Pa、体积为3×10^{-2} m^{3} 时的内能。

8-19 计算300 K 时氧分子的最概然速率、平均速率和方均根速率。

8-20 某种气体分子在温度为 T_1 时的方均根速率等于温度为 T_2 时的平均速率，求T_2/T_1。

第9章

热力学基础

学习目标

1. 理解准静态过程、功、热量、内能等概念，理解热力学第一定律的物理意义及数学表达式。

2. 掌握热力学第一定律进行理想气体等值过程和绝热过程中功、热量、内能增量的计算方法。

3. 理解循环过程、卡诺循环及循环效率等概念，掌握计算循环效率的方法，了解循环过程的应用。

4. 正确理解热力学第二定律的两种典型表述，理解热力学第二定律的物理意义。

导学思考

1. 冰箱和空调是我们生活中必备的家用电器，你知道它们的工作原理吗？请上网查阅冰箱的结构和冰箱的循环工作系统由哪几部分组成。

2. 请上网查阅火力发电厂的热力学系统主要由哪些部分组成。

3. 在我国东北较寒冷的地区，冬天都不使用空调取暖，而是采用暖气供暖。排除使用成本的问题，请同学们思考这是为什么？

热力学是以观察和实验总结出来的基本定律为依据，运用逻辑推理的方法，研究热现象的宏观理论。在气体的动理论中，我们从气体分子热运动的观点出发，运用统计方法研究了热运动的规律及理想气体的一些热学性质。本章则从能量观点出发，以大量实验观测为基础，研究物质热现象的宏观基本规律及其应用。

9.1 基本概念

1. 准静态过程

设系统从某一平衡态开始变化，状态的变化必然会破坏平衡，原来的平衡态被破坏，需要经过一段时间才能达到新的平衡态，如果过程进行得较快，系统在还未达到新的平衡之前又继续了下一步的变化，这种过程叫非静态过程。但是，如果系统在始末两平衡态之间所经历的过程是无限缓慢的，以致系统所经历的每一个中间态都可以近似地看成是平衡态，那么系统的这个状态变化过程称为准静态过程。显然，实际过程多为非静态过程，准静态过程是一种进行得无限缓慢的理想过程，是实际过程的抽象。不过，准静态过程的提出可以大大简化研究问题的难度，而且将大多数实际过程近似地当作准静态过程处理并不会产生过大的偏差，因此这种理想模型得到广泛应用。本章以后讨论的各种过程，除非特别说明，一般都是指准静态过程。在此也要说明，限于本课程的要求，我们将主要以理想气体作为热力学系统。

对于一定量的气体，状态参量 p、V、T 中只有两个是独立的，所以给定两个参量的数值，就确定了一个平衡态。因此，$p-V$ 图上任何一点都对应着一个平衡态，而图中任何一条线都表示一个准静态过程。图 9-1 中的曲线就表示某一准静态过程，曲线上的每一点都对应一个平衡态。

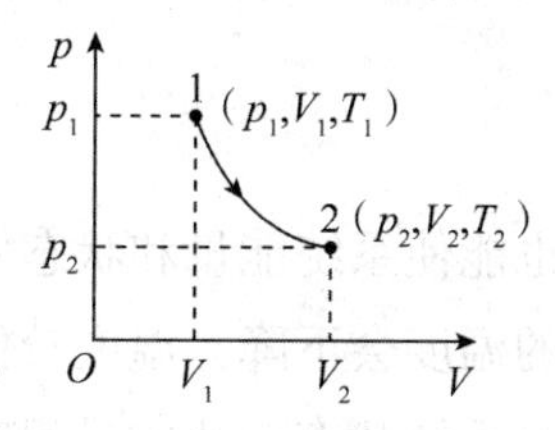

图 9-1 准静态过程

2. 功

在力学中，只要知道了力作为位置坐标(表征质点的运动状态)的函数和质点运动的路径，即可通过积分求出力所做的功；在热学中，情况就复杂得多。对非静态过程，系统内部的性质并不均匀一致，系统没有统一的状态参量，也无法把外力表达为状态参量的函数，因而除极特殊情况能定量计算出外界对系统所做的功外，一般只能依靠实验进行测定。而对准静态过程，就很容易把外力表达为状态参量的函数，并能方便地求出外力所做的功。这正是我们讨论准静态过程的主要原因之一。

现在讨论系统在准静态过程中，由于其体积变化所做的功。在一有活塞的气缸内盛有一定量的气体，气体的压强为 p，活塞的面积为 S，如图 9-2(a)所示，则作用在活塞上的力为 $F=pS$。当系统经历一微小的准静态过程，使活塞移动一微小段距离 Δl 时，气体所做的功为

$$\Delta W = F\Delta l = pS\Delta l = p\Delta V$$

式中，ΔV 为气体体积的变化量。功 ΔW 可用图9-2(b)中画有阴影的矩形小面积来表示。当气体的体积有无限小变化 $\mathrm{d}V$ 时，气体所做的功为 $\mathrm{d}W = p\mathrm{d}V$。因此，气体由状态 A 变化到状态 B 的准静态过程中所做的功用积分式表示为

$$W = \int_{V_1}^{V_2} p\mathrm{d}V \tag{9-1}$$

它等于 $p-V$ 图上实线与横轴围成的面积。

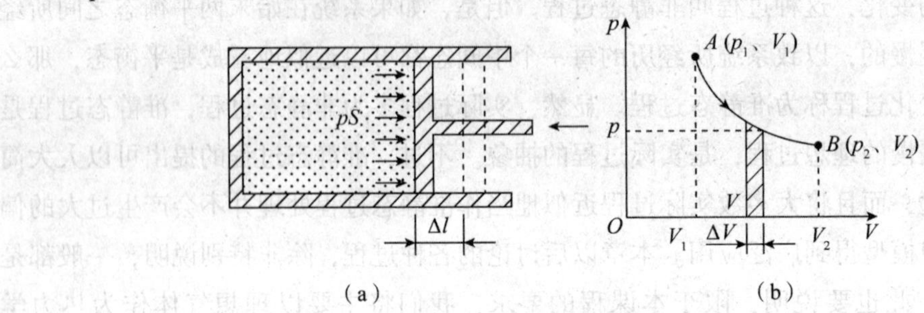

图9-2　气体膨胀做功的计算

所以，气体所做的功等于 $p-V$ 图上过程曲线下面的面积。当气体膨胀时，它对外界(简称对外)做正功；当气体被压缩时，它对外界做负功。如果气体从状态 A 变化到状态 B 经历另一个路径，则气体所做的功应该是该虚线下面的面积。状态变化过程不同，系统所做的功也就不同。总之，系统所做的功不仅与系统的始末状态有关，而且还与路径有关，所以说功不是状态的函数，功是一个过程量。

3. 热量

除了做功，通过热传递的方式也能使系统能量和状态发生变化。例如，两个温度不同的物体相互接触时，温度较高的物体的温度会下降，温度较低的物体的温度会上升，最后两物体达到相同的温度。这种由温差引起系统状态变化的过程叫作热传递过程。于是，人们引进热量的概念，认为在热传递过程中有热量从高温物体传给低温物体。我们把系统与外界之间由于存在温度差而传递的能量叫热量，用符号 Q 表示。热传递过程中，当外界温度升高时，外界向系统放热，当外界温度降低时，从系统吸热。

在国际单位制中，热量与功的单位相同，均为J(焦耳)。历史上，热量还有一个单位叫卡(cal)，根据焦耳的热功当量实验得出

$$1\ \text{cal} = 4.18\ \text{J}$$

热量与功一样，也是一个过程量。因此，我们不能说“系统的热量是多少”或“处于某一状态的系统具有多少热量”，而只能说“在某一过程中传给系统多少热量”或“在某一过程中系统吸收或放出多少热量”。

4. 热力学系统的内能

实验证明，对一热力学系统做功将使系统的能量增加，根据热功的等效性可知，对系统传递热量也将使系统的能量增加。因此，热力学系统在一定状态下，应具有一定的能量，我

们把热力学系统在一定状态下具有的能量叫作热力学系统的内能，简称内能。若热力学系统为理想气体，分子间的相互作用能可略去不计，所以理想气体的内能是气体内所有分子的动能和分子内原子间的势能之和。

5. 热力学第零定律

人们从生活经验和科学实验中知道，如果将物体 A 和物体 B 用绝热板隔开，并同时与物体 C 热接触(见图 9-3)，经过一段时间后，A 和 C 以及 B 和 C 都将分别达到热平衡。这时，如果再使物体 A 和物体 B 直接接触(见图 9-4)，则将发现 A 和 B 的状态都不再发生变化，说明物体 A 和物体 B 处于热平衡。这个结论称为热力学第零定律，可以表述为：如果两个物体都与处于确定状态的第三物体处于热平衡，则该两个物体彼此处于热平衡，处于同一热平衡状态的所有物体都具有共同的宏观性质，即它们的冷热程度相等。这里所说的"宏观性质"就是温度。因此，我们说：温度是决定一个物体是否与其他物体处于热平衡的宏观性质，温度的这种定义和我们日常对温度的理解(冷热程度)是一致的。冷热不同的两个物体，温度是不同的，相互接触后，热的变冷，冷的变热，最后冷热均匀，温度相同，达到热平衡。

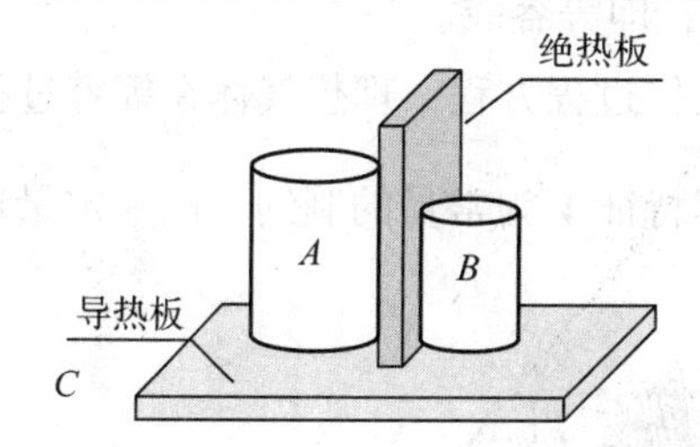

图 9-3　物体 A 和物体 B 用绝热板隔开

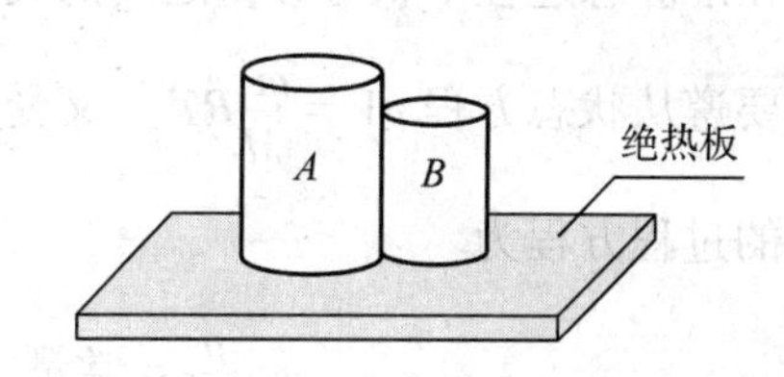

图 9-4　物体 A 和物体 B 直接接触

热力学第零定律是 20 世纪 30 年代由英国物理学家福勒提出的，比热力学第一定律和第二定律的提出晚了数十年。因为温度的概念是热力学第一定律和第二定律的基础，基于知识逻辑排序的需要，称其为热力学第零定律。

9.2　热力学第一定律

系统做功或传递热量都能使系统的状态发生改变，因此内能也随之改变。那么，系统内能的改变与做功和热传递之间有什么关系呢？在焦耳实验的基础上，人们找到了系统内能改变的规律：系统从外界吸收的热量，一部分用于系统对外做功，另一部分用来增加系统的内能，这就是热力学第一定律。其数学表达式为

$$Q = W + \Delta E \tag{9-2}$$

对式(9-2)中各物理量 Q、W、ΔE 的符号作出如下规定：系统从外界吸收热量，Q 取正值；系统向外界放出热量，Q 取负值；系统对外界做功，W 取正值；外界对系统做功，W 取负值；系统内能增加，ΔE 取正值；系统内能减少，ΔE 取负值。

如果系统经历一微小变化，即所谓的微过程，则热力学第一定律为

$$\mathrm{d}Q = \mathrm{d}W + \mathrm{d}E \tag{9-3}$$

热力学第一定律是包括热现象在内的能量守恒与转化定律。由热力学第一定律可得 $W = Q - \Delta E$，这表明系统要对外界做功，必须从外界吸热或消耗系统的内能，不消耗任何能量对外界做功是不可能的。历史上曾经有许多人都企图造出一种既不消耗系统的内能，又不需要外界向它传递热量，即不消耗任何能量而能不断地对外界做功的机器，这种机器叫作第一类永动机。尽管人们提出了种种方案，许多人还付出了巨大的努力，但制造这种永动机的尝试均以失败告终。这一事实从反面证实了热力学第一定律的正确性。因此，热力学第一定律也可以表述为：第一类永动机是不可能实现的。

9.3 理想气体的等值过程和绝热过程

1. 等容过程 摩尔定容热容

在等容过程中，系统体积保持不变。等容过程的基本特点是体积 V 为常量，即 $\mathrm{d}V = 0$。等容过程在 $p-V$ 图上为一条平行于 p 轴的直线段，即等容线。

系统在准静态过程中状态参量之间的关系式叫作过程方程。理想气体在等容过程中，状态参量既要遵从状态方程 $pV = \frac{m'}{M}RT$，又受到过程特征 V 为常量的制约，故一定量理想气体等容过程的过程方程为

$$\frac{p}{T} = \text{常量} \quad \text{或} \quad \frac{p_2}{T_2} = \frac{p_1}{T_1} \tag{9-4}$$

理想气体经过等容过程，如图 9-5 所示，由于等容过程 $\mathrm{d}V = 0$，所以系统做功 $\mathrm{d}W = p\mathrm{d}V = 0$。根据热力学第一定律，过程中的能量关系有

$$\mathrm{d}Q_V = \mathrm{d}E$$

或

$$Q_V = \Delta E = E_2 - E_1 \tag{9-5}$$

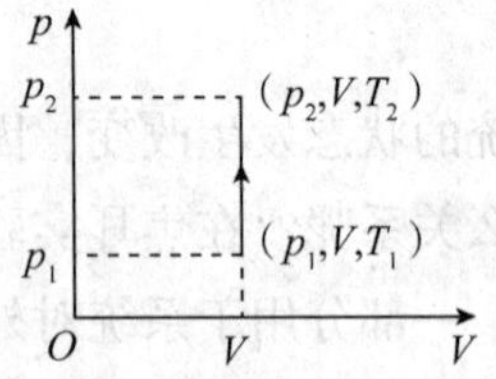

图 9-5 等容过程

上面各式中的角标 V 表示体积不变，式(9-5)表明，在等容过程中，外界传给气体的热量全部用来增加气体的内能，系统对外界不做功。

为了计算在等容过程中气体吸收或放出的热量，我们引入摩尔定容热容的概念。

系统在某一无限小过程中吸收热量 $\mathrm{d}Q$ 与温度变化 $\mathrm{d}T$ 的比值称为系统在该过程的热容量，用符号 C 表示，即

$$C = \frac{dQ}{dT} \tag{9-6}$$

它表示在该过程中，温度升高 1 K 时系统所吸收的热量，单位是 $J \cdot K^{-1}$。其值由物质和过程决定，对于给定的系统(物质)，进行的过程不同，其热容量也不同。若系统物质的量是 1 mol，则 1 mol 物质的热容量叫摩尔热容(C_m)，单位为 $J \cdot mol^{-1} \cdot K^{-1}$。热容量与摩尔热容的关系为 $C = \frac{m'}{M}C_m$，式中 m' 为物质的质量，M 为物质的摩尔质量。

1 mol 理想气体，在等容过程中吸收热量 dQ_V 与温度的变化 dT 之比为摩尔定容热容，即 $C_{V,m} = \left(\frac{dQ}{dT}\right)_V$。由等容过程知 $dQ_V = dE$，所以有

$$C_{V,m} = \left(\frac{dE}{dT}\right)_V \tag{9-7}$$

对于摩尔定容热容为 $C_{V,m}$，而物质的量为 ν 的理想气体，在等容过程中，其温度由 T_1 改变为 T_2 时，所吸收的热量为

$$Q_V = \nu C_{V,m}(T_2 - T_1) \tag{9-8}$$

式(9-7)亦可写成

$$dE = C_{V,m}dT \tag{9-9}$$

由式(9-9)可以看出，对给定摩尔定容热容 $C_{V,m}$ 的 1 mol 理想气体，其内能增量仅与温度的增量有关。因此，1 mol 给定的理想气体，无论它经历什么样的状态变化过程，只要温度的增量 dT 相同，其内能的增量 dE 就是一定的。也就是说，理想气体内能的改变只与起始和终了状态温度的改变有关，与状态变化的过程无关。

由式(9-9)可知，1 mol 理想气体的内能增量为 $C_{V,m}dT$，因此对于物质的量为 ν 的理想气体，在微小的等体过程中内能的增量为

$$dE = \nu C_{V,m}dT \tag{9-10}$$

已知理想气体的内能为

$$E = \nu \frac{i}{2}RT$$

由此得

$$dE = \nu \frac{i}{2}RdT$$

把它与式(9-10)相比较，可得

$$C_{V,m} = \frac{i}{2}R \tag{9-11}$$

式(9-11)说明，理想气体的摩尔定容热容是一个只与分子的自由度有关的量，它与气体的温度无关。对于单原子分子理想气体，$i = 3$，$C_{V,m} = \frac{3}{2}R$；对于刚性双原子气体 $i = 5$，$C_{V,m} = \frac{5}{2}R$；对于刚性多原子气体 $i = 6$，$C_{V,m} = \frac{6}{2}R = 3R$。

2. 等压过程　摩尔定压热容

在等压过程中，系统的压强保持不变。等压过程的特点是 p 为常量，即 $dp=0$。等压过程在 $p-V$ 图上是一条平行于 V 轴的直线，即等压线，如图9-6所示。

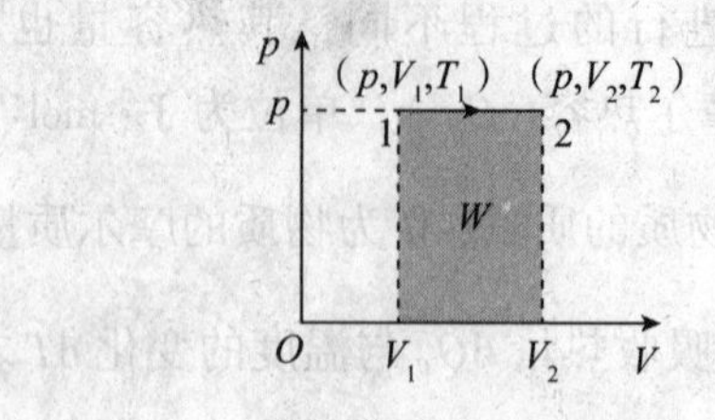

图9-6　等压过程

理想气体等压过程的过程方程为

$$\frac{V}{T}=\text{常量}\quad\text{或}\quad\frac{V_2}{T_2}=\frac{V_1}{T_1}\tag{9-12}$$

在等压过程中，向气体传递的热量为 dQ_p，气体对外所做的功为 pdV，所以热力学第一定律可写为

$$dQ_p=dE+pdV\tag{9-13}$$

式(9-13)表明，在等压过程中，理想气体吸收的热量一部分用来增加气体的内能，另一部分使气体对外做功。

对有限的等压过程来说，向气体传递的热量为 Q_p，则有

$$Q_p=E_2-E_1+\int_{V_1}^{V_2}pdV$$

得

$$Q_p=E_2-E_1+p(V_2-V_1)$$

根据理想气体的状态方程，可得出等压过程中系统对外所做的功为

$$W=p(V_2-V_1)=\frac{m'}{M}R(T_2-T_1)\tag{9-14}$$

等压过程中系统对外所做的功在数值上等于等压线下矩形的面积。

为了计算在等压过程中，气体吸收或放出的热量，我们也引入摩尔定压热容的概念。

设有1 mol的理想气体，在等压过程中吸收热量 dQ_p，温度升高 dT，则气体的摩尔定压热容为

$$C_{p,\mathrm{m}}=\frac{dQ_p}{dT}\tag{9-15a}$$

由上式可得在等压过程中，1 mol理想气体的温度有微小增量时所吸收的热量为

$$dQ_p=C_{p,\mathrm{m}}dT\tag{9-15b}$$

故摩尔定压热容恒定而物质的量为 ν 的理想气体在等压过程中吸收的热量为

$$Q_P=\nu C_{p,\mathrm{m}}(T_2-T_1)\tag{9-15c}$$

联立式(9-13)和式(9-15a)，得

$$C_{p,\,\mathrm{m}} = \frac{\mathrm{d}E + p\mathrm{d}V}{\mathrm{d}T} = \frac{\mathrm{d}E}{\mathrm{d}T} + p\,\frac{\mathrm{d}V}{\mathrm{d}T}$$

对于1 mol的理想气体，因 $\mathrm{d}E = C_{V,\,\mathrm{m}}\mathrm{d}T$，及定压过程 $p\mathrm{d}V = R\mathrm{d}T$，所以有

$$C_{p,\,\mathrm{m}} = C_{V,\,\mathrm{m}} + R \tag{9-16}$$

式(9-16)叫迈耶公式，表示理想气体的摩尔定压热容比摩尔定容热容大一个恒量 R。也就是说，在等压过程中，1 mol理想气体的温度升高1 K时，要比等容过程多吸收8.31 J的热量，用于对外做功。

系统的摩尔定压热容与摩尔定容热容之比，用 γ 表示，叫作比热容比，工程上称它为绝热指数，即

$$\gamma = \frac{C_{p,\,\mathrm{m}}}{C_{V,\,\mathrm{m}}}$$

由于 $C_{p,\,\mathrm{m}} > C_{V,\,\mathrm{m}}$，所以 $\gamma > 1$。

对于理想气体，$C_{p,\,\mathrm{m}} = C_{V,\,\mathrm{m}} + R$，且 $C_{V,\,\mathrm{m}} = \frac{i}{2}R$，所以有

$$\gamma = \frac{C_{V,\,\mathrm{m}} + R}{C_{V,\,\mathrm{m}}} = \frac{\frac{i}{2}R + R}{\frac{i}{2}R} = \frac{i+2}{i} \tag{9-17}$$

式(9-17)说明，理想气体的比热容比，只与分子的自由度有关，而与气体状态无关。根据式(9-17)不难算出：单原子气体的 $\gamma = \frac{5}{3} \approx 1.67$；刚性双原子气体的 $\gamma = \frac{7}{5} = 1.40$；刚性多原子气体的 $\gamma = \frac{8}{6} \approx 1.33$。

3. 等温过程

系统温度保持不变的过程叫作等温过程，其特征是 $\mathrm{d}T = 0$，即 $\mathrm{d}E = 0$。等温过程的过程方程为

$$pV = \text{常量} \quad \text{或} \quad p_2V_2 = p_1V_1$$

在 $p-V$ 图上，等温过程可用双曲线的一支——等温线来表示，如图9-7所示。

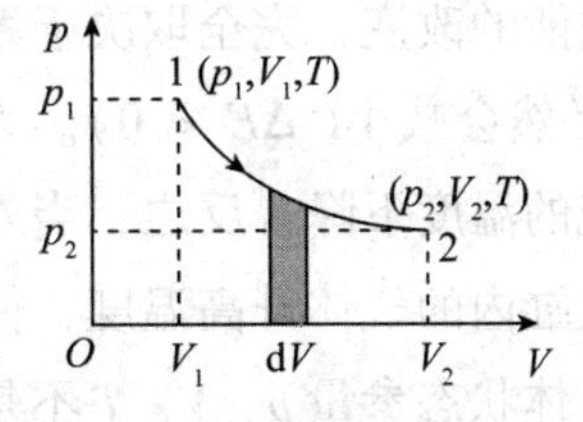

图9-7　等温过程

因为在等温过程中，温度保持不变，而理想气体的内能是温度的单值函数，所以在等温过程中，内能不变，内能的改变量等于零，即

$$\Delta E = \frac{m'}{M}C_{V,\,\mathrm{m}}(T_2 - T_1) = 0$$

为了得出等温过程中功的计算式，我们先找出此过程中压强 p 随体积 V 变化的关系。由气体状态方程可得

$$p = \frac{m'}{M}RT\frac{1}{V}$$

于是等温过程中功的计算式为

$$W = \int_{V_1}^{V_2} p\mathrm{d}V = \int_{V_1}^{V_2} \frac{m'}{M}RT\frac{\mathrm{d}V}{V} = \frac{m'}{M}RT\ln\frac{V_2}{V_1} \tag{9-18a}$$

根据等温过程的过程方程 $p_2V_2 = p_1V_1$，上式还可以表示为

$$W = \frac{m'}{M}RT\ln\frac{p_1}{p_2} \tag{9-18b}$$

根据热力学第一定律及 $\Delta E = 0$，可得在等温过程中吸收的热量为

$$Q = W = \frac{m'}{M}RT\ln\frac{V_2}{V_1} \tag{9-19}$$

式(9-19)表明，在等温过程中理想气体的温度虽然不变，但仍然要与外界交换热量。当理想气体等温膨胀时($V_2 > V_1$)，系统吸收的热量全部用来对外做功；当等温压缩理想气体时($V_2 < V_1$)，外界对气体所做的功全部转化为系统对外放出的热量。

4. 绝热过程

系统不与外界交换热量的过程叫作绝热过程。由绝热材料包围的系统的变化过程，或时间极为短暂，系统来不及与外界交换热量的过程都可近似看成是绝热过程。绝热过程的特点是在任意微小过程中都有 $\mathrm{d}Q = 0$，于是整个过程中热量 $Q = 0$。

当系统由温度 T_1 经绝热过程变为温度 T_2 时，内能的增量仍为

$$\Delta E = \frac{m'}{M}C_{V,\mathrm{m}}(T_2 - T_1)$$

由于在绝热过程中 $Q = 0$，根据热力学第一定律可得

$$W = -\Delta E = -\frac{m'}{M}C_{V,\mathrm{m}}(T_2 - T_1) \tag{9-20}$$

这就是说，绝热过程中系统内能的改变，完全取决于系统对外界所做的功。当气体膨胀对外界做功($W > 0$)时，其内能必然会减小($\Delta E < 0$)。人们常用这一原理获得低温，即让气体绝热膨胀对外界做功，使系统的温度下降。反之，当外界对系统做功时，气体内能就会增加，柴油机就是通过迅速压缩汽缸内的气体升高温度，使之达到柴油燃点而爆发做功。

在准静态绝热过程中，理想气体状态参量 p、V、T 不是独立的，它们之间的关系可由理想气体状态方程和热力学第一定律来求得。对于一个微小的绝热过程，热力学第一定律可表示为

$$p\mathrm{d}V = -\frac{m'}{M}C_{V,\mathrm{m}}\mathrm{d}T$$

将理想气体状态方程微分，可得

$$p\mathrm{d}V + V\mathrm{d}p = \frac{m'}{M}R\mathrm{d}T$$

将上述两式联立，消去 $\frac{m'}{M}\mathrm{d}T$，得

$$(C_{V,\mathrm{m}} + R)p\mathrm{d}V = -C_{V,\mathrm{m}}V\mathrm{d}p$$

因 $C_{p,\mathrm{m}} = C_{V,\mathrm{m}} + R$，$\gamma = \frac{C_{p,\mathrm{m}}}{C_{V,\mathrm{m}}}$，则有

$$\frac{\mathrm{d}p}{p} + \gamma\frac{\mathrm{d}V}{V} = 0$$

将上式两边积分，得

$$\ln p + \gamma \ln V = 恒量$$

或

$$pV^{\gamma} = 恒量 \tag{9-21}$$

应用 $pV = \frac{m'}{M}RT$ 和式(9-21)分别消去 p 或 V 可得

$$V^{\gamma-1}T = 恒量 \tag{9-22}$$

$$p^{\gamma-1}T^{-\gamma} = 恒量 \tag{9-23}$$

根据式(9-21)，可在 $p-V$ 图上画出绝热过程所对应的曲线，叫作绝热线。由于 $\gamma = \frac{C_{p,\mathrm{m}}}{C_{V,\mathrm{m}}} > 1$，因此过同一点的绝热线要比等温线陡一些，如图9-8所示。

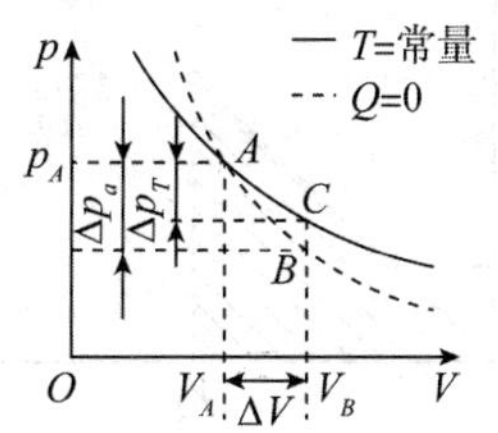

图9-8　绝热线比等温线陡

究其物理原因，等温过程中压强的减小 Δp_T，仅是由体积增大所致，而在绝热过程中压强的减小 Δp_a，是由体积增大和温度降低这两个原因所致，所以 Δp_a 的值比 Δp_T 的值大。

例9-1　有2 mol 氦气，由初始状态 $a(T_1, V_1)$ 等压加热至体积增大一倍，再经绝热膨胀，使其温度降至初始温度，如图9-9所示。把氦气视为理想气体，试求：(1)整个过程氦气吸收的热量；(2)氦气所做的总功。

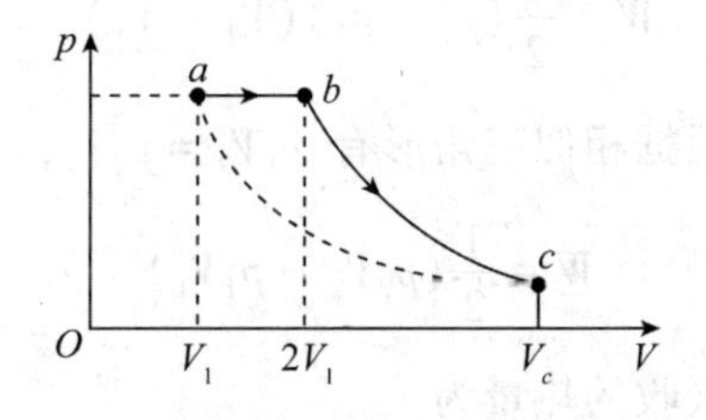

图9-9　例9-1图

解 (1)根据状态方程有 $\dfrac{V_1}{T_a}=\dfrac{V_2}{T_b}$，即

$$T_b=\frac{2V_1}{V_1}T_1=2T_1$$

各过程吸收的热量为

$$Q_{ab}=\nu C_{p,\mathrm{m}}(T_b-T_a)=2\times\frac{5}{2}R(2T_1-T_1)=5RT_1$$

$$Q_{bc}=0$$

整个过程吸收的热量为

$$Q=Q_{ab}+Q_{bc}=5RT_1$$

(2)对整个过程应用热力学第一定律，则

$$Q=\Delta E+W$$

依题意，$T_a=T_c$，故 $\Delta E=0$，总功为

$$W=Q=5RT_1$$

例 9-2 1 mol 双原子分子理想气体的 $p-V$ 图如图 9-10 所示，由初态 $A(p_1, V_1)$ 经准静态过程直线变到终态 $B(p_2, V_2)$。试求该理想气体在 $A\to B$ 过程中：(1)内能增量；(2)对外界所做的功；(3)吸收的热量；(4) $A\to B$ 过程的摩尔热容。

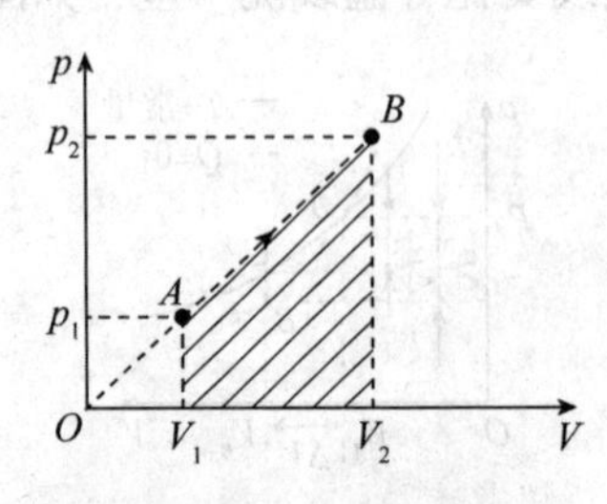

图 9-10 例 9-2 图

解 (1)内能增量为

$$\Delta E=C_{V,\mathrm{m}}(T_2-T_1)=\frac{5}{2}(p_2V_2-p_1V_1)$$

(2) $A\to B$ 过程做的功为曲线下梯形的面积，故

$$W=\frac{1}{2}(p_1+p_2)(V_2-V_1)$$

因 AB 为过原点的直线，根据相似三角形有 $p_1V_2=p_2V_1$，则

$$W=\frac{1}{2}(p_2V_2-p_1V_1)$$

(3)由热力学第一定律，吸收的热量为

$$Q=\Delta E+W=3(p_2V_2-p_1V_1)$$

(4)根据状态方程，热量可写为

$$Q = 3R(T_2 - T_1)$$

在 $A \rightarrow B$ 过程中，任意微小状态变化均应有

$$\mathrm{d}Q = 3R\mathrm{d}T$$

由摩尔热容定义 $C_{\mathrm{m}} = \frac{\mathrm{d}Q}{\mathrm{d}T}$，得

$$C_{\mathrm{m}} = 3R$$

9.4　循环过程　卡诺循环

1. 循环过程

在生产技术上需要将热与功之间的转化持续地进行下去，这时就需要利用循环过程。系统经过一系列状态变化过程以后，又回到原来状态的过程叫作热力学循环过程，简称循环。

现在考虑以气体为工作物质的循环过程。由于工作物质的内能是状态的单值函数，工作物质经历一个循环过程回到原来出发时的状态时，内能没有改变，所以循环过程的重要特征是 $\Delta E = 0$。如果工作物质所经历的循环过程中各分过程都是准静态过程，则整个过程就是准静态循环过程，在 $p-V$ 图上即为一条闭合曲线。在图 9-11 中，曲线 $acbd$ 就表示了一个循环过程，其中箭头表示过程进行的方向。

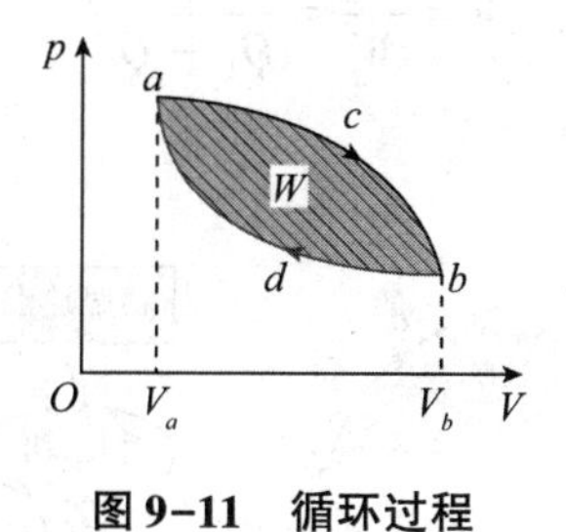

图 9-11　循环过程

在 $p-V$ 图上，如果循环是沿顺时针方向进行的，则称为正循环；如果循环是沿逆时针方向进行的，则称为逆循环。

2. 热机和制冷机

工作物质作正循环的机器叫作热机(如蒸汽机、内燃机)，它是把热量持续地转化为功的机器。工作物质作逆循环的机器叫作制冷机(也叫热泵)，它是利用外界做功使热量由低温处流入高温处，从而获得低温的机器。

热机的示意图如图 9-12 所示。一热机经过一个正循环后，由于它的内能不变化，因此它从高温热源吸收的热量 Q_1，一部分用于对外做功 W，另一部分则向低温热源放热，Q_2 为向低温热源放出的热量的值。这就是说，在热机经历一个正循环后，吸收的热量 Q_1 不能全

部转化为功，转化为功的只是 $Q_1 - Q_2 = W$。通常把

$$\eta = \frac{W}{Q_1} = \frac{Q_1 - Q_2}{Q_1} = 1 - \frac{Q_2}{Q_1} \tag{9-24}$$

叫作热机效率。式中，Q_1 为整个循环过程中吸收热量的总和；Q_2 为放出热量总和的绝对值。即式中 Q_1、Q_2 均为绝对值。

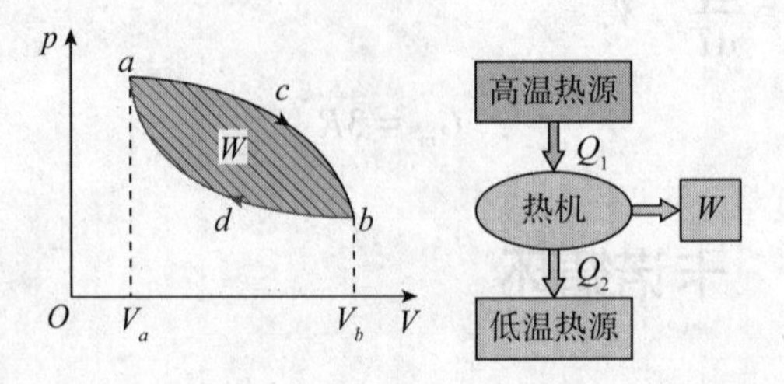

图 9-12　热机的示意图

对于逆循环，即制冷机，其示意图如图 9-13 所示，它从低温热源吸取热量而膨胀，并在压缩过程中，把热量放出给高温热源。为实现这一点，外界必须对制冷机做功。图中，Q_2 为制冷机从低温热源吸收的热量，W 为外界对它做的功，Q_1 为它给高温热源放出的热量。于是当制冷机完成一个逆循环后，有 $-W = Q_2 - Q_1$，即 $W = Q_1 - Q_2$。这就是说，制冷机经历一个逆循环后，由于外界对它做功，可把热量由低温热源传递到高温热源。外界不断做功，就能不断地从低温热源吸取热量，传递到高温热源。这就是制冷机的工作原理。通常把

$$e = \frac{Q_2}{W} = \frac{Q_2}{Q_1 - Q_2} \tag{9-25}$$

叫作制冷机的制冷系数。

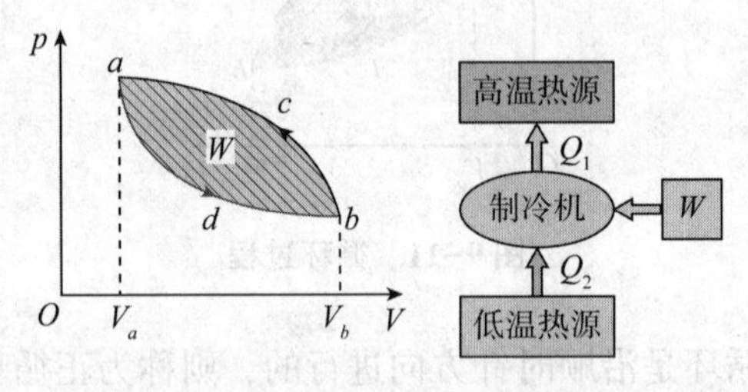

图 9-13　制冷机的示意图

3. 热机和制冷机循环工作举例

1) 火力发电厂汽轮机发电的循环过程

热机是将内能转化为机械能的装置，我们生活中常见的应用热机的有：汽油机、柴油机、汽轮机、飞机和火箭等。这里以火力发电厂的热力学系统为例，来说明热机的循环工作过程以及高温热源和低温热源在火力发电厂的热力学系统的位置，如图 9-14 所示。

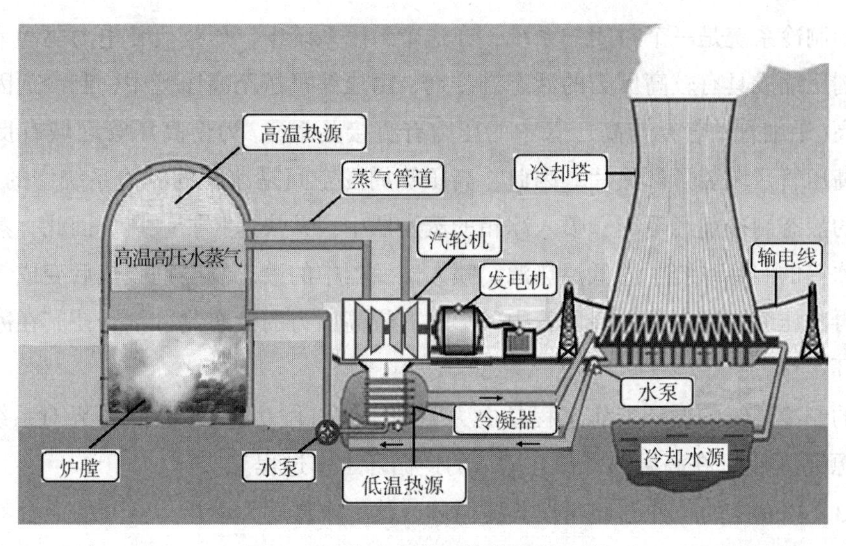

图 9-14 火力发电厂的热力学系统

在火力发电厂的热力学系统中，锅炉提供的高温高压水蒸气为高温热源，高温高压水蒸气驱动汽轮机旋转，汽轮机带动发电机对外做功——发电。完成做功的气体仍然具有较高的温度，需要进入冷凝器冷却，冷凝器即为低温热源。火力发电厂的热力学系统在完成着“从高温热源吸收热量 Q_1，在低温热源放出热量 Q_2，汽轮机带动发电机对外做功 W”的循环过程。

2)冰箱制冷的循环过程

我们生活中常见的制冷机有冰箱、空调等。这里以冰箱的制冷系统为例，来说明制冷机的循环工作过程，以及低温热源和高温热源在冰箱的制冷系统中的位置，如图 9-15 所示。

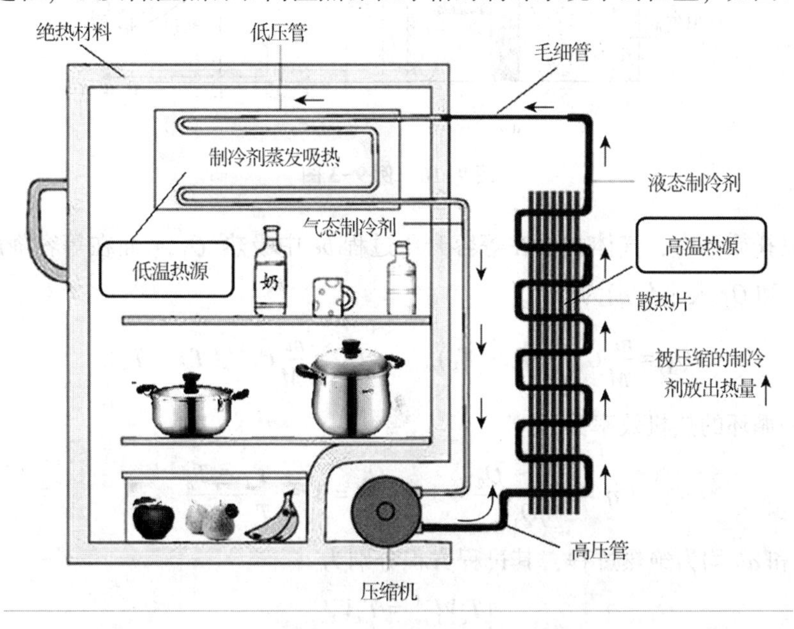

图 9-15 冰箱的制冷系统

冰箱的制冷系统是一个封闭的系统，在这个封闭系统中，压缩机在电力驱动下做功，把气态制冷剂压缩成具有较高压力的液态制冷剂，由压缩机送至高压管中，制冷剂因压力升高而温度升高(毛细管的管径与高压管中的压力有直接关系)，为使高压管区域有良好的散热效果，在高压管区域装了散热片。因此，高压管周围空间是冰箱的制冷系统中的高温热源。高压管中的液态制冷剂经毛细管喷入冰箱的蒸发器中，并快速膨胀吸热。因此，蒸发器的周围空间是冰箱的制冷系统中的低温热源。喷入蒸发器中的液态制冷剂吸热后变成气态，然后被压缩机再次压缩成液态送入高压管中，形成有较高压力的液态制冷剂，使其在冰箱的制冷系统中循环工作。

冰箱的制冷系统的循环工作过程是电力驱动压缩机做功，实现着"外界对系统做功 W，从低温热源吸热 Q_1、在高温热源放热 Q_2"的逆循环工作过程。

例 9-3 内燃机的一种循环叫作奥托循环，其工作物质为燃料与空气的混合物，利用燃料的燃烧热产生巨大压力而做功。图 9-16(a)、(b)所示分别为一内燃机结构示意图和它作四冲程循环的 $p-V$ 图。其中：(1) ab 为绝热压缩过程；(2) bc 为电火花引起燃料爆炸瞬间的等容过程；(3) cd 为绝热膨胀对外做功过程；(4) da 为打开排气阀瞬间的等容过程。在 bc 过程中，工作物质吸取燃料的燃烧热 Q_1，da 过程排出废气，带走了热量 Q_2，奥托循环的效率取决于汽缸活塞的压缩比 $\frac{V_2}{V_1}$，试计算其热机的效率。

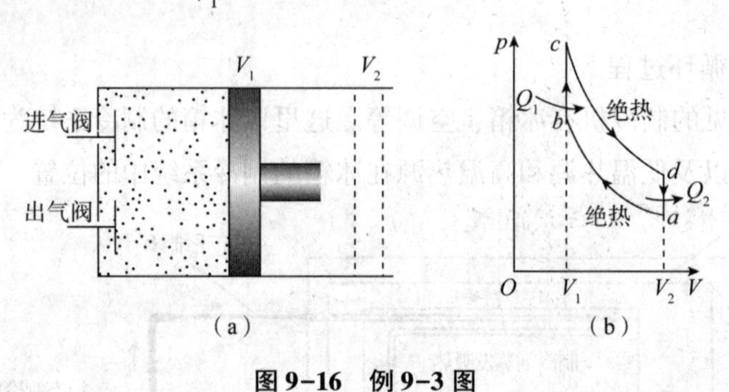

图 9-16 例 9-3 图

解 在奥托循环中，气体主要在等容升压过程 bc 中吸热 Q_1，而在等容降压过程 da 中放热 Q_2，Q_1 和 Q_2 大小分别为

$$Q_1 = \frac{m'}{M}C_{V,\mathrm{m}}(T_c - T_b), \qquad Q_2 = \frac{m'}{M}C_{V,\mathrm{m}}(T_d - T_a)$$

所以这一循环的热机效率为

$$\eta = \frac{Q_1 - Q_2}{Q_1} = 1 - \frac{Q_2}{Q_1} = 1 - \frac{T_d - T_a}{T_c - T_b}$$

因为 cd 和 ab 均为绝热过程，其过程方程分别为

$$\begin{cases} T_c V_1^{\gamma-1} = T_d V_2^{\gamma-1} \\ T_b V_1^{\gamma-1} = T_a V_2^{\gamma-1} \end{cases}$$

两式相减，得 $(T_c - T_b)V_1^{\gamma-1} = (T_d - T_a)V_2^{\gamma-1}$，即 $\dfrac{T_c - T_b}{T_d - T_a} = \left(\dfrac{V_2}{V_1}\right)^{\gamma-1}$，于是得

$$\eta = 1 - \frac{1}{\left(\dfrac{V_2}{V_1}\right)^{\gamma-1}}$$

令 $\varepsilon = \dfrac{V_2}{V_1}$ 称为压缩比，则有

$$\eta = 1 - \frac{1}{\varepsilon^{\gamma-1}}$$

由此可见，奥托循环的效率完全由压缩比 ε 决定，并随着 ε 的增大而增大，故提高压缩比是提高内燃机效率的重要途径。但压缩比太高会产生爆震而使内燃机不能平稳工作，且增大磨损，因此一般压缩比取 5 ~ 7 即可。设 $\varepsilon = 7$，$\gamma = 1.4$，可得效率为

$$\eta = 1 - \frac{1}{7^{0.4}} \approx 55\%$$

实际上，汽油机的效率只有25% 左右，柴油机的压缩比能做到 $\varepsilon = 12 \sim 20$，实际效率可达40% 左右。由于压缩比很大，柴油机的汽缸活塞杆等都做得很笨重，噪声也大，因此小型汽车、摩托车、飞机、快艇都装置汽油机，只有拖拉机、船舶才装置柴油机。

4. 卡诺循环

循环过程的理论是热机的理论基础。循环都是由若干分过程所组成的，这种组合显然有许多方式。那么，怎样的组合才能更好地发挥热机的效能，获得最大的效率呢？19 世纪初，这个问题就尖锐地被提到理论研究的日程上来了，因为当时的热机效率非常低，只有 3% ~5%，即 95% 以上的热量都没有得到利用。1824 年，年仅 28 岁的法国工程师卡诺提出了一种理想的热机，并从理论上证明它的效率最高，卡诺为研究提高热机的效率作出了重大贡献。这种理想热机叫卡诺热机，其循环过程称为卡诺循环。

卡诺循环是由 4 个准静态过程所组成的，其中两个是等温过程，两个是绝热过程。卡诺循环对工作物质是没有规定的，为方便讨论，我们以理想气体为工作物质。卡诺正循环如图 9-17 所示。曲线 AB 和 CD 分别是温度 T_1 和 T_2 的两条等温线，曲线 BC 和 DA 分别是两条绝热线。气体从点 A 出发，按顺时针方向沿封闭曲线 $ABCDA$ 进行，这种正循环为卡诺正循环，即卡诺热机。

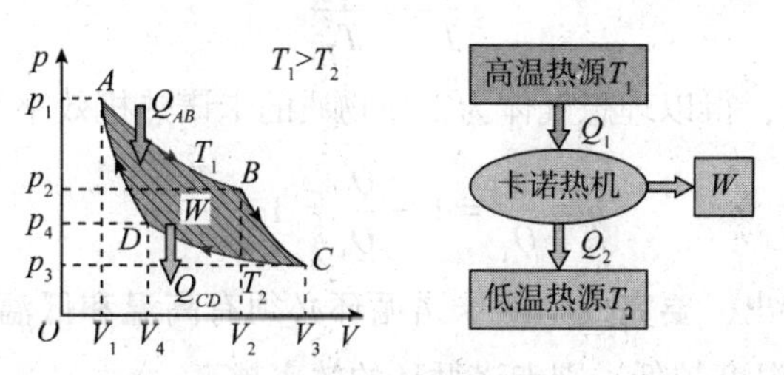

图 9-17 卡诺正循环

由热力学第一定律可求得在4个过程中，气体的内能、对外做功和传递热量间关系如下。

(1)在曲线AB的等温膨胀过程中，气体的内能没有改变，而气体对外做的功W_1，等于气体从温度为T_1的高温热源中吸收的热量Q_1，即

$$W_1 = Q_1 = \int_{V_1}^{V_2} p dV = vRT_1 \int_{V_1}^{V_2} \frac{dV}{V} = vRT_1 \ln \frac{V_2}{V_1} \tag{9-26}$$

(2)在曲线BC的绝热膨胀过程中，气体不吸收热量，对外做的功W_2等于气体所减少的内能，即

$$W_2 = -\Delta E = -(E_C - E_B) = (E_B - E_C) = vC_{V,\mathrm{m}}(T_1 - T_2)$$

(3)在曲线CD的等温压缩过程中，外界对理想气体做的功W_3等于气体向温度为T_2的低温热源放出的热量，即

$$W_3 = -Q_2 = -\int_{V_3}^{V_4} p dV = vRT_2 \int_{V_4}^{V_3} \frac{dV}{V} = vRT_2 \ln \frac{V_3}{V_4} \tag{9-27}$$

(4)在曲线DA的绝热压缩过程中，气体不吸收热量，外界对理想气体做的功W_4用于增加气体的内能，即

$$W_4 = \Delta E = E_A - E_D = \nu C_{V,\mathrm{m}}(T_1 - T_2)$$

由以上4式可得，理想气体经历一个卡诺循环后所做的净功为

$$W = W_1 + W_2 - W_3 - W_4 = Q_1 - Q_2$$

从图9-17可以看出，这个净功W就是图中循环所包围的面积。

由理想气体绝热方程$TV^{\gamma-1}=$常量，可得

$$T_1 V_2^{\gamma-1} = T_2 V_3^{\gamma-1}$$

和

$$T_1 V_1^{\gamma-1} = T_2 V_4^{\gamma-1}$$

上两式相除，有

$$\frac{V_2}{V_1} = \frac{V_3}{V_4}$$

把它们代入式(9-26)和式(9-27)，化简后得

$$\frac{Q_1}{T_1} = \frac{Q_2}{T_2}$$

把它代入式(9-24)，得以理想气体为工作物质的卡诺热机效率为

$$\eta = \frac{W}{Q_1} = 1 - \frac{Q_2}{Q_1} = 1 - \frac{T_2}{T_1} \tag{9-28}$$

从式(9-28)可以看出，要完成一次卡诺循环必须有高温和低温两个热源；高温热源的温度越高，低温热源的温度越低，则卡诺循环的效率越高。

下面讨论图9-18所示的由两个绝热过程和两个等温过程组成的卡诺逆循环，即卡诺制

冷机。图中 BA 和 DC 是等温线，AD 和 CB 是绝热线，设工作物质仍为理想气体，它从温度为 T_1 的点 A 绝热膨胀到点 D，在此过程中，气体的温度逐渐降低，在点 D 时气体的温度为 T_2。接着，气体等温膨胀到点 C，它从低温热源中吸收热量 Q_2。然后，气体被绝热压缩到点 B，由于外界对气体做功，使它的温度上升到 T_1。最后，气体被等温压缩到点 A，使气体回到起始的状态，在此过程中它把热量 Q_1 传递给高温热源。

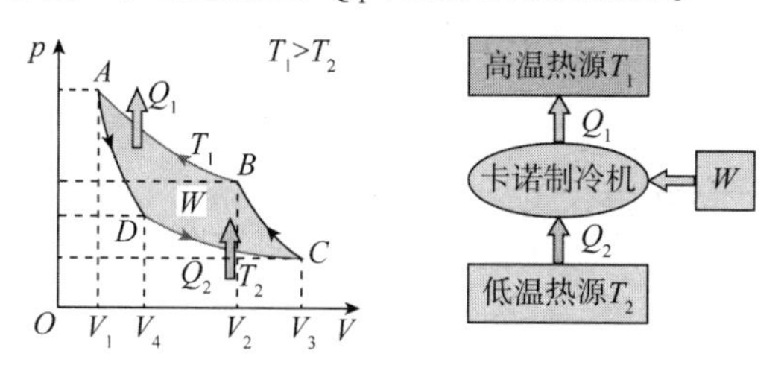

图 9-18　卡诺逆循环

由于 $\dfrac{Q_1}{T_1}=\dfrac{Q_2}{T_2}$，由制冷系数的表达式(9-25)可得该卡诺制冷机的制冷系数 e 为

$$e=\frac{Q_2}{Q_1-Q_2}=\frac{T_2}{T_1-T_2} \tag{9-29}$$

例 9-4　有一台冰箱放在室温为 20 ℃的房间里，冰箱储物柜内的温度维持在 5 ℃。现每天有 2.0×10^8 J 的热量自房间通过热传导方式传入冰箱内。若要使冰箱内保持 5 ℃的温度，冰箱每天需做多少功，其功率为多少？设在 5 ℃和 20 ℃之间运转的制冷机(冰箱)的制冷系数是卡诺制冷机的制冷系数的 55% 。

解　设 e 为该制冷机的制冷系数，$e_{卡}$ 为卡诺制冷机的制冷系数，而卡诺制冷机的制冷系数 $e_{卡}=\dfrac{T_2}{T_1-T_2}$，其中 $T_2=5℃=278\,\mathrm{K}$，$T_1=20℃=293\,\mathrm{K}$。于是，有

$$e=e_{卡}\times\frac{55}{100}=\frac{T_2}{T_1-T_2}\times\frac{55}{100}=\frac{278}{293-278}\times\frac{55}{100}\approx10.2$$

制冷机的制冷系数的定义式为

$$e=\frac{Q_2}{Q_1-Q_2}$$

式中，Q_2 为制冷机从低温热源(储物柜)吸收的热量；Q_1 为传递给高温热源(大气等)的热量。由上式可得

$$Q_1=\frac{e+1}{e}Q_2$$

设 Q' 为自房间传入冰箱内的热量，其值为 2.0×10^8 J 。在热平衡时，$Q_2=Q'$，于是，上式为

$$Q_1=\frac{e+1}{e}Q'$$

把已知数据代入，有

$$Q_1 \approx 2.2 \times 10^8\ \text{J}$$

所以，为保持冰箱在 5 ℃和 20 ℃之间运转，冰箱每天需做的功为

$$W = Q_1 - Q_2 = Q_1 - Q' = 0.2 \times 10^8\ \text{J}$$

功率为

$$P = \frac{W}{t} \approx 232\ \text{W}$$

9.5 热力学第二定律

1. *热力学第二定律的两种表述*

在 19 世纪初期，由于热机的广泛应用，提高热机的效率成为一个十分迫切的问题。人们根据热力学第一定律，知道制造一种效率大于 100% 的循环工作的热机只是一种空想，因为第一类永动机违反能量转换与守恒定律，所以不能实现。但是，制造一个效率为 100% 的循环工作的热机有没有可能呢？分析热机循环效率公式 $\eta = 1 - \frac{Q_2}{Q_1}$，显然，如果向低温热源放出的热量 Q_2 越少，效率 η 就越大，当 $Q_2 = 0$ 时，即不需要低温热源，只存在一个单一温度热源，其效率就可以达到 100% 。这就是说，如果在一个循环中，只从单一热源吸收热量使之全部变为功(这不违反能量守恒定律)，循环效率就可达到 100%， 这个结论是非常引人关注的。有人曾作过估算，如果这种单一热源热机可以实现，则只要使海水降低 0.01 K，就能使全世界所有机器工作 1 000 多年。

然而，长期实践表明，循环效率达 100% 的热机是无法实现的。在这个基础上，开尔文在 1851 年提出了一条重要规律，称为热力学第二定律，这一定律表述为：不可能制成一种循环工作的热机，它只从一个单一温度的热源吸取热量，并使其全部变为有用功，而不引起其他变化。这就是热力学第二定律的开尔文表述。

前面曾提醒过大家不要重犯企图制造第一类永动机的错误，现在更需要强调的是，第二类永动机也非常容易引人上当，因为人们往往忘记热力学第二定律的告诫，误以为凡是遵守能量守恒的过程就一定能够实现。我们要牢记：热力学这两条定律都是不容违背的。

应当指出，热力学第二定律的开尔文表述指的是循环工作的热机。如果工作物质进行的不是循环过程，而是像等温膨胀这样的过程，那是可以把一个热源吸收的热量全部用来做功的。但是，单一的等温膨胀过程并不是循环动作的机器，要用它来持续做功是不现实的。

此外，如果在一个与外界之间没有能量传递的孤立系统中，有一个温度为 T_1 的高温物体和一个温度为 T_2 的低温物体，那么，经过一段时间后，整个系统将达到温度为 T 的热平衡状态。这说明在一孤立系统内，热量是由高温物体向低温物体传递的。我们也有这样的经验，就是从未见过在一孤立系统中低温物体的温度会越来越低，高温物体的温度会越来越高，即热量能自动地由低温物体向高温物体传递。显然，这一过程也并不违反热力学第一定律，但在实践中确实无法实现。要使热量由低温物体传递到高温物体(如制冷机)，只有依

靠外界对它做功才能实现。人们总结出如下结论：不可能把热量从低温物体自动传到高温物体而不引起外界的变化。这就是热力学第二定律的克劳修斯表述。

应当指出，和热力学第一定律一样，热力学第二定律不能从更普遍的定律推导出来，它是大量实验和经验的总结。虽然我们不能直接去验证它的正确性，但能从它所得出的推论与客观实际相符而得到肯定。

2. 热力学第二定律的实质

如果我们进一步考查，可以发现，开尔文表述实际上就是说通过循环过程，功可以全部变为热，而热不能全部变为功，即本质不同的两种形式的能量，它们间的转换具有方向性；克劳修斯表述实际上是说热传导具有方向性。不仅如此，自然过程都具有确定的方向性。

一个系统，由某一状态出发，经过某一过程达到另一个状态，如果存在另一个过程，它能使系统和外界完全复原（即系统回到原来的状态，同时消除了原来过程引起的一切影响。如原来系统对外做的功全部收回，原来系统吸收的热量全部放出），则原来的过程叫作可逆过程；反之，如果用任何方法都不能使系统和外界完全复原，则原来的过程叫作不可逆过程。

一般来说，无耗散（指无摩擦、无散热、无漏气等）效应的准静态过程可以看成是可逆过程。例如，理想气体的准静态等温膨胀过程就是可逆过程。但实际上无耗散的过程和准静态过程都是理想过程。任何实际过程都是有耗散，而且不可能是准静态的，所以任何实际宏观过程都是不可逆过程。

明确了可逆过程和不可逆过程的概念之后，我们很容易理解到，热力学第二定律的开尔文表述实质上指出功变热的过程是不可逆的。功可以完全变成热而不产生其他影响，但热完全变为功不产生其他影响是不可能的。克劳修斯表述实质上指出热传导的过程是不可逆的，热可以从高温物体自动地传向低温物体，但在不产生其他影响的条件下，热却不能从低温物体自动传到高温物体。

自然界中各种实际宏观过程都是不可逆过程，而且这些不可逆过程又都是相互关联的。因此，每一个不可逆过程都可以选为表述热力学第二定律的基础，热力学第二定律除了开尔文和克劳修斯两种典型表述，还可以表述为气体自由膨胀是不可逆的，扩散过程是不可逆的等，即热力学第二定律可以有多种不同的表述方式。但不管具体表述方式如何，热力学第二定律的实质是：一切与热现象有关的实际宏观过程都是不可逆的。这就是说，一切实际宏观过程都具有方向性，某些方向的过程能够自动实现，而相反方向的过程则不能自动实现。热力学第二定律的不同表述都揭示了这一自然界的客观规律。

【知识应用】

热　棒

2006 年，我国青藏铁路全段正式开通，成为世界上海拔最高、路线最长的高原铁路。

在青藏铁路的两旁，插着一根根高出地面达 2 m 的“铁棒”，其数量多达 1.5 万根，如图 9-19 所示。其实，这些都不是一般的“铁棒”，更准确地说，它们是具有导热功能的热棒。

图9-19 青藏铁路两旁的“铁棒”

1. 为什么高原铁路要使用热棒

在寒冷的季节，土壤中的水分会冻结成冰，冰晶和土壤紧密结合在一起，土层就会发生“冻胀”，体积不断增大，同时路基也会变得十分坚硬；相反，当暖季来临的时候，冻土表层的冰又会开始融化，土壤体积就会变小，地基变软，引起局部地面的下沉，导致地基塌陷。

许多冻土地区的路基病害都是由冻土反复地冻胀和融沉变化引起的。例如，俄罗斯全长9 446 km的贝加尔铁路，有2 200 km的道路都修建在了冻土层上，在运营多年后，该路线的病害率就高达40%。

我国东北地区修建在冻土地区的铁路线也曾深受其害。1962年，牙林线潮乌段8 km处曾发生4 h内路基下沉1.4 m，造成机车掉道的事故。因此，如果不能解决冻土冻胀、融沉的问题，在长年的反复冻融作用下，将会严重影响路基的稳定性，从而影响行车安全。冻土工程一度成了世界性难题，许多国家都在着手研究如何避免冻土层随温度变化发生改变的问题。

2. 热棒的工作原理

热棒也叫无芯重力热管(以下简称热管)。热管是一根密封的管子，里面填充了氨、氟利昂、丙烷、二氧化碳等物质，只需要依靠工作液体的汽化和液化过程，就可以进行散热工作。

一根热管由3部分组成，其两端分别是蒸发段(吸热段)和冷凝段(放热段)，中间则是过渡的绝热段，如图9-20所示。只要温度超过变相温度，热管底部的液态工作介质就会汽化。这时，在半真空热管内的气体受到气压作用，就会通过绝热段迅速扩散上升，进入最上端的放热段，然后释放出热量后又凝结成为液体。气体凝结的液体受到重力的作用，又会沿热管再次回到吸热段。无论热管垂直地平面放置还是倾斜放置，工作液体都会不断在气体和液体间不断变化，管内热量就会传输出去。如此循环往复降低周围冻土温度，增加冻土本身的冷储量，提高冻土热稳定性，从而保证路基的稳定性。

而且，热管的导热能力很强，甚至是铜和银导热能力的1 000倍。一根直径为25 mm的热管，其导热能力就和一根直径2.7 m的铜棒相当。青藏铁路使用的热管是我国自行研制和生产的很典型的低温热虹吸管，可以用于-60～80 ℃的环境中。

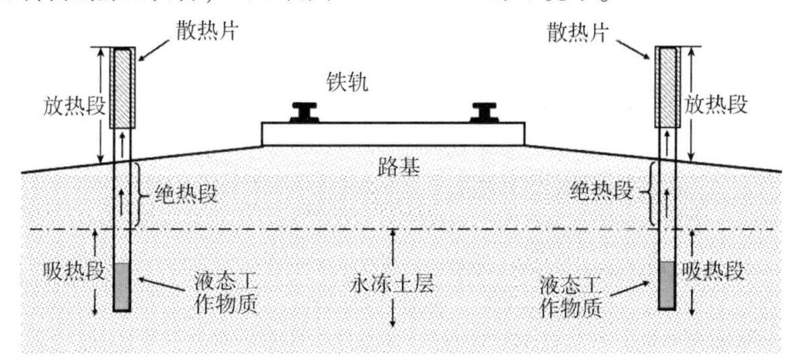

图 9-20　热棒的工作原理

目前，热棒已运用到了民用建筑、公路、铁路、机场跑道、水库大坝、航天等诸多领域。

例如，航天器在宇宙中，会因为过大的温差，影响到设备的安全，此时热棒就发挥了极大作用。

当航天器面对太阳时，温度会立刻升高，但背阳一面的温度却极低，对航天器的影响极大。为了尽可能地保持两面温度的平衡，科研人员便将热管安装到了航天器中，让面对太阳的一面成为吸热段，背对太阳那面则是放热段。当热管吸收到太阳的热量后，就可以将热量传递到背阳的放热段，并在放热段释放热量后，再次回到吸热段，这样就能实现航天器两侧温度的平衡，避免因为两侧温差过大而导致系统出现故障。

【本章小结】

1. 热力学第一定律

(1)准静态过程的概念。

(2)功：$W=\int_{V_1}^{V_2}p\mathrm{d}V$。

(3)热量：系统与外界之间由于存在温度差而传递的能量。

(4)热力学第一定律：$Q=W+\Delta E$。

2. 理想气体的等值过程和绝热过程

(1)等容过程：$W=0$，$\Delta E=Q_V=\nu C_{V,\mathrm{m}}(T_2-T_1)$。

(2)等压过程：$W=p(V_2-V_1)=\dfrac{m'}{M}R(T_2-T_1)$，$Q_p=\nu C_{p,\mathrm{m}}(T_2-T_1)$，$\Delta E=\nu C_{V,\mathrm{m}}(T_2-T_1)$。

(3)等温过程：$\Delta E=0$，$Q=W=\dfrac{m'}{M}RT\ln\dfrac{V_2}{V_1}$。

(4)绝热过程：$\mathrm{d}Q=0$，$W=-\Delta E=-\dfrac{m'}{M}C_{V,\mathrm{m}}(T_2-T_1)$。

3. 循环过程

(1)循环过程：正循环、逆循环。

(2)热机的效率：$\eta = \frac{W}{Q_1} = \frac{Q_1 - Q_2}{Q_1} = 1 - \frac{Q_2}{Q_1}$。

(3)制冷机的制冷系数：$e = \frac{Q_2}{W} = \frac{Q_2}{Q_1 - Q_2}$。

(4)卡诺循环：卡诺热机的效率 $\eta = 1 - \frac{T_2}{T_1} = \frac{T_1 - T_2}{T_1}$。

卡诺制冷机的制冷系数 $e = \frac{Q_2}{Q_1 - Q_2} = \frac{T_2}{T_1 - T_2}$。

4. 热力学第二定律

(1)热力学第二定律的开尔文表述和克劳修斯表述。

(2)热力学第二定律的实质。

课后习题

9-1 一定量的理想气体，由平衡态 A 变到平衡态 B，如右图所示，且它们的压强相等，即 $p_A = p_B$，则在状态 A 和状态 B 之间，气体无论经过的是什么过程，气体必然(　　)。

(A)对外做正功

(B)内能增加

(C)从外界吸热

(D)向外界放热

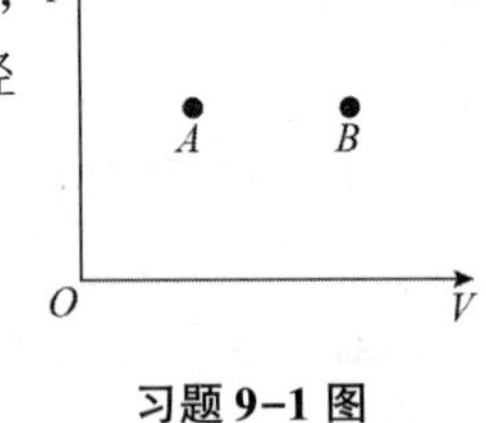

习题 9-1 图

9-2 两个相同的刚性容器，一个盛有氢气，一个盛有氦气(均视为刚性分子理想气体)。开始时它们的压强和温度都相同，现将3 J热量传给氦气，使之升高到一定的温度。若氢气也升高同样的温度，则应向氢气传递的热量为(　　)。

(A)6 J　　(B)3 J

(C)5 J　　(D)10 J

9-3 气体经历如右图所示的循环过程，在这个循环过程中，外界传给气体的净热量是(　　)。

(A) 3.2×10^4 J

(B) 1.8×10^4 J

(C) 2.4×10^4 J

(D) 0 J

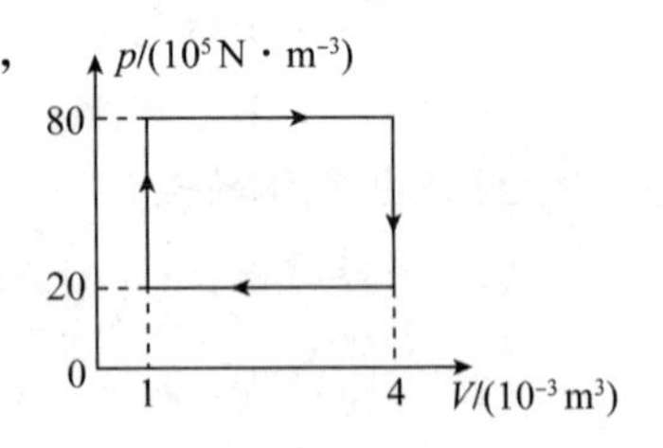

习题 9-3 图

9-4 一定量理想气体经历的循环过程用 $V-T$ 曲线表示如右图所示，在此循环过程中，气体从外界吸热的过程是(　　)。

(A) $A \to B$

(B) $B \to C$

(C) $C \to A$

(D) $B \to C$ 和 $C \to A$

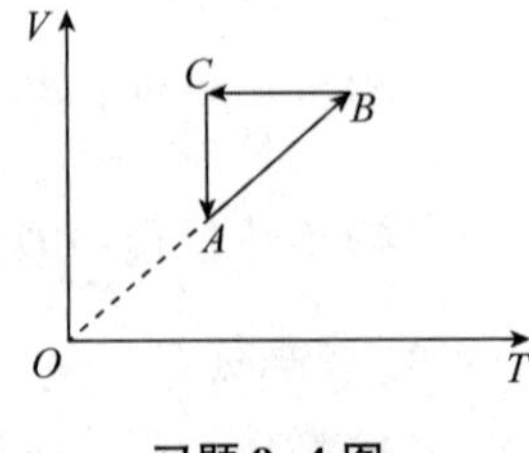

习题 9-4 图

9-5 一台工作于温度分别为327 ℃和27 ℃的高温热源和低温热源之间的卡诺热机，每经历一个循环过程吸热2 000 J，则对外做功(　　)。

(A)2 000 J　　　　(B)1 000 J

(C)4 000 J　　　　(D)500 J

9-6 一系统由状态 a 沿 acb 到达状态 b 的过程中，有350 J热量传入系统，而系统对外做功126 J，如下图所示。(1)若沿 adb 时，系统对外做功42 J，问有多少热量传入系统？(2)若系统由状态 b 沿曲线 ba 返回状态 a 时，外界对系统做功为84 J，试问系统是吸热还是放热？热量传递是多少？

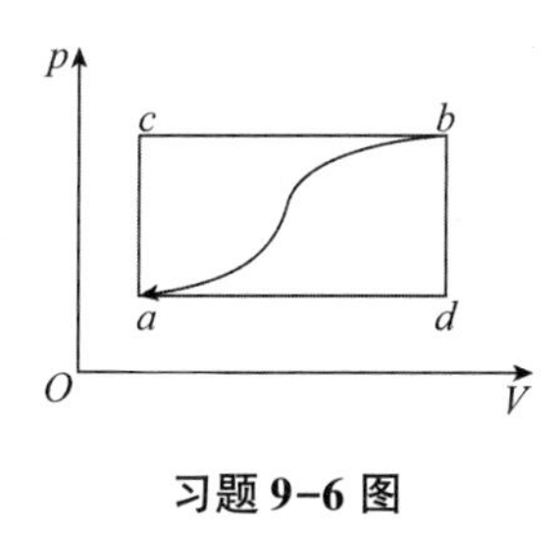

习题9-6图

9-7 1 mol单原子理想气体从300 K加热到350 K，问在下列两过程中吸收了多少热量？增加了多少内能？对外做了多少功？(1)容积保持不变；(2)压强保持不变。

9-8 将1 mol理想气体等压加热，使其温度升高72 K，传给它的热量等于 1.6×10^{3} J，求：(1)气体对外做的功 W；(2)气体内能的增量 ΔE；(3)比热容比 γ。

9-9 有1 mol刚性多原子分子的理想气体，原来的压强为1.0 atm，温度为27 ℃，若经过一绝热过程，使其压强增加到16 atm。试求：(1)气体内能的增量；(2)在该过程中气体对外做的功；(3)终态时，气体的分子数密度。

9-10 2 mol理想气体在300 K时，体积从4 L等温压缩到1 L，求气体对外做的功和吸收的热量。

9-11 将温度为27 ℃，压强为1.0 atm的0.32 kg氧气绝热地压缩到10 atm，求氧气对外做的功和内能的增量。氧气可看成理想气体，$C_{V,\mathrm{m}}=\dfrac{5}{2}R$。

9-12 一定量的氮气作如下图所示的循环，求在此循环过程中，气体从高温热源吸收的热量、气体对外做的净功以及循环效率。氮气可视为理想气体，$C_{V,\mathrm{m}}=\dfrac{5}{2}R$。

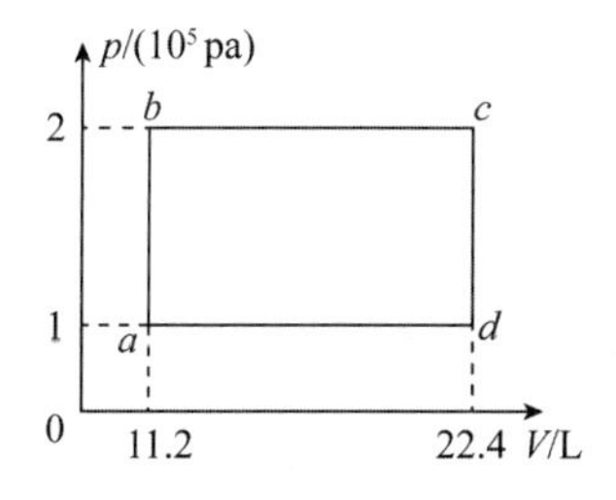

习题9-12图

9-13　一卡诺热机在1 000 K和300 K的两热源之间工作，试计算：(1)热机的效率；(2)若低温热源不变，要使热机效率提高到80%，则高温热源温度需提高多少？(3)若高温热源不变，要使热机效率提高到80%，则低温热源温度需降低多少？

9-14　理想气体作卡诺循环，高温热源温度为127 ℃，低温热源温度为27 ℃，每一循环气体从高温热源吸热2 500 J。求：(1)在每一个循环中热机对外做的功；(2)在每一个循环中热机向低温热源放出的热量。

9-15　(1)用一作卡诺循环的制冷机从7 ℃的热源中提取1 000 J的热量传向27 ℃的热源，需要多少功？从-173 ℃向27 ℃呢？(2)一可逆的卡诺机，作热机使用时，如果工作的两热源的温度差越大，则对于做功就越有利；当作制冷机使用时，如果两热源的温度差越大，对于制冷是否也越有利？为什么？

9-16　一卡诺热机的低温热源温度为7 ℃，效率为40%，若要将其效率提高到50%，求高温热源的温度需要提高多少？

9-17　一定量的理想气体，经历如下图所示的循环过程，其中AB和CD是等压过程，BC和DA是绝热过程。已知点B温度 $T_B = T_1$，点C温度$T_C = T_2$。(1)证明该热机的效率为$\eta = 1 - T_2/T_1$；(2)这个循环是卡诺循环吗？

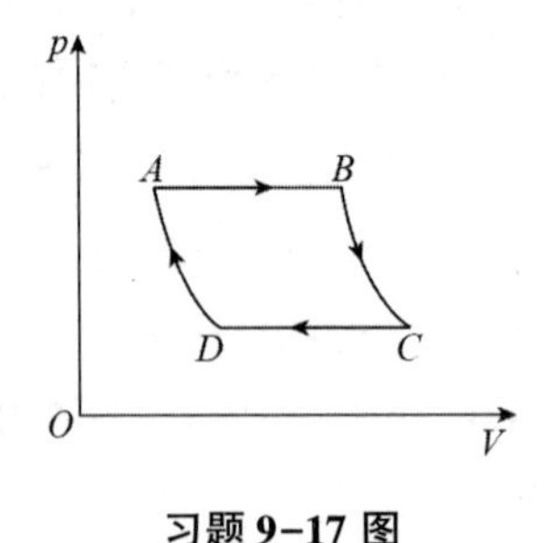

习题9-17图

9-18　1 mol氢气在温度为300 K、体积为0.025 m^3的状态下，经过：(1)等压膨胀；(2)等温膨胀；(3)绝热膨胀。气体的体积都变为原来的两倍，试分别计算这3种过程中氢气对外做的功以及吸收的热量。

9-19　0.32 kg的氧气作如下图所示循环$ABCDA$，设$V_2 = 2V_1$，$T_1 = 300$ K，求循环效率。

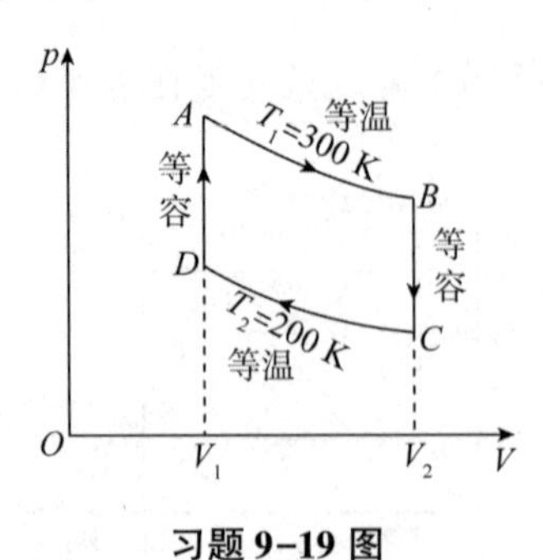

习题9-19图

9-20 一可逆卡诺热机高温热源的温度为227 ℃，低温热源的温度为27 ℃，其每次循环对外做净功2 000 J，现通过提高高温热源的温度改进热机的工作效率，使其每次对外做净功为3 000 J。若前后两个卡诺循环都工作在相同的两条绝热线间且低温热源温度不变，试求：(1) 改进前后卡诺热机循环的效率；(2) 改进后卡诺热机的高温热源温度。

第 10 章

静电场

学习目标

1. 理解库仑定律及其适用条件。
2. 掌握电场强度和电势概念。
3. 理解静电场的高斯定理和环路定理。
4. 熟练掌握用点电荷电场强度叠加法以及高斯定理法求带电系统的电场强度。
5. 熟练掌握用点电荷电场电势叠加法以及电势的定义式法来求带电系统的电势。

导学思考

1. 静电现象是日常生活和生产中经常出现的一种现象，如人体静电，当累计电荷量较大时(见 GB 12158—2006、GB/T 19951—2019)，其有可能是危险场所的点火源，也是国内外电子产品预防静电危害的重要部分。那么静电是如何产生危害作用的呢？请大家查阅文献了解静电危害的相关知识。

2. 静电场在静电除尘、静电喷涂、加速电子、静电复印、果蔬保鲜和种子处理等方面都有重要的用途。上述应用都和静电场的电场强度有关，那么静电场的场强分布、场强叠加和电场强度的计算遵从什么样的规律呢？

3. 观察实验可以发现，静电场对电荷有力的作用，对电荷有做功的本领。我们从力的观点引入了电场强度的概念，那么能否从做功的观点引入一个描述静电场的物理量，来确切描述静电场中某一点的做功本领呢？

电磁学已经渗透到现代自然科学的各个分支和技术领域，现代人类的工作生活已经离不开电磁技术。因此，理解和掌握电磁运动的基本规律，对工科学生在理论学习和实践应用上具有极其重要的意义。一般来说，运动电荷会同时激发电场和磁场，电场和磁场是相互关联的。但是，当我们所研究的电荷相对某个参考系静止时，电荷在这个静止参考系中就只激发电场，而无磁场，这个电场就是静电场。

本章主要讨论静止电荷间的相互作用和静电场的基本性质。

10.1　电荷　库仑定律

1. 电荷　电荷的量子化

物体或微观粒子所带的电荷有两种：正电荷和负电荷。同种电荷互相排斥，异种电荷互相吸引。物体带电的多少称为电荷量(简称电荷)，电荷量的单位名称为库仑(符号为 C)，简称库。按照原子理论，在每个原子里，电子环绕由中子和质子组成的原子核运动。原子中的中子不带电，质子带正电，电子带负电，质子与电子所具有的电荷量的绝对值是相等的。在正常情况下，每个原子的电子数和质子数相等，故物体呈电中性。

密立根油滴实验证明，在自然界中，带电物体的电荷总是以“ $\pm e$ ”的整数倍出现，即 $q = \pm ne(n = 1, 2, 3, \cdots)$。这是自然界存在不连续性(即量子化)的又一个例子。电荷的这种只能取离散、不连续量值的性质，称为电荷的量子化。电子的电荷绝对值 e 称为元电荷，或称为电荷的量子，有

$$e = 1.602 \times 10^{-19}\ \mathrm{C}$$

现代物理学理论认为，基本粒子中的强子是由若干种夸克或反夸克组成，而夸克或反夸克带有 $\pm\frac{e}{3}$ 或 $\pm 2\frac{e}{3}$ 的电荷量。然而粒子物理学本身要求夸克不能单独存在，高能物理实验也没有发现自由的夸克。因此，电荷的量子性仍是一个得到认可的科学结论。

2. 电荷守恒定律

大量实验证明，在一个孤立系统中，系统所具有的正、负电荷的代数和保持不变，这一性质称为电荷守恒定律。电荷守恒定律就像能量守恒定律、动量守恒定律、角动量守恒定律一样，是自然界中的基本定律。例如，摩擦起电的过程实际上是电荷从一个物体转移到另一个物体的过程，虽然两物体的电中性状态被打破，各显电性，但一方带正电，另一方带负电，两物体构成的系统仍然呈电中性。无论在宏观领域里，还是在原子、原子核和粒子范围内，电荷守恒定律都是成立的。

3. 库仑定律

任何带电物体都具有一定形状和大小，但是在许多情况下，带电物体间的距离比它们自身的大小大得多，以致带电物体的形状和大小对相互作用力的影响可以忽略不计，这样的带电物体可以看作点电荷。点电荷是从实际带电物体中抽象出来的模型。

如果一个电荷量为 q 的带电物体不能看作点电荷，可以把带电物体无限分割成电荷量为 $\mathrm{d}q$ 的点电荷微元(简称电荷元)，然后把这些电荷元直接当成点电荷加以研究和处理。从而将带电体看成无限多个点电荷的集合体，带电物体的性质就由这些点电荷性质的总和决定。

1785 年，法国物理学家库仑通过扭秤实验，总结出两个点电荷之间的相互作用力的规

律，即库仑定律。该定律揭示了静电相互作用的第一个定量规律。

库仑定律表述为：在真空中，两个静止点电荷之间的相互作用力，其大小与它们电荷的乘积成正比，与它们之间距离的二次方成反比；其方向沿着两点电荷的连线，同号电荷相斥，异号电荷相吸。

两个点电荷分别为 q_1 和 q_2，由电荷 q_1 指向电荷 q_2 的矢量用 $\boldsymbol{r}$ 表示，如图 10-1 所示。那么，电荷 q_2 受到电荷 q_1 的作用力 $\boldsymbol{F}$ 为

$$\boldsymbol{F}=\frac{1}{4\pi\varepsilon_0}\frac{q_1q_2}{r^2}\boldsymbol{e}_r \tag{10-1}$$

式中，$\boldsymbol{e}_r$ 为从电荷 q_1 指向 q_2 的单位矢量，即 $\boldsymbol{e}_r=\boldsymbol{r}/|\boldsymbol{r}|$；$\varepsilon_0$ 为真空电容率或真空介电常量，一般计算时，其值为

$$\begin{aligned}\varepsilon_0&=8.85\times10^{-12}\ \mathrm{C^2\cdot N^{-1}\cdot m^{-2}}\\&=8.85\times10^{-12}\ \mathrm{F\cdot m^{-1}}\end{aligned}$$

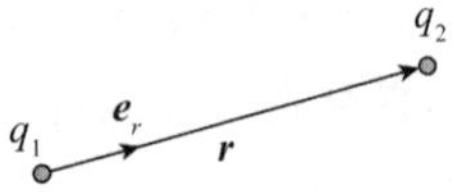

图 10-1　库仑定律

例 10-1　两个电荷量均为 q 的正电荷，固定在一个等腰三角形底边的两个角上，另一个正电荷 Q 在等腰三角形的顶角上，如图 10-2 所示。正电荷 Q 在两个电量为 q 的正电荷静电力的作用下，可沿其平分底边和顶角的 x 轴自由移动。求：(1) 电荷 Q 所受到的排斥力；(2) 电荷 Q 所受到的最大排斥力的位置。

解　选择如图 10-3 所示的坐标。

分析可知：两个电荷 q 对 Q 的作用力在 y 轴方向上的分量大小相等、方向相反而相互抵消，在 x 轴方向上的分量大小相等、方向相同。

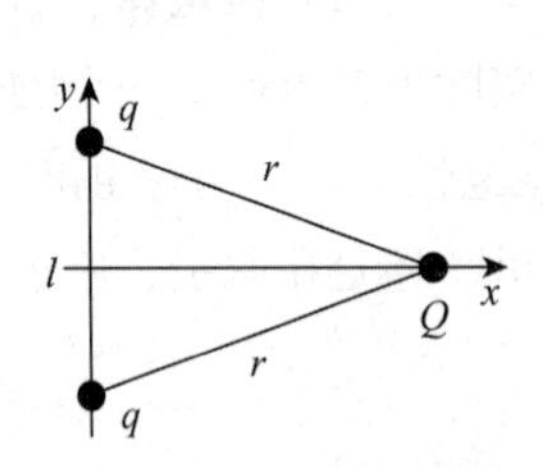

图 10-2　电荷分布图

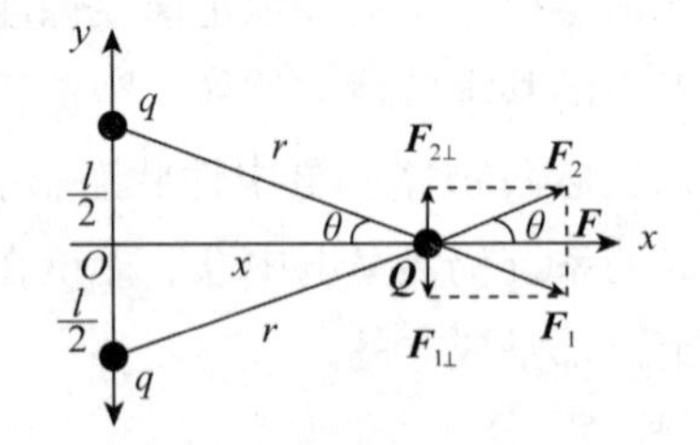

图 10-3　电荷 Q 受力分析

(1) 由库仑定律知，电荷 Q 所受到的排斥力的大小为

$$F=\frac{1}{4\pi\varepsilon_0}\cdot\frac{qQ}{r^2}\cos\theta\times2$$

由图 10-3 可知

$$r=\sqrt{\left(\frac{l}{2}\right)^2+x^2},\ \cos\theta=\frac{x}{r}$$

代入得到

$$F=\frac{1}{2\pi\varepsilon_0}\cdot\frac{qQ}{\left(\frac{l}{2}\right)^2+x^2}\cdot\frac{x}{\sqrt{\left(\frac{l}{2}\right)^2+x^2}}=\frac{qQ}{2\pi\varepsilon_0}\cdot\frac{x}{\left[\left(\frac{l}{2}\right)^2+x^2\right]^{\frac{3}{2}}}$$

F 的方向沿 x 轴正方向。

(2)电荷 Q 所受到的最大排斥力的位置为

$$\frac{\mathrm{d}F}{\mathrm{d}x}=\frac{qQ}{2\pi\varepsilon_0}\left[\frac{1}{\left(\left(\frac{l}{2}\right)^2+x^2\right)^{\frac{3}{2}}}-\frac{3x^2}{\left(\left(\frac{l}{2}\right)^2+x^2\right)^{\frac{5}{2}}}\right]=0$$

由上式得到

$$\frac{1}{\left[\left(\frac{l}{2}\right)^2+x^2\right]^{\frac{3}{2}}}-\frac{3x^2}{\left[\left(\frac{l}{2}\right)^2+x^2\right]^{\frac{5}{2}}}=0$$

解得电荷 Q 所受到的最大排斥力的位置为

$$x=\pm\frac{\sqrt{2}}{4}l$$

10.2　电场强度

1. 静电场

库仑定律仅指出两个点电荷之间的相互作用力的定量关系，并没有说明电荷之间的相互作用是怎样进行的。

电荷间的相互作用是通过电场来实现的，任何电荷都在其周围空间激发电场，电荷间的相互作用可以表示为

$$\text{电荷}\Longleftrightarrow\text{电场}\Longleftrightarrow\text{电荷}$$

1)“场”的特点

场是一种特殊形态的物质，它和物质的另一种形态——实物，一起构成物质世界。

静电场存在于静止点电荷的周围，与实物相比较，其分布范围广泛，具有分散性，所以对场的描述需要逐点进行。

2)电场的基本性质

放入电场的任何带电物体，都会受到电场力的作用。

当带电物体在电场中移动时，电场力对带电物体做功。

2. 电场强度

由于电场对处于其中的电荷有作用力，所以可通过观察电荷在空间各点的受力情况研究电场的性质，故引入一个描述电场的基本物理量——电场强度。

下面研究一电荷量为 q 的物体周围的电场。电荷量为 q 的物体称为场源，场源可以是若干个带电体或点电荷。为了使电场不至于因测量而受到影响，所选用的试探电荷 q_0 的电荷

量和几何线度必须充分小，以保证能反映电场中某一点的性质。对电场中的任何一个场点来说，所受到的电场力的值和方向可能均不同，就某一点而言只与 q_0 的电荷量有关，但力 $\boldsymbol{F}$ 与 q_0 之比为一个不变的矢量。显然，这个不变的矢量只与该点处的电场有关，反映了电场性质，称为电场强度，简称场强，用符号 $\boldsymbol{E}$ 表示，即

$$\boldsymbol{E}=\frac{\boldsymbol{F}}{q_0} \tag{10-2}$$

式(10-2)为电场强度定义式，它表明电场内任意场点的电场强度大小等于位于该点处的单位试验电荷所受的电场力的大小，其方向与正试验电荷在该点受力方向相同。在国际单位制中，电场强度的单位是 $\mathrm{N\cdot C^{-1}}$(牛顿每库仑)，也可以写成 $\mathrm{V\cdot m^{-1}}$(伏特每米)。

3. 点电荷的电场强度

设场源为一点电荷，电荷量为 q，在与场源点电荷距离为 r 的场点处放一电荷量为 q_0 的点电荷，由库仑定律可知，该点电荷受力为

$$\boldsymbol{F}=\frac{1}{4\pi\varepsilon_0}\frac{q_0 q}{r^2}\boldsymbol{e}_r \tag{10-3}$$

式中，$\boldsymbol{e}_r$ 为由场源点电荷指向场点方向的单位矢量。由式(10-2)可知，该场点的电场强度为

$$\boldsymbol{E}=\frac{1}{4\pi\varepsilon_0}\frac{q}{r^2}\boldsymbol{e}_r \tag{10-4}$$

这就是点电荷的电场强度公式。若 $q>0$，则 $\boldsymbol{E}$ 与 $\boldsymbol{r}$ 同向；若 $q<0$，则 $\boldsymbol{E}$ 与 $\boldsymbol{r}$ 反向。

4. 电场强度的叠加原理

设场源是由 n 个静止的点电荷 q_1，q_2，…，q_n 组成的，一个电荷量为 q_0 的点电荷在某一场点 P 受的合力为

$$\boldsymbol{F}=\boldsymbol{F}_1+\boldsymbol{F}_2+\cdots+\boldsymbol{F}_n=\sum_{i=1}^{n}\boldsymbol{F}_i$$

式中，$\boldsymbol{F}_i$ 为第 i 个场源点电荷对点电荷 q_0 的作用力。根据式(10-2)，该场点电场强度为

$$\boldsymbol{E}=\frac{\boldsymbol{F}}{q_0}=\frac{\boldsymbol{F}_1}{q_0}+\frac{\boldsymbol{F}_2}{q_0}+\cdots+\frac{\boldsymbol{F}_n}{q_0}=\sum_{i=1}^{n}\frac{\boldsymbol{F}_i}{q_0}$$

$$\boldsymbol{E}=\boldsymbol{E}_1+\boldsymbol{E}_2+\cdots+\boldsymbol{E}_n=\sum_{i=1}^{n}\boldsymbol{E}_i \tag{10-5}$$

由此可见，由 n 个点电荷组成的场源在空间某一场点所产生的总电场强度等于各个点电荷单独存在时在该场点所贡献电场强度的矢量和。这就是由静电相互作用的独立性导致的电场强度的可叠加性，称为电场强度的叠加原理。用这个原理，原则上可以计算任意带电体对空间任意场点的场强贡献。如前所述，任意带电体都可无穷分割为电荷元之集合。

1)点电荷系的场强

设场源由 n 个点电荷组成，第 i 个点电荷所带电荷量为 q_i，q_i 在给定场点 P 产生的场强为 $\boldsymbol{E}_i$，由式(10-3)有

$$\boldsymbol{E}_i=\frac{1}{4\pi\varepsilon_0}\frac{q_i}{r_i^2}\boldsymbol{e}_{ri} \tag{10-6}$$

式中, $\boldsymbol{e}_{ri}$ 是电荷量为 q_i 的场源点电荷指向场点 P 的单位矢量。根据场强的叠加原理，场源在场点 P 产生的总的场强为

$$\boldsymbol{E} = \sum \frac{1}{4\pi\varepsilon_0} \frac{q_i}{r_i^2} \boldsymbol{e}_{ri} \tag{10-7}$$

2) 电荷连续分布的带电体的场强

对于电荷连续分布的带电体，可把带电体分为许多无限小的电荷元，而每个电荷元都可以当作点电荷，任意电荷元 $\mathrm{d}q$ 在给定场点 P 产生的场强为

$$\mathrm{d}\boldsymbol{E} = \frac{1}{4\pi\varepsilon_0} \frac{\mathrm{d}q}{r^2} \boldsymbol{e}_r \tag{10-8a}$$

式中, $\boldsymbol{e}_r$ 是电荷元 $\mathrm{d}q$ 指向场点 P 的单位矢量。根据场强的叠加原理便可求得电荷连续分布的带电体在场点 P 的场强为

$$\boldsymbol{E} = \int \mathrm{d}\boldsymbol{E} = \int_Q \frac{1}{4\pi\varepsilon_0} \frac{\mathrm{d}q}{r^2} \boldsymbol{e}_r \tag{10-8b}$$

式中，积分遍及整个带电体。在这里需要注意，式(10-8b)的积分是矢量函数的叠加积分，在直角坐标系中，通常分解为 $\mathrm{d}\boldsymbol{E}_x$、$\mathrm{d}\boldsymbol{E}_y$、$\mathrm{d}\boldsymbol{E}_z$ 这 3 个分量积分式，由此便可求出电场强度矢量的直角坐标三分量。

但是上述叠加积分不能直接进行，除非给出电荷的空间分布函数——电荷密度。

在电荷连续分布的情况下，可以引入电荷密度分布函数，定量地描述电荷的空间分布状况。

若电荷连续分布在细线上(一维)，定义电荷线密度 λ 为

$$\lambda = \lim_{\Delta l \to 0} \frac{\Delta q}{\Delta l} = \frac{\mathrm{d}q}{\mathrm{d}l}$$

式中, $\mathrm{d}q$ 为线元 $\mathrm{d}l$ 上的电荷量, λ 的单位为 $\mathrm{C \cdot m^{-1}}$。由于 $\mathrm{d}q = \lambda\,\mathrm{d}l$，所以全部线分布电荷在场点 P 产生的场强为

$$\boldsymbol{E} = \frac{1}{4\pi\varepsilon_0} \int_l \frac{\lambda\,\mathrm{d}l}{r^2} \boldsymbol{e}_r$$

若电荷连续分布在一个平面或曲面上(二维)，则定义电荷面密度 σ 为

$$\sigma = \lim_{\Delta S \to 0} \frac{\Delta q}{\Delta S} = \frac{\mathrm{d}q}{\mathrm{d}S}$$

式中, $\mathrm{d}q$ 为面积元 $\mathrm{d}S$ 上的电荷量, σ 的单位为 $\mathrm{C \cdot m^{-2}}$。由于 $\mathrm{d}q = \sigma\,\mathrm{d}S$，所以全部面分布电荷在场点 P 产生的场强为

$$\boldsymbol{E} = \frac{1}{4\pi\varepsilon_0} \int_S \frac{\sigma\,\mathrm{d}S}{r^2} \boldsymbol{e}_r$$

若电荷在三维空间某区域连续分布，则定义电荷体密度 ρ 为

$$\rho = \lim_{\Delta V \to 0} \frac{\Delta q}{\Delta V} = \frac{\mathrm{d}q}{\mathrm{d}V}$$

式中，$\mathrm{d}q$ 为体积元 $\mathrm{d}V$ 内的电荷量，ρ 的单位为 $\mathrm{C \cdot m^{-3}}$。由于 $\mathrm{d}q=\rho\mathrm{d}V$。所以全部体分布电荷在场点 P 产生的场强为

$$\boldsymbol{E}=\frac{1}{4\pi\varepsilon_0}\int_V\frac{\rho\mathrm{d}V}{r^2}\boldsymbol{e}_r$$

上面几个公式中，$\Delta V\to0$，$\Delta S\to0$，$\Delta l\to0$，并不是严格的数学过程，应理解为宏观无限小，微观无限大的情况。

5. 电偶极子的电场强度

两个等量异号点电荷，电荷量分别为 $+q$ 与 $-q$，相距为 r_0，如果讨论的场点与这一对点电荷之间的距离比 r_0 大得多，则这一对点电荷的总体就称为电偶极子，用 $\boldsymbol{r}_0$ 表示从负电荷到正电荷的相对位置矢量，电荷量 q 与 $\boldsymbol{r}_0$ 的乘积叫作电偶极矩或简称为电矩，用 $\boldsymbol{p}$ 表示，即 $\boldsymbol{p}=q\boldsymbol{r}_0$。在国际单位制中，电偶极矩的单位是 $\mathrm{C\cdot m}$。电偶极子的物理模型是研究介质场和电磁辐射的基础模型。

下面分别讨论电偶极子延长线上和中垂线上任意场点的电场强度。

1)计算电偶极子延长线上任意一点 A 的场强

取电偶极子轴线的中点为坐标原点 O，沿极轴的延长线为 x 轴，轴上任意点 A 距原点 O 距离为 x，且 $x\gg r_0$，如图 10－4 所示，由式(10-6)可得电荷 $+q$ 与 $-q$ 在点 A 产生的场强分别为

$$\boldsymbol{E}_+=\frac{1}{4\pi\varepsilon_0}\frac{q}{(x-r_0/2)^2}\boldsymbol{i}$$

$$\boldsymbol{E}_-=-\frac{1}{4\pi\varepsilon_0}\frac{q}{(x+r_0/2)^2}\boldsymbol{i}$$

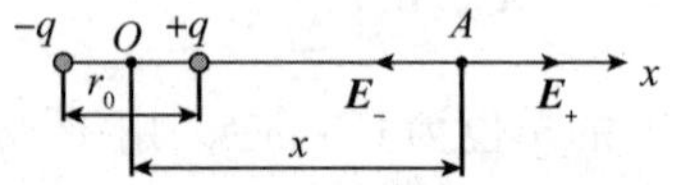

图 10-4　电偶极子延长线上的电场强度

上两式表明，$\boldsymbol{E}_+$ 和 $\boldsymbol{E}_-$ 的方向都沿着 x 轴，但指向相反，故点 A 的场强 $\boldsymbol{E}_A$ 为

$$\boldsymbol{E}_A=\boldsymbol{E}_++\boldsymbol{E}_-=\frac{q}{4\pi\varepsilon_0}\frac{2xr_0}{(x^2-r_0{}^2/4)^2}\boldsymbol{i}$$

由于 $r_0\ll x$，故 $r_0{}^2/4\ll1$，于是$(x^2-r^2{}_0/4)\approx x^2$，上式可写为

$$\boldsymbol{E}_A=\frac{1}{4\pi\varepsilon_0}\frac{2r_0q}{x^3}\boldsymbol{i}$$

由于电矩 $\boldsymbol{p}=q\boldsymbol{r}_0=qr_0\boldsymbol{i}$，所以上式为

$$\boldsymbol{E}_A=\frac{1}{4\pi\varepsilon_0}\frac{2\boldsymbol{p}}{x^3}\tag{10-9}$$

2)计算电偶极子中垂线上任意点 B 的场强

设 $OB=y$，且 $y\gg r_0$，如图 10-5 所示，$+q$ 和 $-q$ 在点 B 所产生的场强大小相等，即

$$E_+ = E_- = \frac{1}{4\pi\varepsilon_0}\frac{q}{y^2 + r_0^{\ 2}/4}$$

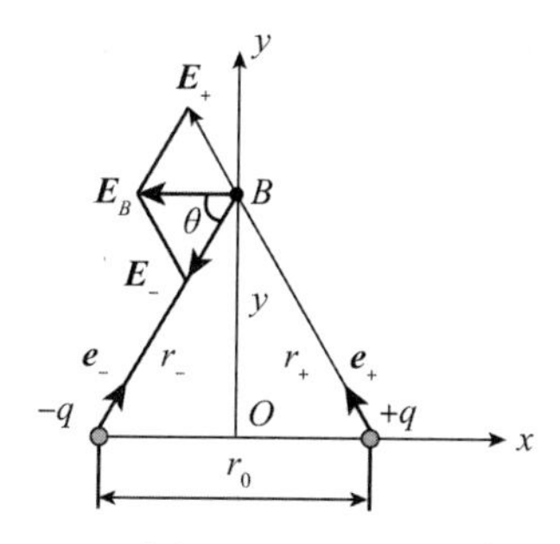

图 10-5　电偶极子垂线上的电场强度

总场强为

$$\boldsymbol{E}_B = \boldsymbol{E}_+ + \boldsymbol{E}_-$$

由图 10-5 易知 $E_{By} = 0$，则

$$\begin{aligned}
E_B &= E_{Bx} \\
&= E_{+x} + E_{-x} \\
&= E_+ \cos\theta + E_- \cos\theta \\
&= 2E_+ \cos\theta \\
&= 2\frac{1}{4\pi\varepsilon_0}\frac{q}{y^2 + r_0^{\ 2}/4}\frac{r_0/2}{(y^2 + r_0^{\ 2}/4)^{\frac{1}{2}}} \\
&= \frac{1}{4\pi\varepsilon_0}\frac{qr_0}{(y^2 + r_0^{\ 2}/4)^{\frac{3}{2}}}
\end{aligned}$$

$$E_B = \frac{1}{4\pi\varepsilon_0}\frac{p}{(y^2 + r_0^{\ 2}/4)^{\frac{3}{2}}} \tag{10-10}$$

当 $r_0 \ll y$ 时，$E_B = \dfrac{p}{4\pi\varepsilon_0 y^3}$，其方向与电偶极矩方向相反。

例 10-2　有一长为 L，电荷线密度为 λ 的均匀细棒，如图 10-6 所示。试求：在棒的延长线上，与棒中心距离为 a 的点 P 的电场强度。

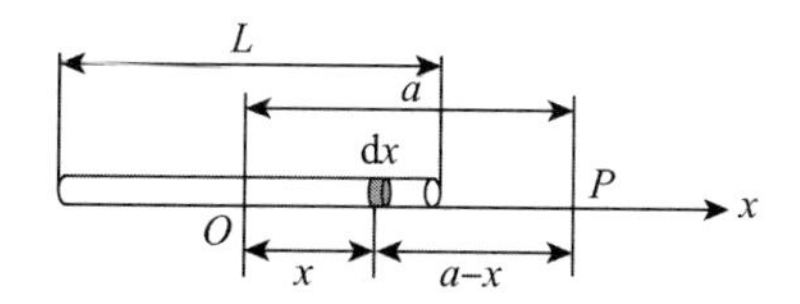

图 10-6　带电细棒延长线上的电场强度

解　选取坐标如图 10-6 所示，原点在细棒中心，设棒带正电荷，取任意电荷元 $\mathrm{d}q = \lambda\mathrm{d}x$，由点电荷电场强度公式得点 P 的元场强为

$$\mathrm{d}E=\frac{1}{4\pi\varepsilon_0}\frac{\lambda\mathrm{d}x}{(a-x)^2}$$

式中,$(a-x)$ 为电荷元到场 P 点的距离,分析知带电细棒上各电荷元在点 P 电场强度方向一致,由电场强度叠加原理得 P 点的总场强大小为

$$E=\int_L \mathrm{d}E$$

$$=\frac{1}{4\pi\varepsilon_0}\int_{-\frac{L}{2}}^{\frac{L}{2}}\frac{\lambda\mathrm{d}x}{(a-x)^2}$$

$$=\frac{\lambda}{4\pi\varepsilon_0}\frac{L}{a^2-\frac{L^2}{4}}$$

式中,E 的方向沿 x 轴正方向。

例 10-3 一个半径为 R 的细圆环所带电荷量为 q,设电荷量均匀分布在环上,且 $q>0$,如图 10-7 所示。求垂直圆环平面的轴线上任意一点的电场强度。

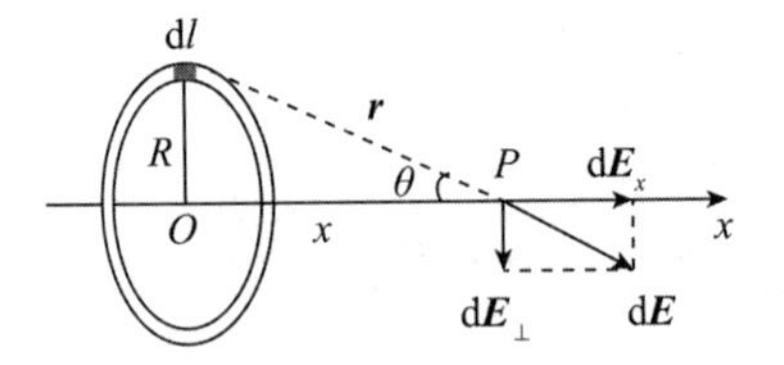

图 10-7 带电细圆环中心垂线上的电场强度

解 设坐标原点与环心重合,点 P 与环心的距离为 x,由题意知圆环上的电荷是均匀分布的,故其电荷线密度 $\lambda=q/2\pi R$。将细圆环分割为无穷多个带电荷的线元,取其中某一电荷元 $\mathrm{d}l$,其上电荷量为 $\mathrm{d}q=\lambda\mathrm{d}l$,故该电荷元在轴线上任意点 P 产生的电场强度为 $\mathrm{d}\boldsymbol{E}$,则

$$\mathrm{d}\boldsymbol{E}=\frac{1}{4\pi\varepsilon_0}\frac{\lambda\mathrm{d}l}{r^2}\boldsymbol{e}_r$$

由于圆环上各个电荷元在点 P 产生的电场强度的 $\mathrm{d}E_\perp$ 上分量相互抵消,因此点 P 的电场强度应为全部电荷在点 P 产生的 $\mathrm{d}E_x$ 分量之和,设点 P 到圆环中心的距离为 x,则

$$E=E_x=\int_l \mathrm{d}E_x=\int_l \mathrm{d}E\cos\theta=\frac{\lambda x}{4\pi\varepsilon_0 r^3}\int_0^{2\pi R}\mathrm{d}l$$

式中,积分为对整个环求线积分。

再考虑到 $\lambda=q/(2\pi R)$,$r=(x^2+R^2)^{\frac{1}{2}}$。将这些关系代入上述积分可得

$$E=\frac{1}{4\pi\varepsilon_0}\frac{\lambda x}{(x^2+R^2)^{\frac{3}{2}}}2\pi R$$

$$=\frac{1}{4\pi\varepsilon_0}\frac{qx}{(x^2+R^2)^{\frac{3}{2}}}$$

(1)显然,当 $x\gg R$ 时,上式化为 $E=\dfrac{q}{4\pi\varepsilon_0 x^2}$,即在远离圆环的地方,带电体系可视为

点电荷，这与前面对点电荷的论述相一致。

(2)若 $x=0$，则 $E=0$，这表明环心处的电场强度为零。

(3)由 $\mathrm{d}E/\mathrm{d}x=0$，可求得电场强度极大位置，故有

$$\frac{\mathrm{d}}{\mathrm{d}x}\left[\frac{1}{4\pi\varepsilon_0}\frac{qx}{(x^2+R^2)^{\frac{3}{2}}}\right]=0$$

得

$$x=\pm\frac{\sqrt{2}}{2}R$$

这表明，圆环轴线上具有最大电场强度的位置是位于原点 O 两侧的 $\frac{\sqrt{2}}{2}R$ 和 $-\frac{\sqrt{2}}{2}R$ 处，图10-8所示是带电圆环轴线上 $E-x$ 的分布图。

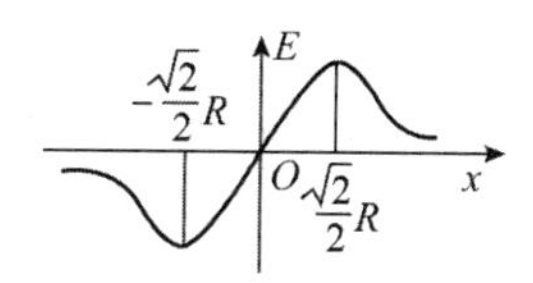

图10-8　带电细圆环轴线上 E-x 的分布图

例10-4　有一半径为 R，正电荷均匀分布的薄圆盘，其电荷面密度为 σ，如图10-9所示。求通过盘心且垂直盘面的轴线上任意一点处的电场强度。

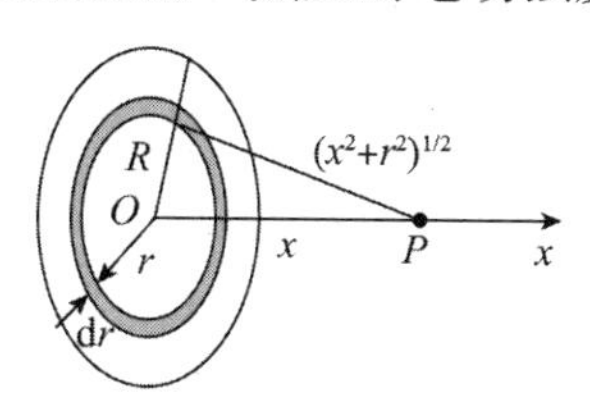

图10-9　带电薄圆盘中心轴线上的电场强度

解　取如图10-9所示的坐标，薄圆盘的平面在 yz 平面内，盘心位于坐标原点 O，由于圆盘上的电荷分布是均匀的，故圆盘上的电荷为 $q=\sigma\pi R^2$。

把圆盘分成许多细圆环带，其中半径为 r，宽度为 $\mathrm{d}r$ 的环带面积为 $2\pi r\mathrm{d}r$，故此环带上的电荷为 $\mathrm{d}q=\sigma 2\pi r\mathrm{d}r$，由例10-3可知，环带上的电荷对 x 轴上点 P 处激起的电场强度为

$$\mathrm{d}E_x=\frac{1}{4\pi\varepsilon_0}\frac{x\mathrm{d}q}{(x^2+r^2)^{\frac{3}{2}}}=\frac{\sigma}{2\varepsilon_0}\frac{xr\mathrm{d}r}{(x^2+r^2)^{\frac{3}{2}}}$$

由于圆盘上所有带电的环带在点 P 处的电场强度都沿 x 轴同一个方向，故由上式可得到圆盘的轴线上点 P 处的电场强度为

$$E=\int\mathrm{d}E_x=\frac{\sigma x}{2\varepsilon_0}\int_0^R\frac{r\mathrm{d}r}{(x^2+r^2)^{\frac{3}{2}}}=\frac{\sigma x}{2\varepsilon_0}\left(\frac{1}{\sqrt{x^2}}-\frac{1}{\sqrt{x^2+R^2}}\right)$$

讨论：如果 $x\ll R$，带电圆盘可看作“无限大”的均匀带电平面，这时

$$\frac{1}{\sqrt{x^2}}-\frac{1}{\sqrt{x^2+R^2}}\approx\frac{1}{\sqrt{x^2}}$$

于是

$$E=\frac{\sigma}{2\varepsilon_0}$$

上式表明，无限大均匀带电平面附近的电场强度 $\boldsymbol{E}$ 的值是一个常量，其方向与平面垂直，因此，无限大均匀带电平面附近的电场可看成是匀强电场。

此外，若两个相互平行、彼此相隔很近的平面，它们的电荷面密度各为 $\pm\sigma$，利用上述结论及电场强度叠加原理，很容易求得两平行带电平面中部的电场强度为 $E=\sigma/\varepsilon_0$。

10.3 高斯定理

上节研究了描述电场性质的重要物理量——电场强度，并从叠加原理出发，讨论了点电荷系和带电物体的电场强度。为了更加形象地描述电场，这一节将在介绍电场线的基础上，引进电场强度通量的概念，并导出静电场的高斯定理。

1. 电场线

电场中每一点的电场强度 $\boldsymbol{E}$ 都有一定方向，我们可以在电场中描绘一系列曲线，使得这些曲线上每一点的切线方向都与该点电场强度 $\boldsymbol{E}$ 方向一致，这些曲线称为电场线。图 10-10 给出了几种典型电场的电场线。

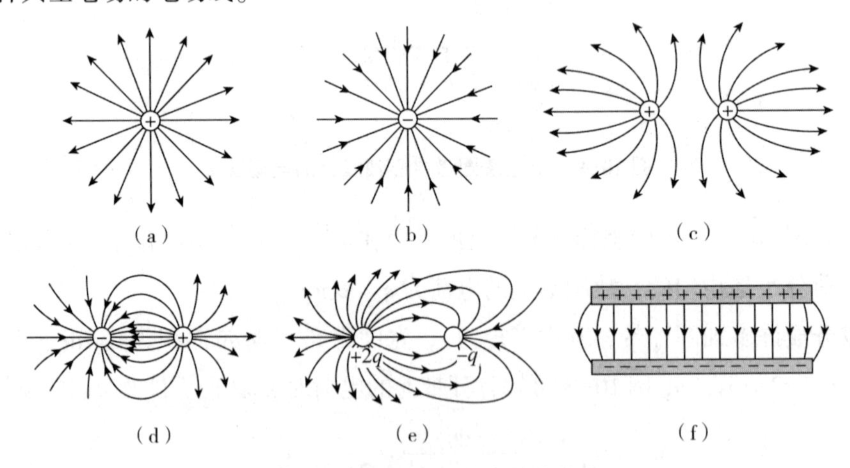

图 10-10　几种典型电场的电场线

(a)正电荷；(b)负电荷；(c)两个等量正电荷；
(d)两个等量异号电荷；(e)两个不等量异号电荷；(f)两个等量异号电荷平面

静电场的电场线具有以下性质：电场线起始于正电荷(或无穷远处)，终止于负电荷(或无穷远处)，不形成闭合曲线；任何两条电场线都不能相交，这是因为电场中每一点处的电场强度只能有一个确定的方向。

为了使电场线既能表示电场强度的方向又能表示其大小，在画电场线时规定：使穿过垂直于电场强度方向的面积元 $\Delta S_{\perp}$ 的电场线条数 ΔN 与该面积元的比值 $\Delta N/\Delta S_{\perp}$ 等于该点的电场强度大小，即

$$E=\frac{\Delta N}{\Delta S_{\perp}} \tag{10-11}$$

这样，电场线的疏密程度就反映了电场强度大小的分布情况。

2. 电场强度通量

通过电场中任意给定面的电场线条数称为通过该面的电场强度通量(简称电通量)，用符号 $\boldsymbol{\Phi}_{\mathrm{e}}$ 表示。

在匀强电场 $\boldsymbol{E}$ 中，通过与 $\boldsymbol{E}$ 方向垂直的平面 S [如图 10-11(a)所示]的电通量为

$$\Phi_{\mathrm{e}}=ES \tag{10-12}$$

若平面 S 的正法线方向的单位矢量(以下简称正法线矢量) $\boldsymbol{e}_{\mathrm{n}}$ 与 $\boldsymbol{E}$ 方向的夹角为 θ，则 S 在垂直于 $\boldsymbol{E}$ 的方向上的投影面积为 $S'=S\cos\theta$，如图 10-11(b)所示，通过平面 S 的电通量等于通过面积 S' 的电通量，即

$$\Phi_{\mathrm{e}}=ES'=ES\cos\theta=\boldsymbol{E}\cdot\boldsymbol{S} \tag{10-13}$$

式中，面积矢量 $\boldsymbol{S}=S\boldsymbol{e}_{\mathrm{n}}$，$\boldsymbol{e}_{\mathrm{n}}$ 为 S 法线方向单位矢量。

计算非匀强电场中通过任意曲面 S 的电通量时，要把该曲面划分为无限多个面元。一个无限小的面元 $\mathrm{d}S$ 的正法线矢量 $\boldsymbol{e}_{\mathrm{n}}$ 与电场强度 $\boldsymbol{E}$ 的夹角为 θ，如图 10-11(c)所示，则通过面元 $\mathrm{d}S$ 的电通量为 $\mathrm{d}\Phi_{\mathrm{e}}=\boldsymbol{E}\cdot\mathrm{d}\boldsymbol{S}$，通过曲面 S 的总电通量等于通过各面元的电通量的总和，即

$$\Phi_{\mathrm{e}}=\int_S\mathrm{d}\Phi_{\mathrm{e}}=\int_S\boldsymbol{E}\cdot\mathrm{d}\boldsymbol{S} \tag{10-14}$$

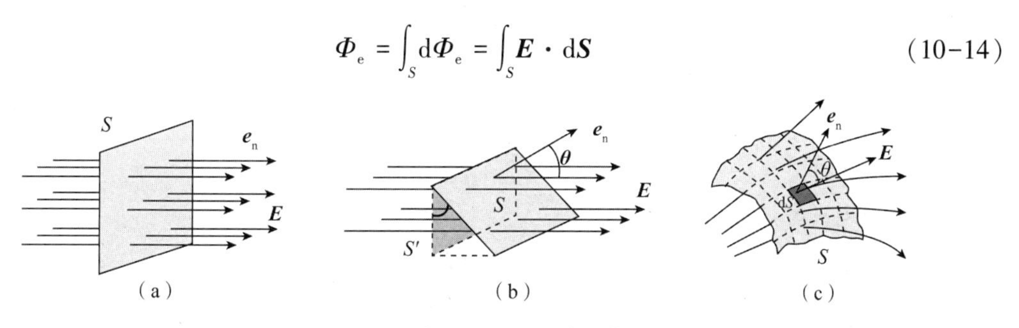

图 10-11　电场强度通量的计算

(a) $\Phi_{\mathrm{e}}=ES$；(b) $\Phi_{\mathrm{e}}=\boldsymbol{E}\cdot\boldsymbol{S}$；(c) $\Phi_{\mathrm{e}}=\int_s\boldsymbol{E}\cdot\mathrm{d}\boldsymbol{S}$

当面 S 为闭合曲面时，式(10-14)为

$$\Phi_{\mathrm{e}}=\oint_S\boldsymbol{E}\cdot\mathrm{d}\boldsymbol{S} \tag{10-15}$$

规定：面元 $\mathrm{d}S$ 的正法线矢量 $\boldsymbol{e}_{\mathrm{n}}$ 的方向为指向闭合面的外侧。因此，电场线穿出曲面的地方，电通量为正值；电场线穿入曲面的地方，电通量为负值。

例 10-5 三棱柱体放置在如图 10-12 所示的匀强电场中，求通过此三棱柱体的电场强度通量。

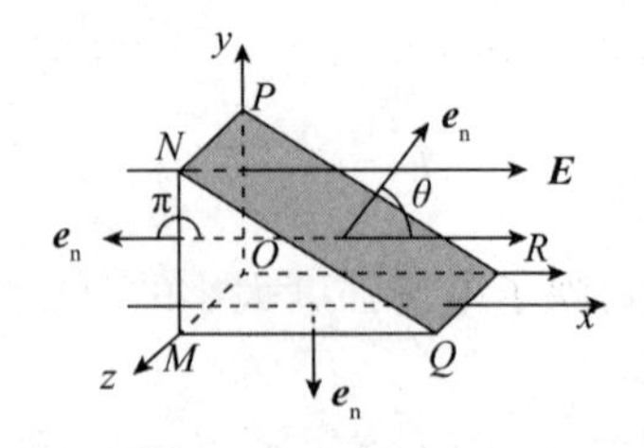

图 10-12 通过三棱柱体的电场强度通量

解 三棱柱体表面为一闭合曲面，由 5 个平面构成，其中 $MNPOM$ 所围的面积为 S_1，$MNQM$ 和 $OPRO$ 所围的面积为 S_2 和 S_3，$MORQM$ 和 $NPRQN$ 所围的面积为 S_4 和 S_5，那么，在此匀强电场中通过 S_1、S_2、S_3、S_4 和 S_5 的电场强度通量分别为 Φ_{e1}、Φ_{e2}、Φ_{e3}、Φ_{e4} 和 Φ_{e5}，故通过闭合曲面的电场强度通量为

$$\Phi_e = \Phi_{e1} + \Phi_{e2} + \Phi_{e3} + \Phi_{e4} + \Phi_{e5}$$

由式(10-14)可求得通过 S_1 的电场强度通量为

$$\Phi_{e1} = \int_{S_1} \boldsymbol{E} \cdot d\boldsymbol{S}$$

从图中可见，面 S_1 的正法线矢量 $\boldsymbol{e}_n$ 的正方向与 $\boldsymbol{E}$ 的方向之间夹角为 π，故

$$\Phi_{e1} = ES_1 \cos \pi = -ES_1$$

而面 S_2、S_3 和 S_4 的正法线矢量$\boldsymbol{e}_n$ 均与 $\boldsymbol{E}$ 垂直，故

$$\Phi_{e2} = \Phi_{e3} = \Phi_{e4} = \int_S \boldsymbol{E} \cdot d\boldsymbol{S} = 0$$

对于面 S_5，其正法线矢量$\boldsymbol{e}_n$ 与 E 的夹角 θ，且 $0 < \theta < \pi/2$， 故

$$\Phi_{e5} = \int_{S_5} \boldsymbol{E} \cdot d\boldsymbol{S} = E\cos \theta S_5$$

而 $S_5 \cos \theta = S_1$， 所以

$$\Phi_{e5} = ES_1$$

则有

$$\Phi_e = \Phi_{e1} + \Phi_{e2} + \Phi_{e3} + \Phi_{e4} + \Phi_{e5} = -ES_1 + ES_1 = 0$$

上述结果表明，在匀强电场中穿入三棱柱体的电场线与穿出三棱柱体的电场线相等，即穿过闭合曲面(三棱柱体表面)的电场强度通量为零。

3. 高斯定理

高斯定理是静电场的一条基本原理，它给出了静电场中通过任意闭合曲面的电通量与该闭合曲面内所包围的电荷之间的量值关系，可以通过库仑定律和电场强度叠加原理推导。

(1)先讨论点电荷电场的情况。以点电荷 q 为中心，取任意长度 r 为半径作闭合曲面 S 包围点电荷，如图10-13所示，在$\boldsymbol{S}$上取面元$\mathrm{d}\boldsymbol{S}$，其正法线矢量$\boldsymbol{e}_{\mathrm{n}}$与面元处的电场强度$\boldsymbol{E}$方向相同，所以，通过$\mathrm{d}\boldsymbol{S}$的电通量为

$$\mathrm{d}\Phi_{\mathrm{e}}=\boldsymbol{E}\cdot\mathrm{d}\boldsymbol{S}=E\mathrm{d}S$$

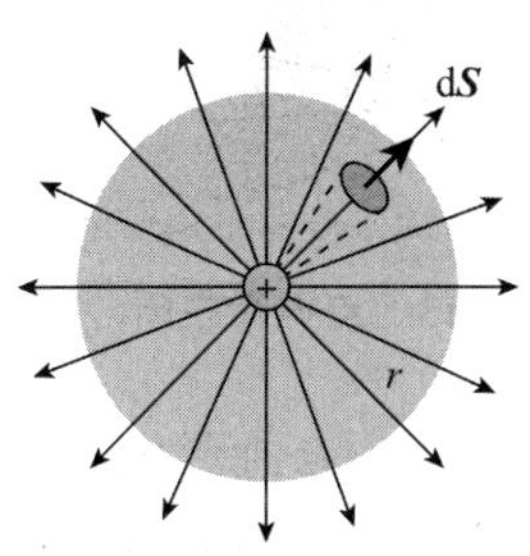

图10-13　点电荷(球面)

将点电荷电场强度公式(10-4)代入上式，有

$$\mathrm{d}\Phi_{\mathrm{e}}=\frac{q}{4\pi\varepsilon_0 r^2}\mathrm{d}S$$

通过整个闭合球面S的电通量为

$$\Phi_{\mathrm{e}}=\oint_S\mathrm{d}\Phi_{\mathrm{e}}=\frac{q}{4\pi\varepsilon_0 r^2}\oint_S\mathrm{d}S=\frac{q}{\varepsilon_0}\qquad(10-16)$$

(2)若包围点电荷q的曲面是任意形状的闭合曲面S'，如图10－14所示，结果会怎么样？可以在曲面S'外再作一个以q为中心的球面S，由于S和S'之间没有其他电荷，从q发出的电场线不会中断，所以通过闭合面S和S'的电场线数目一样，因此通过任意形状的包围点电荷q的闭合面的电通量都等于

$$\Phi_{\mathrm{e}}=\oint_{S'}\boldsymbol{E}\cdot\mathrm{d}\boldsymbol{S}=\frac{q}{\varepsilon_0}$$

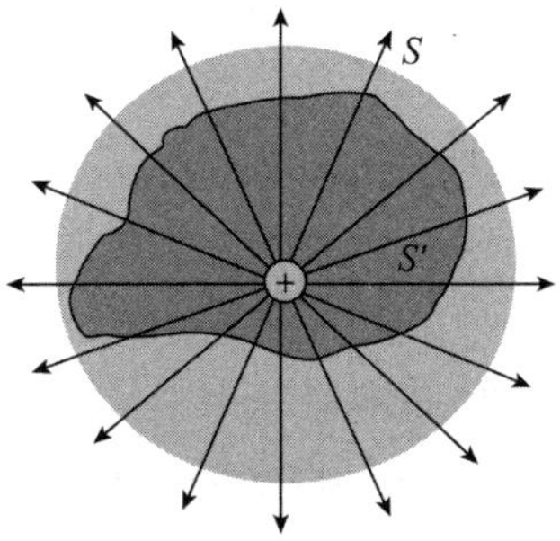

图10-14　点电荷(任意闭合曲面)

(3)如果点电荷q在闭合曲面之外，闭合曲面内不包围电荷，如图10－15所示，只有与闭合曲面相切的锥体范围内的电场线才能通过闭合曲面S，由电场线的连续性可知，从一侧进入S面的电场线一定从另一侧穿出S面，即通过闭合曲面S的电通量为零，故

$$\Phi_{\mathrm{e}}=\oint_S\boldsymbol{E}\cdot\mathrm{d}\boldsymbol{S}=0$$

此式表明，电场中闭合曲面以外的电荷对通过该闭合曲面的电通量无贡献。

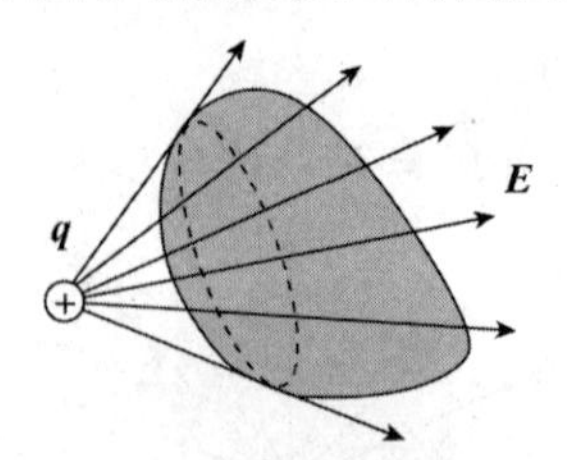

图 10-15 点电荷在闭合曲面外

(4)在一般情况下，电场是由多个点电荷产生的，设场源电荷的电荷量分别为 q_1，q_2，…，q_k，其中 q_1，q_2，…，q_n 在任意闭合曲面 S 之内，q_{n+1}，q_{n+2}，…，q_k 在任意闭合曲面 S 之外，由叠加原理可知，电场中任意点的电场强度为

$$\boldsymbol{E}=\boldsymbol{E}_1+\boldsymbol{E}_2+\cdots+\boldsymbol{E}_k$$

式中，$\boldsymbol{E}_1$，$\boldsymbol{E}_2$，…，$\boldsymbol{E}_k$ 为各点电荷单独存在时该场点的电场强度。

因此，通过闭合曲面 S 的电通量为

$$\Phi_{\mathrm{e}}=\oint_S \boldsymbol{E}\cdot\mathrm{d}\boldsymbol{S}=\oint_S \boldsymbol{E}_1\cdot\mathrm{d}\boldsymbol{S}+\oint_S \boldsymbol{E}_2\cdot\mathrm{d}\boldsymbol{S}+\cdots+\oint_S \boldsymbol{E}_k\cdot\mathrm{d}\boldsymbol{S}$$

由上面的讨论可知，当 q_i 在闭合曲面内时，电通量 $\Phi_{\mathrm{e}}=\oint_S \boldsymbol{E}_i\cdot\mathrm{d}\boldsymbol{S}=\dfrac{q_i}{\varepsilon_0}$，当 q_i 在闭合曲面外时，电通量 $\Phi_{\mathrm{e}}=\oint_S \boldsymbol{E}_i\cdot\mathrm{d}\boldsymbol{S}=0$，因此，上式可以写成

$$\Phi_{\mathrm{e}}=\oint_S \boldsymbol{E}\cdot\mathrm{d}\boldsymbol{S}=\frac{1}{\varepsilon_0}\sum_{i=1}^{n}q_i^{\mathrm{in}} \tag{10-17}$$

式中，$\sum\limits_{i=1}^{n}q_i^{\mathrm{in}}$ 表示闭合曲面内所含电荷的代数和。式(10-17)就是真空中静电场的高斯定理，其表明：在真空静电场中，穿过任意闭合曲面的电场强度通量等于闭合曲面所包围的所有电荷的代数和除以 ε_0。

以下是对高斯定理理解的几点说明。

(1)高斯定理给出了电场强度对闭合面的通量与场源电荷的关系，并不是电场强度与场源电荷的关系。

(2)高斯定理是从库仑定律和叠加原理推导出来的。反之，库仑定律也可以从高斯定理及对称性推导得到，对静电场来说，两者是反映同一客观规律的两种不同形式，两者可以相互印证。但是，库仑定律只适用于静电场，而高斯定理不但适用于静电场，也适用于运动电荷和迅速变化的电场。

(3)由高斯定理可知，如闭合曲面内含有正电荷，则 $\boldsymbol{E}$ 通量为正，有电场线穿出闭合面；如闭合曲面内含有负电荷，则 $\boldsymbol{E}$ 通量为负，有电场线穿进闭合面。这说明电场线发自正电荷而终止于负电荷，亦即静电场是有源场。

(4)在高斯定理的表达式中，右端 $\sum\limits_{i}^{n}q_i$ 是闭合曲面内电荷量的代数和，表明决定通过

闭合曲面的通量 Φ_e 只是闭合曲面内的电荷量(图 10-16 中的 q_1、q_2 和 q_3)；而左端的电场强度 $\boldsymbol{E}$ 却是空间所有电荷(图 10-16 中的 q_1、q_2、q_3、q_4 和 q_5)在闭合曲面上任意点所激发的总电场强度，也就是说，闭合曲面外的电荷(图 10-16 中的 q_4 和 q_5)对闭合曲面上各点的电场强度也有贡献，但对通过闭合曲面的通量 Φ_e 贡献却为零。

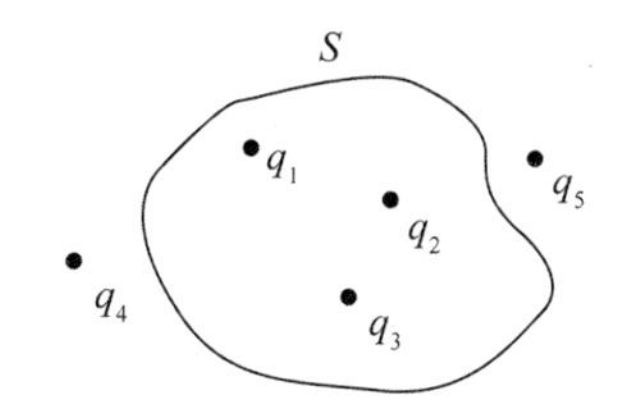

图 10-16　高斯面内外的电荷

4. 高斯定理的应用

高斯定理的一个应用就是计算带电体周围电场的电场强度。当所论及的电场是均匀的电场，或者电场的分布是对称的时候，就为我们选取合适的闭合曲面(高斯面)提供了条件，从而使面积分变得简单易算，所以分析电场的对称性是应用高斯定理求电场强度的一个十分重要的问题，下面将举例说明如何应用高斯定理来计算对称分布电场的电场强度。

例 10-6　设有一半径为 R，均匀带正电 Q 的球面，如图 10-17 所示，求球面内外任意点的电场强度。

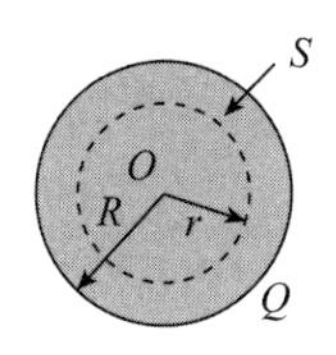

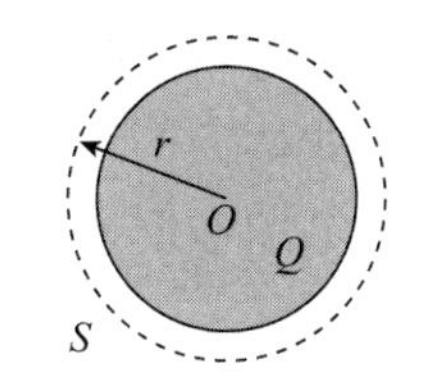

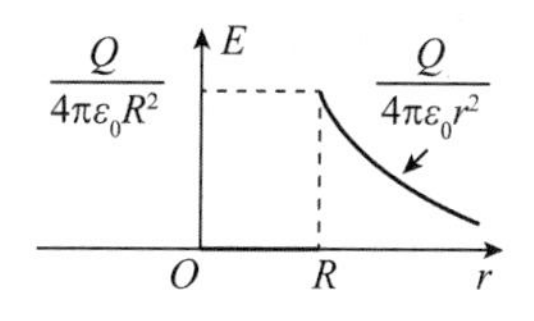

图 10-17　球面内外任意点的电场强度

解　由于电荷分布是球对称的，可判断出空间电场强度分布必然是球对称的，即与球心 O 距离相等的球面上各点的电场强度大小相等，方向沿半径呈辐射状。

设空间某点 P 到球心距离为 r，取以球心为中心、r 为半径的闭合球面 S 为高斯面，则 S 上的面元 $\mathrm{d}S$ 的正法线矢量 $\boldsymbol{e}_n$ 与面元处电场强度 $\boldsymbol{E}$ 的方向相同，且高斯面上各点的电场强度大小相等。所以

$$\oint_S \boldsymbol{E} \cdot \mathrm{d}\boldsymbol{S} = \oint_S E\mathrm{d}S = E\oint_S \mathrm{d}S = E4\pi r^2$$

当点 P 在带电球面内时($r < R$)，有

$$\sum q_i = 0$$

则 $E = 0$，即球内电场强度为零。

当点 P 在带电球面外时($r > R$)，有

$$\sum q_i = Q$$

根据静电场高斯定理 $\oint_S \boldsymbol{E} \cdot \mathrm{d}\boldsymbol{S} = E4\pi r^2 = \dfrac{Q}{\varepsilon_0}$，得 $E = \dfrac{Q}{4\pi\varepsilon_0 r^2}$，方向沿着矢径朝外，写成矢

量形式有

$$\boldsymbol{E}=\frac{Q}{4\pi\varepsilon_0 r^2}\boldsymbol{e}_r$$

例 10-7 设有一无限长均匀带电直线，单位长度上的电荷(即电荷线密度)为 $\boldsymbol{\lambda}$，如图 10-18 所示，求距直线为 r 处的电场强度。

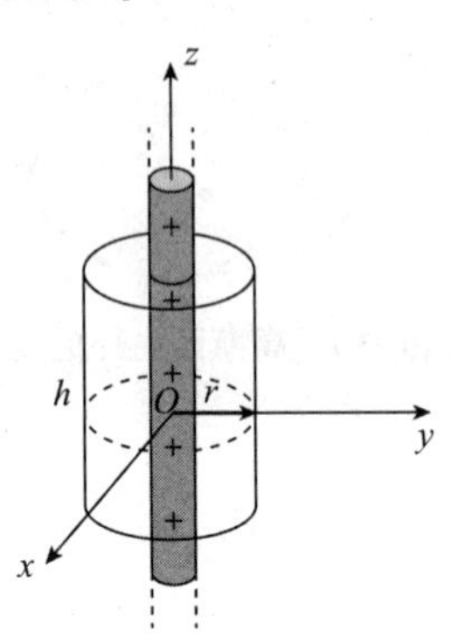

图 10-18　无限长均匀带电直导线的电场强度

解　由于带电直线无限长，且电荷分布均匀，所以其电场强度 $\boldsymbol{E}$ 沿垂直该直线的矢径方向，而且在距直线等距离处各点 $\boldsymbol{E}$ 的大小相等。也就是说，无限长均匀带电直线的电场是轴对称的。将直线沿 z 轴放置，过任意点 P 作以 z 轴为轴线的正圆柱面为高斯面，柱高为 h，底面半径为 r，如图 10-18 所示。由于 $\boldsymbol{E}$ 与上、下底面的法线垂直，所以通过圆柱两个底面的电场强度通量为零。而通过圆柱侧面的电场强度通量为 $E2\pi rh$，又因为此高斯面所包围的电荷为 λh，所以根据高斯定理有

$$E2\pi rh=\frac{\lambda h}{\varepsilon_0}$$

由此可得

$$E=\frac{\lambda}{2\pi\varepsilon_0 r}$$

10.4　电势

本节研究电荷在电场中移动时电场力做的功以及电场能量和电势。

1. 电场力的功

在点电荷 q 的电场中，试验电荷 q_0 从点 A 经任意路径 ACB 移动到点 B 时，电场力对电荷 q_0 将做功。

在路径中任意一点 C 附近取一元位移 $\mathrm{d}l$，q_0 在 $\mathrm{d}l$ 上受的电场力 $\boldsymbol{F}=q_0\boldsymbol{E}$，$\boldsymbol{F}$ 与 $\mathrm{d}\boldsymbol{l}$ 的夹角为 θ，如图 10-19 所示。因此，电场力在 $\mathrm{d}\boldsymbol{l}$ 上对 q_0 做功为

$$\mathrm{d}W=\boldsymbol{F}\cdot\mathrm{d}\boldsymbol{l}=q_0\boldsymbol{E}\cdot\mathrm{d}\boldsymbol{l}=q_0E\cos\theta\mathrm{d}l$$

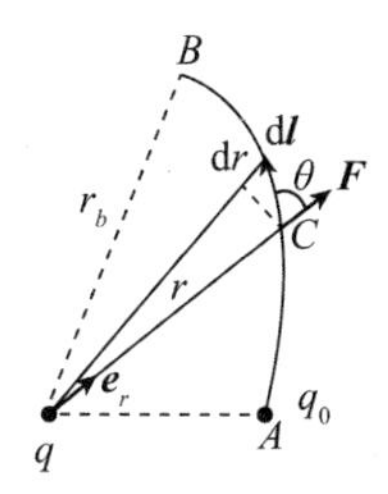

图 10-19　非均强电场中电场力所做的功

因为 $\cos\theta \mathrm{d}l = \mathrm{d}r$ 为位矢模的增量，所以

$$\mathrm{d}W = q_0 E\cos\theta \mathrm{d}l = q_0 E \mathrm{d}r = \frac{1}{4\pi\varepsilon_0}\frac{q_0 q}{r^2}\mathrm{d}r$$

当 q_0 从点 A 移动到点 B 时，电场力做功为

$$W = \int_A^B \mathrm{d}W = \int_A^B \frac{1}{4\pi\varepsilon_0}\frac{q_0 q}{r^2}\mathrm{d}r = \frac{q_0 q}{4\pi\varepsilon_0}\left(\frac{1}{r_A} - \frac{1}{r_B}\right) \tag{10-18}$$

式中，r_A、r_B 分别表示路径的起点和终点离点电荷的距离。可见，在点电荷 q 的电场中，电场力对 q_0 做的功只取决于移动路径起点 A 和终点 B 的位置，而与路径无关。

上述结论可以推广到任意带电体的电场，任何一个带电体可以看成是许多点电荷的集合，总电场 $\boldsymbol{E}$ 等于各点电荷电场强度的矢量和。既然对每一个点电荷电场都有静电力做功与路径无关的结论，那么对任何带电体所产生的静电场来说，必然也有同样的结论：即试验电荷在任意静电场中移动时，静电力所做的功只与电场的性质、试验电荷的电量大小及路径起点和终点位置有关，而与路径无关。这说明静电场力是保守力，静电场是保守场。

2. 静电场的环路定理

静电场力做功与路径无关的特性还可以用另一种形式来表达。设试验电荷 q_0 从电场中 A 点经任意路径 ACB 到达 B 点，再从 B 点经另一路径 BDA 回到 A 点，如图 10－20 所示，则电场力在整个闭合路径 $ACBDA$ 上做功为

$$\begin{aligned} W &= \oint_l q_0 \boldsymbol{E}\cdot \mathrm{d}\boldsymbol{l} = \int_{ACB} q_0 \boldsymbol{E}\cdot \mathrm{d}\boldsymbol{l} + \int_{BDA} q_0 \boldsymbol{E}\cdot \mathrm{d}\boldsymbol{l} \\ &= \int_{ACB} q_0 \boldsymbol{E}\cdot \mathrm{d}\boldsymbol{l} - \int_{ADB} q_0 \boldsymbol{E}\cdot \mathrm{d}\boldsymbol{l} = 0 \end{aligned}$$

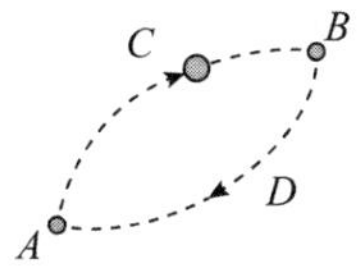

图 10-20　q_0 沿闭合路径移动一周电场力做功为零

由于 $q_0 \neq 0$，所以

$$\oint_l \boldsymbol{E}\cdot \mathrm{d}\boldsymbol{l} = 0 \tag{10-19}$$

式(10-19)左边是电场强度 $\boldsymbol{E}$ 沿闭合路径的积分，称为静电场强度 $\boldsymbol{E}$ 的环流。它表明在

静电场中，电场强度 $\boldsymbol{E}$ 的环流恒等于零，这一结论称为静电场的环流定理，也称为环路定理，它是静电场为保守场的数学表述。由于这一性质，我们才能引进电势能和电势的概念。

3. 电势能

在力学中已经指出，任何保守力场都可以引入势能概念，静电场是保守力场，相应地可以引入电势能的概念，即认为试验电荷 q_0 在静电场中某位置具有一定的电势能，用 E_p 表示。当试验电荷 q_0 从电场中的点 A 移动到点 B 时，电场力对它做功等于相应电势能增量的负值，即

$$W_{AB}=q_0\int_A^B \boldsymbol{E}\cdot \mathrm{d}\boldsymbol{l}=-(E_{pB}-E_{pA})=E_{pA}-E_{pB} \tag{10-20}$$

式中，E_{pA}、E_{pB} 是试验电荷在点 A 和点 B 的电势能。若电场力做正功，即 $W_{AB}>0$，则 $E_{pA}>E_{pB}$，电势能减少；若电场力做负功，即 $W_{AB}<0$，则 $E_{pA}<E_{pB}$，电势能增大。

与其他形式的势能一样，电势能也是相对量。只有先选定一个电势能为零的参考点，才能确定电荷在某一点的电势能的量值。电势能零点可以任意选取，如选取电荷在点 B 的电势能为零，即选定 $E_{pB}=0$，则由式(10-20)可得点 A 电势能为

$$E_{pA}=W_{AB}=q_0\int_A^B \boldsymbol{E}\cdot \mathrm{d}\boldsymbol{l}\,(E_{pB}=0) \tag{10-21}$$

这表明，试验电荷 q_0 在电场中某点的电势能，等于把它从该点移到势能为零处静电场力所做的功。

在国际单位制中，电势能的单位是焦耳，符号为J。

4. 电势和电势差

式(10-21)表示的电势能 E_{pA}、E_{pB} 不仅与电场性质及点 A 或 B 的位置有关，而且与电荷 q_0 有关，而比值 $\frac{E_{pA}}{q_0}$、$\frac{E_{pB}}{q_0}$ 则与 q_0 无关，仅由电场性质和点 A、点 B 的位置决定。因此，$\frac{E_{pA}}{q_0}$、$\frac{E_{pB}}{q_0}$ 是描述电场中点 A、点 B 电场性质的一个物理量，称为点 A 或 B 的电势，用 V_A、V_B 表示，即

$$V_A=\int_A^B \boldsymbol{E}\cdot \mathrm{d}\boldsymbol{l}+V_B \tag{10-22}$$

从式(10-22)可以看出，要确定点 A 的电势，不仅要知道将单位正电荷从点 A 沿任意路径移到点 B 时电场力所做的功，还要知道点 B 的电势，所以点 B 的电势常称为参考电势。原则上参考电势可取任意值，但为方便起见，对电荷分布在有限空间的情况来说，通常取点 B 在无穷远处，并令无穷远处电势能和电势为零，即 $E_{pB}=0$，$V_B=0$。于是，电场中点 A 的电势为

$$V_A=\int_A^\infty \boldsymbol{E}\cdot \mathrm{d}\boldsymbol{l} \tag{10-23}$$

式(10-23)表明，电场中某一点 A 的电势 V_A，在数值上等于把单位正电荷从点 A 沿任意路径移动到无穷远处时，静电场力所做的功。

电势是标量。在国际单位制中，电势的单位是伏特，符号为V。

静电场中任意两点 A 和 B 电势之差称为 A、B 两点的电势差，也称为电压，用 U_{AB} 表示，即

$$U_{AB}=V_A-V_B=\int_A^B \boldsymbol{E}\cdot \mathrm{d}\boldsymbol{l} \tag{10-24}$$

式(10-24)表明，静电场中 A、B 两点的电势差等于把单位正电荷从点 A 沿任意路径移到点 B 时，静电场力所做的功。据此，当任意电荷 q_0 从点 A 移到点 B 时，电场力做功为

$$W_{AB}=q_0U_{AB}=q_0(V_A-V_B) \tag{10-25}$$

5. 电势的计算

1)点电荷电场的电势

在点电荷电场中，电场强度为

$$\boldsymbol{E}=\frac{1}{4\pi\varepsilon_0}\frac{q}{r^2}\boldsymbol{e}_r$$

根据电势定义式(10-23)，在选取无穷远处为电势零点时，电场中任意点 P 的电势为

$$V_P=\int_P^\infty \boldsymbol{E}\cdot \mathrm{d}\boldsymbol{l}=\int_P^\infty \frac{1}{4\pi\varepsilon_0}\frac{q}{r^2}\mathrm{d}r=\frac{q}{4\pi\varepsilon_0 r} \tag{10-26}$$

式中，积分由点 P 沿径向至无穷远。

2)电势叠加原理

真空中有一点电荷系，各电荷分别为 q_1，q_2，…，q_n，其中有的是正电荷，有的是负电荷，如图10-21所示，这一点电荷系所激发的电场中某点的电势如何计算呢？

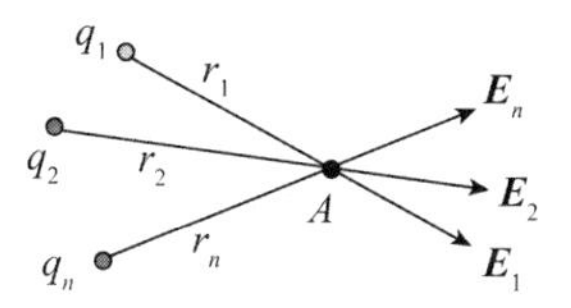

图10-21　电势叠加原理图

从电场强度叠加原理我们知道，点电荷系的电场中某点的电场强度 $\boldsymbol{E}$，等于各个点电荷独立存在时所激发的电场在该点的电场强度的矢量和，即

$$\boldsymbol{E}=\boldsymbol{E}_1+\boldsymbol{E}_2+\cdots+\boldsymbol{E}_n$$

于是，根据式(10-23)，可得点电荷系电场中点 A 的电势为

$$\begin{aligned}V_A&=\int_A^\infty \boldsymbol{E}\cdot \mathrm{d}\boldsymbol{l}\\&=\int_A^\infty \boldsymbol{E}_1\cdot \mathrm{d}\boldsymbol{l}+\int_A^\infty \boldsymbol{E}_2\cdot \mathrm{d}\boldsymbol{l}+\cdots+\int_A^\infty \boldsymbol{E}_n\cdot \mathrm{d}\boldsymbol{l}\\&=V_1+V_2+\cdots+V_n\end{aligned}$$

式中，V_1，V_2，…，V_n 分别为点电荷 q_1，q_2，…，q_n 独立激发的电场中点 A 的电势。由点电荷电势的计算式(10-26)，上式可写成

$$V_A=\sum_{i=1}^n \frac{1}{4\pi\varepsilon_0}\frac{q_i}{r_i} \tag{10-27}$$

式(10-27)表明，点电荷系所激发的电场中某点的电势，等于各点电荷单独存在时在该点电势的代数和。这一结论叫作静电场的电势叠加原理。

若场源为电荷连续分布的带电体，则可把它看成由无限多个电荷元 $\mathrm{d}q$ 所组成，每个电荷元所产生的电势为

$$\mathrm{d}V=\frac{1}{4\pi\varepsilon_0}\frac{\mathrm{d}q}{r}$$

式中，r 为电荷元 $\mathrm{d}q$ 到场点的距离。根据电势叠加原理，整个带电体所产生的电势为

$$V=\int\mathrm{d}V=\frac{1}{4\pi\varepsilon_0}\int\frac{\mathrm{d}q}{r} \tag{10-28}$$

经上述讨论，总结出在真空中计算电势的两种方法。

(1)利用电势定义式(10-22)计算，该方法应注意参考点 B 的电势的选取，只有电荷分布在有限空间里才能选点 B 在无穷远处，且令其电势为零；还应注意积分路径的选取，确保积分路径上 E 的函数式是已知的。

(2)利用点电荷电势叠加原理式(10-28)计算。

例 10-8 正电荷 q 均匀分布在半径为 R 的细圆环上，如图 10-22(a)所示。求环轴线上距环心为 x 处的点 P 的电势。

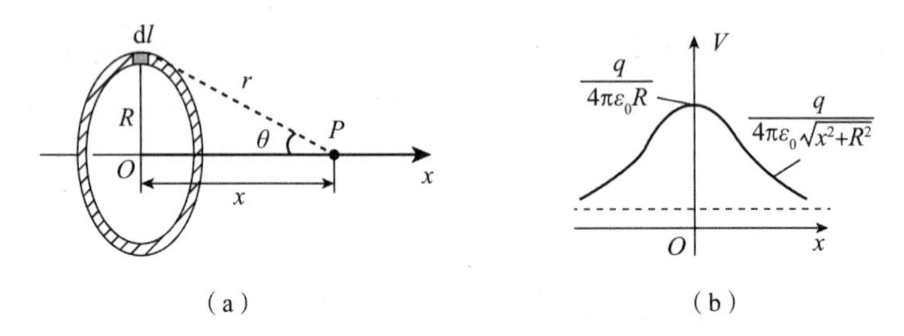

图 10-22 带电细圆环轴线上的电势分布

解 设细圆环的电荷线密度为 λ，由题已知条件可知 $\lambda=\dfrac{q}{2\pi R}$，取电荷元为 $\mathrm{d}q$，$\mathrm{d}q=\lambda\mathrm{d}l=\dfrac{q}{2\pi R}\mathrm{d}l$，则由式(10-28)，得点 P 的电势为

$$V=\frac{1}{4\pi\varepsilon_0}\int_l\frac{q}{2\pi R}\frac{1}{r}\mathrm{d}l=\frac{1}{4\pi\varepsilon_0}\frac{q}{r}=\frac{1}{4\pi\varepsilon_0}\frac{q}{\sqrt{x^2+R^2}}$$

讨论 1：当点 P 位于环心 O 时，$x=0$，有

$$V=\frac{q}{4\pi\varepsilon_0 R}$$

讨论 2：当 $x\gg R$ 时，有

$$V=\frac{q}{4\pi\varepsilon_0 x}$$

对比讨论 2 的结果和式(10-26)可知，圆环轴线上足够远处某点的电势等于将电荷量集中于环心处的一个点电荷在该点产生的电势。带电细圆环轴线上的电势分布如图 10-22(b)所示。

例 10-9　求真空中均匀带电球面其电场电势的分布。设球面半径为 R，电荷量为 Q。

解　电荷量是均匀分布在球面上的，所以选取无穷远处为电势零点；从例 10-6 知，由高斯定理可求得均匀带电球面的电场强度分布为

$$\begin{cases} \boldsymbol{E}_{外} = \dfrac{Q}{4\pi\varepsilon_0 r^2}\boldsymbol{e}_r \quad (r > R) \\ \boldsymbol{E}_{内} = 0 \quad (0 < r < R) \end{cases}$$

由此，可根据电势定义法计算。球外电场强度沿着球半径方向，所以球面外任意点 A 的电势为

$$V_A = \int_A^\infty \boldsymbol{E}_{外} \cdot \mathrm{d}\boldsymbol{l} = \int_r^\infty \frac{1}{4\pi\varepsilon_0}\frac{Q}{r^2}\mathrm{d}r = \frac{Q}{4\pi\varepsilon_0 r}$$

可见，均匀带电球面外任意点的电势与电荷量集中在球心的点电荷在该点的电势相同。

由于球面内、外场强分布规律不同，所以计算球面内任意点 B 的电势，积分要分两段进行，即

$$\begin{aligned} V_B &= \int_B^\infty \boldsymbol{E} \cdot \mathrm{d}\boldsymbol{l} = \int_r^R \boldsymbol{E}_{内} \cdot \mathrm{d}\boldsymbol{l} + \int_R^\infty \boldsymbol{E}_{外} \cdot \mathrm{d}\boldsymbol{l} \\ &= \int_R^\infty \boldsymbol{E}_{外} \cdot \mathrm{d}\boldsymbol{l} = \int_R^\infty \frac{1}{4\pi\varepsilon_0}\frac{Q}{r^2}\mathrm{d}r = \frac{Q}{4\pi\varepsilon_0 R} \end{aligned}$$

可见，均匀带电球面内各场点电势相等，都等于球面上各点的电势。

均匀带电球面电势分布如图 10-23 所示。

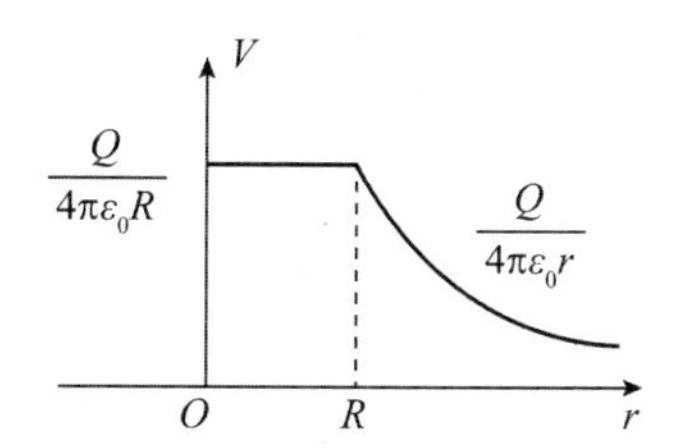

图 10-23　均匀带电球面电势分布

6. 等势面

前面曾用电场线来形象地描绘电场中电场强度的分布，下面将用等势面来形象地描绘电场中电势的分布，并指出两者的联系。

电场中电势相等的点所构成的面，叫作等势面。当电荷 q 沿等势面运动时，电场力对电荷不做功，即 $q\boldsymbol{E} \cdot \mathrm{d}\boldsymbol{l} = 0$，由于 q、$\boldsymbol{E}$、$\mathrm{d}\boldsymbol{l}$ 均不为零，故上式成立的条件是：$\boldsymbol{E}$ 必须与 $\mathrm{d}\boldsymbol{l}$ 垂直，即某点的电场强度与通过该点的等势面垂直。

前面曾用电场线的疏密程度来表示电场的强弱，这里我们也可以用等势面的疏密程度来

表示电场的强弱。为此，对等势面的疏密作这样的规定：电场中任意两个相邻等势面之间的电势差都相等。根据这样的规定，图 10-24 给出了一些典型电场的等势面和电场线的图形。图中实线代表电场线，虚线代表等势面。从图可以看出，等势面愈密的地方，电场强度也愈大，这一点将在下面证明。

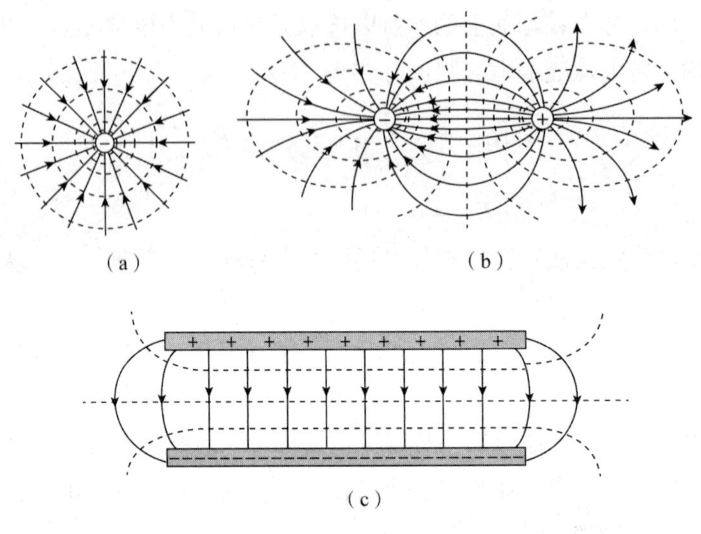

图 10-24　电场线与等势面

在实际应用中，由于电势差易于测量所以常常是先测出电场中等电势的各点，并把这些点连起来，画出电场的等势面，再根据某点的电场强度与通过该点的等势面相垂直的特点而画出电场线，从而对电场有定性的直观了解。

7. 电势梯度

根据式(10-23)，我们知道电场强度和电势存在一定关系，通过这个关系可以由电场强度的分布求得电势分布。前面我们已经说过，在实际问题中往往需要由测得的电势分布情况去估计电场强度的分布情况。因此，下面我们将学习如何由电势分布去求电场强度分布的情况。

一个在电场中缓慢移动的电荷，电场力若做正功，该电荷的电势能必定降低；若做负功，该电荷的电势能必定升高。在静电场 $\boldsymbol{E}$ 中有两个靠得很近的等势面 Ⅰ 和 Ⅱ，它们电势分别为 V 和 $V+\mathrm{d}V$，在等势面上分别取两点 A 和 B，如图 10-25 所示。现有一试探电荷 q_0 由点 A 移动到点 B，相应的位移记为 $\mathrm{d}\boldsymbol{l}$，由于 $\mathrm{d}\boldsymbol{l}$ 很小，因此在 $\mathrm{d}\boldsymbol{l}$ 的范围内可以认为电场强度是不变的，则电场力所做的功为

$$-q_0\mathrm{d}V=q_0\boldsymbol{E}\cdot\mathrm{d}\boldsymbol{l} \tag{10-29}$$

即

$$\begin{aligned}\mathrm{d}V&=-\boldsymbol{E}\cdot\mathrm{d}\boldsymbol{l}\\&=-(\boldsymbol{E}_x\mathrm{d}x+\boldsymbol{E}_y\mathrm{d}y+\boldsymbol{E}_z\mathrm{d}z)\end{aligned}$$

这就是电势的微分表达式。

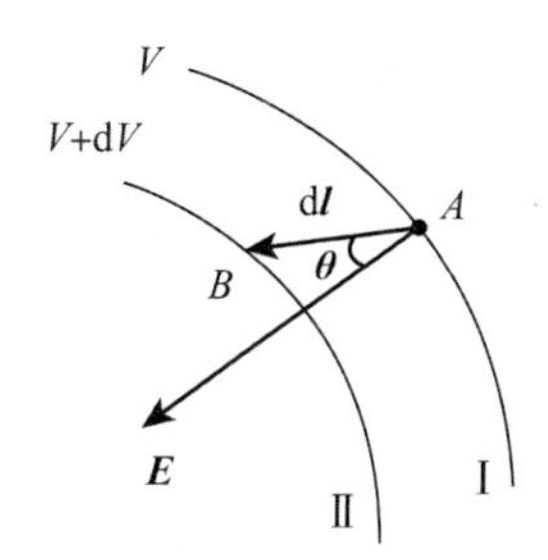

图 10-25　电场强度与电势的关系

由于电势是空间坐标的函数，所以在直角坐标系中，其全微分 $\mathrm{d}V$ 可以写作

$$\mathrm{d}V=\frac{\partial V}{\partial x}\mathrm{d}x+\frac{\partial V}{\partial y}\mathrm{d}y+\frac{\partial V}{\partial z}\mathrm{d}z$$

则有

$$E_x=-\frac{\partial V}{\partial x},\ E_y=-\frac{\partial V}{\partial y},\ E_z=-\frac{\partial V}{\partial z} \tag{10-30}$$

即

$$\boldsymbol{E}=-\left(\frac{\partial V}{\partial x}\boldsymbol{i}+\frac{\partial V}{\partial y}\boldsymbol{j}+\frac{\partial V}{\partial z}\boldsymbol{k}\right) \tag{10-31}$$

引入哈密顿算符

$$\nabla=\frac{\partial}{\partial x}\boldsymbol{i}+\frac{\partial}{\partial y}\boldsymbol{j}+\frac{\partial}{\partial z}\boldsymbol{k}$$

则式(10-31)可表示为

$$\boldsymbol{E}=-\nabla V \tag{10-32}$$

式中，∇V 是矢量，称为电势梯度，即电场强度矢量是电势的负梯度。

例 10-10　用电场强度与电势的关系，求均匀带电细圆环轴线上一点的电场强度。

解　在例 10-8 中，我们已求得在 x 轴上点 P 的电势为

$$V=\frac{1}{4\pi\varepsilon_0}\frac{q}{\sqrt{x^2+R^2}}$$

式中，R 为圆环半径；q 为圆环所带电荷量。由式(10-30)可得点 P 的电场强度为

$$E=E_x=-\frac{\partial V}{\partial x}=-\frac{\partial}{\partial x}\left[\frac{1}{4\pi\varepsilon_0}\frac{q}{\sqrt{x^2+R^2}}\right]$$

$$=\frac{1}{4\pi\varepsilon_0}\frac{qx}{(x^2+R^2)^{3/2}}$$

【知识应用】

静电喷涂的工作原理

在工作时，静电喷涂的喷枪(或喷盘、喷杯)，涂料微粒部分接负极，工件接正极并接

地，在高压电源的高电压作用下，喷枪(或喷盘、喷杯)的端部与工件之间就形成一个静电场。涂料微粒所受到的电场力与静电场的电压和涂料微粒的带电量成正比，与喷枪和工件间的距离成反比。当电压足够高时，喷枪端部附近区域形成空气电离区，空气激烈地离子化和发热，使喷枪端部锐边或极针周围形成一个暗红色的晕圈，在黑暗中能明显看见，这时空气产生强烈的电晕放电。

涂料中的成膜物即树脂和颜料等大多数由高分子有机化合物组成，多为导电的电介质，溶剂型涂料除成膜物外还有有机溶剂、助溶剂、固化剂、静电稀释剂及其他各类添加剂等物质。这类溶剂型物质除了苯、二甲苯、溶剂汽油等，大多是极性物质，电阻率较低，有一定的导电能力，它们能提高涂料的带电性能。

涂料经喷嘴雾化后喷出，被物化的涂料微粒通过枪口的极针或喷盘、喷杯的边缘时因接触而带电，当经过电晕放电所产生的气体电离区时，将再一次增加其表面电荷密度。这些带负电荷的涂料微粒在静电场作用下，向正极性的工件表面运动，并被沉积在工件表面上形成均匀的涂膜。

【本章小结】

1. 静电场的两条理论基础

(1)库仑定律

$$\boldsymbol{F} = \frac{1}{4\pi\varepsilon_0}\frac{q_1 q_2}{r^2}\boldsymbol{e}_r$$

(2)叠加原理

$$\boldsymbol{E} = \boldsymbol{E}_1 + \boldsymbol{E}_2 + \cdots + \boldsymbol{E}_n = \sum_{i=1}^{n}\boldsymbol{E}_i$$

2. 描述静电场的两个物理量——电场强度和电势

(1)电场强度

$$\boldsymbol{E} = \frac{\boldsymbol{F}}{q_0}$$

点电荷的电场强度

$$\boldsymbol{E} = \frac{1}{4\pi\varepsilon_0}\frac{Q}{r^2}\boldsymbol{e}_r$$

连续带电体的电场强度

$$\boldsymbol{E} = \int \mathrm{d}\boldsymbol{E} = \int_Q \frac{1}{4\pi\varepsilon_0}\frac{\mathrm{d}q}{r^2}\boldsymbol{e}_r$$

(2)电势

电势能

$$W_{AB} = q_0\int_A^B \boldsymbol{E}\cdot \mathrm{d}\boldsymbol{l}$$

电势

$$V_A = \int_A^\infty \boldsymbol{E} \cdot \mathrm{d}\boldsymbol{l} \text{（无穷远处为势能零点）}$$

电势差

$$U_{AB} = V_A - V_B = \int_A^B E \cdot \mathrm{d}l$$

点电荷的电势

$$V = \frac{q}{4\pi\varepsilon_0 r}$$

电势叠加原理

$$V = \sum_{i=1}^{n} \frac{1}{4\pi\varepsilon_0} \frac{q_i}{r_i}$$

(3)场强与电势的微分关系——电势梯度，即

$$\boldsymbol{E} = -\nabla V$$

3. 反映静电场性质的两条基本定理

(1)真空中的高斯定理

$$\Phi_\mathrm{e} = \oint_S \boldsymbol{E} \cdot \mathrm{d}\boldsymbol{S} = \frac{1}{\varepsilon_0} \sum_{i=1}^{n} q_i^{\mathrm{in}} \quad \text{有源场}$$

(2)环路定理

$$\oint_l \boldsymbol{E} \cdot \mathrm{d}\boldsymbol{l} = 0 \quad \text{无旋场}$$

高斯定理和环路定理由库仑定律和场的叠加原理导出，反映了静电场是有源无旋(保守)场。

课后习题

10-1　什么是电荷的量子化？你能举出其他量子化的物理量吗？

10-2　在电场中，某一点的电场强度定义为 $\boldsymbol{E} = \dfrac{\boldsymbol{F}}{q_0}$，若该点没有试验电荷，那么该点的电场强度又如何？为什么？

10-3　电场线能相交吗？为什么？

10-4　在应用高斯定理计算电场强度时，高斯面该如何选取？

10-5　当我们认为地球的电势为零时，是否意味着地球没有净电荷？

10-6　带电粒子在电场中运动时，以下说法中正确的是(　　)。

(A)速度总沿着电场线的切线，加速度不一定沿电场线切线

(B)加速度总沿着电场线的切线，速度不一定沿电场线切线

(C)速度和加速度都沿着电场线的切线

(D)速度和加速度都不一定沿着电场线的切线

10-7　电荷面密度均为 $+\sigma$ 的两块“无限大”均匀带电的平行平板如下图(a)所示，其周围空间各点电场强度 E(设电场强度方向向右为正)随位置坐标 x 变化的关系曲线为下图(b)中的(　　)。

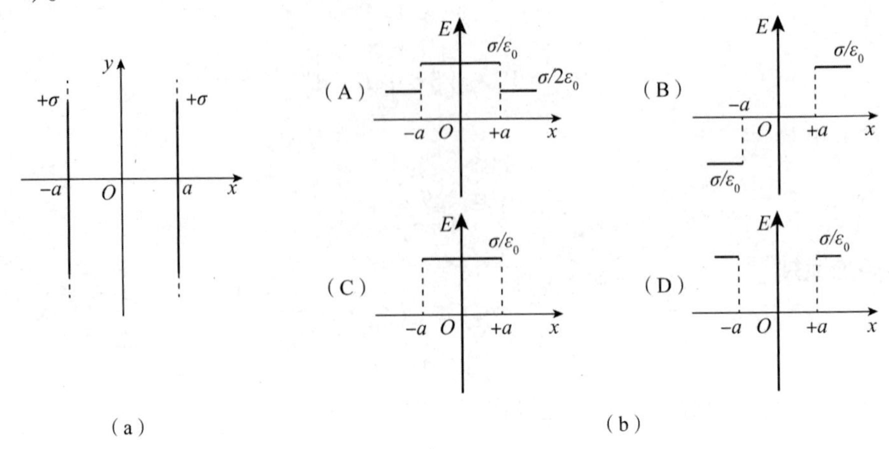

习题 10-7 图

10-8　下列说法中正确的是(　　)。

(A)闭合曲面上各点电场强度都为零时，曲面内一定没有电荷

(B)闭合曲面上各点电场强度都为零时，曲面内电荷的代数和必定为零

(C)闭合曲面的电通量为零时，曲面上各点的电场强度必定为零

(D)闭合曲面的电通量不为零时，曲面上任意一点的电场强度都不可能为零

10-9　下列说法中正确的是(　　)。

(A)电场强度为零的点，电势也一定为零

(B)电场强度不为零的点，电势也一定不为零

(C)电势为零的点，电场强度也一定为零

(D)电势在某一区域内为常量，则电场强度在该区域内必定为零

10-10　半径为 R 的均匀带电球面，总电荷为 Q，如下图所示，设无穷远处的电势为零，则球内距离球心为 r 的点 P 处的电场强度的大小和电势为(　　)。

(A) $E=0$，$V=\dfrac{Q}{4\pi\varepsilon_0 r}$　　(B) $E=0$，$V=\dfrac{Q}{4\pi\varepsilon_0 R}$

(C) $E=\dfrac{Q}{4\pi\varepsilon_0 r^2}$，$V=\dfrac{Q}{4\pi\varepsilon_0 r}$　　(D) $E=\dfrac{Q}{4\pi\varepsilon_0 r^2}$，$V=\dfrac{Q}{4\pi\varepsilon_0 R}$

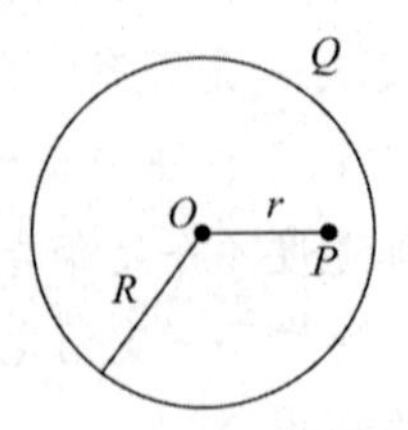

习题 10-10 图

10-11　直角三角形的点 A 上有电荷 q_1，点 B 上有电荷 q_2，其中 $AC=L_1$，$BC=L_2$，如下图所示，试求点 C 的电场强度。

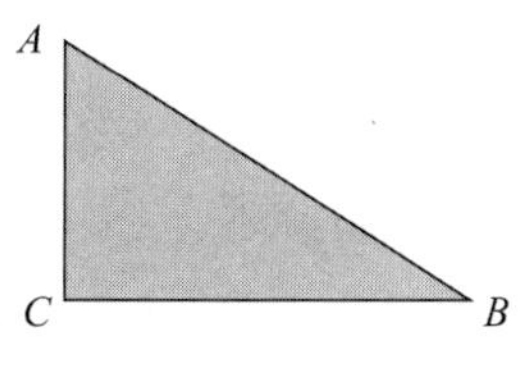

习题 10-11 图

10-12　在电场强度为 $\boldsymbol{E}$ 的匀强电场中，有一半径为 R 的半球面，场强 $\boldsymbol{E}$ 的方向与半球面的对称轴平行，如下图所示，试计算穿过此半球面的电通量。

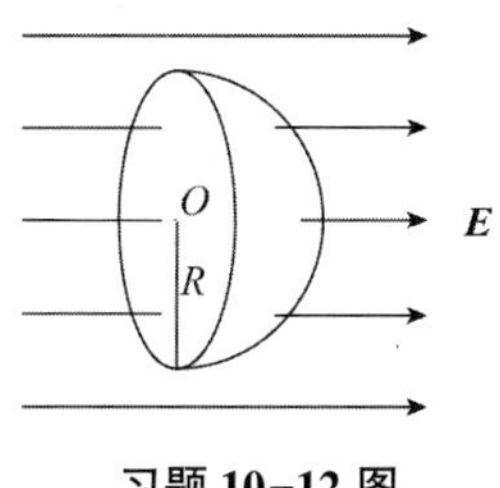

习题 10-12 图

10-13　有一无限大均匀带电平面，电荷面密度为 σ，求距平面为 r 处某点的电场强度。

10-14　试验电荷 q 在点电荷 $+Q$ 产生的电场中，如下图所示，沿半径为 R 的整个圆弧的 3/4 圆弧轨道由点 a 移到点 d 的过程中电场力做功为多少？从 d 点移到无穷远处的过程中，电场力做功为多少？

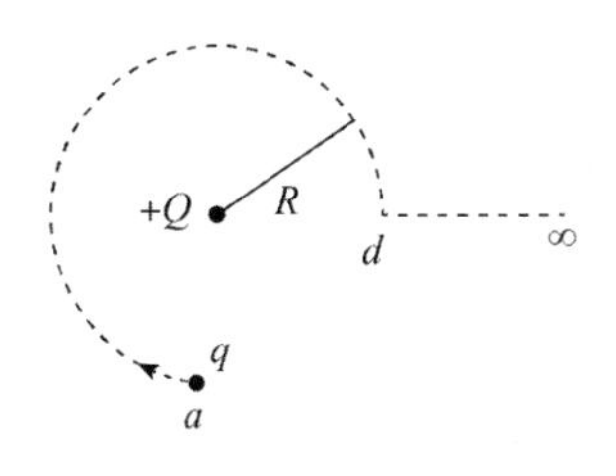

习题 10-14 图

10-15　设在半径为 R 的球体内正电荷均匀分布，电荷体密度为 ρ，如下图所示，求带电球内外的电场强度分布。

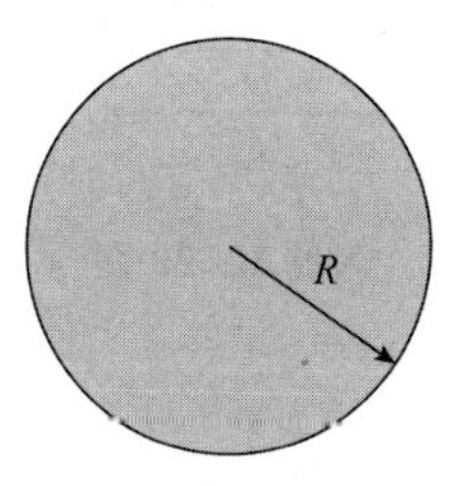

习题 10-15 图

10-16　设在半径为 R 的球体内，其电荷为球对称分布，电荷体密度为

$$\begin{cases}\rho = kr & (0 \leqslant r \leqslant R)\\ \rho = 0 & (r > R)\end{cases}$$

k 为一常量，试分别用高斯定理和电场叠加原理求电场强度 E 与 r 的函数关系。

10-17　试求"无限长"带电直导线的电势。

10-18　试求通过如下图所示的一均匀带电圆平面中心且垂直平面的轴线上任意点的电势。

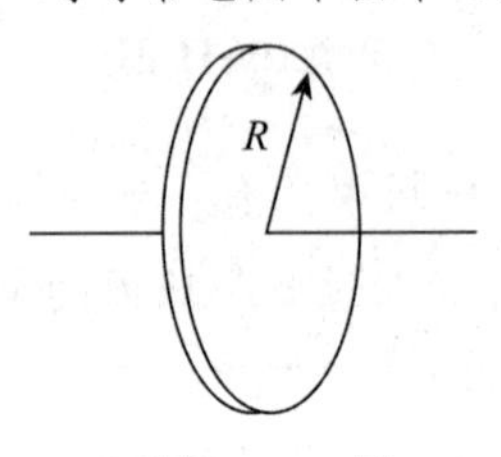

习题 10-18 图

10-19　两个同心球面的半径分别为 R_1 和 R_2，各自带有电荷 Q_1 和 Q_2，如下图所示。求：(1)各区域电势分布，并画出分布曲线；(2)两球面间的电势差为多少？

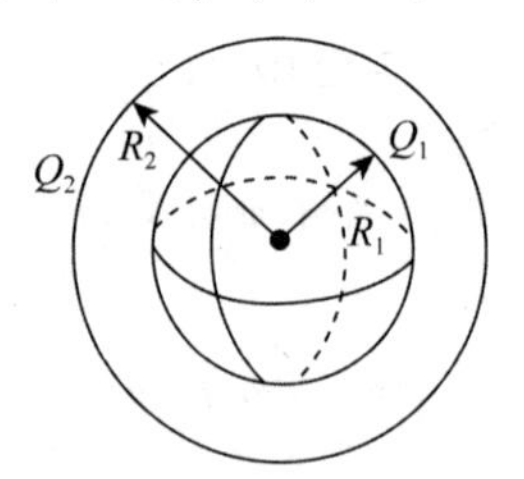

习题 10-19 图

10-20　有一电偶极子电场，如下图所示，求其中任意一点 A 的电场强度和电势。

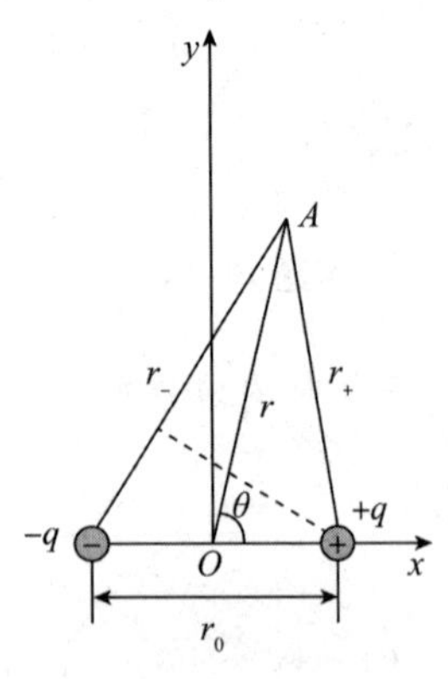

习题 10-20 图

第11章

静电场中的导体和电介质

学习目标

1. 掌握静电平衡的条件，掌握导体处于静电平衡时的电荷、电势、电场分布规律。
2. 理解电容的定义并掌握电容器电容的计算方法。
3. 了解电介质的极化机理，并掌握电位移矢量和电场强度的关系。
4. 理解有介质时的高斯定理，并能利用其来计算电介质中对称电场的电场强度。
5. 理解电场的能量和能量密度，并能计算一些对称电场的能量。

导学思考

1. 把不带电的金属导体放到电场中，导体内的自由电子将发生定向移动，使导体两端出现等量异号的电荷。请思考下列问题。

(1) 上述情景中，自由电子定向移动的原因是什么？

(2) 基于上述条件，自由电子能否一直定向移动，为什么？

2. 企业在生产时，有些静电的产生无法避免，所以在做设计时需要考虑以下问题。

(1) 如何设计静电荷的消散渠道从而导走静电荷？

(2) 如何屏蔽带静电的物体？

(3) 如何避免高能量静电放电等？你能举例说明吗？

3. 电介质是一种能够阻止电流通过、绝缘性能良好的物质，在电力系统中有着广泛应用。我们使用的冰箱、洗衣机、抽油烟机、吊扇等家用电器上都有电容器，这些电容器中都有电介质。请查阅文献，比较在平行板电容器中间加入电介质与不加电介质其电容量如何变化。

把不带电的金属导体放到电场中，导体内的自由电子将发生定向移动，使导体两端出现等量异号的电荷。请思考下列问题：(1)自由电子定向移动的原因是什么？(2)自由电子能否一直定向移动？为什么？

上一章我们学习了真空中的静电场规律，本章将在此基础上进一步讨论当静电场中存在导体或电介质(绝缘体)的情况，主要内容包括静电平衡时导体的性质，电容的物理意义及计算，静电能的概念及电容器静电能的计算，电介质的极化性质，有电介质时的高斯定理等。

11.1 静电场中的导体

1. 静电平衡

众所周知，导体内部存在大量的自由电荷，而金属导体中的自由电荷就是自由电子。若把不带电的金属导体放在外电场 $\boldsymbol{E}_0$ 中，则导体中的自由电子在作无规则热运动的同时，还将在电场力作用下作定向运动，从而使导体中的电荷重新分布，结果会使导体两端分别出现等量的正负电荷，这种现象叫作静电感应现象。

导体由于静电感应而带有的电荷，称为感应电荷。感应电荷必然在空间激发电场，这个电场与原来的电场相互叠加，因而改变了空间各处电场分布。我们把感应电荷产生的电场称为附加电场，用 $\boldsymbol{E}'$ 表示，如图 11-1 所示，则空间任意一点的电场强度为

$$\boldsymbol{E}=\boldsymbol{E}_0+\boldsymbol{E}'$$

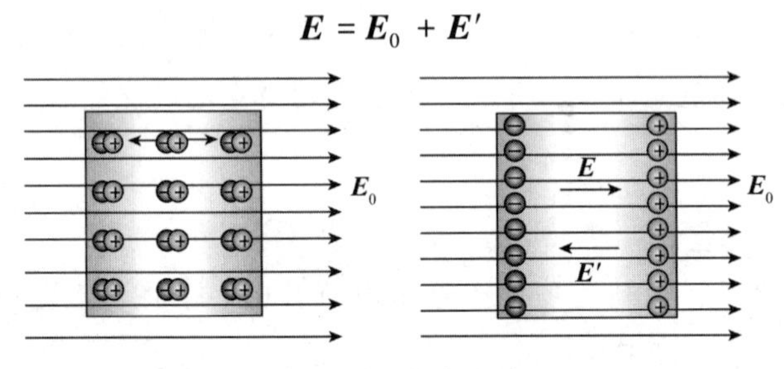

图 11-1 静电感应

在电场中，导体电荷重新分布的过程一直持续到导体内部的电场强度等于零，即 $\boldsymbol{E}=\boldsymbol{0}$ 时为止。这时，导体内没有电荷作定向运动，导体处于静电平衡状态。

在静电平衡时，不仅导体内部没有电荷作定向运动，导体表面也没有电荷作定向运动，这就要求导体表面电场强度的方向应与表面垂直。若导体表面处电场强度的方向与导体表面不垂直，则电场强度沿表面将有切向分量，自由电子受到与该切向分量相对应的电场力的作用，将沿表面运动，这样就不是静电平衡状态了。所以，当导体处于静电平衡状态时，必须满足以下两个条件：

(1)导体内部任何一点处的电场强度为零；

(2)导体表面处电场强度的方向与导体表面垂直。

导体的静电平衡条件，也可以用电势来表述。由于在静电平衡时，导体内部的电场强度为零，因此，如在导体内取任意两点 A 和 B，这两点间的电势差 U 为零，即

$$U=\int_{AB}\boldsymbol{E}\cdot\mathrm{d}\boldsymbol{l}=0$$

这表明，在静电平衡时，导体内任意两点的电势是相等的。至于导体的表面，由于在静电平衡时，导体表面的电场强度 $\boldsymbol{E}$ 与表面垂直，其切向分量 $\boldsymbol{E}_{\mathrm{t}}$ 为零，因此导体表面任意两点的电势差亦为零，即在静电平衡时，导体表面为一等势面。不言而喻，静电平衡时导体内部与导体表面的电势是相等的，否则就仍会发生电荷的定向运动。总之，当导体处于静电平衡时，导体上的电势处处相等，导体为一等势体。

2. 静电平衡时导体上的电荷分布

在静电平衡时，带电导体的电荷分布可用高斯定理来进行讨论。

(1) 由于静电平衡时导体内部 $\boldsymbol{E}=\boldsymbol{0}$，在导体内部作高斯面，按高斯定理有

$$\oint_S\boldsymbol{E}\cdot\mathrm{d}\boldsymbol{S}=0$$

于是，此高斯面所包围的电荷的代数和必然为零，即净电荷只分布在导体的表面上，导体内部没有净电荷。

(2) 在导体表面之外附近空间取一点 P，以 $\boldsymbol{E}$ 表示该处电场强度，如图 11-2 所示。在点 P 附近的导体表面取一面元 ΔS，当 ΔS 取得足够小时，可认为该面元上的电荷面密度 σ 是不变的。围绕 ΔS 作一扁圆柱形高斯面，使圆柱侧面与 ΔS 垂直，上底面通过点 P，下底面在导体内部。由于导体内部的电场强度为零，所以通过底面的电通量为零；在侧面上，电场强度要么为零，要么与侧面法线垂直，所以通过侧面的电通量也为零，所以通过闭合曲面总的电通量等于通过上底面的电通量，根据高斯定理有

$$\oint_S\boldsymbol{E}\cdot\mathrm{d}\boldsymbol{S}=E\Delta S=\frac{\sigma\Delta S}{\varepsilon_0}$$

得

$$E=\frac{\sigma}{\varepsilon_0}\tag{11-1}$$

式(11-1)表明，带电导体处于静电平衡时，导体表面之外非常邻近表面处的电场强度 $\boldsymbol{E}$，其数值与该处电荷面密度成正比，其方向与导体表面垂直。当表面带正电荷时，$\boldsymbol{E}$ 的方向垂直表面向外；当表面带负电荷时，$\boldsymbol{E}$ 的方向垂直表面向里。

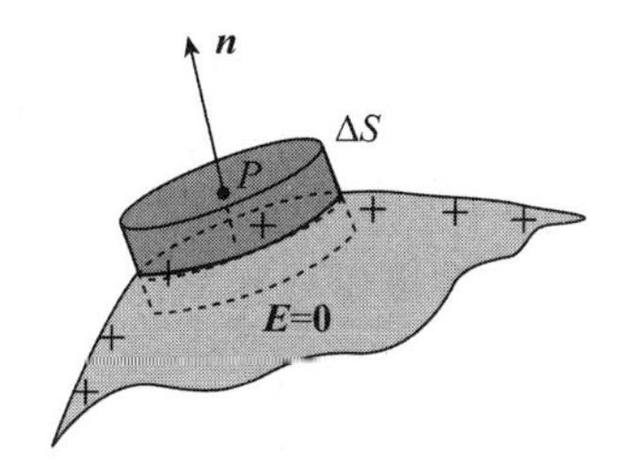

图 11-2　带电导体表面

式(11-1)只给出电荷面密度 σ 与导体邻近表面 $\boldsymbol{E}$ 之间的关系。但带电导体在静电平衡后表面电荷的分布不仅与导体本身的形状有关，还与周围的环境有关。一个孤立导体表面电荷面密度的大小与表面的曲率(曲率是曲率半径的倒数)有关，导体表面曲率大的地方，其电荷面密度大，曲率小的地方，其电荷面密度小，如图11-3所示。

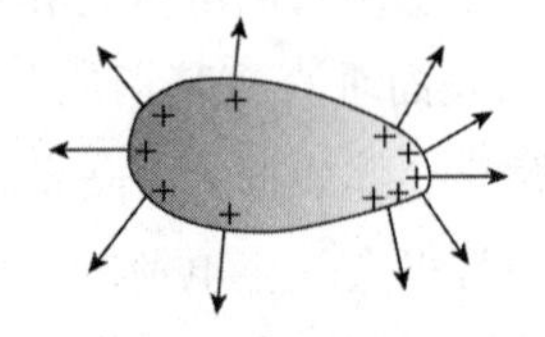

图11-3 带电导体表面曲率较大处附近的电场

孤立导体的尖端部分曲率大，其电荷面密度非常大，所以尖端附近的电场强度特别强，如图11-4所示。当达到一定量值时，空气中残留的带电离子在这个电场作用下将发生激烈运动，并与空气中分子碰撞，使大量的中性分子被电离成电子和正离子。结果，在尖端附近的空气中产生许多可以自由运动的电荷。本来不导电的空气变成了导体，空气中那些与尖端的电荷异号的电荷被吸引到尖端并与尖端上的电荷中和，那些与尖端同号的电荷被排斥而飞向远方，形成电风，这种现象称为尖端放电。

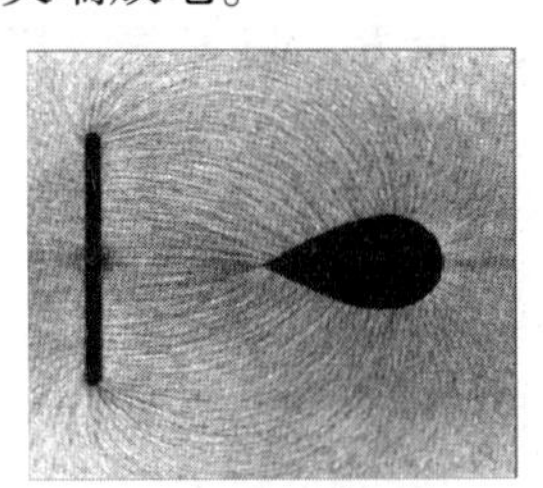

图11-4 带电导体尖端附近的电场

尖端放电时，尖端附近往往隐隐地笼罩一层光晕，叫作电晕，电晕浪费了大量的电能。为了防止因尖端放电造成危险和电能浪费，高压设备的电极常常制作成光滑的球面，输电线表面应尽可能光滑，半径不宜过小。应用尖端放电的典型例子是避雷针，为了使高大建筑物不受雷击，可在其顶部安装避雷针(尖端导体)，使其与大地保持良好的电接触，当带电的云层接近时，避雷针持续不断地放电，便可避免雷击造成的危害。

3. 导体壳和静电屏蔽

1)空腔内无带电体的情况

如果有一空腔导体，如图11-5所示，在导体内取高斯面 S，由于在静电平衡时，导体内的电场强度为零，所以 S 面所包围的区域里净电荷为零，即导体空腔内表面的净电荷为零。这可能有两种情况：第一种情形是等量异号电荷宏观相分离，并处于内表面的不同位置上；第二种情形是内表面处处电荷都为零。实际上，第一种情形是不可能出现的，因为一旦出现了这种情形，在正电荷的地方将发出电场线，此电场线必然要终止于负电荷的地方，这就与处于静电平衡的金属导体是等势体的结论相违背。所以只能是第二种情形，即内表面上处处没有电荷。此时，如果空腔导体本身带电量为 $+q$，则电荷只能分布在导体外表面，外表面所带电荷量为 $+q$。由此可见，空腔内的电场强度为零，这表明空腔导体确实能屏蔽空腔外部的电荷对空腔内部的影响。

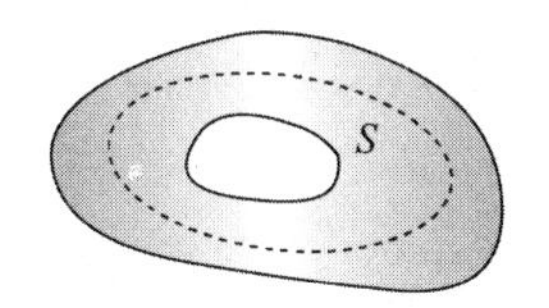

图 11-5　空腔内无带电体的情况

2) 空腔内有带电体的情况

在空腔内放一带电体 $+q$，如图 11-6 所示，我们可以同样在导体内取高斯面 S，由静电平衡和高斯定理不难求出 S 面内电荷代数和为零，所以导体内表面所带电荷与空腔内带电体的电荷等量异号。腔内电场线起自带电体 $+q$，而终止于内表面上的感应电荷 $-q$，腔内电场不为零。同时，外表面相应地出现感应电荷 $+q$。此时，如果空腔导体本身不带电，则外表面只有感应电荷 $+q$，如果空腔导体带电量为 Q，则外表面所带电荷量为 $(Q+q)$。

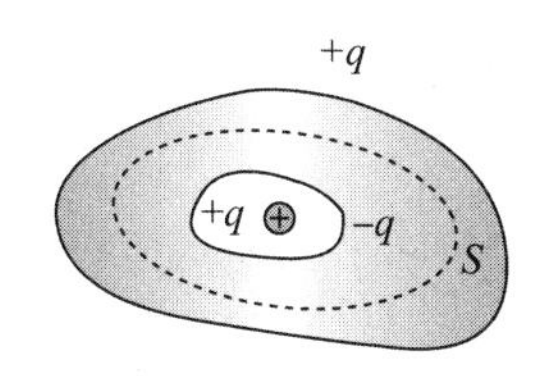

图 11-6　空腔内有带电体的情况

若把空腔导体接地，则外表面的电荷被中和，空腔导体电势为零。由于空腔导体外没有电荷分布，所以也就没有电场。可见，一个接地的空腔导体能屏蔽空腔内电荷对空腔导体外部的影响。

3) 静电屏蔽

综上所述，空腔导体(无论是否接地)将使空腔内空间不受外电场的影响，而接地空腔导体将使外部空间不受空腔内的电场影响，这是空腔导体的静电屏蔽作用。在实际工作中，常用编织得相当紧密的金属网来代替空腔导体。例如，高压设备周围的金属网，校测电子仪器的金属网屏蔽室都能起到静电屏蔽的作用。

例 11-1　一外半径为 R_1、内半径为 R_2 的金属球壳，在球壳中放一半径为 R_3 的与球壳同心的金属球，使球壳和球均带有 $+q$ 的电荷量，问两物体上的电荷如何分布？球心的电势为多少？

解　为计算球心的电势，必须先计算出各点的电场强度。由于这里电场具有球对称性，因此可用高斯定理来计算各点的电场强度。

先从球心开始，如取以 $r<R_3$ 的球面 S_1 为高斯面，则由导体的静电平衡条件，球内的电场强度为

$$E_1 = 0(r < R_3) \tag{1}$$

在球与球壳之间，作 $R_3 < r < R_2$ 的球面 S_2 为高斯面，在此高斯面内的电荷仅是半径为 R_3 的球上的电荷 $+q$，由高斯定理有

$$\oint_{S_2} \boldsymbol{E}_2 \cdot \mathrm{d}\boldsymbol{S} = E_2 4\pi r^2 = \frac{q}{\varepsilon_0}$$

$$E_2 = \frac{1}{4\pi\varepsilon_0}\frac{q}{r^2}(R_3 < r < R_2) \tag{2}$$

而对于所有 $R_2 < r < R_1$ 的球面 S_3 上的各点，由静电平衡条件知

$$E_3 = 0(R_2 < r < R_1) \tag{3}$$

由高斯定理可知，球面 S_3 内所含电荷代数和为零，已知金属球的电荷为 $+q$，所以球壳的内表面上的电荷必为 $-q$，这样，球壳的外表面的电荷就应该是 $+2q$。

在球壳外取 $r > R_1$ 的球面 S_4 为高斯面，在此高斯面内含有的电荷为 $\sum q = q - q + 2q = 2q$，所以由高斯定理可得

$$E_4 = \frac{1}{4\pi\varepsilon_0}\frac{2q}{r^2}(r > R_1) \tag{4}$$

由电势的定义式，得球心的电势为

$$V_O = \int_0^\infty \boldsymbol{E} \cdot \mathrm{d}\boldsymbol{l} = \int_0^{R_3} \boldsymbol{E}_1 \cdot \mathrm{d}\boldsymbol{l} + \int_{R_3}^{R_2} \boldsymbol{E}_2 \cdot \mathrm{d}\boldsymbol{l} + \int_{R_2}^{R_1} \boldsymbol{E}_3 \cdot \mathrm{d}\boldsymbol{l} + \int_{R_1}^{\infty} \boldsymbol{E}_4 \cdot \mathrm{d}\boldsymbol{l}$$

把式(1)~式(4)代入上式可得

$$\begin{aligned} V_O &= 0 + \int_{R_3}^{R_2} \frac{1}{4\pi\varepsilon_0}\frac{q}{r^2}\mathrm{d}r + 0 + \int_{R_1}^{\infty} \frac{1}{4\pi\varepsilon_0}\frac{2q}{r^2}\mathrm{d}r \\ &= \frac{q}{4\pi\varepsilon_0}\left(\frac{1}{R_3} - \frac{1}{R_2} + \frac{2}{R_1}\right) \end{aligned}$$

11.2 电容器的电容

1. 孤立导体的电容

由导体的静电平衡条件可知，导体面上有确定的电荷分布，并具有一定电势值。理论和实验表明，一个孤立导体的电势 V 与它所带的电荷量 q 成线性关系，其比例关系可写成

$$\frac{q}{V} = C \tag{11-2}$$

式中，C 与导体的大小和形状有关，它是一个与 q、V 无关的常数，称之为该孤立导体的电容，其物理意义是使导体每升高单位电势所需的电荷量，是表征导体储存电荷能力的物理量。在国际单位制中，电容的单位是 F (法拉)，在实际中常用 μF (微法) 和 pF (皮法)，它们之间的换算关系为

$$1\ \mathrm{F} = 10^6\ \mu\mathrm{F} = 10^{12}\ \mathrm{pF}$$

2. 电容器的电容

导体可以储存电荷，利用导体的这一性质制成的电容器是电子技术中最基本的元件之一，孤立导体储存电荷的能力受环境影响，消除这种影响需要考虑静电屏蔽。两个彼此绝缘而又相互靠近的导体组合，可以互相提供屏蔽效应，这种导体组合成为电容器。

由两个导体 A 和 B 组成一个电容器。A、B 称为电容器的两个极板，如图 11-7 所示。设两个极板分别带电 $+Q$ 和 $-Q$，实验证明，若没有外电场的影响，两极板间的电压 U 与电荷量 Q 成正比，即

$$Q = CU$$

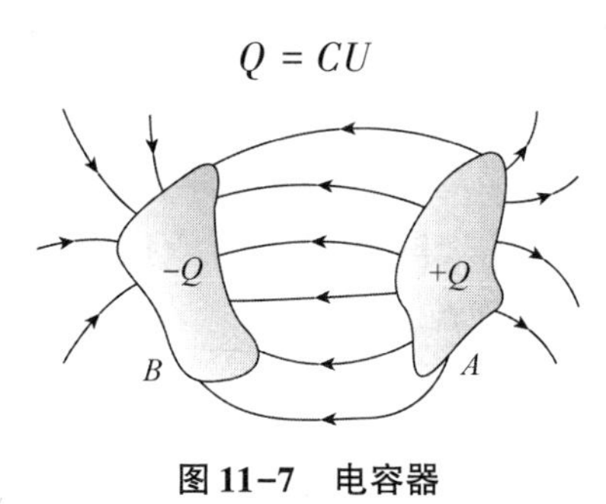

图 11-7　电容器

上式中的比例常数

$$C = \frac{Q}{U} \tag{11-3}$$

定义为电容器的电容。电容器的电容是描述电容器储存电荷能力的物理量，它与两导体的尺寸、形状和相对位置以及极板间的电介质有关。电容是电容器的固有性质，它与电容器是否带电以及电荷量的多少无关。

通过简单计算可得。

(1) 极板面积为 S，两极板内表面间距为 d 的平行板电容器的电容为

$$C = \frac{\varepsilon_0 S}{d} \tag{11-4}$$

(2) 两极板内表面半径分别为 R_A 和 R_B 的同心圆电容器的电容为

$$C = \frac{4\pi\varepsilon_0 R_A R_B}{R_B - R_A} (R_B > R_A) \tag{11-5}$$

(3) 长度 $l \gg (R_B - R_A)$ 的同轴柱形电容器的电容为

$$C = \frac{2\pi\varepsilon_0 l}{\ln \frac{R_B}{R_A}} \tag{11-6}$$

例 11-2　计算平行板电容器的电容。

解　平行板电容器是由两块相距很近的平行金属板构成的，设两极板间为真空，内表面距离为 d，极板面积为 S，在极板板面的线度远大于极板板间距离的情况下，边缘效应可以忽略不计，极板间的电场可以视为匀强电场。为计算电容，设两极板带的电荷量分别为 $+Q$

和 $-Q$，两极板间的电场相当于两个无限大带电平面的电场的叠加，其电场强度大小为

$$E=\frac{\sigma}{\varepsilon_0}=\frac{Q}{\varepsilon_0 S}$$

两极板间的电势差为 $U=Ed$，根据式(11-3)可知

$$C=\frac{Q}{U}=\frac{Q}{Ed}=\frac{\varepsilon_0 SQ}{dQ}=\frac{\varepsilon_0 S}{d}$$

3. 电容器的连接

在实际的电路设计和使用中，常常需要把一些电容器组合起来使用。电容器最基本的组合方式是并联和串联。下面讨论这两种组合方式的等效电容的计算方法。

1)电容器并联

将两个电容器 C_1、C_2 并联起来，并将它们接在电压为 U 的电路上，电容器上的电荷分别为 Q_1、Q_2，则根据式(11-3)有

$$Q_1=C_1U,\ Q_2=C_2U$$

两个电容器上总的电荷 Q 为

$$Q=Q_1+Q_2=U(C_1+C_2)$$

若用一个电容器来等效代替这两个电容器，那么这个等效电容器的电容 C 为

$$C=\frac{Q}{U}$$

把它与前式相比较得

$$C=C_1+C_2 \tag{11-7a}$$

不难验证，式(11-7a)的结论可以推广到多个电容器并联的情况，即

$$C=C_1+C_2+\cdots+C_n \tag{11-7b}$$

这说明，当几个电容器并联时，其等效电容等于这几个电容器的电容之和。

可见，并联电容器组的等效电容较电容器组中任何一个电容器的电容都要大，但各电容器上的电压却是相等的。

2)电容器的串联

将两个电容器的极板首尾相连接，这种连接叫作串联，如图11-8所示。设加在串联电容器组上的电压为 U，由于静电感应，因此每个电容器的两块极板所带的电荷分别为 $+Q$ 和 $-Q$。这就是说，串联电容器组中每个电容器极板上所带的电荷是相等的。根据式(11-3)可得，每个电容器的电压为

$$U_1=\frac{Q}{C_1},\ U_2=\frac{Q}{C_2}$$

而总电压 U 则为各电容器上的电压 U_1、U_2 之和，即

$$U=U_1+U_2=\left(\frac{1}{C_1}+\frac{1}{C_2}\right)Q$$

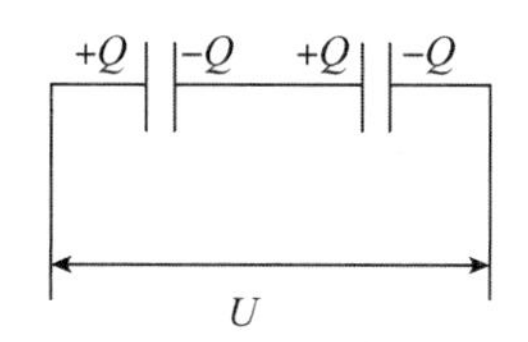

图 11-8　电容器串联

如果用一个电容为 C 的电容器来等效地代替串联电容器组，且使它两端的电压为 U，它所带的电荷也为 Q，则有

$$U=\frac{Q}{C}$$

把它与前式相比较，可得

$$\frac{1}{C}=\frac{1}{C_1}+\frac{1}{C_2} \tag{11-8a}$$

不难验证，式(11-8a)的结论可以推广到多个电容器串联的情况，即

$$\frac{1}{C}=\frac{1}{C_1}+\frac{1}{C_2}+\cdots+\frac{1}{C_n} \tag{11-8b}$$

这说明，串联电容器组等效电容的倒数等于电容器组中各电容倒数之和。

如果把式(11-8a)改写为

$$C=\frac{C_1C_2}{C_1+C_2}$$

容易看出，串联电容器组的等效电容比电容器组中任何一个电容器的电容都小，但每一电容器上的电压却小于总电压。

*11.3　电介质

根据第 10 章的例 10-4 可知，真空中无限大均匀带电平面的电荷面密度分别为 $+\sigma$ 和 $-\sigma$ 的平行平板之间的电场强度为 $E=\sigma/\varepsilon_0$。若维持两板上的电荷面密度不变，而在两板之间充满均匀的各向同性的电介质，从实验可测得两板间的电场强度 E 的大小仅为真空时的 $1/\varepsilon_r$ 倍，即

$$E=\frac{E_0}{\varepsilon_r} \tag{11-9}$$

式中，ε_r 叫作电介质的相对电容率，乘积 $\varepsilon_0\varepsilon_r=\varepsilon$ 为电介质的电容率。

1. 电介质的极化

电介质不同于导体，导体中带电粒子为自由电荷，可以作定向运动，而电介质中带电粒子为束缚电荷，不能发生定向运动，也就是我们熟知的绝缘体。但是，电介质分子的电荷分布在外电场的作用下是会发生变化的。为了具体考虑这种变化，可以认为每一个分子的正电荷 q 集中于一点，称为正电荷的“重心”；而负电荷集中于另一点，称为负电荷的“重心”。

相距为 l 的正负电荷重心构成电矩为 $p=ql$ 的电偶极子。

按照分子内部电结构的不同，电介质分子可以分为两大类：一类分子，如 HCl、H_2O 和 CO 等，在没有外电场时分子内部的电荷分布本来就是不对称的，其正负电荷重心并不重合，这种分子具有固定的电矩，称为有极分子；另一类分子，如 He、H_2、N_2、O_2 和 CO_2 等，在没有外电场时分子内部的电荷分布是对称的，这种分子没有固定的电矩，称为无极分子。在没有外电场时，无极分子电介质中每个分子都不产生电场，整个电介质也不产生电场；有极分子电介质中每个分子都是一个电偶极子，每个分子都产生电场，但由于分子的无规则热运动，大量分子都是杂乱无章的排列，因此整个电介质也不产生电场。在外电场下，无极分子电介质的正负电荷都受到相反的静电力作用，正负电荷重心被拉开一个小的距离，变成一个电偶极子，分子电矩沿着电场方向整齐排列；有极分子电介质中每个分子都要受到一个力矩的作用，使分子电矩转向电场方向。

不论是无极分子电介质还是有极分子电介质，当置于外电场时，分子电矩都将在一定程度上沿着电场方向整齐排列，这种现象叫作电介质的极化。电介质极化过程就是使电介质分子的电偶极子有一定的取向并增大其电矩的过程，无极分子电介质的极化称为位移极化，有极分子电介质的极化称为取向极化。

2. 电极化强度

两类电介质极化的微观过程不同，但是宏观结果是一样的，即在电介质中出现极化电荷。

对于各向同性的均匀电介质，极化的电介质内部仍然没有净电荷，电荷体密度等于零。但电介质的表面会出现电荷，称为极化电荷。极化电荷和自由电荷不同，它不能在电介质中移动，而是被束缚在介质的一定区域内，称为束缚电荷。极化电荷能产生一个附加电场 $\boldsymbol{E}'$，使得电介质中的电场减小。

1)电极化强度矢量

为表征电介质的极化状态，我们引入电极化强度这个物理量，定义为在电介质的单位体积中分子电矩的矢量和，以 $\boldsymbol{P}$ 表示，即

$$\boldsymbol{P}=\frac{\sum \boldsymbol{p}_i}{\Delta V}$$

在国际单位制中，电极化强度的单位是 $\mathrm{C\cdot m^{-2}}$(库仑·米$^{-2}$)。如果电介质内各处电极化强度的大小和方向都相同，就称为均匀极化。均匀极化要求电介质也是均匀的。

2)电极化强度与极化电荷的关系

极化电荷是由电介质极化所产生的，因此电极化强度与极化电荷之间必定存在某种关系。可以证明，对于均匀极化的情形，极化电荷只出现在电介质表面上。我们仍以电荷面密度分别为 $+\sigma$ 和 $-\sigma$ 的两平行平板间充满均匀电介质为例来进行讨论。

在电介质中取一高为 l、底面积为 ΔS 的柱体，柱体两底面的极化电荷面密度分别为 $+\sigma$ 和 $-\sigma$，如图 11-9 所示。柱体内所有分子电偶极矩的矢量和大小为

$$\sum p=\sigma'\Delta Sl$$

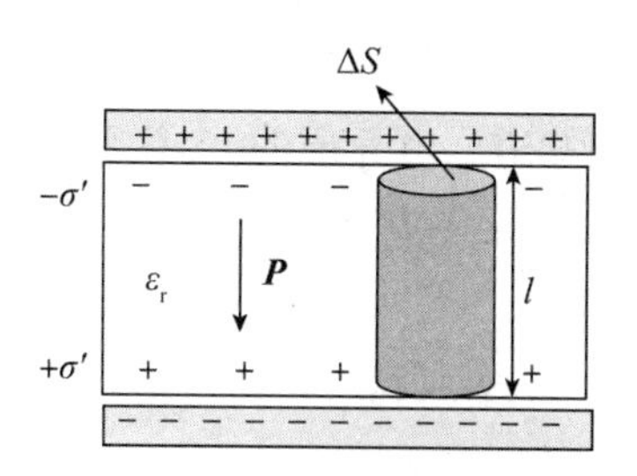

图 11-9　电极化强度与极化电荷的关系

由电极化强度的定义可知，电极化强度的大小为

$$P = \frac{\sum p_i}{\Delta V} = \frac{\sigma' \Delta S l}{\Delta S l} = \sigma' \tag{11-10}$$

式(11-10)表明，两平板间电介质的电极化强度的大小，等于极化电荷面密度。

3)极化电荷与自由电荷的关系

在无限大平行平板之间，放入电介质，两板上自由电荷面密度分别为 $\pm\sigma_0$，如图 11-10 所示。在放入电介质以前，自由电荷在两板间激发的电场强度 $\boldsymbol{E}_0$ 的值为 $E_0 = \sigma_0/\varepsilon_0$。当两板间充满电介质后，如两极板上的 $\pm\sigma_0$ 保持不变，则电介质由于极化，就在它两个垂直于 $\boldsymbol{E}_0$ 的表面上分别出现正负极化电荷，其电荷面密度为 σ' 。极化电荷产生的电场强度 $\boldsymbol{E}'$ 的值为 $E' = \sigma'/\varepsilon_0$。从图 11-9 可以看出，电介质中电场强度 $\boldsymbol{E}$ 为

$$\boldsymbol{E} = \boldsymbol{E}_0 + \boldsymbol{E}'$$

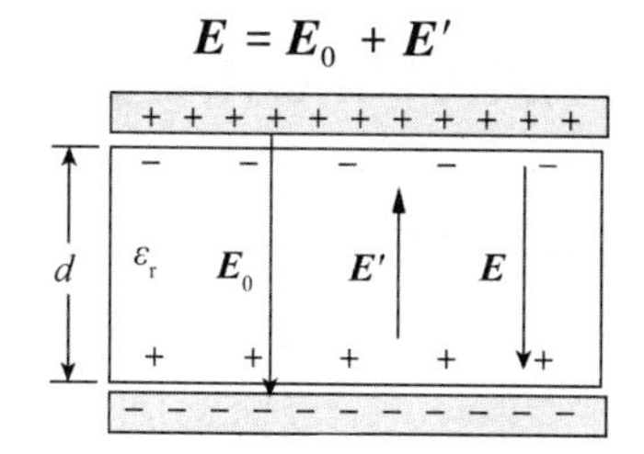

图 11-10　电介质中的电场强度

由于 $\boldsymbol{E}'$ 与 $\boldsymbol{E}_0$ 方向相反，以及 $\boldsymbol{E}'$ 与 $\boldsymbol{E}_0$ 的关系式(11-9)，可得电介质中电场强度 $\boldsymbol{E}$ 的值为

$$E = E_0 - E' = \frac{E_0}{\varepsilon_r}$$

有

$$E' = \frac{\varepsilon_r - 1}{\varepsilon_r} E_0$$

从而可得

$$\sigma' = \frac{\varepsilon_r - 1}{\varepsilon_r} \sigma_0 \tag{11-11a}$$

由于 $Q_0 = \sigma_0 S$，$Q' = \sigma' S$，故上式亦可写成

$$Q' = \frac{\varepsilon_r - 1}{\varepsilon_r} Q_0 \tag{11-11b}$$

式(11-11a)给出了在电介质中，极化电荷面密度 σ' 与自由电荷面密度 σ_0 和电介质的相对电容率 ε_r 之间的关系。大家知道，电介质的 ε_r 总是大于1的，所以 σ' 总比 σ_0 要小。

将 $E_0=\sigma_0/\varepsilon_0$，$E'=\sigma'/\varepsilon_0$ 以及 $\sigma'=P$ 代入式(11-11a)，可得电介质中电极化强度 P 与电场强度 E 之间的关系为

$$P=(\varepsilon_r-1)\varepsilon_0 E$$

写成矢量有

$$\boldsymbol{P}=(\varepsilon_r-1)\varepsilon_0\boldsymbol{E} \tag{11-12}$$

式(11-12)表明：电介质中的 $\boldsymbol{P}$ 与 $\boldsymbol{E}$ 成线性关系。若取 $\chi_e=\varepsilon_r-1$，则式(11-12)亦可写成

$$\boldsymbol{P}=\chi_e\varepsilon_0\boldsymbol{E}$$

式中，χ_e 称为电介质的电极化率。

顺便指出，上面讨论的是电介质在静电场中极化的情形。在交变电场中，情形就有些不同。以有极分子为例，由于电偶极子的转向需要时间，在外电场变化频率较低时，电偶极子还来得及跟上电场的变化而不断转向，故 ε_r 的值和在恒定电场下的数值相比差别不大。但当频率大到某一程度时，电偶极子就来不及跟随电场方向的改变而转向，这时相对电容率 ε_r 就要下降。所以在高频条件下，电介质的相对电容率 ε_r 是和外电场的频率 f 有关的。

11.4 电位移 有电介质时的高斯定理

上一章我们研究了真空中静电场的高斯定理。而当静电场中有电介质时，高斯面内不止有自由电荷，还会有极化电荷，那么高斯定理会有怎么样的变化呢？下面将讨论有电介质时的高斯定理。

仍以两平行带电平板间充满均匀电介质为例来进行讨论。取一闭合的正圆柱体作为高斯面，高斯面的两底面与极板平行，其中一个底面在电介质内，底面的面积为 S，如图11-11所示。设极板上的自由电荷面密度为 σ_0，电介质表面上的极化电荷面密度为 σ'，对此高斯面来说，由高斯定理有

$$\oint_S \boldsymbol{E}\cdot d\boldsymbol{S}=\frac{1}{\varepsilon_0}(Q_0-Q') \tag{11-13}$$

式中，$Q_0=\sigma_0 S$；$Q'=\sigma' S$。

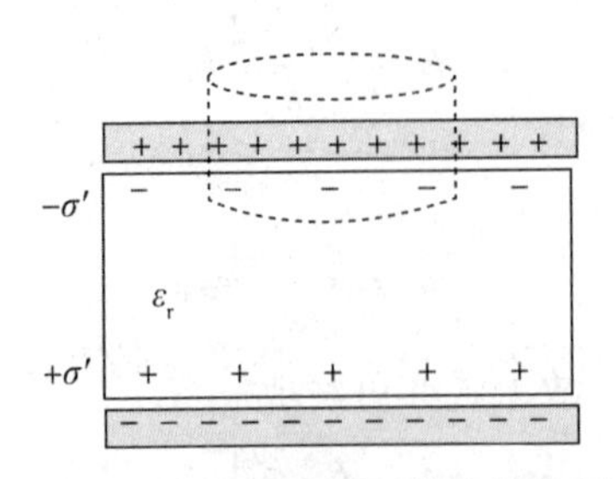

图11-11 有电介质时的高斯定理

我们不希望在式(11-13)中出现极化电荷，由式(11-11b)可知 $Q_0 - Q' = Q_0/\varepsilon_r$，把它代入式(11-13)有

$$\oint_S \boldsymbol{E} \cdot d\boldsymbol{S} = \frac{Q_0}{\varepsilon_0 \varepsilon_r}$$

或

$$\oint_S \varepsilon_0 \varepsilon_r \boldsymbol{E} \cdot d\boldsymbol{S} = Q_0 \tag{11-14a}$$

令

$$\oint_S \boldsymbol{D} \cdot d\boldsymbol{S} = Q_0 \tag{11-14b}$$

其中 $\varepsilon_0 \varepsilon_r = \varepsilon$ 为电介质的电容率，那么式(11-14a)可以写成

$$\boldsymbol{D} = \varepsilon_0 \varepsilon_r \boldsymbol{E} = \varepsilon \boldsymbol{E} \tag{11-15}$$

式中，$\boldsymbol{D}$ 称为电位移，$\oint_S \boldsymbol{D} \cdot d\boldsymbol{S}$ 则是通过任意闭合曲面 S 的电位移通量，$\boldsymbol{D}$ 的单位为 $\mathrm{C \cdot m^{-2}}$。

式(11-14b)虽然是从两平行带电平板间充有均匀电介质的情形得出的，但是可以证明一般情况下它也是正确的。所以，有电介质时的高斯定理可以叙述为：在静电场中，通过任意闭合曲面的电位移通量等于该闭合曲面内所包围的自由电荷的代数和，其数学表达式为

$$\oint_S \boldsymbol{D} \cdot d\boldsymbol{S} = \sum_{i=1}^{n} Q_{0i} \tag{11-16}$$

下面简述一下电介质中电场强度、电极化强度和电位移之间的关系。从电位移和电场强度的关系

$$\boldsymbol{D} = \varepsilon_0 \varepsilon_r \boldsymbol{E}$$

以及

$$\boldsymbol{P} = (\varepsilon_r - 1)\varepsilon_0 \boldsymbol{E}$$

可得

$$\boldsymbol{D} = \boldsymbol{P} + \varepsilon_0 \boldsymbol{E}$$

由上式可知，$\boldsymbol{D}$ 是考虑了电介质极化后，用来简化对电场规律的表述的。

例 11-3　有一容器，由半径为 R_1 的长直圆柱导体和同轴的半径为 R_2 的薄导体圆筒组成，其间充以相对电容率为 ε_r 的电介质，如图 11-12 所示。设直导体和圆筒单位长度上的电荷分别为 $+\lambda$ 和 $-\lambda$。求：(1)电介质中的电场强度、电位移和电极化强度；(2)电介质内外表面的极化电荷面密度。

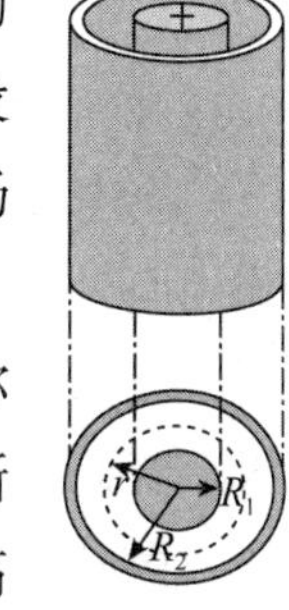

图 11-12
例 11-3 图

解　(1)由于电荷分布是均匀对称的，所以电介质中的电场也是柱对称的，电场强度的方向沿柱面的矢径方向。作一与圆柱导体同轴的圆柱形高斯面，其半径为 $r(R_1 < r < R_2)$、长为 l。因为电介质中的电位移 $\boldsymbol{D}$ 与圆柱形高斯面的两底面的法线垂直，所以通过这两底面的电位移通量为零。根据有电介质时的高斯定理，有

$$\oint_S \boldsymbol{D} \cdot \mathrm{d}\boldsymbol{S} = \lambda l$$

即

$$D \cdot 2\pi r l = \lambda l$$

得

$$D = \frac{\lambda}{2\pi r} \tag{1}$$

由于 $E = D/\varepsilon_0\varepsilon_r$，故电介质中的电场强度为

$$E = \frac{\lambda}{2\pi r\varepsilon_0\varepsilon_r}(R_1 < r < R_2) \tag{2}$$

电介质中的电极化强度为

$$P = (\varepsilon_r - 1)\varepsilon_0 E = \frac{\varepsilon_r - 1}{2\pi\varepsilon_r r}\lambda$$

(2) 由式(2)可知电介质两表面处的电场强度分别为

$$E_1 = \frac{\lambda}{2\pi\varepsilon_0\varepsilon_r R_1}(r = R_1)$$

$$E_2 = \frac{\lambda}{2\pi\varepsilon_0\varepsilon_r R_2}(r = R_2)$$

所以，电介质两表面极化电荷面密度的值分别为

$$-\sigma'_1 = (\varepsilon_r - 1)\varepsilon_0 E_1 = (\varepsilon_r - 1)\frac{\lambda}{2\pi\varepsilon_r R_1}$$

$$\sigma'_2 = (\varepsilon_r - 1)\varepsilon_0 E_2 = (\varepsilon_r - 1)\frac{\lambda}{2\pi\varepsilon_r R_2}$$

11.5 静电场的能量

这一节讨论静电场的能量。我们将以平行板电容器的带电过程为例，讨论通过外力做功把其他形式的能量转化为电能的机理。在带电过程中，平板电容器内建立起了电场，从而可导出电场能量(简称电能)的计算公式。

1. 电容器的电能

一个电容器在没有充电的时候是没有电能的，在充电过程中，外力要克服电荷之间的相互作用而做功，把其他形式的能量转化为电能。有一电容为 C 的平行平板电容器正处于充电过程中，如图 11-13 所示，设运输的电荷为正电荷，设想把微小电荷量 $\mathrm{d}q$ 从负极运输到了正极。若此时电容器带电荷量为 q，两极板间电压为 U，则在运输该微元的过程中外力克服电场力做功为

$$\mathrm{d}W = U\mathrm{d}q = \frac{1}{C}q\mathrm{d}q$$

当电容器两极板的电压为 U，且极板上分别带有 $\pm Q$ 的电荷，则外力做的总功为

$$W = \frac{1}{C}\int_0^Q q\mathrm{d}q = \frac{Q^2}{2C} = \frac{1}{2}QU = \frac{1}{2}CU^2 \tag{11-17a}$$

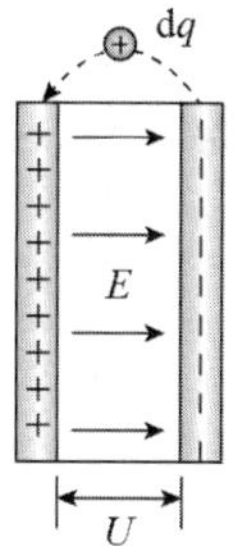

图 11-13　把电荷从负极板移到正极板时外力做的功

根据广义的功能原理，这功将使电容器的能量增加，也就是电容器储存了电能 W_e 。于是有

$$W_e = \frac{1}{2}\frac{Q^2}{C} = \frac{1}{2}CU^2 = \frac{1}{2}QU \tag{11-17b}$$

从上述讨论以及式(11-17)可见，在电容器的带电过程中，外力通过克服静电场力做功，把非静电能转化为电容器的电能了。

2. 静电场的能量　能量密度

我们仍以平行板电容器为例，讨论电容器的能量储存在哪里。

对于极板面积为 S，间距为 d 的平板电容器，若不计边缘效应，则电场所占有的空间体积为 Sd，于是此电容器储存的能量也可以写成

$$W_e = \frac{1}{2}CU^2 = \frac{1}{2}\frac{\varepsilon S}{d}(Ed)^2 = \frac{1}{2}\varepsilon E^2 Sd = \frac{1}{2}\varepsilon E^2 V \tag{11-18}$$

由式(11-17)和式(11-18)可看出其物理意义不同。式(11-17)表明，电容器所带能量是在外力作用下将电荷从一个极板移到另一个极板，因此电容器的能量携带者是电荷。但式(11-18)表明，在外力做功的情况下，使原来没有电场的电容器两极板间建立起有确定电场强度的静电场，因此电容器的能量携带者应该是电场。由第 10 章我们知道，静电场和静止电荷总是同时存在，我们无法分辨出电能是与电荷还是电场关联。但理论和实践都已证实，对于变化的电磁场来说，电场和磁场将以电磁波的形式在空间传播。在该过程中，并没有电荷伴随传播，所以说电磁波能量的携带者是电场和磁场。因此如果有一空间有电场，那么该空间就具有电场能量。

单位体积电场内所具有的电场能量为

$$w_e = \frac{1}{2}\varepsilon E^2 \tag{11-19}$$

w_e 叫作电场的能量密度。该式虽然是从平板电容器这个特例中求得的，但是可以证明，对于任意电场，这个结论也是正确的。

例 11-4　试计算在真空中的均匀带电球面的静电场能，已知球半径为 R，带电量为 Q 。

解　均匀带电球面的电场强度分布已由例 10-6 求出，为

$$\boldsymbol{E}=\begin{cases}\boldsymbol{E}_1=0 & (r<R)\\ \boldsymbol{E}_2=\dfrac{Q}{4\pi\varepsilon_0 r^2}\boldsymbol{e}_r & (r>R)\end{cases}$$

由式(11-19)得，球壳内的能量密度为零，球壳外的能量密度为

$$w_e=\frac{1}{2}\varepsilon_0 E_2^2=\frac{Q^2}{32\pi^2\varepsilon_0 r^4},\ (r>R)$$

由于电场分布的球对称性，因此取半径为 r，厚度为 dr 的球壳，其体积元为 $dV=4\pi r^2 dr$，电场能量为

$$W_e=\int w_e dV=\int_R^{\infty}\frac{Q^2}{32\pi^2\varepsilon_0 r^4}4\pi r^2 dr=\frac{Q^2}{8\pi\varepsilon_0 R}$$

【知识应用】

压力传感器

压力传感器广泛应用于工业控制、环境检测、生物医疗、航空航天等众多领域，常常需要进行动态压强测量，如发动机燃烧室内压强的测量、枪炮膛内压强的测量、爆炸形成冲击波压强的测量，等等。在进行动态压强测量时，常利用传感器将压强的这个力学量变换成便于测量和传送的电学量，当被测压强不断变化时，相应的电学量也随之变化。测压用的传感器种类很多，如膜片式电容测压传感器、压电式传感器等。

压电式传感器是利用某些物质的压电效应制作的传感器。在压力作用下，压电材料发生形变，压电体的两端会出现正负极化电荷。压电效应是可逆的，即有两种压电效应：一种为正压电效应，当沿着一定方向对某些电介质施力而使它变形时，其内部就产生极化现象，同时在它的两个表面上产生符号相反的电荷，当外力去掉后，又重新恢复不带电状态，这种现象称为正压电效应，当作用力的方向改变时，电荷的极性也随之改变；另一种是逆压电效应，当在电介质的极化方向上施加电场时，这些电介质也会产生变形，这种现象称为逆压电效应(电致伸缩效应)。可见，压电式传感器是一种典型的“双向传感器”。具有压电效应的物质很多，如天然形成的石英晶体、人工制造的压电陶瓷等。

压电元件是一种典型的力敏元件，能测量最终可变换为力的各种物理量，如压力、加速度、机械冲击和振动等。因此，在声学、力学、医学和宇航等许多领域都可以见到压电式传感器的应用。

【本章小结】

1. 静电场中的导体

1)导体的静电平衡条件

导体内部任意一点处的电场强度为零，即 $\boldsymbol{E}_{内}=\boldsymbol{0}$。

导体表面处电场强度的方向，都与导体表面垂直，即 $\boldsymbol{E}_{表面}$ 垂直于导体表面。

2)导体静电平衡的基本性质

场强分布：$\boldsymbol{E}_{内}=\boldsymbol{0}$，$\boldsymbol{E}_{表面}$垂直于导体表面。此外，导体表面各点处的电荷面密度 σ 与该处表面附近的电场强度大小的关系为 $E=\dfrac{\sigma}{\varepsilon_0}$。

电荷分布：处于静电平衡的导体，其内部各点处的净电荷为零，电荷只分布在表面。

电势分布：处于静电平衡的导体为一等势体，其表面为一等势面。

2. 电容

(1)孤立导体的电容：$\dfrac{q}{V}=C$。

(2)电容器的电容：$C=\dfrac{Q}{U}$。

(3)电容器的并串联。

并联：$C=C_1+C_2$。

串联：$\dfrac{1}{C}=\dfrac{1}{C_1}+\dfrac{1}{C_2}$。

3. 静电场中的电介质

(1)电介质中的电场强度：$\boldsymbol{E}=\boldsymbol{E}_0+\boldsymbol{E}'$。

(2)有电介质时的高斯定理

$$\oint_S \boldsymbol{D}\cdot \mathrm{d}\boldsymbol{S}=\sum_{i=1}^{n} Q_{0i}$$

4. 静电场能量

(1)电容器存储的电能

$$W_\mathrm{e}=\frac{1}{2}\frac{Q^2}{C}=\frac{1}{2}CU^2=\frac{1}{2}QU$$

(2)电场空间存储的电能。

电场能量密度：$w_\mathrm{e}=\dfrac{1}{2}\varepsilon E^2$。

电场总机械能：$W_\mathrm{e}=\int_\Omega w_\mathrm{e}\mathrm{d}V$。

课后习题

11-1 将一带电小金属球与一个不带电的大金属球相接触，小金属球上的电荷会全部转移到大球上去吗？

11-2 为什么高压电气设备上金属部件的表面尽可能不带棱角？

11-3 在高压电气设备周围，常围上一接地的金属栅网，以保证栅网外面的人身安全，试说明其道理。

11-4 “由于 $C=Q/U$，所以电容器的电容与其所带电荷成正比。”这句话对吗？如果电容器两端的电势差增加一倍，Q/U 将如何变化？

11-5 怎么从物理概念上来说明自由电荷与极化电荷的差别？

11-6 将一个带正电的带电体 A 从远处移到一个不带电的导体 B 附近，则导体 B 的电势将(　　)。

(A)升高　(B)降低　(C)不会发生变化　(D)无法确定

11-7 将一带负电的物体 M 靠近一不带电的导体 N，在 N 的左端感应出正电荷，右端感应出负电荷。若将导体 N 的左端接地，如下图所示，则(　　)。

(A)N 上的负电荷入地

(B)N 上的正电荷入地

(C)N 上的所有电荷入地

(D)N 上的所有感应电荷入地

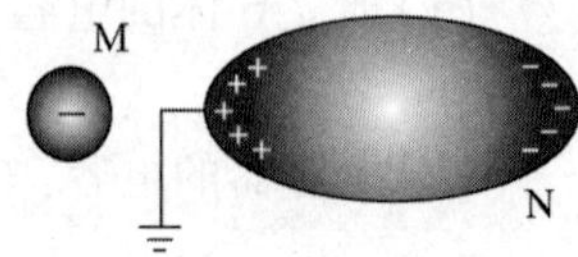

习题 11-7 图

11-8 将一个电荷量为 q 的点电荷放在一个半径为 R 的不带电的导体球附近，点电荷距导体球球心为 d，如下图所示。设无穷远处为零电势，则在导体球球心 O 点有(　　)。

(A) $E=0$，$V=\frac{q}{4\pi\varepsilon_0 d}$

(B) $E=\frac{q}{4\pi\varepsilon_0 d^2}$，$V=\frac{q}{4\pi\varepsilon_0 d}$

(C) $E=0$，$V=0$

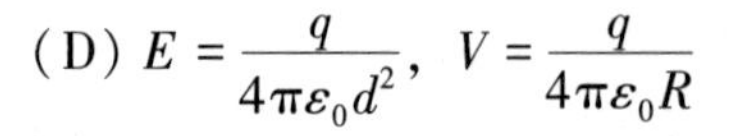

(D) $E=\frac{q}{4\pi\varepsilon_0 d^2}$，$V=\frac{q}{4\pi\varepsilon_0 R}$

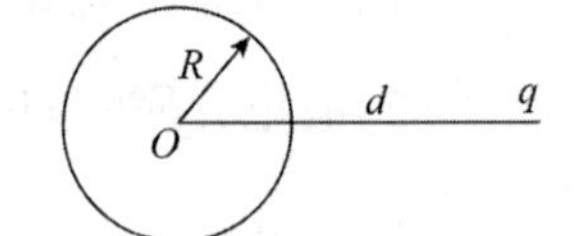

习题 11-8 图

11-9 根据有电介质时的高斯定理，在电介质中电位移矢量沿任意一个闭合曲面的积分等于这个曲面所包围自由电荷的代数和。下列推论正确的是(　　)。

(A)若电位移矢量沿任意一个闭合曲面的积分等于零，曲面内一定没有自由电荷

(B)若电位移矢量沿任意一个闭合曲面的积分等于零，曲面内电荷的代数和一定等于零

(C)若电位移矢量沿任意一个闭合曲面的积分不等于零，曲面内一定有极化电荷

(D)有电介质时的高斯定理表明电位移矢量仅仅与自由电荷的分布有关

(E)介质中的电位移矢量与自由电荷和极化电荷的分布有关

11-10 对于各向同性的均匀电介质，下列概念正确的是(　　)。

(A)电介质充满整个电场并且自由电荷的分布不发生变化时，电介质中的电场强度一定等于没有电介质时该点电场强度的 $1/\varepsilon_r$ 倍

(B)电介质中的电场强度一定等于没有介质时该点电场强度的 $1/\varepsilon_r$ 倍

(C)在电介质充满整个电场时，电介质中的电场强度一定等于没有电介质时该点电场强度的 $1/\varepsilon_r$ 倍

(D)电介质中的电场强度一定等于没有电介质时该点电场强度的 ε_r 倍

11-11　不带电的导体球 A 含有两个球形空腔，两空腔中心分别有一点电荷 q_b、q_c，导体球外距导体球较远的 r 处还有一个点电荷 q_d（如下图所示）。试求点电荷 q_b、q_c、q_d 各受多大的电场力。

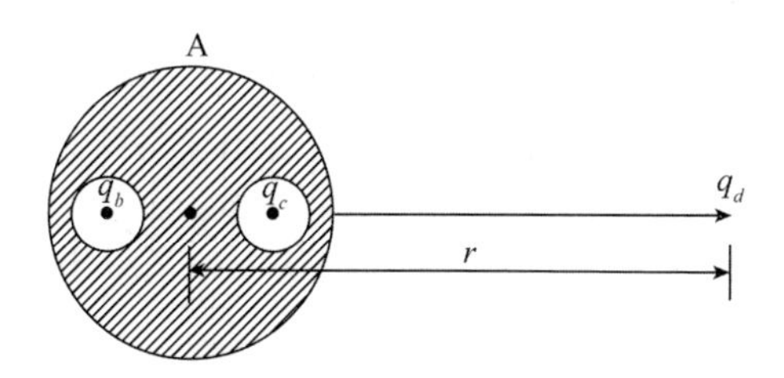

习题 11-11 图

11-12　一导体球半径为 R_1，外罩一半径为 R_2 的同心薄导体球壳，外球壳所带总电荷为 Q，而内球的电势为 V_0，如下图所示。求此系统的电势和电场的分布。

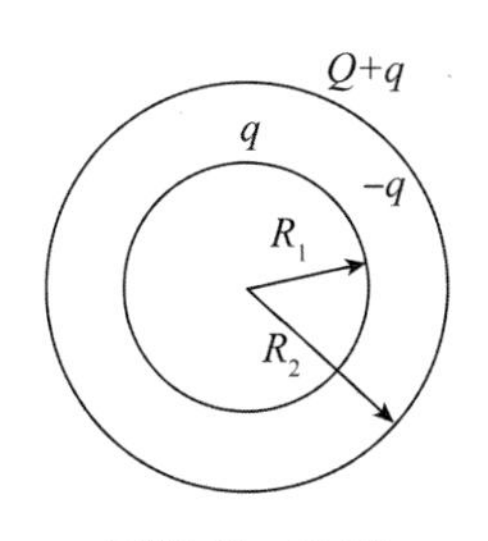

习题 11-12 图

11-13　两块电荷量分别为 Q_1、Q_2 的导体平板平行相对放置，如下图所示，假设导体平板面积为 S，两块导体平板间距为 d，并且 $S \gg d$。试证明：(1) 相向的两面电荷面密度大小相等符号相反；(2) 相背的两面电荷面密度大小相等符号相同。

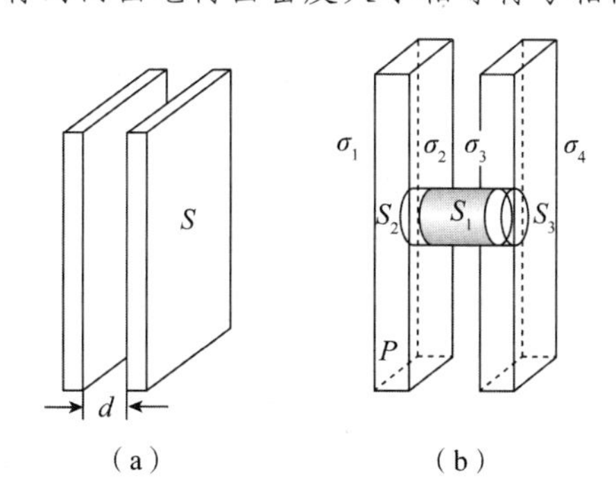

习题 11-13 图

11-14　将电荷量为 Q 的导体板 A 从远处移至不带电的导体板 B 附近，如下图所示，两导体板几何形状完全相同，面积均为 S，移近后两导体板距离为 $d(d \ll \sqrt{S})$。

(1) 忽略边缘效应求两导体板间的电势差；

(2) 若将 B 接地，结果又将如何？

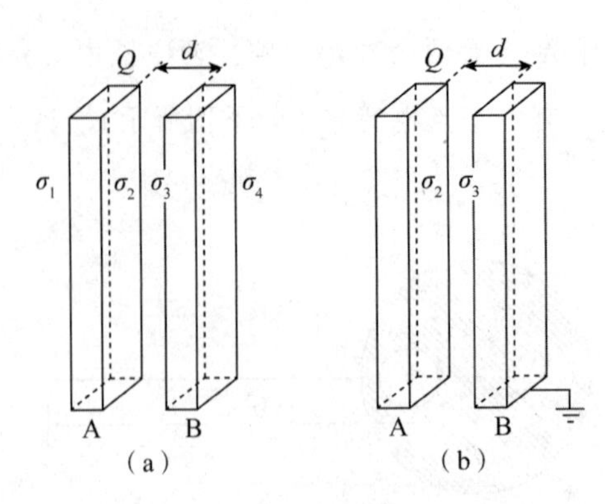

习题 11-14 图

11-15　球形金属腔电荷量为 $Q>0$，内半径为 a，外半径为 b，腔内距球心 O 为 r 处有一点电荷 q，如下图所示，求球心的电势。

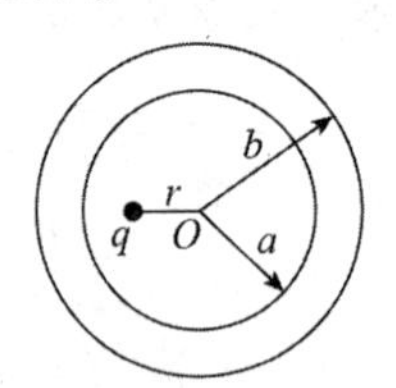

习题 11-15 图

11-16　在真空中，将半径为 R 的金属球接地，在与球心 O 相距为 $r(r>R)$ 处放置一点电荷 q，如下图所示，不计接地导线上电荷的影响，求金属球表面上的感应电荷总量。

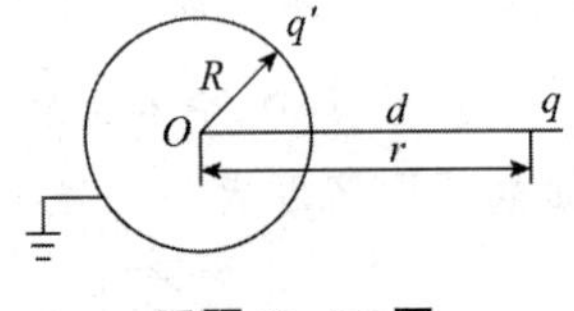

习题 11-16 图

11-17　在点 A 和点 B 之间有 5 个电容器，其连接如下图所示。(1) 求 A、B 两点之间的等效电容；(2) 若 A、B 之间的电势差为 12 V，求 U_{AC}、U_{CD} 和 U_{DB}。

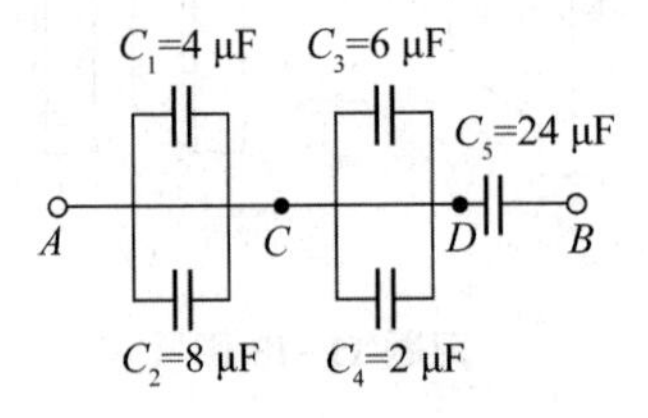

习题 11-17 图

11-18　利用电容传感器测量油料液面高度，其原理如下图所示，导体圆管 A 与储油罐 B 相连，圆管的内径为 D，管中心同轴插入一根外径为 d 的导体棒 C，d、D 均远小于管长 L 并且圆管和导体棒相互绝缘。试证明：当导体圆管与导体棒之间接以电压为 U 的电源时，圆管上的电荷与液面高度成正比(油料的相对电容率为 ε_r)。

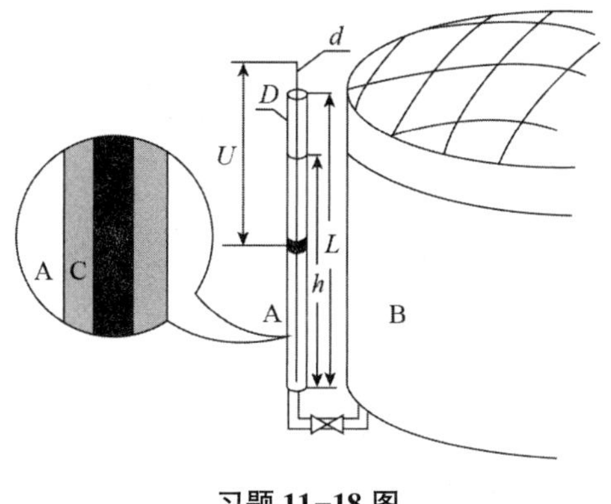

习题 11-18 图

11-19　把一块相对电容率为 ε_r 的电介质，放在相距为 d 的两平行带电平板之间。放入之前，两板的电势差是 U 。若放入电介质后两平板上的电荷面密度保持不变，试求两板间电介质内的电场强度 E，电极化强度 P，板和电介质的电荷面密度，电介质内的电位移 D 。

11-20　电容式计算机键盘的每一个键下面连接一小块金属片，金属片与底板上的另一块金属片间保持一定空气间隙，构成一小电容器，如下图所示。当按下按键时，电容发生变化，通过与之相连的电子线路向计算机发出该键相应的代码信号。假设金属片的面积为 500 mm^2，两金属片之间的距离是 0.600 mm。如果电路能检测出的电容变化量是 0.250 pF，试问按键需要按下多大的距离才能给出必要的信号?

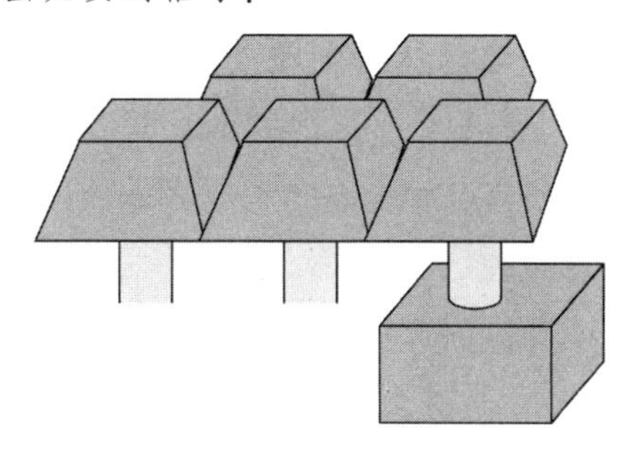

习题 11-20 图

第 12 章

恒定磁场

学习目标

1. 理解恒定电流产生的条件，理解电流密度和电动势的概念。

2. 掌握描述磁场的物理量——磁感强度的概念。

3. 理解毕奥-萨伐尔定律，能应用它计算简单问题中的磁感强度。

4. 理解恒定磁场的高斯定理和安培环路定理，掌握应用安培环路定理计算磁感应强度的条件和方法。

5. 理解洛伦兹力和安培力的公式，能分析运动电荷和载流导线在磁场中的受力情况。

6. 了解磁介质中的安培环路定理。

导学思考

1. 同学们小时候可能玩过蹄形磁铁和罗盘，还可能玩过钢钉、导线和电池组成的简单电磁体。我们知道，磁体能够将一些金属吸向磁体，像重力和静电力那样，磁力在物体不直接接触时也起作用。那么磁力与静电力有哪些相同之处？又有哪些不同呢？磁性的来源是什么？既然有电磁体，那么电流与磁性之间的关系是什么呢？

2. 2022 年 9 月 20 日，中国中车面向全球发布时速达到 600 km 的高速磁浮交通系统，该系统只需要 3 分 30 秒，就能从 0 加速到 600 $km \cdot s^{-1}$，实现“贴地飞行”。磁悬浮列车的主要工作原理是什么呢？磁悬浮在生活中还有哪些应用场景？

3. 学习过静电场后，我们知道了静电场的一些性质，如静电场是由静止的电荷产生的不随时间变化的电场；静电场是有源场、是保守场。本章我们要研究的恒定磁场也不随时间变化，那么恒定磁场是否也是像静电场那样是有源场、保守场呢？

在第10章我们研究了静止电荷产生的静电场的性质和规律。在对磁现象的研究过程中，发现磁力服从与电荷的库仑定律类似的规律，这促使人们猜想磁现象和电现象之间存在某种联系。实验发现，放在通有电流的导线周围的磁针因受力而偏转，载流导线之间也有相互作用力，电子射线束在磁场中路径会发生偏转。种种实验现象，启发人们去探寻磁现象的本质。本章将揭示磁现象与运动电荷之间的联系，并重点介绍恒定电流产生的磁场及其基本规律，以及磁场与介质的相互作用。

12.1　电流与电动势

1. 电流　电流密度

电流是由大量电荷作定向运动形成的。一般来说，电荷的携带者可以是自由电子、质子、正的或负的离子，在半导体中，还可能是带正电的空穴，这些带电粒子统称为载流子。在导电媒质(如导体、电解液等)中，载流子的定向运动形成的电流叫传导电流；在自由空间(如真空等)中，带电体作机械运动形成的电流叫运流电流。本节主要讨论金属导体中的电流。

单位时间内通过某横截面的电荷量，称为电流，记作 I，则

$$I=\frac{\mathrm{d}q}{\mathrm{d}t} \tag{12-1}$$

在国际单位制中，电流的单位是安培，符号为 A，$1\ \mathrm{A}=1\ \mathrm{C}\cdot\mathrm{s}^{-1}$。如果导体中的电流不随时间变化，这种电流叫恒定电流。

电流是标量，它只描述每秒通过某个面积的电荷总量，它没有说明电荷在导体截面上每一点的流动情况。当电流在大导体中流动时，导体内各处的电流分布将是不均匀的。从导电机制来看，金属导体中大量的自由电子在电场力的作用下定向移动形成宏观电流，自由电子定向运动的平均速度叫作漂移速度，用符号 $\boldsymbol{v}_{\mathrm{d}}$ 表示，如图 12-1 所示。

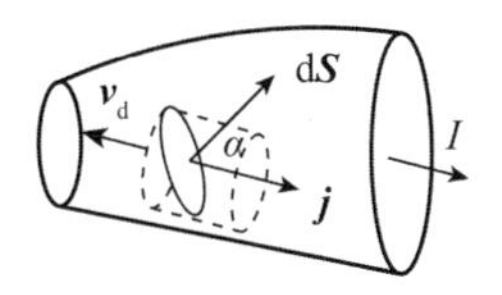

图 12-1　电流密度的导出(圆柱体表示单位时间内流过面元的电流)

设导体内单位体积的自由电子数目，即自由电子数密度为 n，则单位时间内通过任意面积元 $\mathrm{d}\boldsymbol{S}$ 的电流为

$$\mathrm{d}I=env_{\mathrm{d}}\mathrm{d}S\cos\alpha=-en\boldsymbol{v}_{\mathrm{d}}\cdot\mathrm{d}\boldsymbol{S} \tag{12-2}$$

定义电流密度 $\boldsymbol{j}$ 为

$$\boldsymbol{j}=-en\boldsymbol{v}_{\mathrm{d}} \tag{12-3}$$

则式(12-2)可写为

$$\mathrm{d}I=\boldsymbol{j}\cdot\mathrm{d}\boldsymbol{S} \tag{12-4}$$

电流密度是矢量，单位为 $A \cdot m^{-2}$，它描述了某点处通过垂直于电流方向的单位面积上的电流，其方向与该点正电荷运动方向相同，大小为单位时间内通过该点附近垂直于 $\boldsymbol{j}$ 方向的单位面积的电荷。由此可知，流过任意面积 S 的电流为

$$I = \int_S \boldsymbol{j} \cdot \mathrm{d}\boldsymbol{S} \tag{12-5}$$

电流密度 $\boldsymbol{j}$ 可细致地描述导体内各点电流分布的情况。在导体中各点的 $\boldsymbol{j}$ 可以有不同的大小和方向，这就构成了一个矢量场，叫作电流场。从场的概念来看，电流是一个通量概念的量，式(12-5)表示截面 S 上的电流 I 等于通过该截面的电流密度 $\boldsymbol{j}$ 的通量。

2. 电动势

要在导体中维持恒定电流，则需在导体两端维持恒定的电势差。如何才能维持恒定的电势差呢?

在如图 12-2(a)所示的回路中，如果开始时 A、B 两极板之间有电势差，在导体中就会有电场，在电场力的作用下，正电荷从 A 极板通过导线流向 B 极板，形成电流，此过程中的电流是不稳定的，当两极板正负电荷中和时电流也就停止了。如果能将流到负极板的正电荷不断地运回正极板上，并保持两极板正负电荷量不变，从而使两极板之间维持恒定的电势差，这样导线中就会有恒定的电流通过。我们将把正电荷从电势较低的点移动到电势较高的点的作用力称为非静电力，用 $\boldsymbol{F}_k$ 表示，在电路中提供非静电力的装置叫作电源，如图 12-2(b)所示。在电源内部，依靠非静电力 $\boldsymbol{F}_k$ 克服静电力做功的过程，就是把其他形式的能量转化为电能的过程。

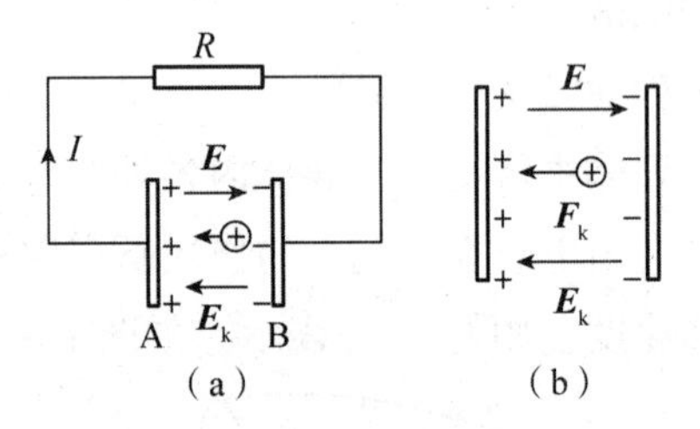

图 12-2　电源内的非静电力

为了表征电源将其他能量转化为电能的本领，引入电动势这个概念，定义单位正电荷绕闭合回路一周时，非静电力所做的功为电源的电动势。将作用于单位正电荷上的非静电力设想为一个等效场强，称为非静电场电场强度，并以 $\boldsymbol{E}_k$ 表示，其方向在电源内部由电源的负极指向正极，则电动势 ε 为

$$\varepsilon = \frac{W}{q} = \oint \boldsymbol{E}_k \cdot \mathrm{d}\boldsymbol{l} \tag{12-6}$$

考虑到在闭合回路中电源外部 $\boldsymbol{E}_k$ 为零，所以电源电动势的大小等于把单位正电荷从负极通过电源内部移动到正极时，非静电力所做的功，即

$$\varepsilon = \int_-^+ \boldsymbol{E}_k \cdot \mathrm{d}\boldsymbol{l} \tag{12-7}$$

电动势是标量，只有大小，没有方向。实际工作中常提到的电动势的方向通常是指非静电力做正功的方向，由负极经电源内部指向正极。电动势单位与电势相同，均为伏特，用符号V表示。

12.2　磁感应强度

1. *磁现象*

我国是世界上最早认识磁性和应用磁性的国家之一，公元前4世纪，我国就发明了指南针。指南针是我国古代四大发明之一，是中华民族对世界文明的重大贡献。古希腊人对天然磁铁的磁性也做过早期的定性研究，并留下了文字记载。英国人吉尔伯特在1600年发表的著名论文《论磁体》被认为是对磁学的第一篇全面论著，吉尔伯特由此获得"磁学之父"的美称。

人类对磁现象的认识，始于对永磁体(永磁铁)的观察。永磁体分天然磁体和人工磁体两种。通过早年的观察发现，永磁体有两个磁极，人们将其命名为南极(S极)和北极(N极)，磁极和磁极之间有相互作用，同名磁极相互排斥，异名磁极相互吸引。将条形磁铁折为两段，则每段的两端都会出现异性磁极。人们据此认为，磁极总是成对出现而不能单独存在，这与电荷有独立存在的正电荷和负电荷不同。近代理论认为可能有单独磁极存在，这种具有磁南极或磁北极的粒子，叫作磁单极子。

1820年，丹麦物理学家奥斯特发现，放在通有电流的导线周围的磁针因受力而偏转，其转动方向与导线中电流的方向有关。之后，法国物理学家安培获得了一系列关于载流导线之间磁相互作用的实验结果，如两平行载流导线间电流同向相互吸引，电流异向相互排斥，电流和永磁体都表现出磁性。他据此提出安培分子电流假说，认为一切磁现象都起源于电流，任何物质的分子中都存在闭合的电流(分子电流)，每个分子电流都具有磁性。对于一般物质(非磁体)，各分子电流方向杂乱无章，磁性互相抵消；对于永磁体，各分子电流作规则排列，磁性互相加强而导致整体显示磁性。安培的这一假说虽然受历史条件所限而难免有些粗糙，但其本质与近代物理对磁本性的看法是一致的。随着电子等带电粒子被相继发现，人们才明确认识到，电流是带电粒子的定向运动，从而通过大量实验证实运动着的带电粒子在主动和被动两方面都表现出磁效应。因此，无论是电流与电流之间，还是电流与磁体之间的相互作用，都可以归结为运动的电荷之间的相互作用，即磁现象起源于运动的电荷。

2. *磁感应强度*

从静电场的研究中，我们已经知道，静止电荷间的相互作用是通过电场来传递的。电流间(包括运动电荷间)的相互作用也是通过场来传递的，这种场称为磁场，磁场是存在于运动电荷周围空间除电场以外的另一种特殊物质，磁场对位于其中的运动电荷有力的作用。因此，运动电荷与运动电荷之间、电流与电流之间、电流(或运动电荷)与磁铁之间的相互作用，都可以看成是它们中任意一个所激发的磁场对另一个施加作用力的结果。

下面定量地研究磁场。借鉴于静电场强度$\boldsymbol{E}$的定义，从磁场对运动电荷的作用力，引

入磁感应强度 $\boldsymbol{B}$ 。一正电荷 q 以速度 $\boldsymbol{v}$ 通过匀强磁场，我们把这一运动的正电荷当作检验(磁场的)电荷，如图 12-3 所示。实验表明，运动电荷受到的磁力 $\boldsymbol{F}$ 与其电荷 q 的大小有关，而且与其速度 $\boldsymbol{v}$ 的大小和方向有关。因此，定义 $\boldsymbol{B}$ 的方向和大小更为复杂。

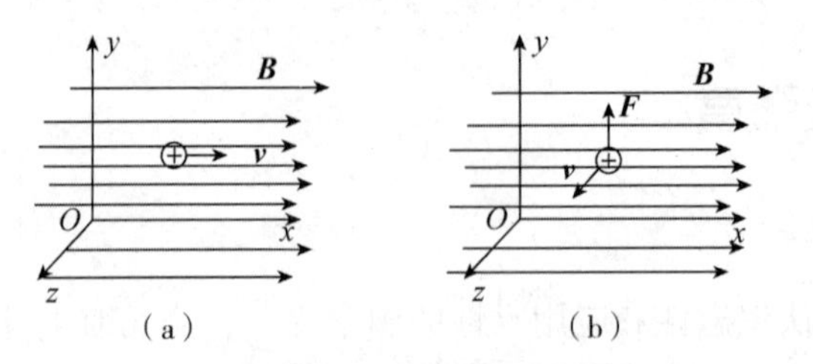

图 12-3　运动电荷在磁场中受的磁场力

(a) $\boldsymbol{v}//\boldsymbol{B}$，$\boldsymbol{F}=\boldsymbol{0}$；(b) $\boldsymbol{v}\perp\boldsymbol{B}$，$\boldsymbol{F}=\boldsymbol{F}_{\perp}$

电荷 q 沿不同方向通过磁场时，它受磁场力的大小不同；但当 q 沿某一特定方向(或其反方向)通过磁场时，它受的磁场力为零，而与 q 无关。磁场中各点都有各自的这种特定方向，这说明磁场本身具有“方向性”，我们就可以用这个特定方向(或其反方向)来规定磁场的方向。当 q 沿其他方向运动时，q 受的磁场力 $\boldsymbol{F}$ 的方向总与此“不受力方向”以及 q 本身的速度 $\boldsymbol{v}$ 的方向垂直。这样我们就可以进一步具体地规定某点处磁感应强度 $\boldsymbol{B}$ 的方向，使得 $\boldsymbol{v}\times\boldsymbol{B}$ 的方向恰好为 $\boldsymbol{F}$ 的方向，这个方向与将小磁针置于该点时 N 极指向一致。

当电荷的速度 $\boldsymbol{v}$ 的方向与磁感应强度 $\boldsymbol{B}$ 的方向垂直时，它所受的磁场力最大为 $\boldsymbol{F}_{\perp}$，且其值 $F_{\perp}$ 与 qv 乘积成正比，在该点处的比值 $F_{\perp}/qv$ 是定值。这种比值在磁场的不同位置处有不同的量值，它如实反映了磁场的空间分布。我们把这个比值规定为磁场中某点的磁感应强度 $\boldsymbol{B}$ 的大小，即

$$B=\frac{F_{\perp}}{qv} \tag{12-8}$$

由上述讨论可以知道，磁场力 $\boldsymbol{F}$ 既与运动电荷的速度 $\boldsymbol{v}$ 垂直，又与磁感应强度 $\boldsymbol{B}$ 垂直，且相互构成右手螺旋关系，故它们之间的矢量关系式可写为

$$\boldsymbol{F}=q\boldsymbol{v}\times\boldsymbol{B} \tag{12-9}$$

从式(12-9)可以看出，对于以速度 $\boldsymbol{v}$ 运动的负电荷，其所受到的磁场力方向与等量的正电荷受力方向相反，大小却是相同的。在国际单位制中，$\boldsymbol{B}$ 的单位是 $\mathrm{N\cdot s\cdot C^{-1}\cdot m^{-1}}$ 或 $\mathrm{N\cdot A^{-1}\cdot m^{-1}}$，其名称叫特斯拉，符号为 T，即

$$1\ \mathrm{T}=1\ \mathrm{N\cdot A^{-1}\cdot m^{-1}}$$

$\boldsymbol{B}$ 的单位有时也用高斯(G)表示，两者关系为

$$1\ \mathrm{G}=1.0\times10^{-4}\ \mathrm{T}$$

磁感应强度 $\boldsymbol{B}$ 是描述磁场强弱和方向的物理量，磁场中各点 $\boldsymbol{B}$ 的大小和方向都相同的磁场称为匀强磁场或均匀磁场，而场中各点的 $\boldsymbol{B}$ 都不随时间改变的磁场则称为恒定磁场或稳恒磁场。

12.3　毕奥–萨伐尔定律及其应用

1. 毕奥–萨伐尔定律

在讨论任意带电体产生的电场时，曾把带电体分成许多电荷元 dq。与此类似，在讨论任意形状的载流导线所产生的磁场时，也可以把它看作许多通有电流 I 的线元 d$\boldsymbol{l}$，将电流 I 与线元 d$\boldsymbol{l}$ 的乘积 $I\mathrm{d}\boldsymbol{l}$ 称为电流元，知道了电流元 $I\mathrm{d}\boldsymbol{l}$ 产生的磁场，再根据叠加原理，便可求出任意形状的电流所产生的磁场。但是，电流元与点电荷不同，它不能在实验中独立出现。以法国物理学家毕奥和萨伐尔的实验为基础，又由法国数学家拉普拉斯经过科学抽象，得到以下所述的毕奥–萨伐尔定律，给出了电流元所产生磁场的磁感应强度的计算方法。

在载流导线上任取一段电流元 $I\mathrm{d}\boldsymbol{l}$，如图 12–4 所示，其在真空中某点 P 处产生的磁感应强度 d$\boldsymbol{B}$ 的大小，与电流元的大小 $I\mathrm{d}l$ 成正比，与电流元 $I\mathrm{d}\boldsymbol{l}$ 到 P 点的位置矢量 $\boldsymbol{r}$ 间的夹角 θ 的正弦成正比，并与电流元到 P 点的距离 r 的二次方成反比，即

$$\mathrm{d}B=\frac{\mu_0}{4\pi}\frac{I\mathrm{d}l\sin\theta}{r^2} \tag{12-10}$$

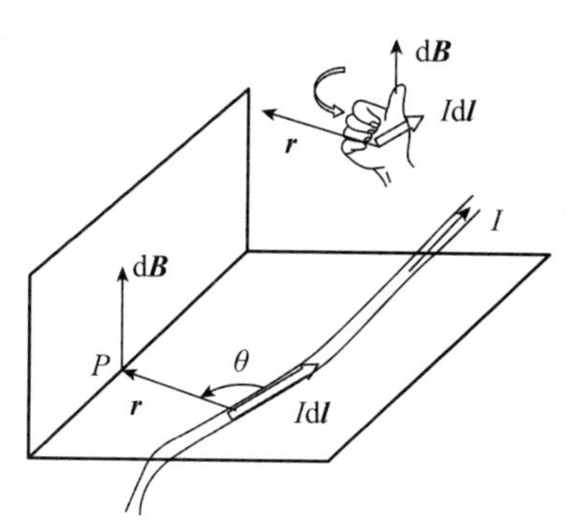

图 12–4　毕奥–萨伐尔定律

d$\boldsymbol{B}$ 的方向垂直于 $I\mathrm{d}\boldsymbol{l}$ 和 $\boldsymbol{r}$ 所组成的平面，其指向满足右手螺旋定则。用矢量式表示为

$$\mathrm{d}\boldsymbol{B}=\frac{\mu_0}{4\pi}\frac{I\mathrm{d}\boldsymbol{l}\times\boldsymbol{e}_r}{r^2} \tag{12-11a}$$

式中，μ_0 为真空磁导率，在国际单位制中，其值为 $\mu_0=4\pi\times10^{-7}\ \mathrm{N\cdot A^{-2}}$；$\boldsymbol{e}_r$ 为位置矢量 $\boldsymbol{r}$ 的单位矢量。由于 $\boldsymbol{e}_r=\boldsymbol{r}/r$，式(12–11a)也可以写为

$$\mathrm{d}\boldsymbol{B}=\frac{\mu_0}{4\pi}\frac{I\mathrm{d}\boldsymbol{l}\times\boldsymbol{r}}{r^3} \tag{12-11b}$$

式(12–11)就是毕奥–萨伐尔定律。

于是，可知任意一段载流导线在空间中某点 P 处产生的磁感应强度为

$$\boldsymbol{B}=\int\mathrm{d}\boldsymbol{B}=\int\frac{\mu_0}{4\pi}\frac{I\mathrm{d}\boldsymbol{l}\times\boldsymbol{e}_r}{r^2} \tag{12-12}$$

2. 毕奥-萨伐尔定律的应用

例 12-1 (载流长直导线的磁场)在真空中，一直导线 CD 中通以电流 I，如图 12-5 所示，现求距离此导线为 r_0 的点 P 处的磁感强度 $\boldsymbol{B}$。

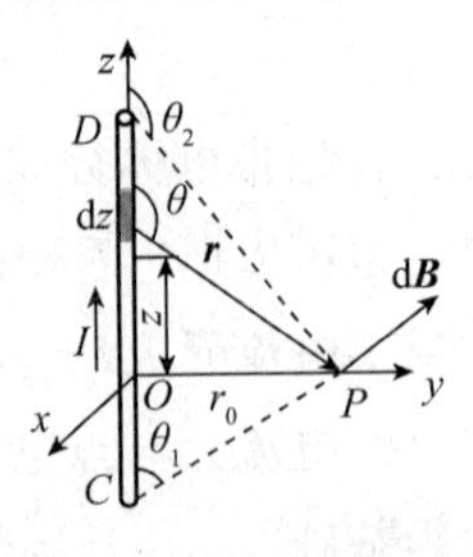

图 12-5 例 12-1 图

解 选取如图 12-5 所示的坐标系，其中 y 轴通过点 P，z 轴沿载流导线 CD，任取电流元 $I\mathrm{d}z$，根据毕奥-萨伐尔定律，此电流元在点 P 所激发磁场的磁感应强度 $\mathrm{d}\boldsymbol{B}$ 的大小为

$$\mathrm{d}B = \frac{\mu_0}{4\pi}\frac{I\mathrm{d}z\sin\theta}{r^2}$$

方向沿 x 轴的负方向。从图中可以看出，直导线上各个电流元激发磁场的 $\mathrm{d}\boldsymbol{B}$ 的方向都相同。因此点 P 处磁感应强度的大小就等于各个电流元激发磁场的磁感应强度之和，用积分表示，有

$$B = \int \mathrm{d}B = \frac{\mu_0}{4\pi}\int_{CD}\frac{I\mathrm{d}z\sin\theta}{r^2}$$

从图 12-5 可以看出 z、r 和 θ 之间有如下关系：$z = -r_0\cot\theta$，$r = r_0/\sin\theta$。

因此，$\mathrm{d}z = r_0\mathrm{d}\theta/\sin^2\theta$，代入上式得

$$B = \frac{\mu_0 I}{4\pi r_0}\int_{\theta_1}^{\theta_2}\sin\theta\mathrm{d}\theta = \frac{\mu_0 I}{4\pi r_0}(\cos\theta_1 - \cos\theta_2)$$

所以，一段载流直导线激发磁场的磁感应强度为

$$B = \frac{\mu_0 I}{4\pi r_0}(\cos\theta_1 - \cos\theta_2)$$

$\boldsymbol{B}$ 的方向沿 x 轴负方向。

讨论：(1)对于无限长载流直导线的磁场，$\theta_1\to 0$，$\theta_2\to\pi$，则有

$$B = \frac{\mu_0 I}{2\pi r_0}$$

(2)对于半无限长载流直导线的磁场，$\theta_1\to\frac{\pi}{2}$，$\theta_2\to\pi$，则有

$$B = \frac{\mu_0 I}{4\pi r_0}$$

例 12-2 (圆形载流导线轴线上的磁场)在真空中，有一半径为 R 的圆形载流导线，通过的电流为 I，如图 12-6 所示，求在垂直于圆面并通过圆心的轴线上任意点 P 处的磁

感应强度。

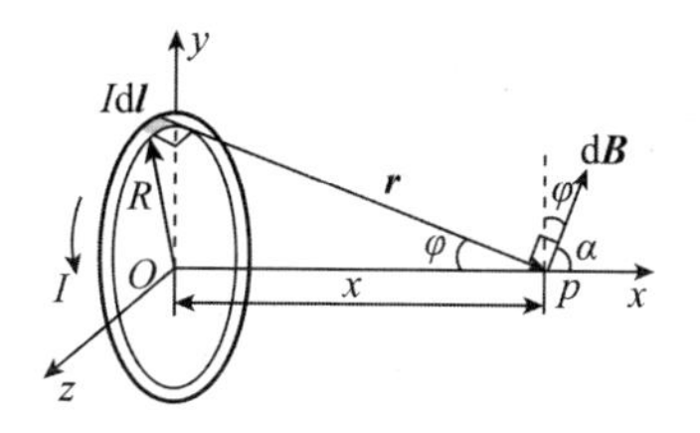

图 12-6　例 12-2 图

解　建立如图 12-6 所示的坐标系，任取电流元 Idl，由毕奥-萨伐尔定律可知，它在点 P 所激发磁场的磁感应强度为

$$\mathrm{d}\boldsymbol{B} = \frac{\mu_0}{4\pi}\frac{I\mathrm{d}\boldsymbol{l} \times \boldsymbol{e}_r}{r^2}$$

由于 $\mathrm{d}\boldsymbol{l}$ 与位置矢量 $\boldsymbol{r}$ 的单位矢量 $\boldsymbol{e}_r$ 垂直，所以 $\mathrm{d}\boldsymbol{B}$ 的大小为

$$\mathrm{d}B = \frac{\mu_0}{4\pi}\frac{I\mathrm{d}l}{r^2}$$

$\mathrm{d}\boldsymbol{B}$ 的方向垂直于电流元 $I\mathrm{d}\boldsymbol{l}$ 与位置矢量 $\boldsymbol{r}$ 所组成的平面，设 $\mathrm{d}\boldsymbol{B}$ 与 x 轴的夹角为 α，将 $\mathrm{d}\boldsymbol{B}$ 分解成两个分量：一个是沿 x 轴的分量 $\mathrm{d}B_x = \mathrm{d}B\cos\alpha$；另一个是垂直于 x 轴的分量 $\mathrm{d}B_\perp = \mathrm{d}B\sin\alpha$。考虑到圆上任意直径两端的电流元对 x 轴的对称性，$\mathrm{d}B_\perp$ 分量的总和为 0，则有

$$B = \int_l \mathrm{d}B_x = \int_l \frac{\mu_0}{4\pi}\frac{I\mathrm{d}l}{r^2}\cos\alpha$$

由于 $\cos\alpha = R/r$，对于给定点 P 来说，r、I 和 R 都是常量，有

$$B = \frac{\mu_0 IR}{4\pi r^3}\int_0^{2\pi R}\mathrm{d}l = \frac{\mu_0 IR^2}{2(x^2 + R^2)^{\frac{3}{2}}}$$

$\boldsymbol{B}$ 的方向垂直于圆形导线平面沿 x 轴正方向。

由此结论可知，(1) 当 $x = 0$ 时，圆心点 O 处的磁感应强度 $\boldsymbol{B}$ 的大小为

$$B = \frac{\mu_0 I}{2R}$$

(2) 当 $x \gg R$ 时，即场点 P 在远离原点 O 的 x 轴上，则有

$$B = \frac{\mu_0 IR^2}{2x^3}$$

12.4　磁感线　磁通量　磁场的高斯定理

1. *磁感线*

为形象地反映磁场的分布情况，可以类似于在电场中引入电场线的方法，在磁场中引入

磁感线来形象地描述磁场。在磁场中画一组曲线来描绘磁场，曲线上每一点的切线方向与该点的磁感应强度 $\boldsymbol{B}$ 的方向一致，而曲线的疏密程度则表示该点磁感应强度 $\boldsymbol{B}$ 的大小，这一组曲线称为磁感线。磁感线的密度规定如下：磁场中某点处垂直于 $\boldsymbol{B}$ 的单位面积上通过的磁感线数目(磁感线密度)等于该点 $\boldsymbol{B}$ 的值。因此，B 大的地方，磁感线就密集；B 小的地方，磁感线就稀疏。对匀强磁场来说，磁场中的磁感线相互平行，各处磁感线密度相等；对非匀强磁场来说，磁感线相互不平行，各处磁感线密度不相等。磁感线的分布可以用实验的方法显示出来。例如，在磁场中放一块玻璃板，其上撒满铁屑，用手轻轻敲击，铁屑在板上会按磁感线的形状排列。图 12-7 所示为几种典型电流分布情形下的磁感线的分布图。

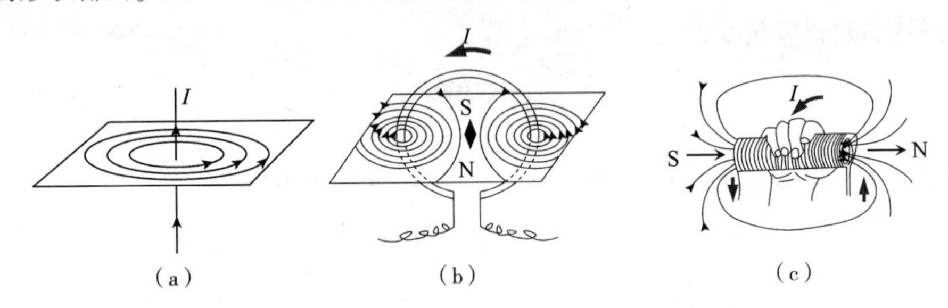

图 12-7　几种典型电流分布情形下的磁感线的分布图

(a)长直导线；(b)圆电流；(c)载流长直螺线管

由图 12-7 可以看出，磁感线有以下性质。

(1)由于磁场中某点的磁感应强度的方向是确定的，所以磁场中的磁感线不会相交。磁感线的这一特性和电场线是一样的。

(2)载流导线周围的磁感线都是围绕电流的闭合曲线，没有起点，也没有终点。磁感线的这个特性和静电场中的电场线不同，静电场中的电场线起始于正电荷，终止于负电荷。

2. 磁通量　磁场的高斯定理

通过磁场中任意面的磁感线数目称为通过该面的磁通量，用符号 Φ_{m} 表示。依照电场强度通量的计算，如图 12-8 所示，在磁感应强度为 $\boldsymbol{B}$ 的磁场中，S 为任意曲面，定义通过任意曲面 S 的磁通量为

$$\Phi_{\mathrm{m}} = \int_S B\cos\theta \mathrm{d}S = \int_S \boldsymbol{B} \cdot \mathrm{d}\boldsymbol{S} \tag{12-13}$$

式中，θ 是磁感应强度 $\boldsymbol{B}$ 与面积元 $\mathrm{d}\boldsymbol{S}$ 的法线之间的夹角。在国际单位制中，磁通量 Φ_{m} 的单位是韦伯，用 Wb 表示，$1\ \mathrm{Wb} = 1\ \mathrm{T} \cdot \mathrm{m}^2$。

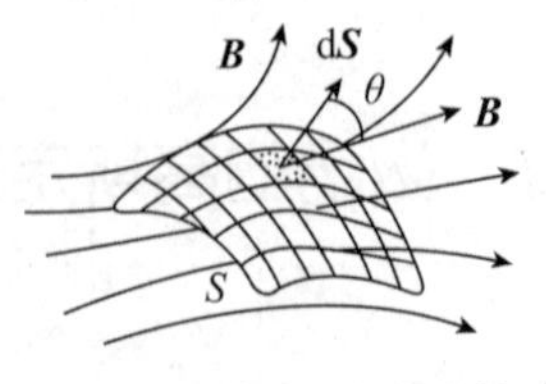

图 12-8　磁通量的计算

若 S 为任意闭合曲面，如图 12-9 所示，规定由里向外为法线的正方向，与电场强度通量类似，按此规定有闭合曲面穿出的磁通量为正，穿入为负。闭合曲面 S 的总磁通量为

$$\Phi_m = \oint_S B\cos\theta \mathrm{d}S = \oint_S \boldsymbol{B}\cdot \mathrm{d}\boldsymbol{S} \tag{12-14}$$

它等于自闭合曲面 S 内部穿出的磁感线数，减去自外部穿入 S 面内的磁感线数。由于磁感线是无头无尾的闭合曲线，因此任意一条进入闭合曲面 S 内部的磁感线必定会从内部再穿出来。也就是说，通过任意闭合曲面的磁通量一定为零，即

$$\oint_S B\cos\theta \mathrm{d}S = \oint_S \boldsymbol{B}\cdot \mathrm{d}\boldsymbol{S} = 0 \tag{12-15}$$

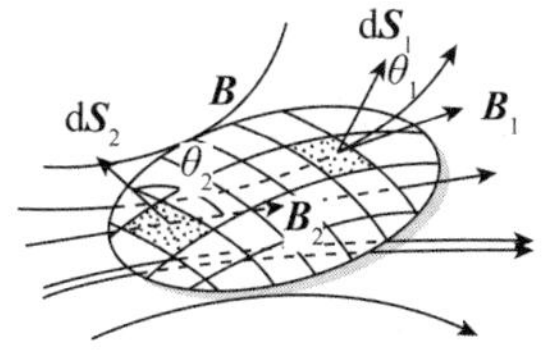

图 12-9　磁场的高斯定理

上述结论也叫作磁场的高斯定理，它是电磁场理论的基本方程之一，与静电场中的高斯定理 $\oint_S \boldsymbol{E}\cdot \mathrm{d}\boldsymbol{S} = \dfrac{\sum q^{in}}{\varepsilon_0}$ 相对应，这两个方程的差别反映出磁场和静电场是两种不同特性的场，磁感线是无头无尾的闭合线，即磁场是无源场。而静电场是发散式的有源场，激发静电场的电荷即为静电场的源。

12.5　安培环路定理及其应用

1. 安培环路定理

在研究静电场时，我们曾从电场强度 $\boldsymbol{E}$ 的环流 $\oint_l \boldsymbol{E}\cdot \mathrm{d}\boldsymbol{l} = 0$ 这一特性中知道静电场是一个保守力场，并由此引入电势这个物理量来描述静电场。对由恒定电流所激发的磁场，也可用磁感应强度沿任意闭合曲线的线积分 $\oint_l \boldsymbol{B}\cdot \mathrm{d}\boldsymbol{l}$（又称 $\boldsymbol{B}$ 的环流）来反映它的某些性质。由于磁感线总是闭合曲线，可以预期，$\boldsymbol{B}$ 的环流可以不为零，即和 $\boldsymbol{E}$ 不同，$\boldsymbol{B}$ 不是保守场，那么 $\boldsymbol{B}$ 对任意闭合回路的积分等于什么呢？

下面通过长直载流导线周围磁场的特例，具体计算磁感应强度 $\boldsymbol{B}$ 沿任意闭合路径的线积分。

在通有电流 I 的无限长直导线产生的磁场中，取与导线垂直的平面上的以 O 为圆心，半径为 R 的圆形回路 l，如图 12-10(a)所示，由例 12-11 结论可知，回路上任意一点的磁感应强度 $\boldsymbol{B}$ 的大小均为 $B = \mu_0 I/2\pi R$。若选定圆周的绕向为逆时针，则圆周上每一点磁感应强度 $\boldsymbol{B}$ 的方向与 $\mathrm{d}\boldsymbol{l}$ 的方向相同，即 $\boldsymbol{B}$ 与 $\mathrm{d}\boldsymbol{l}$ 的夹角 $\theta = 0$。这样磁感应强度 $\boldsymbol{B}$ 对闭合回路 l 的环流为

$$\oint_l \boldsymbol{B}\cdot \mathrm{d}\boldsymbol{l}=\oint_l B\cos\theta \mathrm{d}l=\oint_l \frac{\mu_0 I}{2\pi R}\mathrm{d}l=\frac{\mu_0 I}{2\pi R}\oint_l \mathrm{d}l=\mu_0 I \tag{12-16a}$$

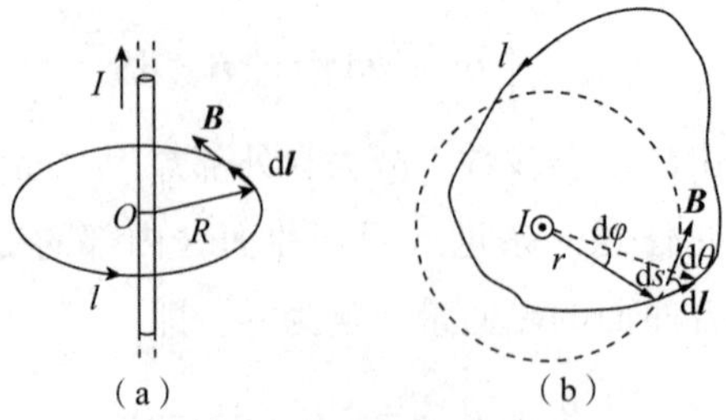

图 12-10 安培环路定理

上式中积分回路的绕行方向与电流的流向成右手螺旋关系。若选定圆周的绕向为顺时针，则 $\boldsymbol{B}$ 与 $\mathrm{d}\boldsymbol{l}$ 的夹角 $\theta=\pi$，不难得到

$$\oint_l \boldsymbol{B}\cdot \mathrm{d}\boldsymbol{l}=-\mu_0 I \tag{12-16b}$$

这时可以认为，对不与回路成右手螺旋关系的电流流向是负的。式(12-16)是从特例得出的。如果闭合回路 l 为任意闭合路径，如图 12-10(b)所示，设 $\boldsymbol{B}$ 与 $\mathrm{d}\boldsymbol{l}$ 的夹角 θ，$\mathrm{d}\boldsymbol{l}\cos\theta=\mathrm{d}s=r\mathrm{d}\varphi$，有 $\boldsymbol{B}$ 对回路 l 的环流为

$$\oint_l \boldsymbol{B}\cdot \mathrm{d}\boldsymbol{l}=\oint_l B\cos\theta \mathrm{d}l=\oint_l Br\mathrm{d}\varphi=\oint_l \frac{\mu_0 I}{2\pi}\mathrm{d}\varphi=\frac{\mu_0 I}{2\pi}\int_0^{2\pi}\mathrm{d}\varphi=\mu_0 I \tag{12-17}$$

如果电流处在积分回路之外，如图 12-11 所示，回路绕向为逆时针，对同一张角 $\mathrm{d}\varphi$ 对应的 $\mathrm{d}\boldsymbol{l}_1$ 和 $\mathrm{d}\boldsymbol{l}_2$ 两个线元处的磁感应强度分别为 $\boldsymbol{B}_1$、$\boldsymbol{B}_2$，则有将闭合回路分为两部分，对同一张角 $\mathrm{d}\varphi$ 对应的 $\mathrm{d}\boldsymbol{l}_1$ 和 $\mathrm{d}\boldsymbol{l}_2$ 两个线元有

$$\boldsymbol{B}_1\cdot \mathrm{d}\boldsymbol{l}_1=-\boldsymbol{B}_2\cdot \mathrm{d}\boldsymbol{l}_2=-\frac{\mu_0 I}{2\pi}\mathrm{d}\varphi$$

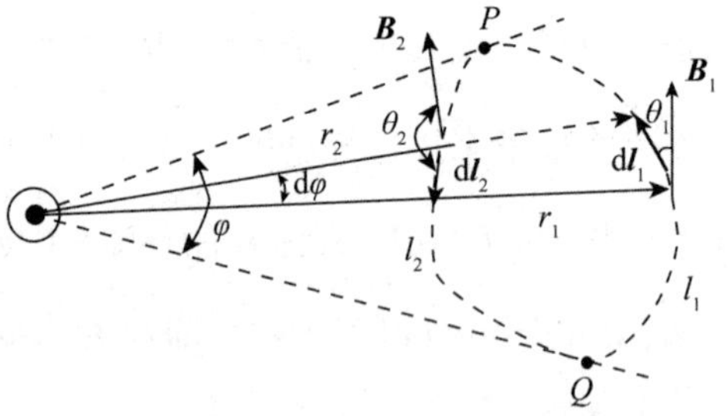

图 12-11 电流在回路外

因此对整个闭合路径积分，可得到

$$\oint_l \boldsymbol{B}\cdot \mathrm{d}\boldsymbol{l}=0 \tag{12-18}$$

通过以上讨论可知，$\boldsymbol{B}$ 的环流与闭合曲线的形状无关，也与闭合曲线外部的电流无关，只和闭合曲线内部所包围的电流有关。以上结果虽然是以长直导线的磁场为例导出的，但其

结论具有普遍性，对任意几何形状的载流导线的磁场都是适用的，而且当闭合曲线包围多根载流导线时也是适用的。可以总结为：在真空的恒定磁场中，磁感应强度 $\boldsymbol{B}$ 沿任意闭合路径的积分(即 $\boldsymbol{B}$ 的环流)的值，等于 μ_0 乘以该闭合路径所包围的各电流的代数和，即

$$\oint_l \boldsymbol{B} \cdot \mathrm{d}\boldsymbol{l} = \mu_0 \sum_{i=1}^{n} I_i \tag{12-19}$$

若电流流向与积分回路成右手螺旋关系，电流取正值，反之则取负值。这就是真空中磁场的环路定理，也称为安培环路定理。它表达了电流与它所激发磁场之间的普遍规律。

对安培环路定理的理解，需要强调指出以下几点。

(1)式(12-19)中，右端的求和符号 $\sum$ 中的电流是所选闭合路径所包围的电流的代数和。

(2)式(12-19)左端的 $\boldsymbol{B}$ 代表空间所有电流在所选闭合路径上产生的磁感应强度的矢量和，其中也包括那些不被闭合路径所包围的电流在闭合路径所处空间产生的磁场。

(3)若 $\sum I_i = 0$，则 $\oint_l \boldsymbol{B} \cdot \mathrm{d}\boldsymbol{l} = 0$，即表示 $\boldsymbol{B}$ 的环流为零，但并不意味着闭合路径上各点的磁感应强度都为零，因为那些不被闭合路径所包围的电流仍然要在闭合路径所处的空间产生磁场，但不被闭合路径所包围这部分电流对 $\boldsymbol{B}$ 的环流无贡献(对 $\boldsymbol{B}$ 的环路积分无贡献)。

(4)还必须强调指出的是：安培环路定理只适用于闭合恒定电流(无限长直电流可认为是在无限远闭合)，对于一段恒定电流的磁场，安培环路定理不成立。

(5)对于变化电流产生的磁场，式(12-19)自然也不再成立。但后经麦克斯韦推广后，在电磁场理论中具有重要意义，详见第 13 章。

(6)安培环路定理是磁路设计的理论基础。

由安培环路定理还可以看出，由于磁场中 $\boldsymbol{B}$ 的环流一般不等于零，所以恒定磁场的基本性质与静电场是不同的，静电场是保守场，磁场是涡旋场。用静电场中的高斯定理可以求得电荷对称分布时的电场强度。同样，我们可以应用恒定磁场中的安培环路定理来求某些具有对称性分布电流的磁感应强度。

2. 安培环路定理的应用

安培环路定理是一个普遍定理，但要用它直接计算磁感应强度，只限于电流分布具有某种对称性，即如果在某个载流导体的稳恒磁场中，可以找到一条闭合环路 L，该环路上各点的磁感应强度 $\boldsymbol{B}$ 的大小处处相等或者一部分磁感应强度 $\boldsymbol{B}$ 的大小处处相等，其他部分 $\boldsymbol{B} \perp \mathrm{d}\boldsymbol{l}$，这样利用安培环路定理求磁感应强度 $\boldsymbol{B}$ 的问题，就转化为求环路长度，以及求环路所包围的电流代数和的问题。下面对其进行举例说明。

例 12-3　均匀地绕在圆柱面上的螺旋形线圈称为螺线管，如图 12-12(a)所示。设螺线管半径为 R，导线内电流为 I，单位长度的线圈匝数为 n，求无限长直密绕螺线管内磁感应强度 $\boldsymbol{B}$。

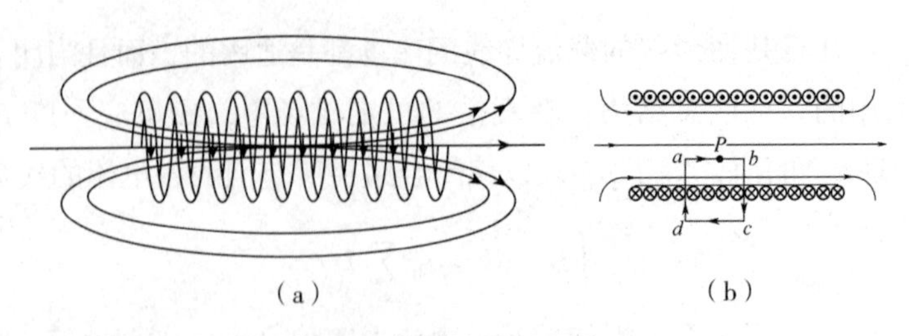

(a)　　　　(b)

图 12-12　例 12-3 图

(a)长直螺线管(为清晰而把密绕画成疏绕)；(b)长直螺线管内磁场

分析　由于无限长条件，不难证明过如图 12-12(b)所示点 P 的任意直线上各点的磁感应强度有相同的大小，管内中央部分的磁场是均匀的，方向与螺线管轴线平行，由于导线密绕，管外侧的磁场与管内磁场相比其非常微弱，可以忽略不计。

解　对称性分析螺旋管内为匀强磁场，方向沿轴向，外部磁感应强度趋于零。

为计算管内任意点 P 的磁感应强度，过 P 作一矩形回路 $abcda$，则 $\boldsymbol{B}$ 沿此闭合回路的环流为

$$\oint_l \boldsymbol{B} \cdot \mathrm{d}\boldsymbol{l} = \int_a^b \boldsymbol{B} \cdot \mathrm{d}\boldsymbol{l} + \int_b^c \boldsymbol{B} \cdot \mathrm{d}\boldsymbol{l} + \int_c^d \boldsymbol{B} \cdot \mathrm{d}\boldsymbol{l} + \int_d^a \boldsymbol{B} \cdot \mathrm{d}\boldsymbol{l}$$

因为管外磁场为零，且 $\int_b^c \boldsymbol{B} \cdot \mathrm{d}\boldsymbol{l} + \int_d^a \boldsymbol{B} \cdot \mathrm{d}\boldsymbol{l} = 0$，故有

$$\oint_l \boldsymbol{B} \cdot \mathrm{d}\boldsymbol{l} = \int_a^b \boldsymbol{B} \cdot \mathrm{d}\boldsymbol{l} = B|ab|$$

闭合回路 $abcda$ 所包围的电流的代数和为 $|ab|nI$，根据安培环路定理，得

$$B|ab| = \mu_0 |ab| nI$$

故

$$B = \mu_0 nI$$

综上所述，对管内任意一点有 $B = \mu_0 nI$，方向与螺线管轴线平行，与电流流向成右手螺旋关系。

例 12-4　用一根长导线绕制成密集的环状螺旋线圈，称为螺绕环，环内为真空，如图 12-13 所示，设线圈匝数为 N，线圈中电流为 I，求螺旋环内的磁感应强度。

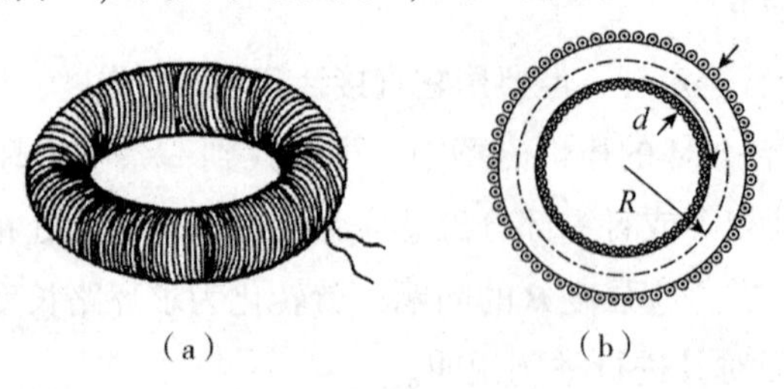

(a)　　　　(b)

图 12-13　例 12-4 图

(a)螺绕环；(b)螺绕环内的磁场

解　当线圈绕得相当密集时，环外的磁场很微弱，可以略去不计，这时认为磁场全部集

中在螺绕环内部。呈对称分布的电流使磁场也具有对称性，导致环内的磁感线形成同心圆，且在同一圆周上各点的磁感应强度 $\boldsymbol{B}$ 的大小相等，方向沿圆周的切向。由此可知，在环内作半径为 R 的圆形闭合路径，如图 12-13(b)所示，闭合路径上各点的磁感应强度 $\boldsymbol{B}$ 大小都相等，且 $\boldsymbol{B}$ 的方向都和闭合路径相切。根据安培环路定理有

$$\oint_l \boldsymbol{B}\cdot \mathrm{d}\boldsymbol{l} = 2\pi RB = \mu_0 NI$$

即可求得环内磁感应强度的大小为

$$B = \frac{\mu_0 NI}{2\pi R}$$

例 12-5　求图 12-14(a)中无限长载流圆柱体的磁场。

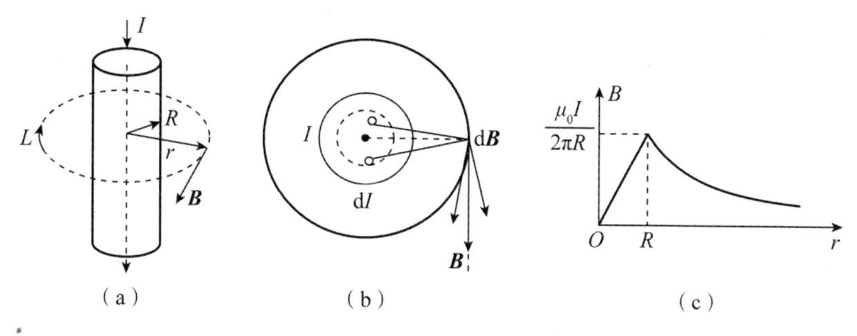

图 12-14　例 12-5 图

分析　在例 12-1 中，我们用毕奥-萨伐尔定律计算了无限长载流直导线的磁场，当时认为通过导线的电流是线电流，而实际上，导线都有一定的半径，流过导线的电流是分布在整个截面内的。设在半径为 R 的圆柱形导体中，电流沿轴向流动，且电流在截面上的分布是均匀的。如果圆柱形导体很长，那么在导体的中部，磁场的分布可视为对称的。下面先用安培环路定理来求圆柱体外的磁感应强度。

解　以圆柱体轴线为中心，作半径为 r 的圆形回路，圆面与圆柱体中心轴垂直，如图 12-14(a)所示，截面图如图 12-14(b)所示。由于对称性，回路上各点 $\boldsymbol{B}$ 的大小相等，方向沿圆的切线，根据安培环路定理，当 $r > R$ 时，有

$$\oint_l \boldsymbol{B}\cdot \mathrm{d}\boldsymbol{l} = \oint_l B\mathrm{d}l = B\oint_l \mathrm{d}l = B2\pi r = \mu_0 I$$

得

$$B = \frac{\mu_0 I}{2\pi r}$$

当 $0 < r < R$ 时，有

$$\oint_l \boldsymbol{B}\cdot \mathrm{d}\boldsymbol{l} = \oint_l B\mathrm{d}l = B\oint_l \mathrm{d}l = B2\pi r = \mu_0 I\frac{r^2}{R^2}$$

得

$$B = \frac{\mu_0 Ir}{2\pi R^2}$$

由上述结果可得图12-14(c)中的曲线，它给出了$\boldsymbol{B}$的值随r变化的情况，$\boldsymbol{B}$的方向与电流成右手螺旋关系。

12.6 洛伦兹力 带电粒子在磁场中的运动

1. 洛伦兹力

设一电荷量为q、质量为m的粒子，以速度$\boldsymbol{v}$进入磁感应强度为$\boldsymbol{B}$的磁场中，由式(12-9)可知，在磁场中粒子受洛伦兹力(也叫磁场力)为

$$\boldsymbol{F}=q\boldsymbol{v}\times\boldsymbol{B}$$

上式就是磁场对运动电荷作用力的公式，洛伦兹力总是和带电粒子运动速度相垂直这一事实说明洛伦兹力只能使带电粒子的运动方向发生偏转，而不会改变其速度的大小，因此洛伦兹力对运动的带电粒子所做的功恒等于0，这是洛伦兹力的一个重要特征。

2. 带电粒子在磁场中的运动

带电粒子在磁场中运动要受到力的作用，一般情况下比较复杂，下面只讨论它们在匀强磁场中的运动的情况。

下面分3种情况讨论。

(1) $\boldsymbol{v}$与$\boldsymbol{B}$平行，此时$\boldsymbol{F}=q\boldsymbol{v}\times\boldsymbol{B}=0$，粒子不受力，作匀速直线运动。

(2) $\boldsymbol{v}$与$\boldsymbol{B}$垂直，此时带电粒子受到的洛伦兹力大小为$F=qvB$，方向垂直于$\boldsymbol{v}$与$\boldsymbol{B}$组成的平面，粒子速度方向随时间变化，大小保持不变，粒子作匀速圆周运动，如图12-15所示。

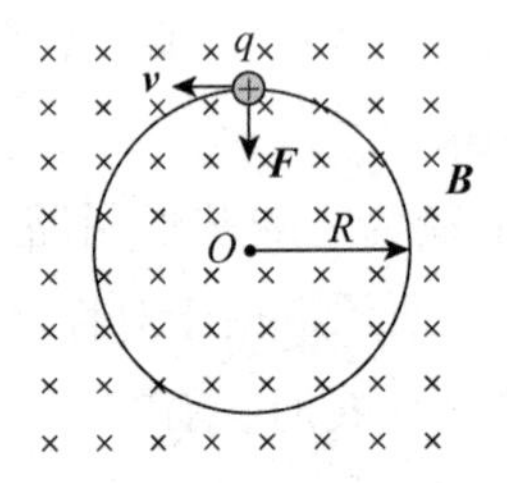

图12-15 带电粒子$\boldsymbol{v}$与$\boldsymbol{B}$垂直时的运动

由

$$qvB=\frac{mv^2}{R}$$

求得圆轨道半径为

$$R=\frac{mv}{qB} \tag{12-20}$$

式中，R称为回旋半径。我们把粒子运行一周所需要的时间叫作回旋周期，用符号T表示，有

$$T=\frac{2\pi R}{v}=\frac{2\pi m}{qB} \tag{12-21a}$$

单位时间内粒子所运行的圈数叫作回旋频率，用f表示，有

$$f=\frac{1}{T}=\frac{qB}{2\pi m} \tag{12-21b}$$

从式(12-20)可以看出，当一束电荷量相同而质量不同的带电粒子以同样的速率从同一位置进入匀强磁场时，这些粒子在磁场的作用下沿不同的圆弧轨道运动。质谱仪便是利用此原理将不同质量的同位素进行分离的仪器。图 12-16 所示是质谱仪原理示意图，粒子要先进入速度选择器，确保进入磁场的带电粒子速度相同。

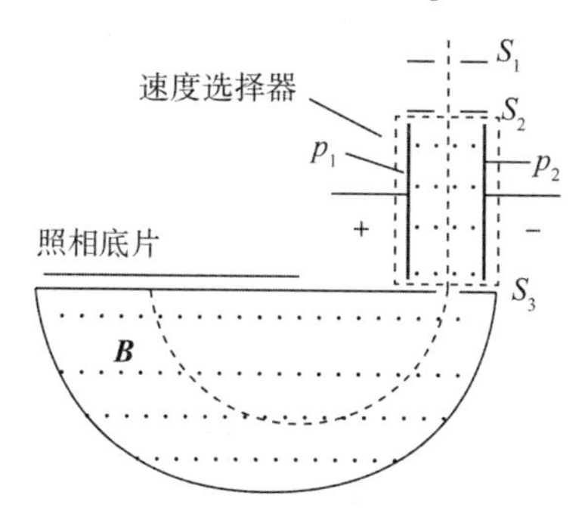

图 12-16　质谱仪原理示意图

(3) $\boldsymbol{v}$ 与 $\boldsymbol{B}$ 成 θ 角，此时可以将速度分解为平行于 $\boldsymbol{B}$ 的分量 $v_{/\!/}$ 和垂直于 $\boldsymbol{B}$ 的分量 $v_{\perp}$。$v_{/\!/}=v\cos\theta$，$v_{\perp}=v\sin\theta$，这时带电粒子在垂直于 $\boldsymbol{B}$ 的方向上受到的力大小为

$$F_{\perp}=qv_{\perp}B=qvB\sin\theta \tag{12-22}$$

因而带电粒子在垂直于 $\boldsymbol{B}$ 的平面内作匀速圆周运动，在平行于 $\boldsymbol{B}$ 的方向上受力为零，作匀速直线运动。带电粒子的轨迹是螺旋线，如图 12-17 所示。其半径为

$$R=\frac{mv_{\perp}}{qB}=\frac{mv\sin\theta}{qB} \tag{12-23}$$

螺旋线螺距为

$$d=v_{/\!/}T=v_{/\!/}\frac{2\pi R}{v_{\perp}}=\frac{2\pi m}{qB}v\cos\theta \tag{12-24}$$

式(12-24)表明，螺距 d 与 $v_{\perp}$ 无关，只与 $v_{/\!/}$ 成正比。

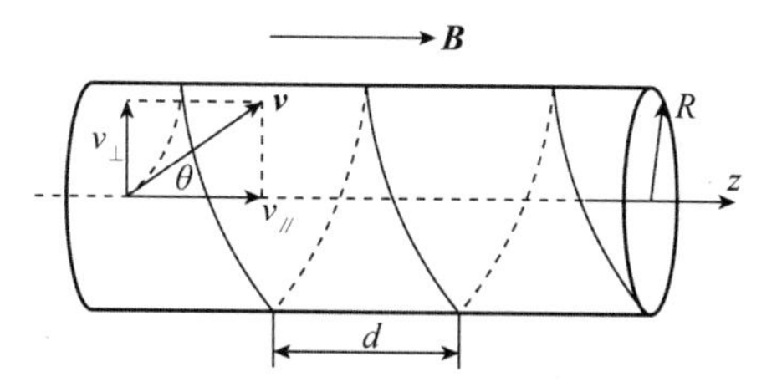

图 12-17　带电粒子在磁场中的螺旋运动

用上述结果可实现磁聚焦。在图 12-18 中，在匀强磁场中某点 A 发射一束初速相差不大的带电粒子，它们的 $\boldsymbol{v}$ 与 $\boldsymbol{B}$ 之间的夹角 θ 不尽相同，但都很小，于是这些粒子的横向速度 $v_{\perp}$ 略有差异，而纵向速度 $v_{/\!/}$ 却近似相等，这样这些带电粒子沿半径不同的螺旋线运动，但

它们的螺距却是近似相等的，即经距离 d 后都相交于屏上同一点 P，这个现象与光束通过光学透镜聚焦的现象很相似，故称为磁聚焦现象。磁聚焦在电子光学中有着广泛的应用。

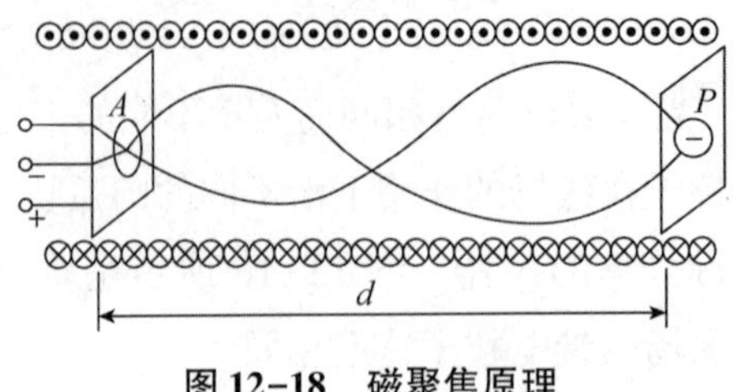

图 12-18　磁聚焦原理

12.7　安培定律及其应用

1. 安培定律

安培最先发现两条静止载流导线之间存在相互作用力，并正确地把每一导线所受的力解释为另一导线对它的磁场力。后来，人们认识到导线中的电流是带电粒子的定向运动，而运动的带电粒子在磁场中要受洛伦兹力，这两者的结合就给安培力提供了一个明确的微观解释。具体地说，把载流导线置于磁场 $\boldsymbol{B}$ 中，则导线内作定向运动的带电粒子必将受到 $\boldsymbol{B}$ 的洛伦兹力 $\boldsymbol{F}=q\boldsymbol{v}\times\boldsymbol{B}$，其中 q 和 $\boldsymbol{v}$ 分别是粒子的电荷量和定向运动速度，洛伦兹力 $\boldsymbol{F}$ 的方向与 $\boldsymbol{v}$ 垂直(横向力)，但粒子因受到导线的约束而不能从横向离开导线，其结果便表现为导线本身受到一个横向力，这就是安培力，可见安培力是洛伦兹力的一种宏观表现。

下面从洛伦兹力表达式出发推导静止载流导线的安培力公式。一个长度为 $\mathrm{d}l$ 、横截面积为 S 的小柱体，如图 12-19 所示，可看作一个电流元 $I\mathrm{d}\boldsymbol{l}$ (其中 I 为截面 S 的电流，电流密度为 $\boldsymbol{j}$)。设元段内单位体积的载流子数为 n，每个载流子电荷量为 q，其定向运动速度为 $\boldsymbol{v}$，则可知元段的电流密度 $\boldsymbol{j}=qn\boldsymbol{v}$ 。圆柱内的载流子数为 $\mathrm{d}N=nS\mathrm{d}l$，故柱内所有载流子所受洛伦兹力的合力为

$$\mathrm{d}\boldsymbol{F}=\mathrm{d}Nq\boldsymbol{v}\times\boldsymbol{B}=(\boldsymbol{j}\times\boldsymbol{B})S\mathrm{d}l \tag{12-25}$$

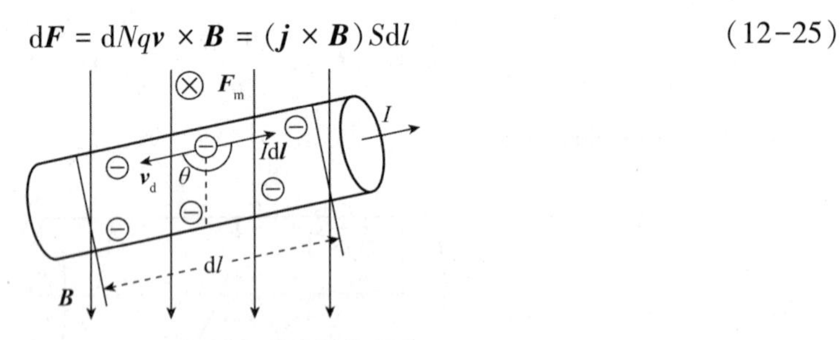

图 12-19　磁场对电流元的作用力

由于 $\mathrm{d}\boldsymbol{l}$ 是与电流密度 $\boldsymbol{j}$ 同向的矢量，故有 $S\boldsymbol{j}\mathrm{d}l=Sj\mathrm{d}\boldsymbol{l}=I\mathrm{d}\boldsymbol{l}$，代入式(12-25)可得

$$\mathrm{d}\boldsymbol{F}=I\mathrm{d}\boldsymbol{l}\times\boldsymbol{B} \tag{12-26}$$

这就是电流元 $I\mathrm{d}\boldsymbol{l}$ 所受安培力的表达式。任意载流导线所受的安培力可通过对式(12-26)积分求得。式(12-26)也叫作安培定律。

有限长载流导线所受的安培力，等于各电流元所受安培力的矢量叠加，即

$$F = \int_l \mathrm{d}\boldsymbol{F} = \int_l I\mathrm{d}\boldsymbol{l} \times \boldsymbol{B} \tag{12-27}$$

式(12-27)说明，安培力是作用在整个载流导线上，而不是集中作用于一点上的。对载流金属导体(及半导体)所受安培力的各种实验测定都与通过积分求得的结果相吻合。

2. 安培定律的应用

例 12-6　一通有电流 I 的闭合回路放在磁感应强度为 $\boldsymbol{B}$ 的匀强磁场中，回路平面与磁感应强度 $\boldsymbol{B}$ 垂直的回路由直导线 AB 和半径为 r 的圆弧导线 BCA 组成，如图 12-20 所示，电流为顺时针方向，求磁场作用于闭合导线的力。

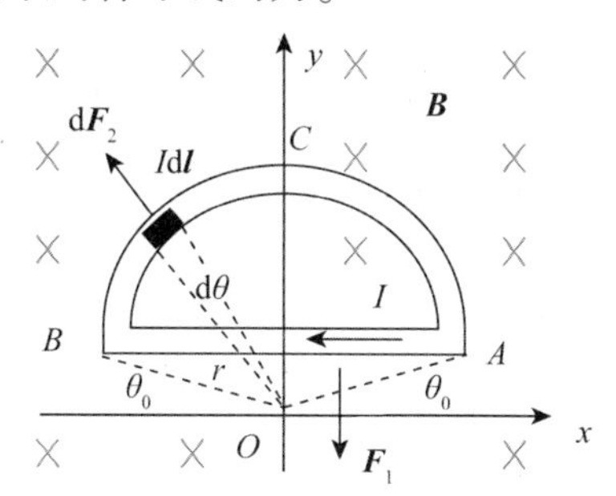

图 12-20　例 12-6 图

解　整个回路所受的力为直导线 AB 和圆弧导线 BCA 所受力的矢量和，由安培力公式可知，直导线 AB 受到安培力的大小为

$$F_1 = I|\overrightarrow{AB}|B$$

方向沿 y 轴负方向。

在 BCA 上取一线元 $\mathrm{d}\boldsymbol{l}$，作用在 $\mathrm{d}\boldsymbol{l}$ 上的安培力为

$$\mathrm{d}\boldsymbol{F}_2 = I\mathrm{d}\boldsymbol{l} \times \boldsymbol{B}$$

$\mathrm{d}\boldsymbol{F}_2$ 的方向沿半径方向向外，将其分解为 $\mathrm{d}F_{2x}$ 和 $\mathrm{d}F_{2y}$ 两个分量，根据对称性分析可知 $F_{2x} = \int \mathrm{d}F_{2x} = 0$，故

$$F_2 = \int \mathrm{d}F_{2y} = \int \mathrm{d}F_2 \sin\theta = \int BI\mathrm{d}l \sin\theta$$

因 $\mathrm{d}l = r\mathrm{d}\theta$，则

$$F_2 = BIr\int_{\theta_0}^{\pi-\theta_0} \sin\theta \mathrm{d}\theta = BI|\overrightarrow{AB}|$$

其方向沿 y 轴正方向。

从计算结果可知，磁场作用于直导线 AB 和圆弧导线 BCA 组成的闭合导线的力为零。

例 12-7　求不规则的平面载流导线在匀强磁场中所受的力，已知 $\boldsymbol{B}$ 和 I。

解　取如图 12-21 所示的坐标系，导线一端在原点 O，另一端在 x 轴的点 P 上，$OP = L$，取一段电流元 $I\mathrm{d}\boldsymbol{l}$。作用在 $I\mathrm{d}\boldsymbol{l}$ 上的安培力为

$$\mathrm{d}\boldsymbol{F} = I\mathrm{d}\boldsymbol{l} \times \boldsymbol{B}$$

将其分解为 $\mathrm{d}F_x$ 和 $\mathrm{d}F_y$ 两个分量，则有

$$\mathrm{d}F_x = \mathrm{d}F\sin\theta = BI\mathrm{d}l\sin\theta$$
$$\mathrm{d}F_y = \mathrm{d}F\cos\theta = BI\mathrm{d}l\cos\theta$$

而 $\mathrm{d}l\sin\theta = \mathrm{d}y$，$\mathrm{d}l\cos\theta = \mathrm{d}x$，则对上面两式积分得

$$F_x = \int \mathrm{d}F_x = BI\int_0^0 \mathrm{d}y = 0,\qquad F_y = \int \mathrm{d}F_y = BI\int_0^L \mathrm{d}x = BIL$$

故 $F = F_y = BIL$。

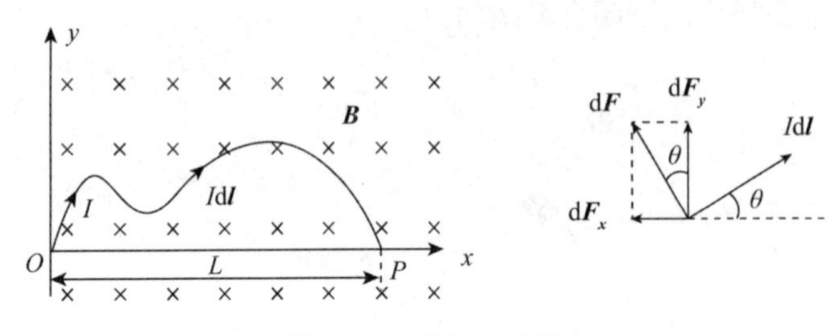

图 12-21　例 12-7 图

由上述结果可知：任意平面载流导线在匀强磁场中所受的力，与和其起点和终点相同的载流直导线所受的磁场力相同。另外，若导线的始点与终点重合构成闭合回路，则此闭合回路整体所受磁场力为零，即为例 12-6 的结果。

3. *磁场作用于载流线圈的磁力矩*

在匀强磁场 $\boldsymbol{B}$ 中，有一刚性矩形平面线圈，电流为 I，如图 12-22(a)、(b)所示，我们以 $\boldsymbol{e}_\mathrm{n}$ 代表与电流成右手关系的法向的单位矢量。下面讨论几种情况。

(1)如果磁场 $\boldsymbol{B}$ 与线圈平面垂直(即 $\boldsymbol{B}$ 与 $\boldsymbol{e}_\mathrm{n}$ 平行)，如图 12-22(c)所示，则不难看出 MN、OP 边所受的安培力等值反向，合力及合力矩都为零。NO、PM 边也类似，故线圈既不受力又不受力矩。

(2)如果磁场 $\boldsymbol{B}$ 与线圈平面平行(即 $\boldsymbol{B}$ 与 $\boldsymbol{e}_\mathrm{n}$ 垂直)，先看 $\boldsymbol{B}$ 与 MN、OP 边平行的简单情况，如图 12-22(d)所示。这时由 $\mathrm{d}\boldsymbol{F} = I\mathrm{d}\boldsymbol{l}\times\boldsymbol{B}$ 可知，MN、OP 边所受安培力为零，NO、PM 边的安培力虽然合力为零，但构成一个力偶矩 $\boldsymbol{M}$，其方向竖直向下，大小为

$$M = l_1F_2 = l_1l_2IB = ISB$$

式中，l_1 和 l_2 分别是矩形线圈的长和宽，S 为矩形的面积，由于矢量 $\boldsymbol{e}_\mathrm{n}\times\boldsymbol{B}$ 也竖直向下，便可写成矢量等式，即

$$\boldsymbol{M} = IS\boldsymbol{e}_\mathrm{n}\times\boldsymbol{B} \tag{12-28}$$

定义矢量

$$\boldsymbol{m} = IS\boldsymbol{e}_\mathrm{n} \tag{12-29}$$

则合力矩为

$$\boldsymbol{M} = \boldsymbol{m}\times\boldsymbol{B} \tag{12-30}$$

$\boldsymbol{m}$ 只取决于载流线圈自身的性质，正如电偶极子的电矩 $\boldsymbol{p}$ 只取决于电偶极子自身的性质那样，称 $\boldsymbol{m}$ 为载流线圈的磁矩。如果 $\boldsymbol{B}$ 与线圈的 NO、PM 边平行，显然仍得上述结论，即

合力矩为 $\boldsymbol{M}=\boldsymbol{m}\times\boldsymbol{B}$。

(3) 如果磁场 $\boldsymbol{B}$ 仍平行于线圈平面但与任意对边都不平行，则可作分解 $\boldsymbol{B}=\boldsymbol{B}_1+\boldsymbol{B}_2$，其中 $\boldsymbol{B}_1$ 和 $\boldsymbol{B}_2$ 分别与 MN、OP 边和 NO、PM 边平行，因为 $\boldsymbol{B}_1$、$\boldsymbol{B}_2$ 对线圈提供的合力都为零，所以 $\boldsymbol{B}$ 提供的合力也为零，设 $\boldsymbol{B}_1$、$\boldsymbol{B}_2$ 对线圈提供的力矩分别为 $\boldsymbol{M}_1$、$\boldsymbol{M}_2$，则线圈所受到的总力矩为

$$\boldsymbol{M}=\boldsymbol{M}_1+\boldsymbol{M}_2=\boldsymbol{m}\times\boldsymbol{B}_1+\boldsymbol{m}\times\boldsymbol{B}_2=\boldsymbol{m}\times\boldsymbol{B}$$

(4) 如果磁场 $\boldsymbol{B}$ 与线圈平面既不垂直也不平行，则可以把 $\boldsymbol{B}$ 分解为与线圈平面垂直和平行的两个分量，前者对力矩无贡献，后者贡献为 $\boldsymbol{M}=\boldsymbol{m}\times\boldsymbol{B}$。

以上结论也可推广到任意形状的平面载流线圈，于是可得结论：载流线圈在任意方向的匀强磁场中，所受到的磁力矩为 $\boldsymbol{M}=\boldsymbol{m}\times\boldsymbol{B}$。

如果线圈有 N 匝，那么磁力矩为

$$\boldsymbol{M}=N\boldsymbol{m}\times\boldsymbol{B} \tag{12-31}$$

总磁矩为

$$N\boldsymbol{m}=NIS\boldsymbol{e}_{\mathrm{n}} \tag{12-32}$$

上述结论虽然是从矩形线圈推导出来的，但它对任意形状的平面线圈都是适用的。

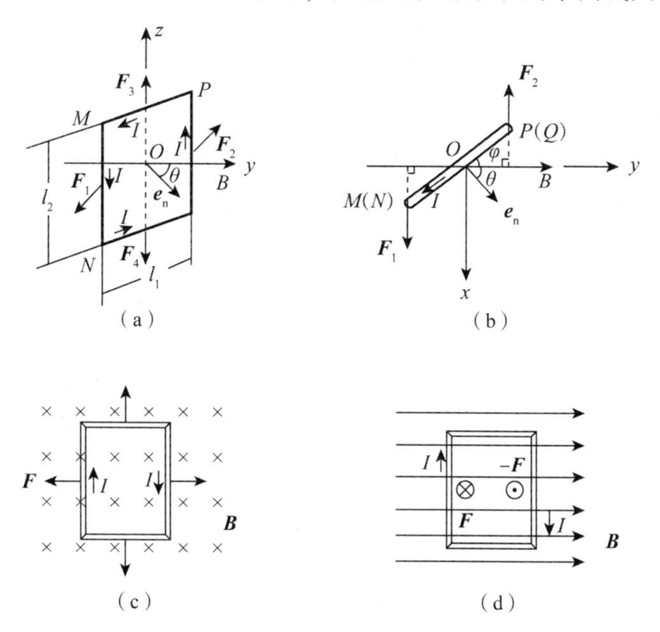

图 12-22　矩形线圈在匀强磁场中受到的磁力矩

12.8　磁介质

1. 磁介质的分类

前面讨论了真空中的磁场，实际的磁场周围大多存在着各种物质，这些物质和磁场之间会相互影响。

在磁场作用下能发生变化的物质叫磁介质，磁介质在磁场作用下的变化叫作磁化，磁化后的磁介质也要激发附加磁场，反过来影响原磁场。事实上，各种物质都有一定的磁性，都能对磁场产生影响，因此一切物质都可以认为是磁介质。

实验表明，不同的物质对磁场的影响有很大的差异。有磁介质时的磁感应强度 $\boldsymbol{B}$ 由两部分叠加，即

$$\boldsymbol{B} = \boldsymbol{B}_0 + \boldsymbol{B}' \tag{12-33}$$

式中，$\boldsymbol{B}_0$ 和 $\boldsymbol{B}'$ 分别表示真空和磁介质附加磁场的磁感应强度。为了方便讨论，我们引入相对磁导率 μ_r，定义

$$\mu_r = \frac{B}{B_0} \tag{12-34}$$

μ_r 可以用来描述不同磁介质磁化后对原外磁场的影响，是用来描述磁介质特性的物理量。与电介质的电容率 ε 类似，定义磁介质的磁导率为

$$\mu = \mu_0\mu_r \tag{12-35}$$

根据 μ_r 的大小，可将磁介质分为以下3种：抗磁质($\mu_r<1$)；顺磁质($\mu_r>1$)；铁磁质($\mu_r \gg 1$)。顺磁质和抗磁质的相对磁导率 μ_r 只是略大于1或小于1，且为常数，它们对磁场的影响很小，属于弱磁性物质。而铁磁质对磁场的影响很大，在电工技术中有广泛的应用，属于强磁性物质。

*2. *顺磁质和抗磁质的磁化*

关于介质磁化的理论，存在两种不同的观点：分子电流观点和磁荷观点。磁荷观点可以解释顺磁质的磁化，但无法说明抗磁性，其根本问题是至今也未分离出单极性的磁荷。分子电流观点最初由安培以假说的形式提出，不仅说明了物质磁化的机制，也给出了描述磁化的方法。在这里，我们以分子电流观点为基础来进行讨论。

在任何物质的分子中，每一个电子都同时参与两种运动，即绕原子核的运动和自旋运动，这两种运动都能产生磁效应，具有一定的磁矩，称为轨道磁矩和自旋磁矩。在一个分子中有许多电子和若干个核，一个分子中全部电子的轨道磁矩和自旋磁矩以及核的自旋磁矩的矢量和叫作分子的固有磁矩，简称分子磁矩，用符号 $\boldsymbol{m}$ 表示，如图12-23所示。分子磁矩又可以用一个等效的圆电流 I 表示，称为分子电流，它们不能引起电荷的迁移，但一样能产生磁场。

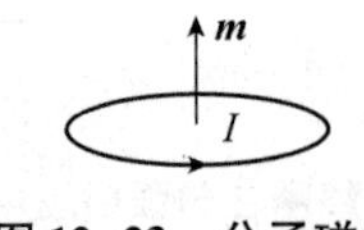

图12-23　分子磁矩

在顺磁质中，无外磁场时，由于分子的无规则运动，每个分子磁矩取向无规则，宏观上 $\boldsymbol{m}$ 的矢量和为零，对外不显磁性。在外磁场的作用下，分子磁矩在磁场中受到磁力矩而发生转动，各分子磁矩的取向有与外磁场方向相同的趋势，使总的分子磁矩不再为零，产生附加磁场，在宏观上呈现的附加磁场与外磁场方向相同，如图12-24所示。

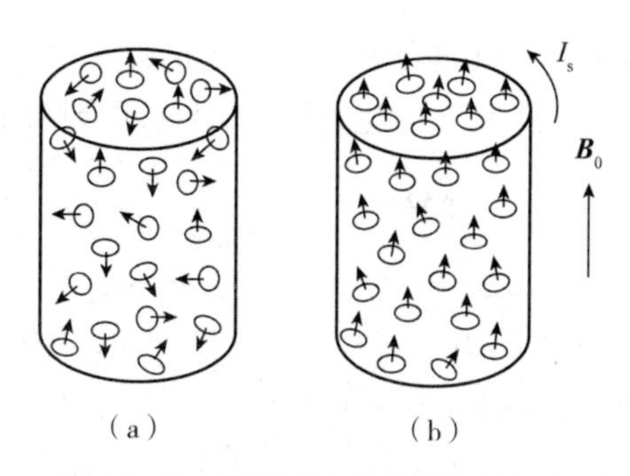

图 12-24　顺磁质中分子磁矩的取向

(a)无外磁场；(b)有外磁场

抗磁质物质的电结构不同于顺磁质，在无外磁场时，虽然分子中每个电子的轨道磁矩与自旋磁矩都不等于零，但分子中全部电子的轨道磁矩和自旋磁矩的矢量和等于零，因此抗磁质的分子磁矩为零，对外不显磁性。在外磁场的作用下，分子中每个电子的轨道运动和自旋运动都将发生变化①，每个电子和核都会产生与外磁场方向相反的附加磁矩，这些附加磁矩的矢量和就是一个分子在外磁场中产生的感生磁矩。产生的附加磁场的方向也与外磁场方向相反，使外磁场被减弱。

实际上，顺磁质中也存在这种感生磁矩，但和它本身的分子磁矩相比，前者的效果是可以忽略不计的。

*3. 磁化强度　磁化电流

从上面描述可知，介质的磁化可以归结为在外磁场的作用下，产生了附加磁矩。为了描述磁介质磁化的程度，定义磁化强度矢量 $\boldsymbol{M}$，它表示介质中单位体积内所有分子磁矩的矢量和，即

$$\boldsymbol{M}=\frac{\sum \boldsymbol{m}_i}{\Delta V} \tag{12-36}$$

$\boldsymbol{M}$ 的单位是安培每米，符号为 A/m(A · m^{-1})。

磁介质被磁化后，出现了宏观的附加电流，称为磁化电流。为计算磁化电流，如图 12-25 所示，设在单位长度有 n 匝线圈的无限长直螺线管内充满着各向同性的均匀磁介质，线圈内的电流为 I，I 在管内激发的磁感应强度为 $\boldsymbol{B}_0$。而磁介质在 $\boldsymbol{B}_0$ 中被磁化，内部的分子磁矩在 $\boldsymbol{B}_0$ 的作用下有规则地排列。从图中可以看出，介质内部各处的分子电流总是方向相反，相互抵消，只在边缘上形成近似环形电流，即磁化电流。设单位长度上的磁化电流为 i_s，那么在长为 L 、横截面积为 S 的磁介质里，分子电流的总磁矩大小为

$$\sum m_i = i_s LS \tag{12-37}$$

由式(12-36)可知

$$i_s = M \tag{12-38}$$

---

① 这一点可以利用电磁感应证明。

由此可见，磁化强度 $\boldsymbol{M}$ 在数值上等于单位长度上的分子电流大小。若在图 12-25(c)中取一闭合回路，设磁化电流为 I_s，那么磁化强度 $\boldsymbol{M}$ 沿此闭合回路的积分为

$$\oint_l \boldsymbol{M} \cdot \mathrm{d}\boldsymbol{l} = i_s l = I_s \tag{12-39}$$

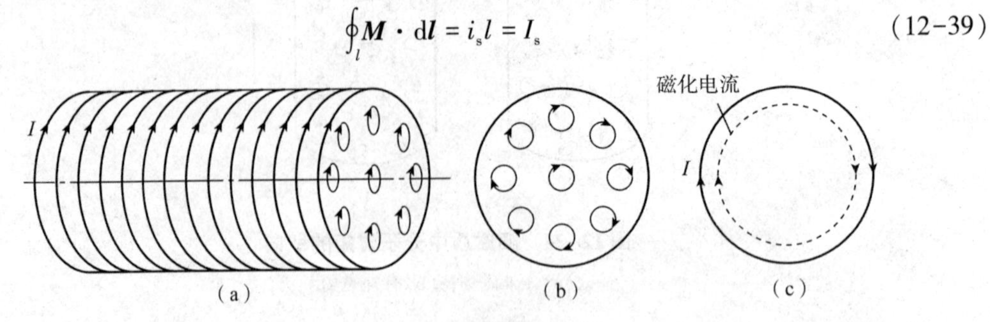

图 12-25　磁化电流

4. *磁介质中的安培环路定理*

如果在有磁介质存在的磁场中，任取一闭合路径 $\boldsymbol{l}$，则安培环路定理应推广为

$$\oint_l \boldsymbol{B} \cdot \mathrm{d}\boldsymbol{l} = \mu_0 \left(\sum I_i + I_s \right) \tag{12-40}$$

将式(12-39)代入式(12-40)，可得

$$\oint_l \boldsymbol{B} \cdot \mathrm{d}\boldsymbol{l} = \mu_0 \sum I_i + \mu_0 \oint_l \boldsymbol{M} \cdot \mathrm{d}\boldsymbol{l}$$

整理后得

$$\oint_l \left(\frac{\boldsymbol{B}}{\mu_0} - \boldsymbol{M} \right) \cdot \mathrm{d}\boldsymbol{l} = \sum I_i$$

引入辅助量

$$\frac{\boldsymbol{B}}{\mu_0} - \boldsymbol{M} = \boldsymbol{H} \tag{12-41}$$

$\boldsymbol{H}$ 称为磁场强度，则有

$$\oint_l \boldsymbol{H} \cdot \mathrm{d}\boldsymbol{l} = \sum I_i \tag{12-42}$$

式(12-42)就是磁介质中的安培环路定理。它说明：磁场强度沿任意闭合回路的线积分，等于该回路所包围的传导电流的代数和。

在国际单位制中，磁场强度 $\boldsymbol{H}$ 的单位是安培每米，符号为 A/m($\mathrm{A \cdot m^{-1}}$)。引入磁场强度 $\boldsymbol{H}$ 后，磁介质中的安培环路定理就不再有磁化电流项，从而为讨论磁介质中的磁场带来方便。但磁场强度 $\boldsymbol{H}$ 仅是一个描述磁场性质的辅助物理量，磁感应强度 $\boldsymbol{B}$ 是描述磁场中每点性质的物理量，与电场强度 $\boldsymbol{E}$ 作用类似，因此 $\boldsymbol{B}$ 更适合磁场强度的称呼。但由于历史原因，人们一直将 $\boldsymbol{B}$ 称为磁感应强度，而将 $\boldsymbol{H}$ 称为磁场强度。

在磁介质中，满足 $\boldsymbol{M} \propto \boldsymbol{H}$ 的介质称为线性磁介质，有

$$\boldsymbol{M} = \chi_m \boldsymbol{H} \tag{12-43}$$

式中，χ_m 是个量纲为 1 的量，叫作磁介质的磁化率，它是描述磁介质性质的量，对顺磁质 $\chi_m > 0$，对抗磁质 $\chi_m < 0$。将式(12-43)代入定义式(12-41)有

$$\boldsymbol{B}=\mu_0(1+\chi_m)\boldsymbol{H}$$

令$\mu_r=1+\chi_m$，则

$$\boldsymbol{B}=\mu_r\mu_0\boldsymbol{H}=\mu\boldsymbol{H} \tag{12-44}$$

这也是$\boldsymbol{H}$的定义，即磁介质中某点的磁场强度$\boldsymbol{H}$等于该点磁感应强度$\boldsymbol{B}$与磁介质磁导率μ之比，即$\boldsymbol{H}=\dfrac{\boldsymbol{B}}{\mu}$。

5. 铁磁质

铁磁质是一类特殊的磁介质，这类介质对外磁场的影响很大，在电磁铁、电动机、变压器和电表的线圈中都要放置铁磁质，用途广泛。铁、镍、钴和它们的一些合金，以及含铁的氧化物都属于铁磁质。下面简单介绍铁磁质的特性。

1)铁磁质的磁化规律

顺磁质的磁导率μ很小，是一个常量，因此顺磁质的B随H的变化是线性的，如图12-26所示。但铁磁质不同，其μ值比顺磁质大得多，而且会随着外磁场的变化而变化，图12-27中ONP线段是从实验得出的某一铁磁质从没有被磁化开始，到逐渐被磁化的过程得到的B-H曲线，叫作起始磁化曲线。

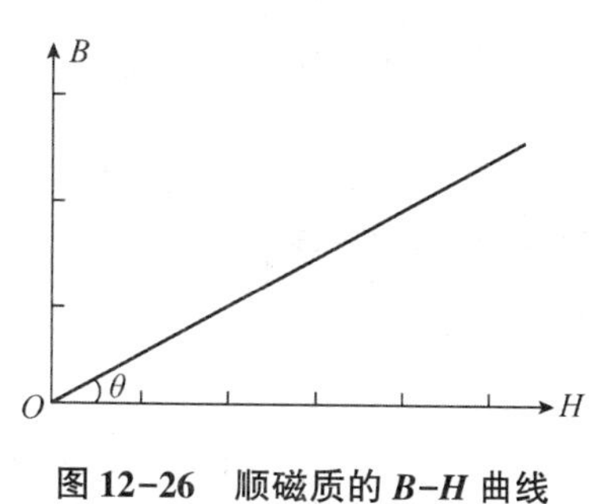

图12-26　顺磁质的B-H曲线

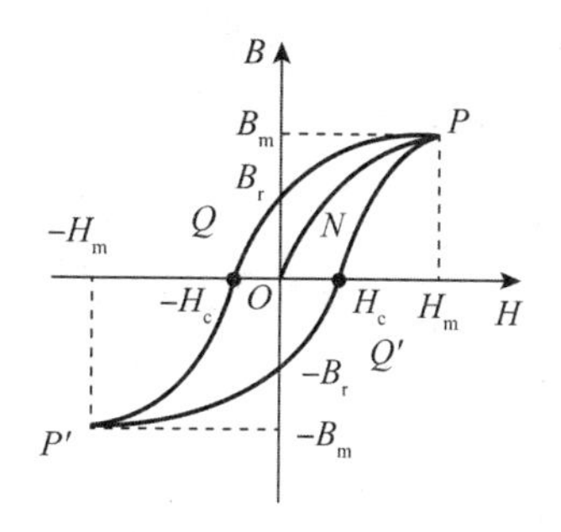

图12-27　磁滞回线

从图12-27中可以看出，H较小时，B随H近似成正比地增大；H稍大后，B便开始急剧增大；当H达到某一值后再增大时，B几乎不随H的增大而增大了，这时铁磁质到达了磁饱和状态。实验表明，各种铁磁质的磁化曲线都是不可逆的，即达到饱和后，如果将H减少，则铁磁质内部的B并不沿起始磁化曲线逆向地随H减少，而是沿着PQ缓慢地减小，B的变化始终落后于H的变化，这种现象称为磁滞现象。从图12-27可知，当$H=0$时，磁感应强度B仍然保持一定数值$B=B_r$，B_r称为剩磁(剩余磁感应强度)。若要使被磁化的铁磁材料的磁感应强度B减少到0，必须加上一个反向磁场并逐步增大。当铁磁材料内部反向磁场强度增加到$H=H_c$时，磁感应强度B才是0，达到退磁，H_c称为矫顽力。当反向磁场继续不断增加时，材料的反向磁化同样能达到饱和点，此后反向磁场减弱到零，B-H曲线将沿$P'Q'$变化，此后正方向磁场强度增加到H_m时，B-H曲线就沿$Q'P$变化，从而完成一个循环。所以由于磁滞，B-H曲线就形成了一个闭合曲线，称为磁滞回线。

2)铁磁质的分类

铁磁质在工程技术上的应用极为普遍，磁化曲线和磁滞回线是铁磁质分类和选用的主要依据，根据它的磁滞回线形状决定其用途，铁磁质一般分为软磁材料和硬磁材料两类。

软磁材料的特点是磁导率大，矫顽力小，磁滞回线窄，如图 12-28(a)所示。这种材料容易磁化，也容易退磁，可用来制造变压器、电机、电磁铁等。软磁材料有金属和非金属两种。像铁氧体就是非金属材料，它由几种金属氧化物的粉末混合压制成型再烧结而成，有电阻率很高、高频损耗小的特点，被广泛用于线圈磁芯材料。

硬磁材料的特点是剩余磁感应强度大，矫顽力也大，磁滞回线很宽，如图 12-28(b)所示。这种材料充磁后保留很强的剩磁，且不易消除，适用于制造永久磁铁、电磁式仪表、永磁扬声器等，小型直流电动机的永久磁铁就是采用这种材料。

有些铁氧体的磁滞回线呈矩形，如图 12-28(c)所示，这些材料被称为矩磁材料，其特点是矫顽力小，且剩余磁感应强度接近饱和值，当它被磁化后，当外磁场趋于零时，总是处在 B_r 或 $-B_r$ 的两种剩磁状态。通常计算机中采用二进制，只有“0”和“1”两个数码，因此可以用矩磁材料的两种剩磁状态代表这两个数码，起到“记忆”和“储存”的作用。较常用的矩磁材料有锰镁和锂-锰铁氧体。

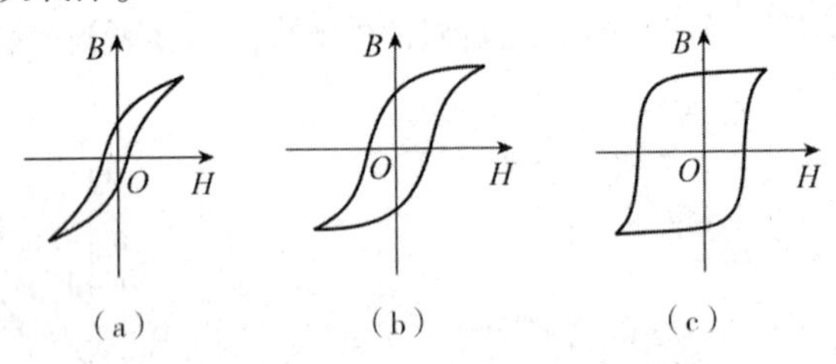

图 12-28　金属铁磁性材料的磁滞回线

(a)软磁材料；(b)硬磁材料；(c)矩磁材料

3)铁磁质的磁化机理

铁磁质的性能不能用一般顺磁质的磁化理论来解释，它与固体的结构状态有关。从物质的原子结构来看，铁磁质内电子间因自旋引起的相互作用是非常强烈的，在这种作用下，铁磁质内部形成了一些微小的自发磁化区域，叫作磁畴，如图 12-29 所示。

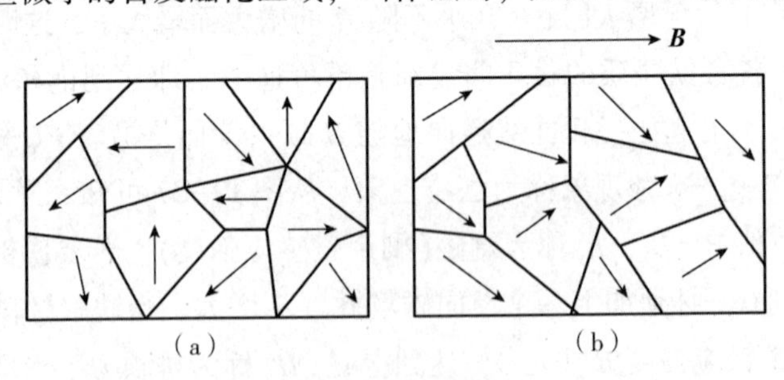

图 12-29　磁畴

(a)无外磁场；(b)有外磁场

磁畴的体积为 $10^{-12} \sim 10^{-9}\ m^3$，在未磁化的铁磁质中，由于热运动，各磁畴的磁化方向不同，因而在宏观上对外界并不显磁性。当铁磁质受到外磁场作用时，它可以通过两种方式实现磁化：在外磁场较弱时，自发磁化方向与外磁场方向相同或相近的那些磁畴的体积将逐渐增大(畴壁位移)；在外磁场较强时，每个磁畴的自发磁化方向将作为一个整体，在不同程度上转向磁场方向，当所有磁畴都沿磁场方向排列时，铁磁质就达到了饱和。磁畴自发磁化方向的改变还会引起铁磁质中晶格间距的改变，从而导致铁磁体的长度和体积的改变，称为磁致伸缩。

如果在磁化达到饱和后撤除外磁场，铁磁质将重新分裂为许多磁畴，但由于掺杂和内应力等作用，磁畴并不能恢复到原先的退磁状态，因而表现出磁滞现象。当铁磁质的温度超过某一临界温度时，分子热运动加剧到了使磁畴瓦解的程度，从而材料的铁磁性消失而变为顺磁性，这个温度称为居里温度。

【知识应用】

磁透镜

在许多电真空器件中(特别是电子显微镜)，磁聚焦的应用非常广泛。12.6 节在定性说明磁聚焦原理时，分析了长直螺线管中匀强磁场的聚焦现象。然而，实际上用得更多的是短线圈中非匀强磁场的聚焦作用。这种线圈对带电粒子束的作用与光学中的透镜对光线的作用相似，因此把这种线圈称为磁透镜。

磁透镜中的静磁场是通过对具有一定横截面积的圆形线圈绕组通以恒定电流产生的，是轴对称不均匀分布的磁场(见图 12-30)。在非匀强磁场中，速度方向和磁场方向不同的带电粒子也要作螺旋运动，但半径和螺距都将不断发生变化，磁感线围绕导线呈环状，磁感线上任意一点的磁感应强度都可以分解成平行于透镜主轴的分量和垂直于主轴的分量，在垂直于主轴的分量的作用下，形成向透镜主轴靠近的径向力，使电子向主轴偏转。电子的运动是平行于主轴的直线运动、圆周运动和向轴运动的合运动，整体轨迹是圆锥螺旋状，最终落到磁透镜的轴上，完成电子的磁聚焦。

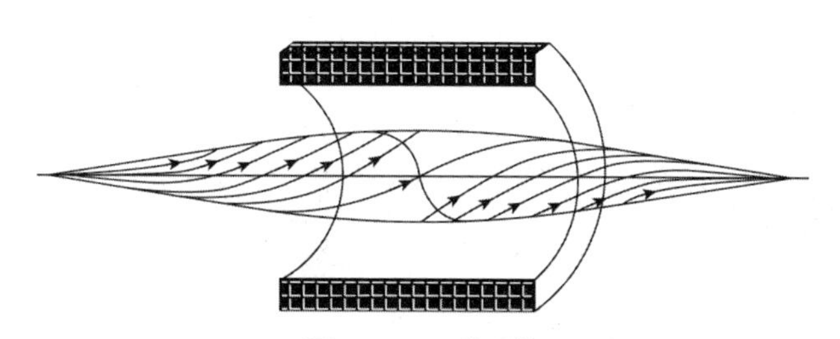

图 12-30　磁透镜

在显像管、电子显微镜和真空器件中，常用磁透镜来聚焦电子束。例如，扫描电子显微镜(Scanning Electron Microscope，SEM)基本原理类似电视摄影显像技术，利用细聚焦电子束扫描固体样品表面，同时激发出各种物理信号来调制成像，为获得细聚焦高能电子束，SEM的光学系统中需要在样品和电子枪之间加 3 级“聚光镜”。这里的“聚光镜”不是光学中应用的棱镜，而是多组电磁透镜。3 个电磁透镜中的前两个是强磁透镜，可起到把电子束光斑缩小的作用，而第三个非对称磁场为弱磁透镜，它起到的作用是延长焦距。自 20 世纪 40

年代以来，由于SEM技术的发展，人类探索微观世界的能力取得了质的飞跃。SEM提供的分辨率远在传统光学显微镜(极限分辨率为200 nm左右)之上，放大倍数可从数倍至几十万倍(由其发展的场发射扫描电子显微镜分辨率已达到1 nm以下)，大大推动了材料科学领域的研究发展。图12-31所示即为场发射扫描电子显微镜(FESEM)拍摄的不同材料的表面形貌。

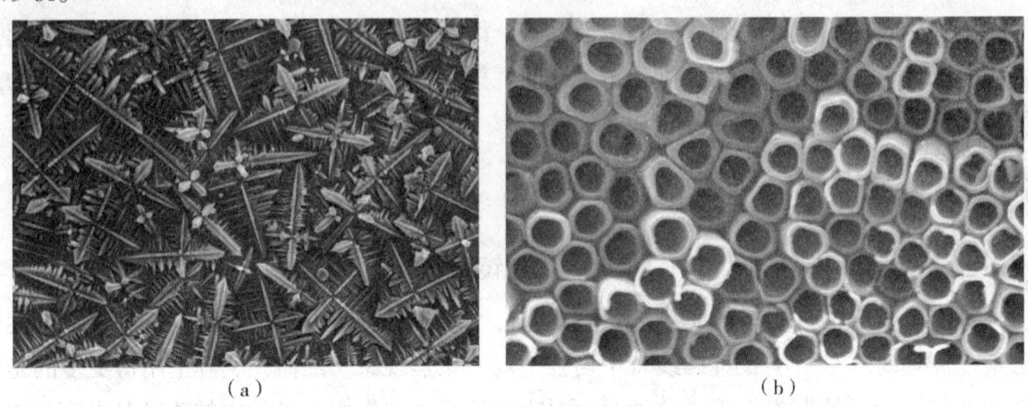

(a)　　　　(b)

图12-31　场发射扫描电子显微镜拍摄的不同材料的表面形貌

(a)在弱酸性电解液沉积的氧化亚铜样品；(b)TiO_2纳米管阵列

【本章小结】

1. 恒定电流

(1)电流与电流密度

$$电流\ I=\frac{\mathrm{d}q}{\mathrm{d}t}\qquad 电流密度\ \boldsymbol{j}=en\boldsymbol{v}_{\mathrm{d}}\qquad 其中\ I=\int_S \boldsymbol{j}\cdot \mathrm{d}\boldsymbol{S}$$

(2)电源电动势

$$\varepsilon=\frac{W}{q}=\oint_l E_{\mathrm{k}}\cdot \mathrm{d}l=\int_-^+ E_{\mathrm{k}}\cdot \mathrm{d}l$$

2. 电流激发磁场

(1)电流元的磁场(毕奥-萨伐尔定律)

$$\mathrm{d}\boldsymbol{B}=\frac{\mu_0}{4\pi}\frac{I\mathrm{d}\boldsymbol{l}\times \boldsymbol{e}_r}{\boldsymbol{r}^2}$$

(2)载流导线的磁场(磁感强度叠加原理)

$$\boldsymbol{B}=\int \mathrm{d}\boldsymbol{B}=\int \frac{\mu_0}{4\pi}\frac{I\mathrm{d}\boldsymbol{l}\times \boldsymbol{e}_r}{r^2}$$

注意熟记几种特殊形状载流导线的磁场。

3. 反映磁场性质的两条基本定理

磁场的高斯定理

$$\Phi_{\mathrm{m}}=\oint_S \boldsymbol{B}\cdot \mathrm{d}\boldsymbol{S}=0\qquad 无源场$$

安培环路定理

$$\oint_l \boldsymbol{B} \cdot \mathrm{d}\boldsymbol{l} = \mu_0 \sum_{i=1}^{n} I_i \qquad \text{有旋场}$$

恒定磁场的高斯定理和安培环路定理反映了磁场是无源有旋(非保守)场。

4. *磁场对运动电荷、电流的作用*

(1)磁场对运动电荷的作用力 —— 洛伦兹力

$$\boldsymbol{F} = q\boldsymbol{v} \times \boldsymbol{B}$$

(2)磁场对载流导线的作用力 —— 安培力。

电流元受到的安培力

$$\mathrm{d}\boldsymbol{F} = I\mathrm{d}\boldsymbol{l} \times \boldsymbol{B}$$

载流导线受到的安培力

$$\boldsymbol{F} = \int_l \mathrm{d}\boldsymbol{F} = \int_l I\mathrm{d}\boldsymbol{l} \times \boldsymbol{B}$$

(3)磁场对平面载流线圈的作用。

载流线圈的磁矩

$$\boldsymbol{m} = IS\boldsymbol{e}_{\mathrm{n}}$$

平面载流线圈在匀强磁场中受到的磁力矩

$$\boldsymbol{M} = \boldsymbol{m} \times \boldsymbol{B}$$

5. *磁介质和磁场的相互影响*

磁介质中的磁感应强度

$$\boldsymbol{B} = \boldsymbol{B}_0 + \boldsymbol{B}'$$

磁化强度

$$\boldsymbol{M} = \frac{\sum \boldsymbol{m}_i}{\Delta V}$$

6. *磁介质中的安培环路定理*

磁场强度

$$\frac{\boldsymbol{B}}{\mu_0} - \boldsymbol{M} = \boldsymbol{H}$$

磁介质中的安培环路定理

$$\oint_l \boldsymbol{H} \cdot \mathrm{d}\boldsymbol{l} = \sum I_i$$

7. *铁磁质*

磁畴 、磁滞现象。

课后习题

12-1　一铜线表面涂以银层，若在导线两端加上给定的电压，此时铜线和银层中的电场强度、电流密度以及电流是否都相同？

12-2　在同一磁感线上，各点磁感应强度 $\boldsymbol{B}$ 的数值是否都相等？为何不把作用于运动电荷的磁场力方向定义为磁感应强度 $\boldsymbol{B}$ 的方向？

12-3　宇宙射线是高速带电粒子流(基本上是质子)，它们交叉来往于星际空间并从各个方向撞击着地球。为什么宇宙射线穿入地球磁场时，接近两磁极比其他任何地方都容易？

12-4　方程 $\boldsymbol{F}=q\boldsymbol{v}\times\boldsymbol{B}$ 中有3个矢量，哪些矢量始终是正交的？哪些矢量之间可以有任意角度？

12-5　一质子束发生了侧向偏转，造成这个偏转的原因可能是电场也可能是磁场，如何判断是哪一种场对它的作用？

12-6　在某些电子仪器中，必须将电流大小相等、方向相反的导线扭在一起，这是为什么？

12-7　一个半径为 r 的半球面如下图所示放在匀强磁场中，通过半球面的磁通量为(　　)。

(A) $2\pi r^2B$　　　　(B) πr^2B

(C) $2\pi r^2B\cos\alpha$　　　　(D) $\pi r^2B\cos\alpha$

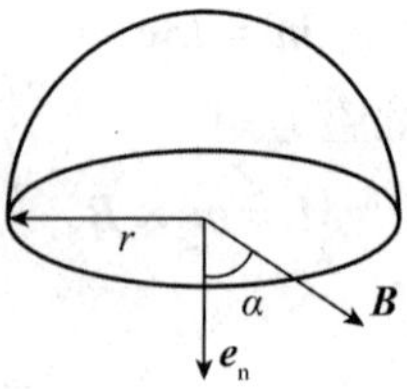

习题12-7图

12-8　磁场的高斯定理 $\oint_S\boldsymbol{B}\cdot\mathrm{d}\boldsymbol{S}=0$，说明(　　)。

(A)穿入闭合曲面的磁感线的条数必然等于穿出的磁感线的条数

(B)穿入闭合曲面的磁感线的条数不等于穿出的磁感线的条数

(C)一根磁感线可以终止在闭合曲面内

(D)一根磁感线不可能完全处于闭合曲面内

12-9　下列说法中正确的是(　　)。

(A)闭合回路上各点磁感应强度都为零时，回路内一定没有电流穿过

(B)闭合回路上各点磁感应强度都为零时，回路内穿过电流的代数和必定为零

(C)磁感应强度沿闭合回路的积分为零时，回路上各点的磁感应强度必定为零

(D)磁感应强度沿闭合回路的积分不为零时，回路上任意一点的磁感应强度都不可能为零

12-10　在下图所示的一圆形电流 I 所在的平面内，选取一个同心圆形闭合回路 L，则由安培环路定理可知(　　)。

(A) $\oint_L\boldsymbol{B}\cdot\mathrm{d}\boldsymbol{l}=0$，且环路上任意一点 $B=0$

(B) $\oint_L \boldsymbol{B} \cdot \mathrm{d}\boldsymbol{l} = 0$，且环路上任意一点 $B \neq 0$

(C) $\oint_L \boldsymbol{B} \cdot \mathrm{d}\boldsymbol{l} \neq 0$，且环路上任意一点 $B \neq 0$

(D) $\oint_L \boldsymbol{B} \cdot \mathrm{d}\boldsymbol{l} \neq 0$，且环路上任意一点 $B =$ 常量

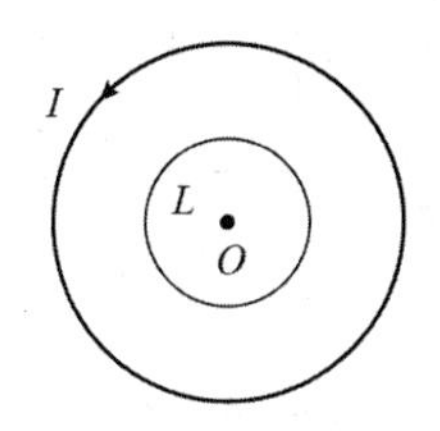

习题 12-10 图

12-11　一电荷量为 q 的粒子在匀强磁场中运动，下列说法中正确的是(　　)。

(A)只要速度大小相同，粒子所受的洛伦兹力就相同

(B)在速度不变的前提下，若 q 变为 $-q$，则粒子受力反向，数值不变

(C)粒子进入磁场后，其动能和动量都不变

(D)洛伦兹力与速度方向垂直，所以带电粒子运动的轨迹必定是圆

12-12　有两根导线沿半径方向接触铁环的 a、b 两点，并与很远处的电源相接，如下图所示。求环心 O 的磁感应强度。

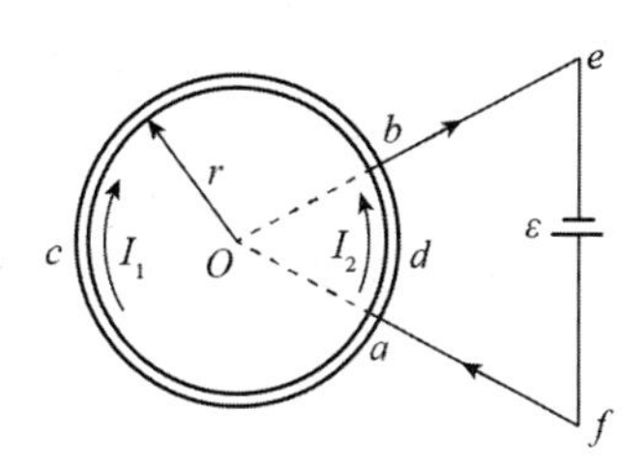

习题 12-12 图

12-13　几种载流导线在平面内分布，电流均为 I，如下图所示，它们在点 O 的磁感应强度各为多少？

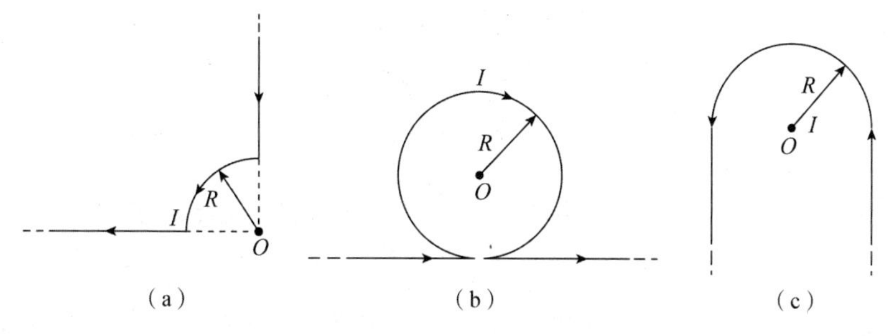

习题 12-13 图

12-14　载流长直导线的电流为I，如下图所示，试求通过矩形面积的磁通量。

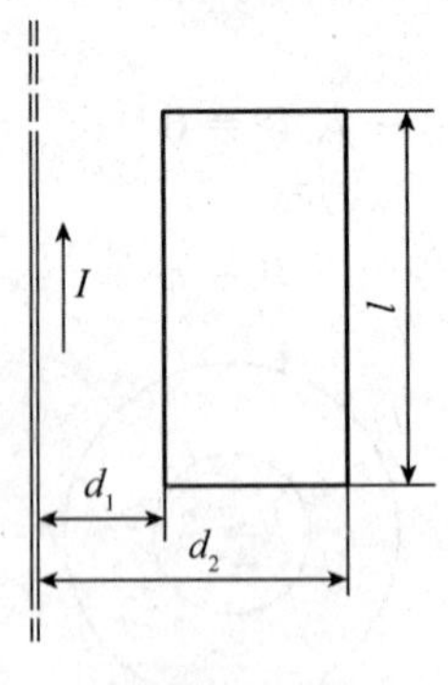

习题12-14图

12-15　一根很长的同轴电缆，由一导体圆柱(半径为R_1)和一同轴的导体圆管(内、外半径分别为R_2、R_3)构成，如下图所示。两导体中的电流均为I，但电流的流向相反，导体的磁性可不考虑。求：(1)导体圆柱内($r<R_1$)；(2)两导体之间($R_1<r<R_2$)；(3)导体圆管($R_2<r<R_3$)；(4)电缆外($r>R_3$)各点处磁感应强度的大小。

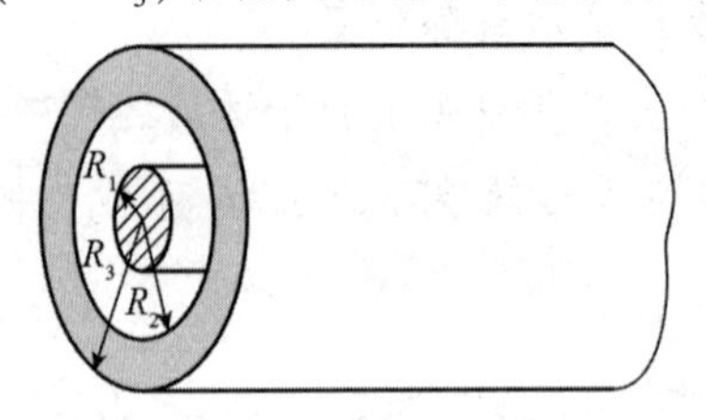

习题12-15图

12-16　在半径为R的无限长金属圆柱体内部挖去一半径为r的无限长圆柱体，两柱体的轴线平行，相距为d，如下图所示。今有电流沿空心柱体的轴线方向流动，电流I均匀分布在空心柱体的截面上。试证此空心部分有匀强磁场，并写出$\boldsymbol{B}$的表达式。

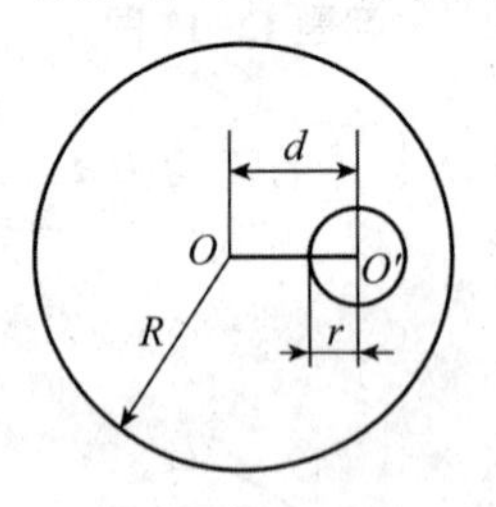

习题12-16图

12-17　设电流均匀流过无限大导电平面，其电流面密度为$\boldsymbol{j}$。求导电平面两侧的磁感应强度。

12-18　已知地面上空某处地磁场的磁感应强度$B=0.4\times10^{-4}\,\mathrm{T}$，方向向北。若宇宙射线中有一速率$v=5.0\times10^{7}\,\mathrm{m\cdot s^{-1}}$的质子，垂直地通过该处。求：(1)洛伦兹力的方向；(2)洛伦兹力的大小，并与该质子受到的万有引力相比较。

12-19　一根长直导线载有电流 $I_1 = 30\ \text{A}$，矩形回路载有电流 $I_2 = 20\ \text{A}$，如下图所示。已知 $d = 1.0\ \text{cm}$，$b = 8.0\ \text{cm}$，$l = 0.12\ \text{m}$，试计算作用在回路上的合力。

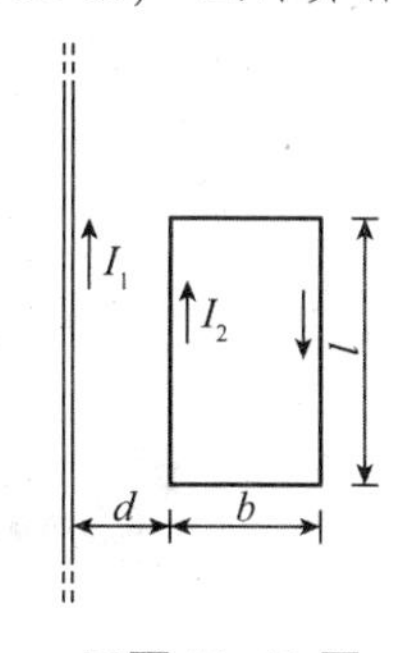

习题 12-19 图

12-20　边长为 $l = 0.1\ \text{m}$ 的正三角形线圈放在磁感应强度 $B = 1\ \text{T}$ 的匀强磁场中，线圈平面与磁场方向平行，如下图所示，使线圈通以电流 $I = 10\ \text{A}$，求：

(1) 线圈每边所受的安培力；

(2) 对 OO' 轴的磁力矩大小；

(3) 从图中所在位置转到线圈平面与磁场垂直时安培力所做的功。

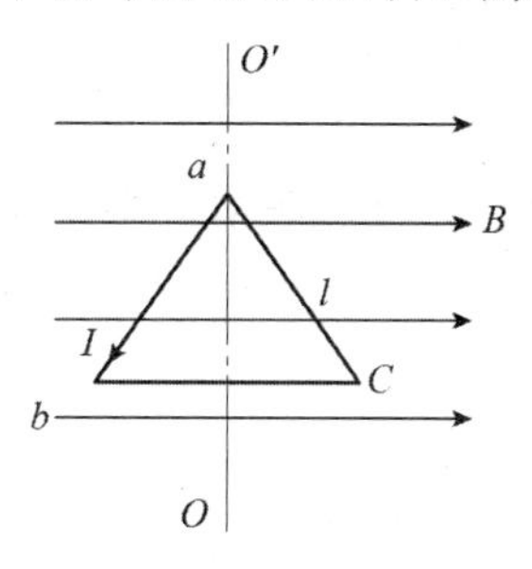

习题 12-20 图

12-21　半径为 R 的圆片均匀带电，电荷面密度为 σ，令该圆片以角速度 ω 绕通过其中心且垂直于圆平面的轴旋转，如下图所示。求轴线上距圆片中心为 x 处的点 P 的磁感应强度和旋转圆片的磁矩。

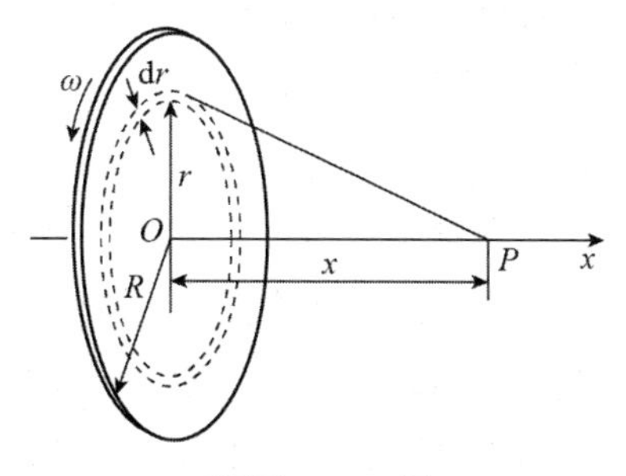

习题 12-21 图

12-22　一无限长圆柱形直导线外包有一层相对磁导率为 μ_r 的圆筒形磁介质，导线半径为 R_1，磁介质外半径为 R_2，若直导线中通以电流 I，求磁介质内、外磁场的分布。

第 13 章

电磁感应　电磁场

学习目标

1. 理解法拉第电磁感应定律。
2. 理解感生电动势、动生电动势的概念并掌握其计算方法。
3. 理解自感系数、互感系数的定义及其物理意义。
4. 了解位移电流的概念。
5. 理解磁场能量密度并掌握计算磁场能量的方法。
6. 理解电磁波的产生原理及性质。

导学思考

1. 随着科技的进步，社会公民和科研单位对用电设备的供电质量、安全性、即时性、特殊地理环境的需求等方面都在不断地提高，接触式电能传输方式存在的局限性已不能满足实际需要，无线充电设备应运而生。你可能正在享用着无线充电器为你提供的便捷与快速的服务。请查阅资料了解无线充电的基本原理。

2. 中国天眼 FAST 的建成，创造多项世界第一，这是以 FAST 工程首席科学家兼总工程师南仁东研究员为代表的中国科技工作者智慧的结晶，作为新时代的中国人倍感骄傲和自豪。中国天眼每天都在接收宇宙中不可见的电磁波来“观测”宇宙。你使用的手机也是每天都在接收和发射着不可见的电磁波从而实现信息交流与共享。你知道电磁波是怎样形成的吗?

通过前面的学习，我们知道电和磁既有区别，又相互联系。电流能够激发磁场，那么能否利用磁场产生电流呢? 1831 年，英国物理学家法拉第发现了电磁感应现象及其基本规律，深刻地揭示了电与磁之间的内在联系，推动了电磁学理论的发展。1861—1864 年，麦克斯韦在总结前人研究成果的基础上，创造性地提出感应电场和位移电流的概念，并建立了完整的电磁场理论，概括了所有宏观电磁现象的规律，同时预言了电磁波的存在，并揭示出光的电磁本质。本章主要介绍电磁感应与法拉第电磁感应定律、自感与互感现象以及电磁场的产生与电磁波的性质等内容。

13.1　电磁感应定律

1. 电磁感应现象

自 1820 年奥斯特发现了电流的磁效应(电生磁)以后，电流磁效应的逆效应即磁场是否也会产生电流(磁生电)引起了科学家们的研究兴趣。法国物理学家安培和菲涅尔(Fresnel)曾具体提出过这样的问题：既然载流线圈能使它里面的铁棒磁化，磁铁是否也能在其附近的闭合线圈中激起电流？为了回答这个问题，他们以及科拉顿(Colladon)、亨利(Henry)等许多学者做了大量的实验研究，但由于他们未能认识到这种逆效应是在运动和变化的过程中出现的一种暂态效应，因此与真相擦肩而过。直到 1831 年的 8 月，这个问题才由英国物理学家法拉第以其出色的实验给出决定性的答案。他的实验表明：当穿过闭合线圈的磁通改变时，线圈中会产生感应电流。这一现象称为电磁感应现象，而引起此电流的电动势称为感应电动势。

电磁感应现象可用图 13-1 的实验演示。线圈通过电流计形成闭合电路，当永磁体插入线圈时，电流计指针偏转；永磁体在线圈内不动时，指针不动；拔出永磁体时，指针偏转。这个实验说明当永磁体插入或拔出线圈时有感应电流产生。永磁体和线圈相对运动引起穿过线圈的磁通量发生变化，使线圈的电流发生变化。实验说明：当一个闭合电路的磁通量随时间发生变化时，会引起感应电流。感应电流的产生也说明了回路中有电动势存在。实质上，电磁感应的本质是产生了感应电动势，只有当电路闭合时，感应电动势才驱使电子流动，形成感应电流。

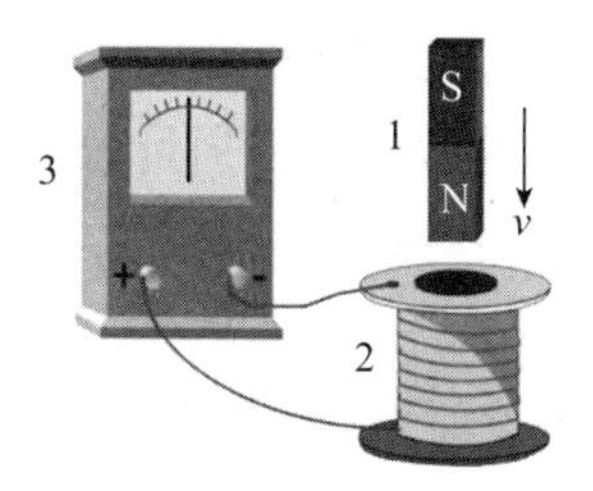

1—永磁体；2—线圈；3—演示电流计

图 13-1　电磁感应演示实验

2. 楞次定律

1833 年，楞次在总结大量实验结果的基础上，提出了一个判定电磁感应中感应电流方向的法则，称为楞次定律，其表述为：闭合回路中感应电流的方向，总是使它所激发的磁场来阻止引起感应电流磁通量的变化。或者，也可表述为：感应电流的效果，总是反抗引起感应电流的原因。

应用楞次定律可定性判断出感应电流的方向，有了感应电流的方向也就可确定整个回路中感应电动势的方向。用楞次定律判定感应电流方向的一般步骤如下：

(1)确定原磁场的方向；(2)明确回路中磁通量变化情况；(3)根据楞次定律，确定感应电流磁场的方向；(4)应用右手螺旋定则，确立感应电流(感应电动势)方向。

楞次定律是能量守恒定律在电磁感应现象上的具体体现。在图 13-1 所示的实验过程中，把永磁体插入线圈时，线圈中因有感应电流流过，会产生磁场，也相当于一个磁体。由楞次定律可知，线圈的上端为 N 极，与永磁体的 N 极相对。这样，插入永磁体时外力必须克服相同磁极的排斥力来做功，这个过程伴随着机械能转化为感应电流的焦耳热。

在实验分析时，有时需要判断感应电流的机械效果而对具体感应电流的方向不作要求，则采用楞次定律的第二种表述分析问题更为简便。如图 13-2 所示，导体棒 ab 和 cd 在匀强磁场中，并可在两根光滑平行金属导轨上自由滑动。当 ab 向右滑动时 cd 如何移动？采用楞次定律的第二种表述来分析这个过程较为简单。因为引起闭合回路感应电流的原因是 ab 相对于 cd 有向右的相对运动，所以感应电流的效果是反抗 ab 相对于 cd 的运动。即可判断出当 ab 向右滑动时，cd 也向右移动。显然这种分析方法无需分析感应电流的方向和导体棒 cd 所受安培力的方向，是比较方便的。

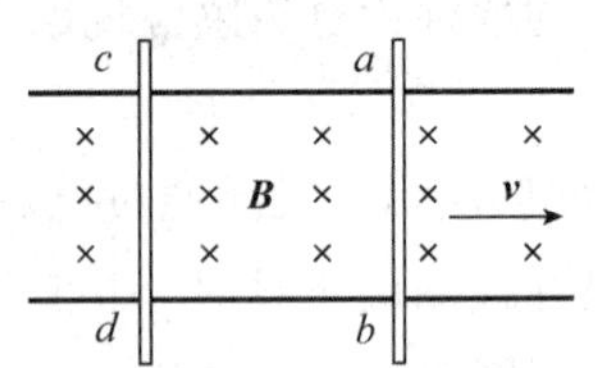

图 13-2　楞次定律的应用

3. 法拉第电磁感应定律

从 1822 年到 1831 年，法拉第对电磁感应现象进行定量研究，经过一次次的失败和挫折，他最终给出了感应电动势与磁通量变化的定量关系，即法拉第电磁感应定律，可表述为：当穿过闭合回路所围成面积的磁通量发生变化时，不论这种变化是什么原因引起的，回路中都有感应电动势产生，并且感应电动势与磁通量对时间变化率的负值成正比，即

$$\varepsilon_{\mathrm{i}} = -\frac{\mathrm{d}\Phi}{\mathrm{d}t} \tag{13-1}$$

式(13-1)中 Φ 是穿过回路所围成面积的磁通量。如果回路由 N 匝线圈组成，且穿过每匝线圈的磁通量都为 Φ，那么通过 N 匝线圈的磁通量为 $\Psi = N\Phi$，Ψ 称为磁链，则由 N 匝线圈组成的回路所产生的感应电动势为

$$\varepsilon_{\mathrm{i}} = -N\frac{\mathrm{d}\Phi}{\mathrm{d}t} = -\frac{\mathrm{d}(N\Phi)}{\mathrm{d}t} = -\frac{\mathrm{d}\Psi}{\mathrm{d}t} \tag{13-2}$$

感应电动势的方向可以由楞次定律直接判断，也可以通过式(13-1)来判定。同时，法拉第还概括了产生电磁感应的五种情况：变化的电流，变化的磁场，运动的恒定电流，运动

的磁铁，在磁场中运动的导体。也就是说不论用什么方法，只要通过闭合回路的磁通量发生变化，闭合回路中就有电流产生。电磁感应现象作为电磁学中的重大发现之一，不仅揭示了电与磁的相互转化与联系，推动了电磁学的发展，而且为电子技术和电工学等的发展奠定了基础。下面介绍如何利用法拉第电磁感应定律来判定感应电动势的方向。

首先，规定回路的绕行正方向，右手四指按选定的回路正方向弯曲，拇指伸直的指向就是回路所包围面积的法线方向，用 $\boldsymbol{n}$ 表示，如图 13-3 所示，则磁通量 Φ 、磁通量变化率 $\frac{\mathrm{d}\Phi}{\mathrm{d}t}$ 和感应电动势 ε_{i} 的正负均可确定。例如，磁场方向与 $\boldsymbol{n}$ 方向相同即磁通量为正值，此时若磁通量增加，则 $\frac{\mathrm{d}\Phi}{\mathrm{d}t} > 0$，$\varepsilon_{\mathrm{i}} < 0$，表明感应电动势 ε_{i} 的方向与规定的正绕向相反；若此时磁通量减少，则 $\frac{\mathrm{d}\Phi}{\mathrm{d}t} < 0$，$\varepsilon_{\mathrm{i}} > 0$，表明感应电动势 ε_{i} 的方向与规定的正绕向相同。

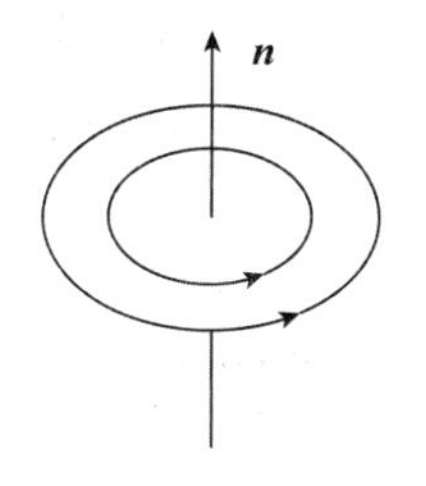

图 13-3　电磁感应

对于只有电阻 R 的回路，感应电流为

$$I_{\mathrm{i}} = \frac{\varepsilon_{\mathrm{i}}}{R} = -\frac{1}{R} \cdot \frac{\mathrm{d}\Phi}{\mathrm{d}t} \tag{13-3}$$

13.2　动生电动势及其计算

1. 动生电动势

法拉第电磁感应定律表明，不论什么原因，只要穿过回路面积的磁通量发生了变化，回路中就有感应电动势产生。而磁通量发生变化的原因可分为两种，一种是当磁场不随时间变化，回路或其中一部分在磁场中有相对磁场的运动，就有磁通量的变化，这样产生的感应电动势称为动生电动势。

如图 13-4 所示，在匀强磁场 $\boldsymbol{B}$ 中有一固定的 U 形导线框，上面挂一长度为 L 的活动导线，当导线以与 $\boldsymbol{B}$ 垂直的速度 $\boldsymbol{v}$ 向右平移 x 的距离时，通过回路所包围面积的磁通量为 $\Phi = BS = BLx$ 。由于导线的移动，使得 x 发生变化，磁通量随之发生变化，于是回路动生电动势大小为

$$\varepsilon = \frac{\mathrm{d}\Phi}{\mathrm{d}t} = BL\frac{\mathrm{d}x}{\mathrm{d}t} = BLv \tag{13-4}$$

由楞次定律可判断，该电动势的方向为 a 指向 b。

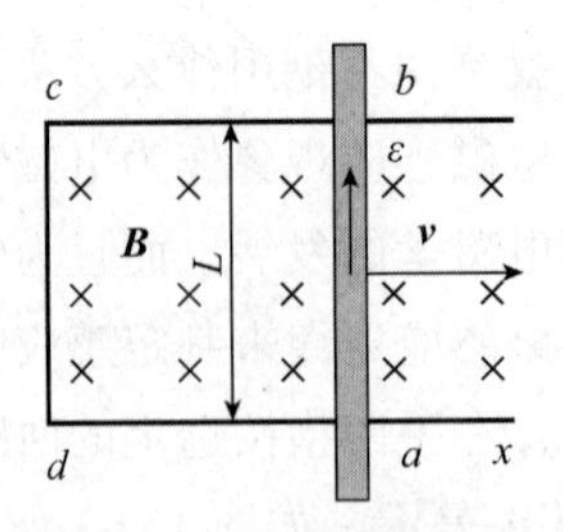

图 13-4 动生电动势

2. 动生电动势的计算

动生电动势的产生是由作用在运动电荷上的磁场力引起的，可以用洛伦兹力来解释。当导体以速度 $\boldsymbol{v}$ 向右移动时，导体中的自由电子也以速度 $\boldsymbol{v}$ 随之向右移动。自由电子受到的洛伦兹力为

$$\boldsymbol{f}=(-e)\boldsymbol{v}\times\boldsymbol{B} \tag{13-5}$$

$\boldsymbol{f}$ 的方向为由 b 指向 a，如图 13-5 所示。在洛伦兹力作用下，自由电子向下定向移动，在回路 $abcd$ 中产生逆时针方向的电流。

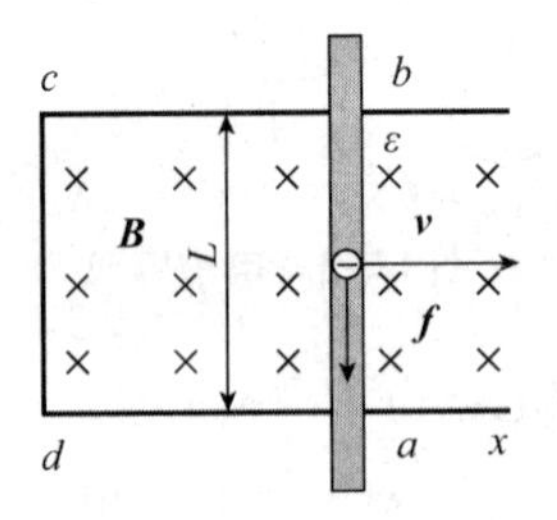

图 13-5 自由电子受洛伦兹力作用

如果导轨是绝缘体，则洛伦兹力使自由电子在 a 端积累，使 a 端带负电而 b 端带正电，在导体 ab 上产生自上而下的静电场。静电场对自由电子的作用力与其所受洛伦兹力方向相反。当自由电子所受静电力与洛伦兹力达到平衡时，导体 ab 间的电势差达到稳定值。由此可见，运动的导体棒相当于一个电源，它的非静电力就是洛伦兹力。

电动势的定义为将单位正电荷从负极通过电源内部移动到正极过程中非静电力所做的功。在动生电动势的情形中，非静电力 $\boldsymbol{E}_{\mathrm{k}}$ 是洛伦兹力，即

$$\boldsymbol{E}_{\mathrm{k}}=\frac{\boldsymbol{f}}{-e}=\boldsymbol{v}\times\boldsymbol{B} \tag{13-6}$$

所以动生电动势的一般表达式为

$$\varepsilon=\int_L \boldsymbol{E}_{\mathrm{k}}\cdot \mathrm{d}\boldsymbol{l}=\int_L(\boldsymbol{v}\times\boldsymbol{B})\cdot\mathrm{d}\boldsymbol{l} \tag{13-7}$$

如果导体是直导线、匀强磁场、导线垂直磁场平行平移的特殊情况，动生电动势的表达式为式(13-4)的形式。

动生电动势只存在于运动的导体上，但并非在磁场中运动的导体都能产生动生电动势。由式(13-7)可知，当 $\boldsymbol{v}/\!/\boldsymbol{B}$ 或 $(\boldsymbol{v}\times\boldsymbol{B})\perp\mathrm{d}\boldsymbol{l}$ 时，该处运动的导体内将不产生动生电动势。只

有当导体切割磁感线时，在导体中才产生动生电动势。

例 13-1　如图 13-6 所示，一根长度为 L 的铜棒 ab，在磁感应强度为 $\boldsymbol{B}$ 的匀强磁场中，以角速度 ω 在与磁场方向垂直的平面上绕端点 a 作匀速转动。试求在铜棒中产生的感应电动势和铜棒两端的电势差 U_{ab}。

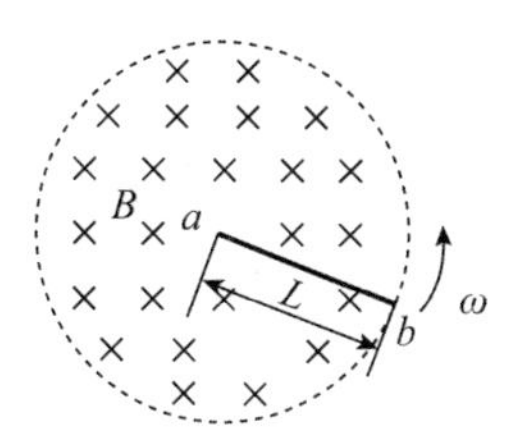

图 13-6　例 13-1 图

解　在 ab 上选取 $\mathrm{d}l$ 距轴为 l，正方向为由 a 到 b，其速度 $\boldsymbol{v}$ 与 $\boldsymbol{B}$ 垂直且 $(\boldsymbol{v}\times\boldsymbol{B})$ 与 $\mathrm{d}\boldsymbol{l}$ 方向相反，故由动生电动势公式得

$$\varepsilon = \int_a^b (\boldsymbol{v}\times\boldsymbol{B})\cdot \mathrm{d}\boldsymbol{l} = -\int_0^L vB\mathrm{d}l$$
$$= -\int_0^L \omega Bl\mathrm{d}l = -\frac{1}{2}\omega BL^2$$

方向由 b 指向 a，即 a 点电势比 b 点电势高。

ab 两点电势差为

$$U_{ab} = -\varepsilon = \frac{1}{2}\omega BL^2$$

13.3　感生电动势　感生电场

1. 感生电动势

前面介绍了动生电动势的产生过程，是由于磁场不动，回路或其中一部分在磁场中有相对磁场运动而产生的电动势。如果回路不动，磁场随时间变化，那么通过回路的磁通量也会发生变化，从而产生的感应电动势称为感生电动势。显然，由于回路不发生运动，所以这时产生电动势的非静电力不再是洛伦兹力。那么，它应该是什么样的力呢？麦克斯韦在分析电磁感应现象的基础上首先提出假设：一个变化的磁场会在它的周围空间激发一个新的电场，这种电场称为感生电场或涡旋电场，用 $\boldsymbol{E}_{\mathrm{r}}$ 表示。

2. 感生电场

实验表明：感生电动势的产生与导体的材质、性质无关。因此，麦克斯韦将法拉第电磁感应定律的适用范围推广到非导体回路，甚至可以是任意假想回路的情况。他指出：不管空间(真空或介质)有无导体回路存在，变化的磁场总是要在空间激发感生电场。

下面来讨论感生电场的性质。设在变化的磁场中有一闭合回路，按照麦克斯韦的假设，由变化的磁场产生感生电场，根据电动势的定义，有

$$\varepsilon = \oint_L \boldsymbol{E}_{\mathrm{r}} \cdot \mathrm{d}\boldsymbol{l} \tag{13-8}$$

于是有

$$\oint_L \boldsymbol{E}_{\mathrm{r}} \cdot \mathrm{d}\boldsymbol{l} = -\frac{\mathrm{d}\Phi}{\mathrm{d}t} = -\frac{\mathrm{d}}{\mathrm{d}t}\int_S \boldsymbol{B} \cdot \mathrm{d}\boldsymbol{S} \tag{13-9}$$

或

$$\oint_L \boldsymbol{E}_{\mathrm{r}} \cdot \mathrm{d}\boldsymbol{l} = -\int_S \frac{\partial \boldsymbol{B}}{\partial t} \cdot \mathrm{d}\boldsymbol{S} \tag{13-10}$$

其中，$\frac{\partial \boldsymbol{B}}{\partial t}$ 为磁场 $\boldsymbol{B}$ 对时间的变化率，这里为偏导数形式是因为 $\boldsymbol{B}$ 还可能随空间而变化。

式(13-10)表明，感生电场沿任意闭合回路的线积分，等于穿过该回路磁通量对时间变化率的负值。将式(13-10)与静电场的环路定理 $\oint_L \boldsymbol{E} \cdot \mathrm{d}\boldsymbol{l} = 0$ 相比较，可以看出：静电场的电场强度沿任意闭合回路的线积分等于零，故称静电场是保守力场；而感生电场是涡旋电场。另外静电场是静止电荷激发的，它的电场线始于正电荷，止于负电荷；而感生电场是由变化的磁场所激发的，与电荷的存在与否无关，它的电场线是闭合曲线。两者的共同之处是对场中的电荷都有力的作用。

例 13-2 一半径为 R 的长直载流螺线管，其横截面如图 13-7 所示。内有垂直于纸面向里的匀强磁场 $\boldsymbol{B}$，且 $\boldsymbol{B}$ 以 $\frac{\partial \boldsymbol{B}}{\partial t}$ 的变化率增强，求螺线管内外感生电场的分布。

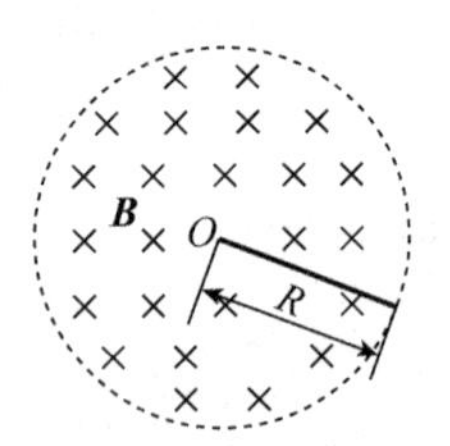

图 13-7 例 13-2 图

解 由于空间存在变化的磁场，因此空间各点将激发感生电场。设空间一点距螺线管中心 O 的距离为 r，分情况讨论。

当 $r < R$ 时，有

$$\oint_L \boldsymbol{E}_{\mathrm{r}} \cdot \mathrm{d}\boldsymbol{l} = -\int_S \frac{\partial \boldsymbol{B}}{\partial t} \cdot \mathrm{d}\boldsymbol{S}$$

$$E_{\mathrm{r}} \cdot 2\pi r = -\frac{\partial B}{\partial t}\pi r^2$$

$$E_{\mathrm{r}} = -\frac{r}{2} \cdot \frac{\partial B}{\partial t}$$

当 $r = R$ 时，有

$$E_{\mathrm{r}} = -\frac{R}{2} \cdot \frac{\partial B}{\partial t}$$

当 $r > R$ 时，有

$$\oint_L \boldsymbol{E}_{\mathrm{r}} \cdot \mathrm{d}\boldsymbol{l} = -\int_S \frac{\partial \boldsymbol{B}}{\partial t} \cdot \mathrm{d}\boldsymbol{S}$$

$$E_{\mathrm{r}} \cdot 2\pi r = -\frac{\partial B}{\partial t}\pi R^2$$

$$E_{\mathrm{r}} = -\frac{R^2}{2r} \cdot \frac{\partial B}{\partial t}$$

综上，感生电场的电场强度 E_{r} 与半径 r 的关系曲线如图 13-8 所示。

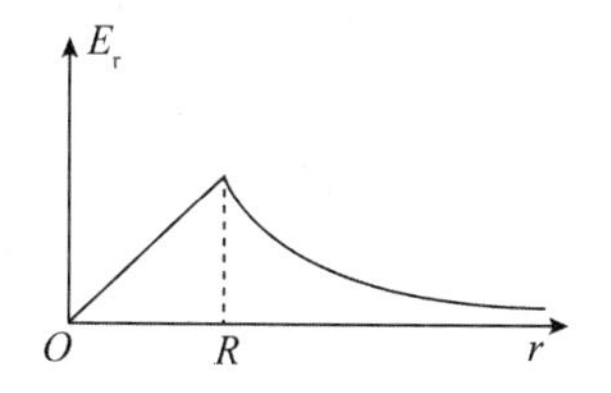

图 13-8　E_{r} 与 r 的关系曲线

13.4　自感与互感

1. 自感现象　自感

电流流过线圈时，其磁感线将穿过线圈本身，因而给线圈提供了磁通量。如果电流随时间变化，线圈中就会因磁通量变化而产生感生电动势，这种现象叫自感现象。自感现象可以通过下面的实验来演示。

在图 13-9(a)中，A_1、A_2 是两个相同的小灯泡，L 是带铁芯的多匝线圈(即电感)，R 是电阻，其阻值与 L 的阻值相等 。当开关 K 闭合时，灯泡 A_1 立即亮而灯泡 A_2 是逐渐变亮，最终两灯泡亮度相同。这是因为开关 K 闭合时，电感 L 上的电流从无到有，电流增大，产生的自感电动势阻碍电流的增大，其电流的增大变得迟缓。

而在图 13-9(b)中，开关 K 断开时，灯泡 A 不会立即熄灭，而是慢慢熄灭。这是因为开关 K 断开时，电感 L 与电源脱离，电感 L 上的电流从有到无，电流减小，产生的自感电动势阻碍电流的减小，电流慢慢减小为零。电感 L 与灯泡构成闭合回路，电感 L 充当电源，提供的电流逐渐减小为零，灯泡亮度逐渐降低，直至熄灭。

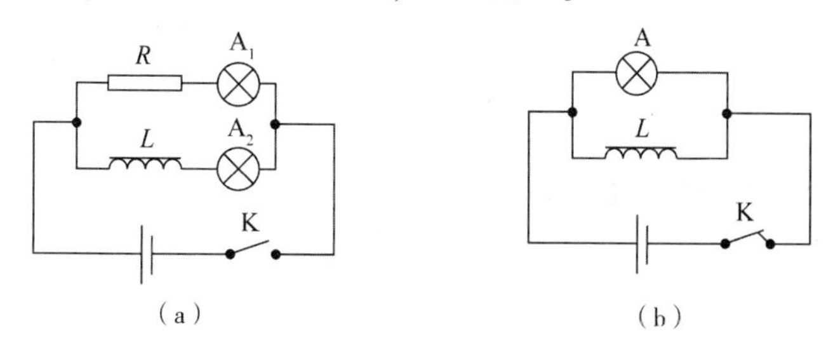

图 13-9　自感现象

(a)电流增大时；(b)电流减小时

不同线圈产生自感现象的能力是不同的。对于一个密绕的 N 匝线圈，每一匝都可以近似看成一条闭合曲线。线圈中电流激发的穿过每匝的磁通量近似相等，叫作自感磁通，记作 $\Phi_{自}$。因此，整个线圈可以看作 N 匝线圈的串联。令 $\Psi_{自}=N\Phi_{自}$，称为线圈的自感磁链，则自感电动势可表示为

$$\varepsilon_{自}=-N\frac{\mathrm{d}\Phi_{自}}{\mathrm{d}t}=-\frac{\mathrm{d}(N\Phi_{自})}{\mathrm{d}t}=-\frac{\mathrm{d}\Psi_{自}}{\mathrm{d}t} \tag{13-11}$$

根据毕奥-萨伐尔定律，电流在空间激发的磁感应强度 $\boldsymbol{B}$ 的大小与电流 I 成正比(有铁芯的线圈除外)，而对同一个线圈，$\Phi_{自}$与 B 成正比，故 $\Psi_{自}$与电流 I 成正比，即

$$\Psi_{自}=LI$$

比例系数 L 叫作线圈的自感系数，简称自感，单位为亨利(H)，还有较小的单位毫亨(mH)和微亨(μH)，它只与线圈本身形状、大小及介质的磁导率有关。式(13-11)即为

$$\varepsilon_{自}=-L\frac{\mathrm{d}I}{\mathrm{d}t} \tag{13-12}$$

式(13-12)规定：$\varepsilon_{自}$的正方向与 I 的正方向相同，$\varepsilon_{自}$与 $\Phi_{自}$成右手螺旋关系。

自感现象在电工、电子技术中有广泛的应用。在电工技术中的日光灯镇流器，在电工、无线电技术中具有通直隔交作用的扼流圈等都是自感的具体应用。再如，在电焊机中，通过调节磁通和串联自感的自感量，从而实现电焊机的特殊功能。自感也有其危害，在供电系统中，由于电路中存在自感现象，当切断含有电感元件的大电流的电路时，开关触头处会出现强烈的电弧，容易危及设备和人身安全，为避免事故，必须使用带灭弧结构的特殊开关，如油开关。再如在无轨电车行驶的过程中，如遇路面不平，车顶的受电弓有时会在短时间脱离电网，使电路突然断开，此时，由于自感产生的自感电动势，会在电网和受电弓之间形成较高的电压，该电压常大到使空气隙击穿而导电，导致在空气隙产生电弧，对电网有破坏作用。

例 13-3 有一长直螺线管，长度为 l，横截面积为 S，线圈的总匝数为 N，管中介质的磁导率为 μ，试求其自感系数。

解 对于长直螺线管，当有电流 I 通过时，可以把管内的磁场看作是均匀的，其磁感应强度的大小为

$$B=\mu\frac{N}{l}I$$

$\boldsymbol{B}$ 的方向与螺线管的轴线平行。因此，穿过螺线管每一匝数的磁通量都为

$$\Phi=BS=\mu\frac{N}{l}IS$$

穿过螺线管所有线圈的总磁通量为

$$\Psi=N\Phi=\mu\frac{N^2}{l}IS$$

又 $\Psi=LI$，可得

$$L=\frac{\Psi}{I}=\mu\frac{N^2}{l}S$$

设螺线管单位长度上线圈的匝数为 n，螺线管的体积为 V，有

$$n=\frac{N}{l},\ V=lS$$

代入前式，得

$$L=\mu n^2V$$

由此可见，螺线管的自感系数 L 与它的体积 V、单位长度上线圈匝数 n 的二次方和管内介质的磁导率成正比。为了得到自感系数较大的螺线管，通常采用较细的导线制成绕组，以增加单位长度上的线圈匝数；还可以在螺线管内充以磁导率大的磁介质以增加自感系数。

2. 互感现象　互感

如图13-10所示，两个相邻的线圈A和线圈B分别通有电流 I_1 和 I_2。当其中一个线圈的电流发生变化时，在另一个线圈中会产生感生电动势。这种因两个载流线圈中电流变化而相互在对方线圈中激发感应电动势的现象叫互感现象。

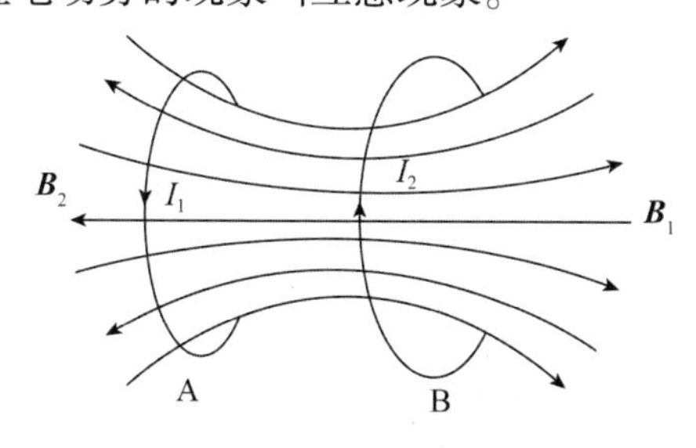

图13-10　互感现象

当两线圈的形状、相互位置保持不变时，根据毕奥-萨伐尔定律，由电流 I_1 在空间各点产生的磁感应强度 $\boldsymbol{B}_1$ 均与 I_1 成正比，因而其穿过另一线圈B的磁链 Ψ_{21} 也与电流 I_1 成正比，即

$$\Psi_{21}=M_{21}I_1$$

同理

$$\Psi_{12}=M_{12}I_2$$

式中，M_{21} 和 M_{12} 是两个比例系数。可以证明 $M_{21}=M_{12}$，故用 M 表示，称为两线圈的互感系数，简称互感。根据法拉第电磁感应定律，电流 I_1 的变化在线圈B中产生的互感电动势为

$$\varepsilon_{21}=-M\frac{\mathrm{d}I_1}{\mathrm{d}t} \tag{13-13}$$

同理，电流 I_2 的变化在线圈A中产生的互感电动势为

$$\varepsilon_{12}=-M\frac{\mathrm{d}I_2}{\mathrm{d}t} \tag{13-14}$$

互感系数的单位与自感系数相同，互感系数不易计算，一般常用实验测定。

互感现象被广泛应用于无线电技术和电磁测量中。通过互感线圈能够使能量或信号由一个线圈传递到另外一个线圈。各种电源变压器、中周变压器、输入输出变压器、电压互感器、电流互感器等都是利用互感的原理制成的。但在电力工程和电子电路中，互感有时也会影响电路的正常工作，甚至烧毁电路。此时，应设法减小电路间的互感。

13.5 磁场能量

1. 磁场的能量

一个自感为 L 与一个电阻为 R 所组成的 LR 电路，在阶跃电压作用下，电感的存在将使电路中的电流不会瞬间突变，将逐渐趋于恒定状态，这个过程称为暂态过程。

如图 13-11 所示的电路，当开关 K 拨向 1 时，一个从 0 到 ε 的阶跃电压作用在 LR 电路上；由于自感的作用，在电流增加的过程中将出现自感电动势 $\varepsilon_{自}=-L\dfrac{\mathrm{d}I}{\mathrm{d}t}$，它与电源的电动势 ε 共同决定电路中的电流大小。根据欧姆定律，有

$$\varepsilon-L\frac{\mathrm{d}I}{\mathrm{d}t}=RI \tag{13-15}$$

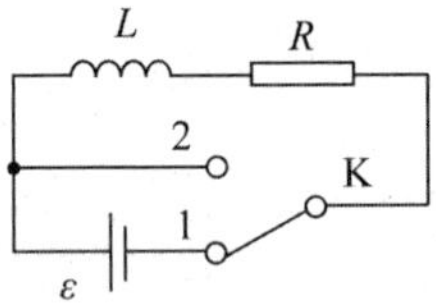

图 13-11　暂态过程

将式(13-15)对电流增长过程进行积分，设 $t=0$ 时 $I=0$，而任意时刻 t 的电流为 I，则有

$$\int_0^t I\varepsilon\mathrm{d}t=\int_0^t IL\frac{\mathrm{d}I}{\mathrm{d}t}\mathrm{d}t+\int_0^t I^2R\mathrm{d}t$$

这个结果表示电流增长过程中的能量转换关系：电源对回路输入的能量，一部分储存在自感线圈之中，一部分转化为焦耳热输出到外界。把储存在自感线圈中的能量积分出来，即

$$W_{\mathrm{m}}=\int_0^t IL\frac{\mathrm{d}I}{\mathrm{d}t}\mathrm{d}t=\int_0^I LI\mathrm{d}I=\frac{1}{2}LI^2 \tag{13-16}$$

当开关 K 拨向 2 时，电路中所出现感应电流的能量在数值上仍是 $\dfrac{1}{2}LI^2$，因此说明能量是由于磁场的消失而转换来的。当 $I=I_0$ 时，磁场能量(简称磁能)为

$$W_{\mathrm{m}}=\frac{1}{2}LI_0^2 \tag{13-17}$$

式中，L 的单位为 H；I_0 的单位为 A；W_{m} 的单位为 J。

2. 能量密度

前面介绍，对于长直螺线管 $L=\mu n^2V$，而长直螺线管内 $H=nI$，$B=\mu nI$，故

$$W_{\mathrm{m}}=\frac{1}{2}LI^2=\frac{1}{2}\mu n^2V\left(\frac{B}{\mu n}\right)^2=\frac{B^2}{2\mu}V \tag{13-18}$$

这表明磁场能量与螺线管的体积，即与磁场所填充的空间成正比，且意味着能量确实是存在于磁场空间中的。螺线管的磁场是匀强磁场，故磁场能量也应是均匀分布的，所以磁场能量密度(简称磁能密度)为

$$w_m = \frac{W_m}{V} = \frac{B^2}{2\mu} \tag{13-19}$$

式(13-19)即为磁场能量密度的公式，此式虽由螺线管特例给出，但适用于一般情况。它也可以改写为其他形式，即

$$w_m = \frac{B^2}{2\mu} = \frac{1}{2}BH = \frac{1}{2}\mu H^2 \tag{13-20}$$

根据已知条件的不同，可以使用式(13-20)的不同形式。

利用磁场能量密度可以计算一般非匀强磁场的能量。在非匀强磁场中取一体积元 $\mathrm{d}V$，在 $\mathrm{d}V$ 内，介质和磁场都可以看作是均匀的，所以磁场能量密度也可以看作是均匀的。若介质的磁导率为 μ，磁感应强度为 B，则由磁场能量密度公式，即可求出体积元内的磁场能量密度 w_m，进而求出体积元内的磁场能量为

$$\mathrm{d}W_m = w_m \mathrm{d}V = \frac{B^2}{2\mu}\mathrm{d}V$$

而空间中某一体积 V 中的磁场能量为

$$W_m = \int_V \mathrm{d}W_m = \int_V w_m \mathrm{d}V = \int_V \frac{B^2}{2\mu}\mathrm{d}V \tag{13-21}$$

例 13-4　设有一电缆，由两个无限长的同轴的圆柱状导体所构成，内、外圆筒之间充满磁导率为 μ 的磁介质，内圆筒和外圆筒上的电流方向相反，而电流大小 I 相等。设内、外圆筒横截面的半径分别为 R_1 和 R_2，如图 13-12 所示。试计算：(1) 长度为 l 的一段电缆内的磁能；(2) 该段电缆的自感系数为多少？

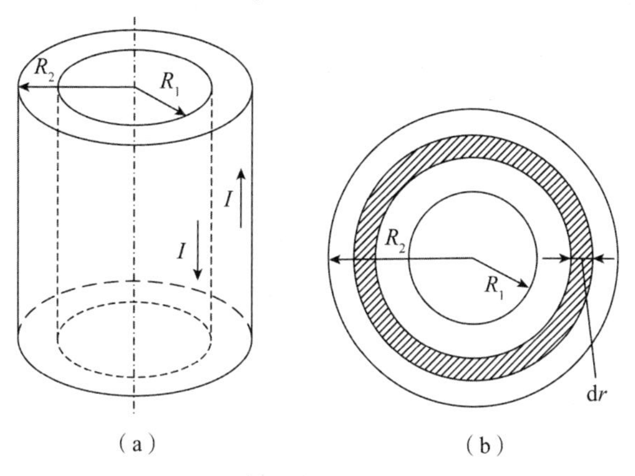

图 13-12　例 13-4 图

解　(1) 已知同轴电缆的磁场全部集中在内、外圆筒之间，根据安培环路定理可得，在离开轴线的距离为 $r(R_1 < r < R_2)$ 处的磁感应强度为

$$B = \frac{\mu}{2\pi}\frac{I}{r}$$

可得内、外圆筒之间各点处的磁能密度为

$$w_m = \frac{1}{2}\frac{B^2}{\mu} = \frac{1}{2\mu}\left(\frac{\mu I}{2\pi r}\right)^2 = \frac{\mu I^2}{8\pi^2 r^2}$$

在半径为 r 与 $r + \mathrm{d}r$，长为 l 的两个圆柱面所组成的体积元 $\mathrm{d}V$ 内，磁能为

$$\mathrm{d}W_{\mathrm{m}} = w_{\mathrm{m}}\mathrm{d}V = \frac{\mu I^2}{8\pi^2 r^2}2\pi l r\mathrm{d}r = \frac{\mu I^2 l}{4\pi} \cdot \frac{\mathrm{d}r}{r}$$

对上式积分，可得内、外圆筒之间的磁场内储存的总磁能为

$$W_{\mathrm{m}} = \int_V w_{\mathrm{m}}\mathrm{d}V = \frac{\mu I^2 l}{4\pi}\int_{R_1}^{R_2}\frac{\mathrm{d}r}{r} = \frac{\mu I^2 l}{4\pi}\ln\frac{R_2}{R_1}$$

(2)由于磁能也可用 $W_{\mathrm{m}} = \frac{1}{2}LI^2$ 计算，将此式与上面结果相比可得

$$L = \frac{\mu l}{2\pi}\ln\frac{R_2}{R_1}$$

13.6 位移电流 麦克斯韦方程组

1. 位移电流 全电流安培环路定理

麦克斯韦的“感生电场”假说指出：变化的磁场能够在周围空间产生涡旋电场。那么，根据对称性，变化的电场能否在周围空间产生磁场呢？在不包含电容的回路中，接通电路，传导电流是连续的，这样的电路我们成为稳恒电路，对于稳恒电流的磁场，安培环路定理可写成：

$$\oint_L \boldsymbol{H} \cdot \mathrm{d}\boldsymbol{l} = \sum I_0 = \int_S \boldsymbol{j}_0 \cdot \mathrm{d}\boldsymbol{S} \tag{13-22}$$

式中，$\sum I_0$ 是穿过以闭合回路 L 为边界的任意曲面 S 的传导电流的代数和。

若回路是存在电容器的非稳恒电路，电容器充电和放电的过程为非稳恒状态，这种情况下，传导电流并不连续，此时安培环路定理是否仍然成立？现以图 13-13 所示的电容器充、放电电路为例，具体分析在非稳恒电流情况下安培环路定理是否仍然成立。电容器的充、放电过程显然是一个非恒定过程，导线中的电流是随时间变化的。例如，围绕导线取一闭合回路 L，并以 L 为边界作两个曲面：S_2 与导线相交，S_1 穿过电容器两极板之间，则有

$$\oint_L \boldsymbol{H} \cdot \mathrm{d}\boldsymbol{l} = \int_{S_2} \boldsymbol{j}_0 \cdot \mathrm{d}\boldsymbol{S} = I_0$$

$$\oint_L \boldsymbol{H} \cdot \mathrm{d}\boldsymbol{l} = \int_{S_1} \boldsymbol{j}_0 \cdot \mathrm{d}\boldsymbol{S} = 0$$

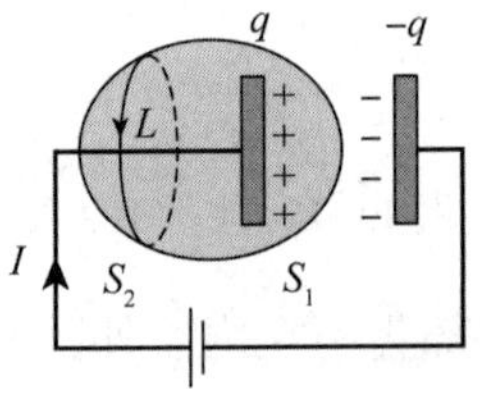

图 13-13 电容器充、放电过程

显然，在同一个回路上磁场环流不同，在理论上是相互矛盾的，在恒定情况下正确的安培环路定理，而在非恒定情况下就不正确了。原因是在电容器放电(或充电)过程中，传导电流在两极板间是不连续的，穿过曲面 S_1 的传导电流为零。但是，应当注意到电容器放电(或充电)时在极板表面引起了自由电荷 q_0 的增加或减少，从而引起两极板间的电场随之变化。一方面，根据电流的连续性原理，有

$$\oint_S \boldsymbol{j}_0 \cdot \mathrm{d}\boldsymbol{S} = -\frac{\mathrm{d}q_0}{\mathrm{d}t} \tag{13-23}$$

其中，S 是由 S_1 和 S_2 构成的闭合曲面，q_0 是在其内的自由电荷。

另一方面，由高斯定理，有

$$\oint_S \boldsymbol{D} \cdot \mathrm{d}\boldsymbol{S} = q_0 \tag{13-24}$$

其中，$\boldsymbol{D}$ 为电容器两极板间的电位移。将式(13-24)两边对时间求导得

$$\frac{\mathrm{d}q_0}{\mathrm{d}t} = \frac{\mathrm{d}}{\mathrm{d}t}\oint_S \boldsymbol{D} \cdot \mathrm{d}\boldsymbol{S} = \oint_S \frac{\partial \boldsymbol{D}}{\partial t} \cdot \mathrm{d}\boldsymbol{S} \tag{13-25}$$

将式(13-25)代入式(13-23)得

$$\oint_S \boldsymbol{j}_0 \cdot \mathrm{d}\boldsymbol{S} = -\oint_S \frac{\partial \boldsymbol{D}}{\partial t} \cdot \mathrm{d}\boldsymbol{S}$$

即

$$\oint_S \left(\boldsymbol{j}_0 + \frac{\partial \boldsymbol{D}}{\partial t}\right) \cdot \mathrm{d}\boldsymbol{S} = 0 \tag{13-26}$$

由于 $\dfrac{\partial \boldsymbol{D}}{\partial t}$ 和 $\boldsymbol{j}_0$ 具有相同的量纲，据此，麦克斯韦创造性地提出一个假说：变化的电场可以等效成一种电流，称为位移电流，并定义

$$\boldsymbol{j}_\mathrm{d} = \frac{\partial \boldsymbol{D}}{\partial t} \tag{13-27}$$

为位移电流密度，即电场中某点的位移电流密度等于该点电位移随时间的变化率。而

$$I_\mathrm{d} = \int_S \boldsymbol{j}_\mathrm{d} \cdot \mathrm{d}\boldsymbol{S} \tag{13-28}$$

为位移电流，即通过电场中某截面的位移电流等于位移电流密度在该截面上的通量。传导电流 $I_0 = \int_S \boldsymbol{j}_0 \cdot \mathrm{d}\boldsymbol{S}$ 与位移电流 $I_\mathrm{d} = \int_S \boldsymbol{j}_\mathrm{d} \cdot \mathrm{d}\boldsymbol{S}$ 合在一起称为全电流 I，即

$$I = \int_S \boldsymbol{j}_0 \cdot \mathrm{d}\boldsymbol{S} + \int_S \frac{\partial \boldsymbol{D}}{\partial t} \cdot \mathrm{d}\boldsymbol{S} = \int_S (\boldsymbol{j}_0 + \boldsymbol{j}_\mathrm{d}) \cdot \mathrm{d}\boldsymbol{S} \tag{13-29}$$

在引进位移电流的概念后，安培环路定理可推广到非恒定情况下也适用的普遍形式。麦克斯韦用全电流 I 来代替式(13-22)右边的传导电流 I_0，得到

$$\oint_L \boldsymbol{H} \cdot \mathrm{d}\boldsymbol{l} = \int_S \boldsymbol{j}_0 \cdot \mathrm{d}\boldsymbol{S} + \int_S \frac{\partial \boldsymbol{D}}{\partial t} \cdot \mathrm{d}\boldsymbol{S} \tag{13-30}$$

或

$$\oint_L \boldsymbol{H} \cdot \mathrm{d}\boldsymbol{l} = \sum (I_0 + I_\mathrm{d}) \tag{13-31}$$

式(13-31)表明，磁场强度 $\boldsymbol{H}$ 沿任意闭合回路 L 的积分，等于穿过以该回路为边界的任意曲面 S 的全电流，这就是麦克斯韦的位移电流假说。

应当指出，位移电流和传导电流在本质上是不同的。传导电流是自由电荷的流动，位移电流是电场对时间的变化率，而不是电荷的流动。同时位移电流通过空间或介质时，不产生焦耳热。位移电流和传导电流的相同之处是它们都能在周围空间激发磁场。麦克斯韦关于位移电流假说的实质是变化的电场将激发磁场。

由此可见，位移电流的引入深刻揭示了电场和磁场的内在联系和依存关系，反映了自然现象的对称性。法拉第电磁感应定律说明变化的磁场能激发涡旋电场，位移电流的论点说明变化的电场能激发涡旋磁场，两种变化的场永远相互联系着，形成统一的电磁场。

2. 麦克斯韦方程组的积分形式

麦克斯韦把电磁现象的普遍规律概括为4个方程，通常称之为麦克斯韦方程组。

(1)通过任意闭合曲面的电位移通量等于该曲面所包围的自由电荷的代数和，即

$$\oint_S \boldsymbol{D} \cdot \mathrm{d}\boldsymbol{S} = \sum q_0$$

(2)电场强度沿任意闭合曲线的线积分等于以该曲线为边界的任意曲面的磁通量对时间变化率的负值，即

$$\oint_L \boldsymbol{E} \cdot \mathrm{d}\boldsymbol{l} = -\int_S \frac{\partial \boldsymbol{B}}{\partial t} \cdot \mathrm{d}\boldsymbol{S}$$

(3)通过任意闭合曲面的磁通量恒等于零，即

$$\oint_S \boldsymbol{B} \cdot \mathrm{d}\boldsymbol{S} = 0$$

(4)磁场强度沿任意闭合曲线的线积分等于穿过以该曲线为边界的曲面的全电流，即

$$\oint_L \boldsymbol{H} \cdot \mathrm{d}\boldsymbol{l} = \int_S \boldsymbol{j}_0 \cdot \mathrm{d}\boldsymbol{S} + \int_S \frac{\partial \boldsymbol{D}}{\partial t} \cdot \mathrm{d}\boldsymbol{S}$$

综上，麦克斯韦方程组的积分形式为

$$\begin{cases} \oint_S \boldsymbol{D} \cdot \mathrm{d}\boldsymbol{S} = \sum q_0 \\ \oint_L \boldsymbol{E} \cdot \mathrm{d}\boldsymbol{l} = -\int_S \frac{\partial \boldsymbol{B}}{\partial t} \cdot \mathrm{d}\boldsymbol{S} \\ \oint_S \boldsymbol{B} \cdot \mathrm{d}\boldsymbol{S} = 0 \\ \oint_L \boldsymbol{H} \cdot \mathrm{d}\boldsymbol{l} = \int_S \boldsymbol{j}_0 \cdot \mathrm{d}\boldsymbol{S} + \int_S \frac{\partial \boldsymbol{D}}{\partial t} \cdot \mathrm{d}\boldsymbol{S} \end{cases} \tag{13-32}$$

对于各向同性的均匀介质，上述方程组还不完备，还需补充3个描述介质性质的方程，其形式为

$$\boldsymbol{D} = \varepsilon_r \varepsilon_0 \boldsymbol{E} \tag{13-33}$$

$$\boldsymbol{B} = \mu_r \mu_0 \boldsymbol{H} \tag{13-34}$$

$$\boldsymbol{j}_0 = \sigma \boldsymbol{E} \tag{13-35}$$

从麦克斯韦方程组可以看出，在相对稳定的情况下，即只存在电荷和恒定电流时，麦克斯韦方程组表现为静电场和恒定磁场所遵从的规律。这时，电场和磁场都是静态的，它们之间没有联系。而在运动的情况下，即当电荷在运动，电流也在变化时，麦克斯韦方程组描述了变化着的电场和磁场之间的紧密关系。变化的电场要激发一个涡旋磁场，变化的磁场又会激发一个涡旋电场，电场和磁场就以这种互激的形式在同一空间相互依存并形成一个统一的整体，这才是真正意义上的电磁场。

13.7　电磁波

由麦克斯韦电磁场理论可知，若在空间某区域有变化的电场，则在它邻近的区域就会被激发起变化的磁场，这个变化的磁场又会在较远的区域激发起变化的电场，继而在更远的区域激发起变化的磁场。如此持续下去，变化的电场和磁场相互激发，由近及远以波动的形式传播出去。这种变化的电磁场以有限的速度在空间传播的过程，称为电磁波。麦克斯韦预言光波也是电磁波，光和电磁场在麦克斯韦理论中的统一，使得经典电磁学的发展到达顶峰，成为麦克斯韦最辉煌的成就。自此，电磁学已成为可与牛顿力学并立的完备的科学理论。

1. 平面电磁波的波动方程

根据麦克斯韦方程组可以推导出在无限大的均匀介质中传播的平面电磁波(见图 13-14)的波动微分方程为

$$\frac{\partial^2 E_x}{\partial z^2}=\mu\varepsilon\frac{\partial^2 E_x}{\partial t^2},\quad \frac{\partial^2 H_y}{\partial z^2}=\mu\varepsilon\frac{\partial^2 H_y}{\partial t^2} \tag{13-36}$$

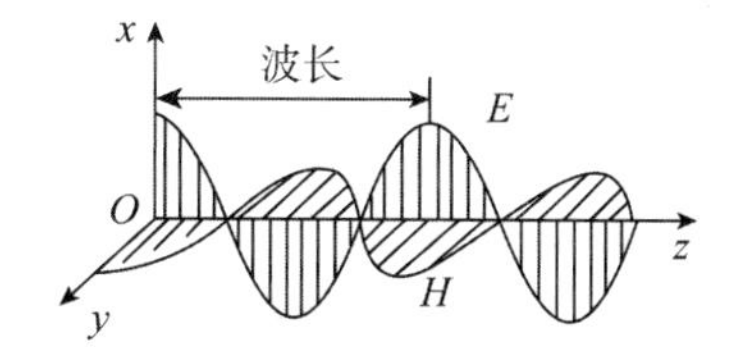

图 13-14　电磁波传播示意图

将此式与平面机械波的波动微分方程

$$\frac{\partial^2 y}{\partial x^2}=\frac{1}{v^2}\frac{\partial^2 y}{\partial t^2}$$

比较可得

$$v=\frac{1}{\sqrt{\mu\varepsilon}} \tag{13-37}$$

式(13-37)为电磁波在各向同性的均匀介质中传播的速度，在真空中，$\varepsilon_0=8.9\times 10^{-12}\ \mathrm{F\cdot m^{-1}}$，$\mu_0=4\pi\times10^{-7}\ \mathrm{H\cdot m^{-1}}$，有

$$v=\frac{1}{\sqrt{\mu_0\varepsilon_0}}=c\approx 3\times10^8\ \mathrm{m\cdot s^{-1}}$$

可见，电磁波在真空中传播的速度约等于光速，因此麦克斯韦预言光波也是电磁波。由微分方程的理论及物理边界条件可求出式(13-36)的解分别为

$$\begin{cases} E=E_x=E_0\cos\left[\omega\left(t-\dfrac{z}{v}\right)\right] \\ H=H_y=H_0\cos\left[\omega\left(t-\dfrac{z}{v}\right)\right] \end{cases} \tag{13-38}$$

式(13-38)称为平面电磁波的波动方程。其中

$$\sqrt{\mu}H_y=\sqrt{\varepsilon}E_x \text{ 或 } \sqrt{\mu}H=\sqrt{\varepsilon}E$$

是平面电磁波电场强度和磁场强度的瞬时关系。

2. 电磁波的性质

1)电磁波是横波

电场强度矢量 $\boldsymbol{E}$ 与磁场强度矢量 $\boldsymbol{H}$ 都垂直于波的传播方向(z 轴)，且分别在各自平面内振动，所以电磁波是横波。

2) $\boldsymbol{E}$ 和 $\boldsymbol{H}$ 同相位

$\boldsymbol{E}$ 和 $\boldsymbol{H}$ 同相位，即同时达到最大值和最小值。因此，在任何时刻和任何地点，$\boldsymbol{E}$、$\boldsymbol{H}$ 和波的传播方向构成一右旋的直角坐标关系，即矢积 $\boldsymbol{E}\times\boldsymbol{H}$ 的方向总是沿着波的传播方向。

3) $\boldsymbol{E}$ 和 $\boldsymbol{H}$ 的幅值成正比

在真空中，任意时刻，空间任意点 $\boldsymbol{E}$ 和 $\boldsymbol{H}$ 的大小，以及振幅 E_0 和 H_0 满足

$$\sqrt{\varepsilon_0}E=\sqrt{\mu_0}H,\ \sqrt{\varepsilon_0}E_0=\sqrt{\mu_0}H_0$$

或

$$E=cB,\ E_0=cB_0$$

式中，$c=\dfrac{1}{\sqrt{\mu_0\varepsilon_0}}\approx 3\times10^8\ \mathrm{m\cdot s^{-1}}$。

【知识应用】

交流发电机原理

如图 13-15 所示，$abcd$ 是面积为 S、匝数为 N 的矩形线框，在匀强磁场 $\boldsymbol{B}$ 中以匀角速度 ω 绕中心轴转动，产生的感应电动势为

$$\varepsilon=-N\frac{\mathrm{d}\Psi}{\mathrm{d}t}=NBS\omega\sin\omega t=\varepsilon_{\mathrm{m}}\sin\omega t$$

式中，$\varepsilon_{\mathrm{m}}=NBS\omega$ 是动生电动势的最大值。显然，增加线圈的匝数 N 或提高转速等都是增大 ε_{m} 的有效方法。

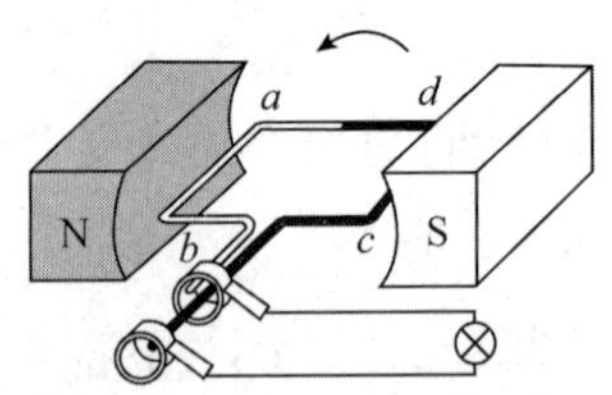

图 13-15 交流发电机原理

上面的结果表明，转动线圈中的感应电动势是随时间变化的，这种随时间按正弦或余弦函数变化的电动势和与其相应的电路中的电流通常称为交流电。普通发电机提供的和通过变压器传输的就是这种交流电。交流电动势和电流的大小及方向都在不断地变化，且变化一周电动势和电流的大小及方向又恢复到开始时的状态，所经历的时间叫作交流电的周期，1 s 内电动势和电流所作完全变化的次数，叫作交流电的频率。美国以及其他南美、北美国家交流电的标准频率是 60 Hz，而中国、欧洲、澳大利亚以及非洲等国家工业生产和日常生活所用交流电的频率是 50 Hz。

【本章小结】

1. 电磁感应定律

(1)电磁感应现象。

(2)楞次定律。

(3)法拉第电磁感应定律

$$\varepsilon_{\mathrm{i}} = -\frac{\mathrm{d}\Phi}{\mathrm{d}t}$$

2. 动生电动势

动生电动势

$$\varepsilon = \int_L \boldsymbol{E}_{\mathrm{k}} \cdot \mathrm{d}\boldsymbol{l} = \int_L (\boldsymbol{v} \times \boldsymbol{B}) \cdot \mathrm{d}\boldsymbol{l}$$

3. 感生电动势

感生电场

$$\oint_L \boldsymbol{E}_{\mathrm{r}} \cdot \mathrm{d}\boldsymbol{l} = -\frac{\mathrm{d}}{\mathrm{d}t}\oint_S \boldsymbol{B} \cdot \mathrm{d}\boldsymbol{S}$$

法拉第电磁感应定律表明，不论什么原因，只要穿过回路面积的磁通量发生了变化，回路中就有感应电动势产生。

4. 自感与互感

(1)自感

$$\varepsilon_{\text{自}} = -L\frac{\mathrm{d}I}{\mathrm{d}t}$$

(2)互感

$$\varepsilon_{21} = -M\frac{\mathrm{d}I_1}{\mathrm{d}t},\ \varepsilon_{12} = -M\frac{\mathrm{d}I_2}{\mathrm{d}t}$$

5. 磁场能量

(1)磁场能量

$$W_{\mathrm{m}} = \frac{1}{2}LI^2$$

(2)磁场能量密度

$$w_{\mathrm{m}} = \frac{W_{\mathrm{m}}}{V} = \frac{B^2}{2\mu}\ (\text{对于长直螺线管})$$

6. 位移电流　麦克斯韦方程组

(1)位移电流

$$I_{\mathrm{d}} = \int_S \boldsymbol{j}_{\mathrm{d}} \cdot \mathrm{d}\boldsymbol{S}$$

(2)全电流安培环路定理

$$\oint_L \boldsymbol{H} \cdot \mathrm{d}\boldsymbol{l} = \int_S \boldsymbol{j}_0 \cdot \mathrm{d}\boldsymbol{S} + \int_S \frac{\partial \boldsymbol{D}}{\partial t} \cdot \mathrm{d}\boldsymbol{S}$$

(3)麦克斯韦方程组的积分形式

$$\begin{cases}\oint_S \boldsymbol{D}\cdot d\boldsymbol{S}=\sum q_0\\ \oint_L \boldsymbol{E}\cdot d\boldsymbol{l}=-\int_S \frac{\partial \boldsymbol{B}}{\partial t}\cdot d\boldsymbol{S}\\ \oint_S \boldsymbol{B}\cdot d\boldsymbol{S}=0\\ \oint_L \boldsymbol{H}\cdot d\boldsymbol{l}=\int_S \boldsymbol{j}_0\cdot d\boldsymbol{S}+\int_S \frac{\partial \boldsymbol{D}}{\partial t}\cdot d\boldsymbol{S}\end{cases}$$

7. 电磁波

(1)平面电磁波的波动微分方程

$$\frac{\partial^2 E_x}{\partial z^2}=\mu\varepsilon\frac{\partial^2 E_x}{\partial t^2},\quad \frac{\partial^2 H_y}{\partial z^2}=\mu\varepsilon\frac{\partial^2 H_y}{\partial t^2}$$

(2)电磁波的性质：电磁波是横波；$\boldsymbol{E}$ 和 $\boldsymbol{H}$ 同相位；$\boldsymbol{E}$ 与 $\boldsymbol{H}$ 的幅值成正比。

课后习题

13-1　将磁铁插入非金属的环中时，环内有无感生电动势？有无感生电流？环内发生何种现象？

13-2　如下图所示，判断下列情况下可否产生感应电动势，若产生，其方向如何确定？

(1)图(a)中，在匀强磁场中，线圈从圆形变为椭圆形；

(2)图(b)中，在磁铁产生的磁场中，线圈向右运动；

(3)图(c)中，在磁场中导线段 AB 以过中点并与导线垂直的轴旋转；

(4)图(d)中，导线圆环绕着通过圆环直径长直电流转动(二者绝缘)。

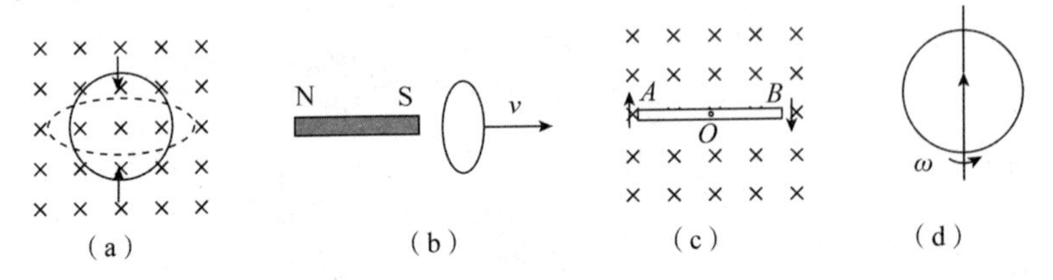

习题 13-2 图

13-3　试比较动生电动势和感生电动势(从定义、非静电力、一般表达式等方面分析)。

13-4　如下图所示，导体棒 AB 在匀强磁场 $\boldsymbol{B}$ 中绕通过 C 点的垂直于棒长且沿磁场方向的轴 OO' 转动(角速度 $\boldsymbol{\omega}$ 与 $\boldsymbol{B}$ 同方向)，BC 的长度为棒长的1/3，则(　　)。

(A) A 点比 B 点电势高　　(B) A 点与 B 点电势相等

(C) A 点比 B 点电势低　　(D)有恒定电流从 A 点流向 B 点

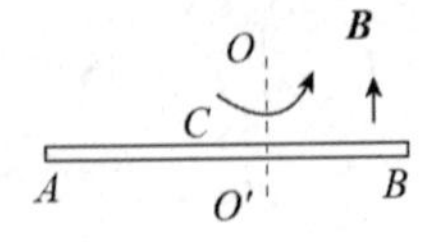

习题 13-4 图

13-5　如下图所示，在圆柱形空间有一磁感应强度为 **B** 的匀强磁场，**B** 的大小以速率 $\frac{dB}{dt}$ 变化，在磁场中有 A、B 两点，其间可放置一直导线和一弯曲的导线，则下列情况说法正确的是(　　)。

(A)电动势只在直导线中产生

(B)电动势只在弯曲的导线中产生

(C)电动势在直导线和弯曲的导线中都产生，且两者大小相等

(D)直导线中的电动势小于弯曲导线中的电动势

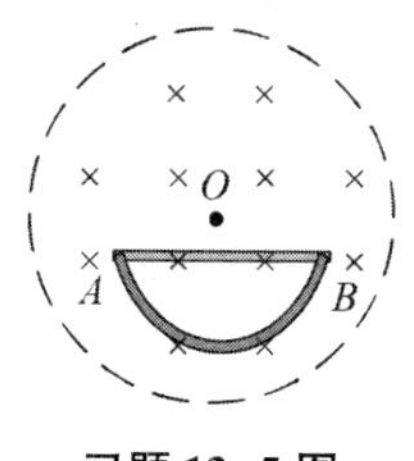

习题 13-5 图

13-6　如下图所示，导线 AB 在匀强磁场中作 4 种运动：(1)垂直于磁场平动；(2)绕固定端 A 垂直于磁场转动；(3)绕其中心点 O 垂直于磁场转动；(4)绕通过中心点 O 的水平轴平行于磁场转动。下列关于导线 AB 的两端产生的感应电动势的结论错误的是(　　)。

(A)(1)有感应电动势，A 端为高电势

(B)(2)有感应电动势，B 端为高电势

(C)(3)无感应电动势

(D)(4)无感应电动势

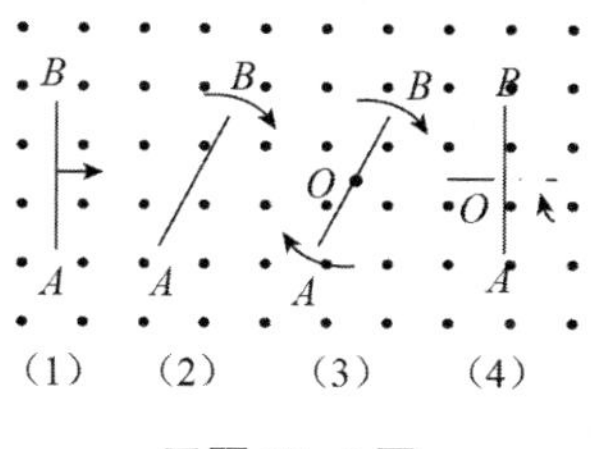

习题 13-6 图

13-7　面积为 S 和 $2S$ 的两圆线圈 1、2，通有相同的电流 I。线圈 1 的电流所产生的通过线圈 2 的磁通量用 Φ_{21} 表示，线圈 2 的电流所产生的通过线圈 1 的磁通量用 Φ_{12} 表示，Φ_{12} 和 Φ_{21} 的大小关系为(　　)。

(A) $\Phi_{21}=2\Phi_{12}$　　　　(B) $\Phi_{21}>\Phi_{12}$

(C) $\Phi_{21}=\Phi_{12}$　　　　(D) $\Phi_{21}=\frac{1}{2}\Phi_{12}$

13-8　如下图所示，一根无限长直导线载有电流 I，一个矩形线圈位于导体平面沿垂直于载流导线方向以恒定速率运动，则(　　)。

(A)线圈中无感应电流

(B)线圈中感应电流为顺时针方向

(C)线圈中感应电流为逆时针方向

(D)线圈中感应电流方向无法确定

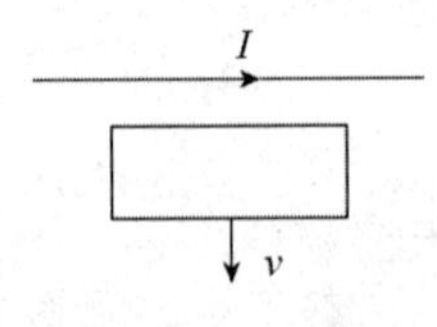

习题 13-8 图

13-9　有两根相距为 d 的无限长平行直导线，它们通以大小相等流向相反的电流，且电流均以 $\frac{dI}{dt}$ 的变化率增长。若有一边长为 d 的正方形线圈与两导线处于同一平面内，如下图所示。求线圈中的感应电动势。

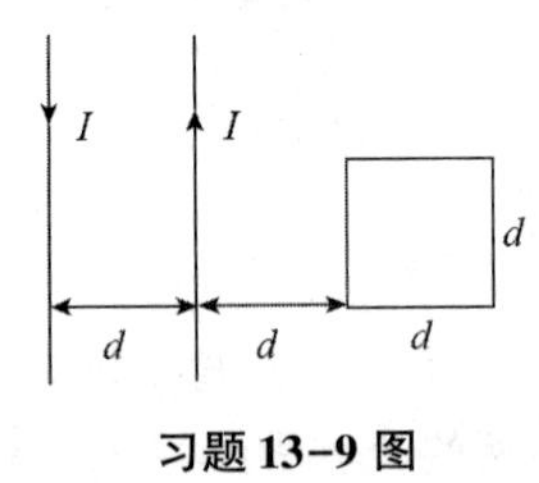

习题 13-9 图

13-10　一铁芯上绕有线圈 100 匝，铁芯中磁通量与时间的关系为 $\Phi = 8.0 \times 10^{-5}\sin 100\pi t$，求在 $t = 1.0 \times 10^{-2}$ s 时，线圈中的感应电动势。

13-11　有一测量磁感应强度的线圈，其截面积 $S = 4.0\ \text{cm}^2$，匝数 $N = 160$，电阻 $R = 50\ \Omega$。线圈与一内阻 $R_i = 30\ \Omega$ 的冲击电流计相连。若开始时，线圈的平面与匀强磁场的磁感应强度 $\boldsymbol{B}$ 相垂直，然后线圈的平面很快地转到与 $\boldsymbol{B}$ 的方向平行。此时从冲击电流计中测得电荷量 $q = 4.0 \times 10^{-5}$ C。问此匀强磁场的磁感应强度 $\boldsymbol{B}$ 的值为多少？

13-12　如下图所示，长为 L 的导体棒 OP，处于匀强磁场中，并绕 OO' 轴以角速度 ω 旋转，棒与转轴间夹角恒为 θ，磁感应强度 $\boldsymbol{B}$ 与转轴平行。求 OP 棒在图示位置处的电动势。

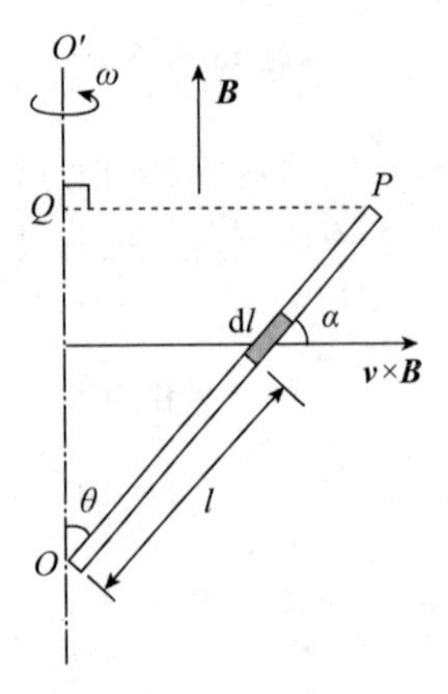

习题 13-12 图

13-13 如下图所示，长直导线通有电流 I，一金属棒 AB 与导线垂直运动，速度为 v，A 端距导线距离为 R_A，B 端距导线距离为 R_B，求金属棒的感应电动势的大小和方向。

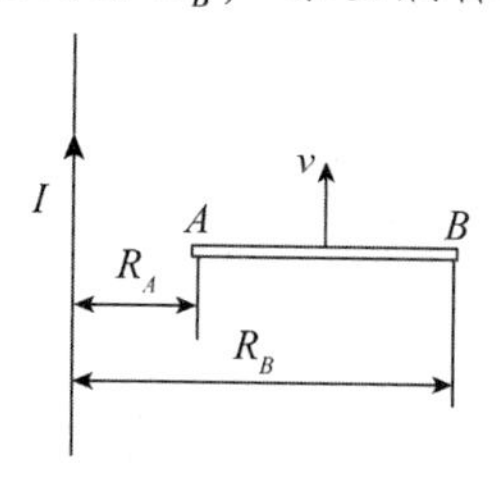

习题 13-13 图

13-14 如下图所示，在载有电流 I 的长直导线附近，放一导体半圆环 MN 与长直导线共面，且端点 MN 的连线与长直导线垂直。半圆环的半径为 R，圆环左侧端点 M 与导线相距 d。设半圆环以速度 v 平行导线平移，求半圆环内感应电动势的大小和方向以及 MN 两端电势的高低。

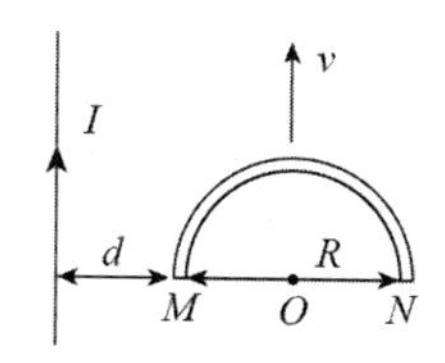

习题 13-14 图

13-15 如下图所示，直导线中通以交流电，置于磁导率为 μ 的介质中，已知：$I = I_0 \sin \omega t$，其中 I_0、ω 是大于零的常量。求与直导线共面的 N 匝矩形线圈回路中的感应电动势。

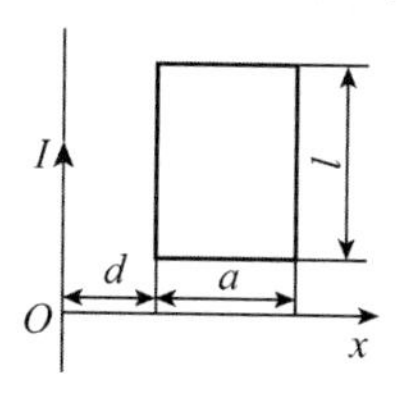

习题 13-15 图

13-16 如下图所示，半径为 R 的无限长直载流密绕螺线管，管内磁场可视为匀强磁场，管外磁场可近似看作零。若通电电流均匀变化，使得磁感应强度 $\boldsymbol{B}$ 随时间的变化率 $\frac{\mathrm{d}B}{\mathrm{d}t}$ 为常量，且为正值，试求管内外由磁场变化激发的感生电场分布。

习题 13-16 图

13-17　如下图所示，螺线管的管心是两个套在一起的同轴圆柱体，其截面积分别为 S_1 和 S_2，磁导率分别为 μ_1 和 μ_2，管长为 l，匝数为 N，求螺线管的自感(设管的截面很小)。

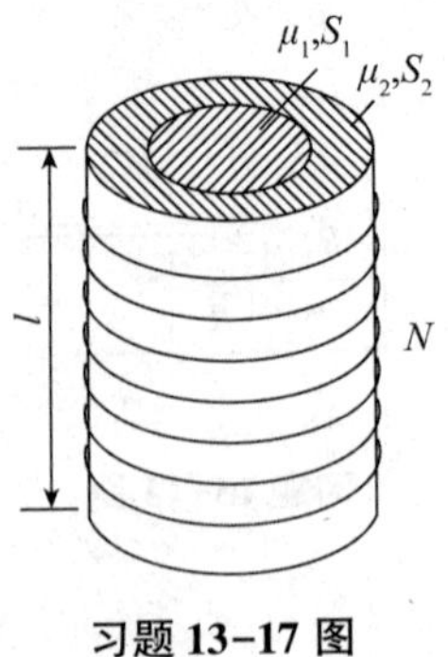

习题 13-17 图

13-18　如下图所示，有两根半径均为 a 的平行长直导线，它们中心距离为 d。试求长为 l 的一对导线的自感(导线内部的磁通量可略去不计)。

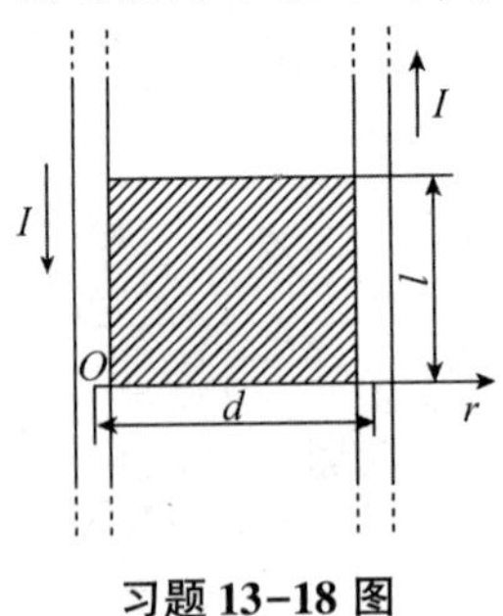

习题 13-18 图

13-19　如下图所示，两同轴单匝线圈 A、C 的半径分别为 R 和 r，两线圈相距为 d。若 r 很小，可认为线圈 A 在线圈 C 处所产生的磁场是均匀的。求两线圈的互感。

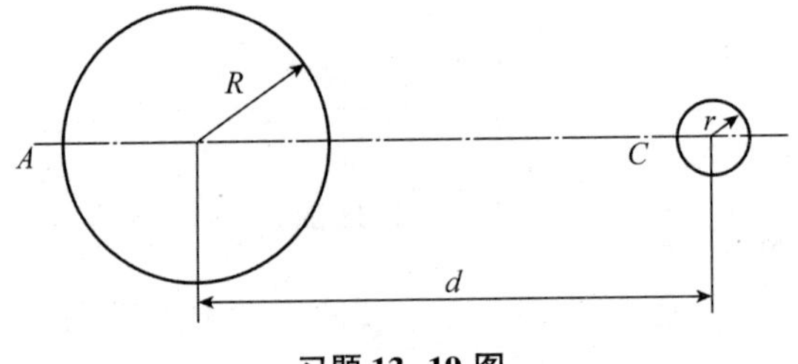

习题 13-19 图

13-20　如下图所示，一长直导线旁，共面放置一长 20 cm，宽 10 cm，共 100 匝的密绕矩形线圈，长直导线与矩形线圈的长边平行且与近边相距 10 cm。求长直导线与矩形线圈的互感。

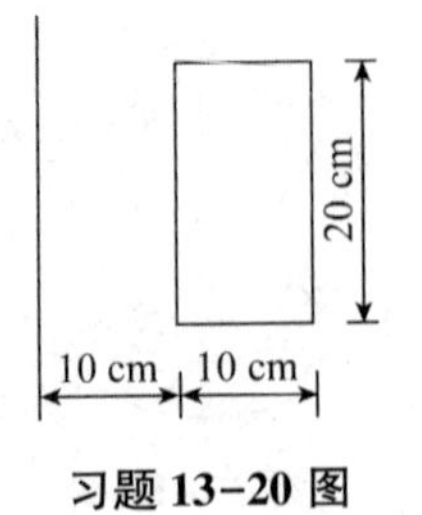

习题 13-20 图

13-21　一截面为长方形的螺绕环，其尺寸如下图所示，共有 N 匝，求此螺绕环的自感。

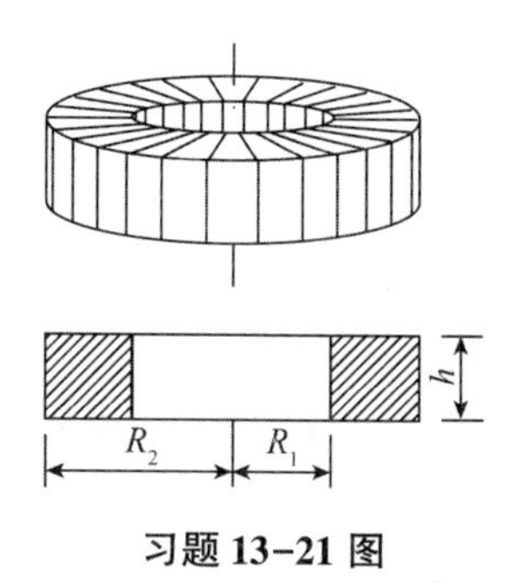

习题 13-21 图

13-22　一个直径为 0.01 m，长为 0.1 m 的长直密绕螺线管，共 1 000 匝线圈，总电阻为 7.76 Ω。求：(1) 如把线圈接到电动势 $E=2.0$ V 的电池上，电流稳定后，线圈中所储存的磁能有多少？磁能密度是多少？(2) 从接通电路时算起，要使线圈储存磁能为最大储存磁能的一半，需经过多少时间？

13-23　未来可能会利用超导线圈中持续大电流建立的磁场来储存能量。要储存 1 kW · h 的能量，利用 1.0 T 的磁场，需要多大体积的磁场？若利用线圈中 500 A 的电流储存上述能量，则该线圈的自感应该多大？

13-24　一无限长圆柱形直导线，其截面各处的电流密度相等，总电流为 I。求导线内部单位长度上所储存的磁能。

13-25　圆形板电容器极板的面积为 S，两极板的间距为 d。一根长为 d 的极细的导线在极板间沿轴线与极板相连，已知细导线的电阻为 R，两极板间的电压为 $U=U_0\sin\omega t$，求：(1) 细导线中的电流；(2) 通过电容器的位移电流；(3) 极板间离轴线为 r 处的磁场强度，设 r 小于极板半径。

第 14 章

狭义相对论基础

学习目标

1. 了解伽利略变换及绝对时空观。
2. 理解爱因斯坦狭义相对论的两条基本原理，认识洛伦兹变换式。
3. 学习狭义相对论的时空观及长度收缩和时间延缓的概念。
4. 学习狭义相对论力学几个重要的结论。

导学思考

1. 我们知道光是高速前进的电磁波，速度为 $c \approx 299\ 792\ 458\ \mathrm{m \cdot s^{-1}}$，这个速度是相对哪个参考系而言的呢？假如一个人能够以光速和光波一起跑，会看到什么现象呢？爱因斯坦推断，如果能追上光，就意味着空间中的光像冻结了一样。但是，光不会被冻结。因此，光的速度不会慢下来，仍然以光速运动。请同学们查阅资料，了解爱因斯坦的追光实验以及狭义相对论建立的背景。

2. 北斗卫星导航系统是中国自行研制的全球卫星导航系统，也是继 GPS、GLONASS 之后的第三个成熟的卫星导航系统，实现了全球组网并且工作稳定。为什么天上的卫星能够给地上的人提供定位呢？这就涉及四星定位原理。请同学们查阅资料了解四星定位原理。

3. 你的闹钟会在早上 6 点钟准时叫醒你，因为它与国家的原子钟同步，并通过环绕地球的全球定位卫星(GPS)每秒进行校准。如果 GPS 不能修正相对论效应的影响，GPS 信号将会有很多错误，以至于他们的数据将毫无意义。请同学们查阅资料，解释相对论效应的影响是什么，并了解相对论的实际应用。

近三百多年以来，以牛顿定律为基础而建立的质点力学、刚体力学，以及后来建立的流体力学、弹性力学、结构力学等工程力学，都称经典力学。经典力学在人类生产及科学研究实践中，在处理宏观问题、低速运动物体以及宇观的问题上取得了辉煌的成就，显示出经典理论的巨大成功。所以经典力学较早地发展成为一门理论严谨、体系完整的学科，一时成为业界之骄傲。但是后来发现，当物体的运动速度变快而接近光速时，建立在绝对时间和绝对空间基础上的经典力学理论遇到了无法克服的困难，物理的辉煌出现了阴影。在此背景下，1905 年，物理学家爱因斯坦发表《论动体的电动力学》论文，创立了狭义相对论。1915 年，爱因斯坦又创立了广义相对论，从而在根本上解决了经典力学遇到的困难。

本章首先介绍经典力学的基本理论，再对比介绍狭义相对论的基本内容以求学习者对相对论基础有个认识。狭义相对论主要论述爱因斯坦抛弃了经典的绝对时空观，提出相对性原理和光速不变原理并由此导出了洛伦兹变换式。爱因斯坦运用洛伦兹变换式揭示了时间、空间与物质运动状态有着不可分割的关系，从而建立了全新的狭义相对论时空观并进一步根据相对性原理得出了狭义相对论力学的几个重要结论。

14.1　经典力学的伽利略变换与时空观

1. 伽利略变换

在运动学中，我们学习了处理惯性参考系中运动物体的速度与加速度问题。如图 14-1 所示，设有两个惯性系 S 和 S'，S' 系相对于 S 系以速度 $\boldsymbol{v}$ 作匀速直线运动。设 $\boldsymbol{v}$ 的方向与 x 轴方向平行，$t=0$ 时，两惯性坐标系的坐标原点 O 与 O' 重合，则 t 时刻空间某点 P 的位置矢量关系式为

$$\boldsymbol{r}' = \boldsymbol{r} - \boldsymbol{v}t \tag{14-1}$$

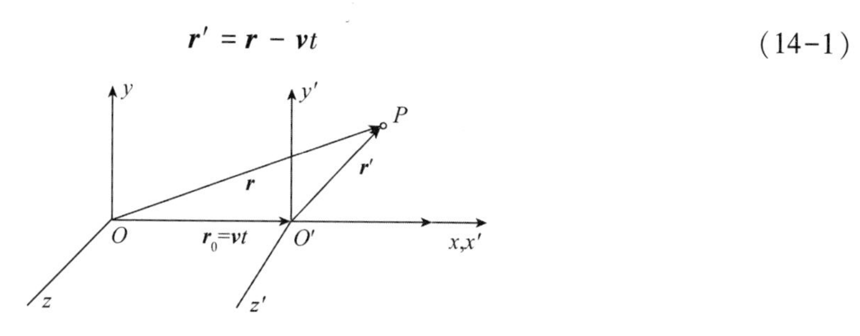

图 14-1　点 P 的位置矢量关系

设 $t=t'=0$ 时，O 与 O' 重合，则其后任意时刻 $t=t'$，位置坐标变换公式为

$$\begin{cases} x' = x - vt \\ y' = y \\ z' = z \\ t' = t \end{cases} \tag{14-2}$$

速度变换公式为

$$u_x' = u_x - v,\ u_y' = u_y,\ u_z' = u_z \tag{14-3}$$

加速度变换公式为

$$a_x' = a_x,\ a_y' = a_y,\ a_z' = a_z$$

于是

$$\boldsymbol{a} = \boldsymbol{a}',\ \boldsymbol{F} = m\boldsymbol{a},\ \boldsymbol{F}' = m\boldsymbol{a}' \tag{14-4}$$

式(14-4)说明，在两相互作匀速直线运动的惯性系中，牛顿定律具有相同的形式。

2. 经典力学的时空观

式(14-2)也叫作伽利略坐标变换方程。这个变换方程引申的意义：一是假定了时间对于一切参考系都是相同的，与物体的运动状态无关；二是假定了在任意确定时刻，空间两点间的长度对于一切参考系都是相同的，与身在其中的物质无关。这两点被称为经典时空的绝对性，于是经典时空就具有永恒不变、绝对静止的特征，绝对时空也就成为经典力学赖以生存的基础。

经典力学时空观(也称绝对时空观)描述的时间和空间彼此独立，互不相关并且不受物质存在和运动的影响，是绝对静止的参考系。所以，式(14-2)就是绝对时空观的数学表述。

3. 经典力学的相对性原理

伽利略曾在封闭的船舱里观察了落物的力学现象，得出结论：力学规律对一切惯性系都是等价的。这称为经典力学的相对性原理，从伽利略坐标变换方程对时间求两次导数以后可直接得到，见式(14-4)。也就是说，物理学中有些物理量与惯性参考系无关，是绝对的；有些物理量在不同的参考系中会有所不同，是相对量，如速度、动量、动能等。相对量随参考系的选取而变化的原因是他们是空间的函数。物理定律总会有一些相对量，如果从伽利略变换的角度去考察经典力学定律，则变换后的力学定律的形式保持不变。换句话说，在各个惯性系中力学定律的形式完全相同，即经典力学的相对性原理。

14.2 狭义相对论基本原理与洛伦兹变换

1. 相对性原理

1865年，物理学家麦克斯韦建立了描述电磁运动普遍规律的麦克斯韦方程组，从这组方程出发，预言了电磁波的存在。1888年，赫兹实验证实了电磁波的存在，原来电磁波就是以波动形式传播的电磁场。如果将真空中电磁波的波动方程与机械波的波动方程相比较(参见相关章节)，就会发现电磁波的波速等于光速，于是断定光就是有特定波长范围的电磁波。由此，麦克斯韦提出了光的电磁学说，无数事实证明了该经典理论的正确性。但研究者在考察这一理论的基础时碰到了一些困难。当时，这些困难集中在经典电磁学的以太假说。迈克耳孙-莫雷实验和其他一些实验，否定了经典电磁理论的以太假说，他们通过精密实验未观察到地球相对于“以太”的运动。由此得出最终结论：作为绝对参考系的以太不存在。对电磁现象的研究表明：电磁现象所遵从的麦克斯韦方程组不服从伽利略变换。

种种研究表明，必须修改经典物理赖以生存的结论。爱因斯坦认为相对性原理具有普适性，对经典力学、对麦克斯韦电磁学都是如此。于是，1905 年爱因斯坦提出相对性原理：一切物理定律在所有惯性系中表现形式相同。换言之，那个绝对静止的参考系不存在。

2. 光速不变原理

按伽利略变换，电磁波沿各方向传播的速度并不等于恒量。爱因斯坦发现了这个结论的问题，提出另一个意义深远的原理，就是光速不变原理：在所有惯性系中测量到的真空中的光速沿各方向传播的速度都等于恒量 c（国际公认值 $c = 2.997\,9 \times 10^8\ \mathrm{m \cdot s^{-1}}$），与光源的运动状态无关。显然，光速不变原理与经典力学中的速度叠加相矛盾。

3. 洛伦兹变换

上述两条基本原理是整个狭义相对论的基础，它的提出与伽利略变换是相矛盾的，但是它解决了当时经典理论的困惑。应该说是经典理论出了问题，伽利略变换具有局限性。早在爱因斯坦建立狭义相对论之前，洛伦兹在研究电磁场理论、为了解释迈克耳孙-莫雷实验时就提出了一个变换式，称为洛伦兹变换。爱因斯坦发现洛伦兹变换与狭义相对论的两条基本原理相融，于是将洛伦兹变换作为相对论两条基本原理的数学表达式，还称为洛伦兹变换。

设 S 系和 S' 系是两个相对作匀速直线运动的惯性参考系（见图 14-1），我们总可以适当地选取坐标轴、坐标原点和计时零点，使 S 系与 S' 系的关系满足以下规定：设 S' 系沿 S 系的 x 轴正方向以速度 v 相对 S 系作匀速直线运动；使 x、y、z 轴分别与 x'、y'、z' 轴平行和使 S 系的原点 O 与 S' 系的原点 O' 重合，让两惯性系在原点处的时钟都指示零点。洛伦兹求出同一物理事件 P 的两组坐标（x，y，z，t）和（x'，y'，z'，t'）之间的关系如下。

1）洛伦兹坐标变换式

洛伦兹坐标变换式为

$$\begin{cases} x' = \dfrac{x - vt}{\sqrt{1-\beta^2}} = \gamma(x - vt) \\ y' = y \\ z' = z \\ t' = \dfrac{t - \dfrac{v}{c^2}x}{\sqrt{1-\beta^2}} = \gamma\left(t - \dfrac{v}{c^2}x\right) \end{cases} \tag{14-5}$$

其中

$$\beta = v/c$$

$$\gamma = 1/\sqrt{1-\beta^2}$$

相对论的物理定律的数学表达式在洛伦兹变换下保持不变。

注意，当 $v \ll c$ 时，式（14-5）转为伽利略变换，说明伽利略变换只适用于低速运动的物体。

还值得注意的是，在洛伦兹变换中，时间 t' 依赖于空间坐标 x。还有一个洛伦兹逆变换

(书中未列出) 也说明时间 t 依赖于坐标 x'，这也与伽利略变换迥然不同。在相对论看来，时间与空间是相互影响的。

2)洛伦兹速度变换式

正变换(c 是光速)：

$$\begin{cases} u_x' = \dfrac{u_x - v}{1 - \dfrac{v}{c^2}u_x} \\ u_y' = \dfrac{u_y}{\gamma\left(1 - \dfrac{v}{c^2}u_x\right)} \\ u_z' = \dfrac{u_z}{\gamma\left(1 - \dfrac{v}{c^2}u_x\right)} \end{cases} \tag{14-6}$$

如果在 S 系中沿 x 方向发射一光信号，光速是 c，则在 S' 系中观察其光速是多少呢?

运用式(14-6)可知

$$u_x' = \frac{c - v}{1 - \dfrac{vc}{c^2}} = c$$

即光速不变。

其结果正是光速不变原理的解释。

14.3 狭义相对论的时空观

1. 同时的相对性

经典物理认为所有惯性系具有同一绝对的时间，“同时”也就具有绝对的意义。也就是说，如果有两个事件，在某个惯性系中观测是同时发生的，那么在其他所有惯性系中观测也都是同时发生的。

但在相对论时空观中则不这样认为。由洛伦兹变换可以推出，在某个惯性系中观测是同时发生的两个事件，在其他所有惯性系中观测不一定是同时发生的，即同时性没有绝对的意义。只有在同一地点、同一时刻发生的两个事件，在其他惯性系中观测才是同时发生的(有兴趣的同学可根据洛伦兹变换自行推导)。

2. 长度的收缩

设一物体(如一把直尺)相对于 S' 系是静止的，直尺本身有一个固有长度。现在直尺要相对地面(S 系) 以速度 v 沿着直尺的长度方向作匀速运动。按照经典的绝对时空观，在地面的测量者测得的直尺长度与直尺本身的固有长度相等。

但在相对论的时空观中不这样认为。由洛伦兹变换可以推出，在地面的测量者测得的直尺长度比直尺本身的固有长度要短，即得出运动物体在运动方向上长度收缩的结论。这是相对论的一个效应，称为长度收缩效应(有兴趣的同学可根据洛伦兹变换自行推导)。

3. 时间的延缓

设在 S 系中同一地点发生了两个事件，时间间隔 Δt，在相对于 S 系以速度 v 运动的 S' 系中测量这两事件发生的时间间隔为 $\Delta t'$ 。按照经典的绝对时空观，在两个参考系中的时间间隔是相等的。

但在相对论的时空观中不这样认为。由洛伦兹变换可以推出，同一地点发生的两事件的时间间隔为固有时间，相对于固有时间运动的时间比固有时间要长，即得出运动的钟走得慢的结论。这是相对论的另一个效应，称为时间延缓效应(有兴趣的同学可根据洛伦兹变换自行推导)。

相对论的长度收缩和时间延缓效应，已经被大量的近代物理实验所证实是正确的。

14.4　相对论力学基础

1. 质量与速度的关系

(1)相对论动量遵循洛伦兹变换：

$$p = \frac{m_0 v}{\sqrt{1-\beta^2}} = \gamma m_0 v = mv \tag{14-7}$$

式中，m_0 是静止质量，是物体相对于惯性系静止时的质量。

当 $v \ll c$ 时，$p = mv \rightarrow m_0 v$ ，式(14-7)中相对论动量转变为经典动量，牛顿力学仍然适用。

(2)相对论质量：

$$m = \frac{m_0}{\sqrt{1-\beta^2}} = m(v) \tag{14-8}$$

式(14-8)说明质量与速度是有关系的。

当 $v \ll c$ 时，$m \rightarrow m_0$， 式(14-8)相对论质量转变为经典质量，牛顿力学仍然适用。

2. 狭义相对论力学基本方程

相对论的力与动量：

$$F = \frac{\mathrm{d}p}{\mathrm{d}t} = \frac{\mathrm{d}}{\mathrm{d}t}\left(\frac{m_0 v}{\sqrt{1-\beta^2}}\right) \tag{14-9}$$

当 $v \ll c$ 时，$m \rightarrow m_0$，$F = m\frac{\mathrm{d}v}{\mathrm{d}t}$，即 $F = m_0 a$， 式(14-9)转变为牛顿定律。

3. 质量与能量的关系

1)相对论动能

设一质点在变力作用下，由静止开始沿 x 轴作一维运动。外力功和动能表示为

$$W=\int_0^x F_x \mathrm{d}x=\int_0^x \frac{\mathrm{d}p}{\mathrm{d}t}\mathrm{d}x=\int_0^p v\mathrm{d}p$$

$$E_k=\frac{m_0 v^2}{\sqrt{1-v^2/c^2}}+m_0 c^2\sqrt{1-v^2/c^2}-m_0 c^2$$

式中，m_0c^2 称为静能，是物体静止时所具有的能量。利用相对论质量关系得到相对论动能为

$$E_k=mc^2-m_0c^2=m_0c^2\left(\frac{1}{\sqrt{1-\beta^2}}-1\right) \tag{14-10}$$

当 $v \ll c$ 时，$E_k \to \frac{1}{2}m_0v^2$，式(14-10)相对论动能转变为经典动能。

2)相对论质能关系

由式(14-10)得出

$$E=E_k+m_0c^2=mc^2 \tag{14-11}$$

式(14-11)为相对论质能关系，E 为总机械能。相对论质能关系指出：物质的质量和能量之间有密切的联系，相对论能量和质量的守恒是一个统一的物理规律。

质能关系的物理意义：

$$\Delta E=(\Delta m)c^2$$

惯性质量的变化伴随能量的变化，这是相对论力学理论中一个极其重要的推论。

相对论的质能关系为开创原子能时代提供了理论基础，是一个具有划时代意义的理论公式(在核裂变和核聚变中用质能关系分析原子能应用的例子，请参阅其他书籍)。

3)相对论总机械能与动量

由相对论动量的定义和质能关系可以求出

$$E^2=(pc)^2+(m_0c^2)^2 \tag{14-12}$$

式(14-12)是相对论总机械能与动量的关系式。

对于光子，静止质量 $m_0=0$，则光子总能 $E=cp$，于是有

$$p=\frac{E}{c}=\frac{mc^2}{c}=mc$$

说明一切静止质量为零的粒子，一定在以光速运动。

【知识应用】

狭义相对论的应用

爱因斯坦在狭义相对论中提出了时间膨胀理论，即运动的时钟比静止的时钟走得慢，称为时间延缓效应。1971年德国核物理研究所进行了一项关于验证时间延缓效应的实验，科学家们在粒子加速器中把锂离子通过高压加速到接近光速，通过计算高速运动的锂离子速度，科学家们最后得出结论：高速运动离子内部的时间比我们钟表上的时间要慢。这就直接验证了爱因斯坦提出的时间延缓效应，这一效应现在还广泛应用于GPS(全球卫星定位系

统)中。太空中的卫星是处于高速运动状态的，卫星的时间要比地球上的时间要慢，需要应用相对论理论进行时间差值的抵消，才能使卫星时间与地球上的时间精准同步，才能精准确定地面物体的位置。图 14-2 所示为太空中的通信卫星。

图 14-2　太空中的通信卫星

此外，在高端的物理研究上，如回旋加速器加速粒子就要考虑变质量问题。在核能利用上(原子弹、核电站)也要考虑相对论效应，要考虑原子与原子之间的转变和能量与质量之间的转化关系。图 14-3 为我国第一颗原子弹爆炸。

图 14-3　我国第一颗原子弹爆炸

【本章小结】

1. 相对性原理

相对性原理：一切物理定律在所有惯性系中表现形式相同。

2. 光速不变原理

光速不变原理：在所有惯性系中测量到的真空中的光速沿各方向传播的速度都等于恒量 c(国际公认值 $c=2.997\,9\times10^{8}\ \mathrm{m\cdot s^{-1}}$)，与光源的运动状态无关。

3. 洛伦兹变换

(1)洛伦兹坐标变换式

$$x'=\frac{x-vt}{\sqrt{1-\beta^2}}=\gamma(x-vt)$$

$$y'=y$$

$$z'=z$$

$$t'=\frac{t-\frac{v}{c^2}x}{\sqrt{1-\beta^2}}=\gamma\left(t-\frac{v}{c^2}x\right)$$

(2)洛伦兹速度变换式

$$u_x'=\frac{u_x-v}{1-\frac{v}{c^2}u_x}$$

$$u_y'=\frac{u_y}{\gamma\left(1-\frac{v}{c^2}u_x\right)}$$

$$u_z'=\frac{u_z}{\gamma\left(1-\frac{v}{c^2}u_x\right)}$$

4. 相对论时空观

(1)同时的相对性：在某个惯性系中观测是同时发生的两个事件，在其他所有惯性系中观测不一定是同时发生的。

(2)长度收缩效应：运动物体在运动方向上的长度要收缩，这是相对论的一个效应。

(3)时间延缓效应：运动的时钟走得要慢些，这是相对论的一个效应。

5. 相对论动力学理论的几个基本结论

(1)相对论质量

$$m=\frac{m_0}{\sqrt{1-\beta^2}}=m(v)$$

(2)相对论的力与动量

$$F=\frac{\mathrm{d}p}{\mathrm{d}t}=\frac{\mathrm{d}}{\mathrm{d}t}\left(\frac{m_0v}{\sqrt{1-\beta^2}}\right)$$

(3)相对论动能

$$E_{\mathrm{k}}=mc^2-m_0c^2=m_0c^2\left(\frac{1}{\sqrt{1-\beta^2}}-1\right)$$

(4)相对论质能关系

$$E = E_k + m_0c^2 = mc^2$$

(5)相对论总机械能与动量的关系

$$E^2 = (pc)^2 + (m_0c^2)^2$$

课后习题

14-1　按照相对论的时空观，判断下列叙述中正确的是(　　)。

(A)在一个惯性系中，两个同时发生的事件，在另一惯性系中一定是同时发生的事件

(B)在一个惯性系中，两个同时发生的事件，在另一惯性系中一定是不同时发生的事件

(C)在一个惯性系中，两个同时又同地发生的事件，在另一惯性系中一定是同时发生的事件

(D)在一个惯性系中，两个同时不同地发生的事件，在另一惯性系中只可能是同时不同地发生的事件

14-2　有下列几种说法：

(1)在真空中，光的速度与光的频率、光源的运动状态无关；(2)在任何惯性系中，光在真空中沿任何方向的传播速率都相同；(3)光速可以叠加。

上述说法中正确的是(　　)。

(A)只有 (1)和(3)是正确的

(B)只有 (2)是正确的，其他不对

(C)(2)和(3)是正确的

(D)(1)和(2)是正确的

14-3　在一惯性系中观测，两个事件同时不同地发生；则在其他惯性系中观测，这两个事件(　　)发生。(由洛伦兹变换出发考虑)

(A)一定同时　　(B)可能同时

(C)不可能同时，但可能同地　　(D)不可能同时，也不可能同地

14-4　在一个惯性系中观测，两个事件同地不同时发生，则在其他惯性系中观测，它们(　　)发生。(由洛伦兹变换出发考虑)

(A)一定同地　　(B)可能同地

(C)不可能同地，但可能同时　　(D)不可能同地，也不可能同时

14-5　某宇宙飞船以 $0.8c$ 的速度离开地球，若地球上测到它发出的两个信号之间的时间间隔为 10 s，则宇航员测出相应的时间间隔为(　　)。(由洛伦兹变换出发考虑)

(A)6 s　　(B)8 s

(C)10 s　　(D)10/3 s

14-6　相对地面以速度 v 沿 x 方向运动的粒子，在 x 方向上又发射一粒光子，求地面观察者所测得的光子的速度。

14-7　在 S 系中有一长为 L 的棒沿 x 轴静止放置，若有 S' 系以速率 v 沿 x' 轴运动，试问在 S' 系中测得此棒的长度为多少？(由洛伦兹变换出发考虑)

14-8　若从一惯性系中测得宇宙飞船的长度为其固有长度的一半，试问宇宙飞船相对此惯性系的运动速度为多少？(由洛伦兹变换出发考虑)

*14-9　若一电子的总机械能为 5.01 MeV，求该电子的：(1)静能；(2)动能；(3)动量和速率。(电子静止质量 $m_e = 9.11 \times 10^{-31}$ kg，1 eV = 1.60×10^{-19} J)

*14-10　有一辆火车以速度 v 相对地面作匀速直线运动，在火车上向前和向后射出两道光，求向前的光和向后的光相对于地面的速度。

附录1

力学和电磁学的量和单位

量		单位	
名称	符号	名称	符号
长度	l，L	米	m
质量	m	千克(公斤)	kg
时间	t	秒	s
速度	v	米每秒	$m \cdot s^{-1}$
加速度	a	米每二次方秒	$m \cdot s^{-2}$
角	θ，α，β，γ	弧度	rad
		度	°
角速度	ω	弧度每秒	$rad \cdot s^{-1}$，s^{-1}
角加速度	α	弧度每二次方秒	$rad \cdot s^{-2}$，s^{-2}
转速	n	转每秒	$r \cdot s^{-1}$
		转每分	$r \cdot min^{-1}$
频率	ν	赫兹	Hz，s^{-1}
力	F	牛顿	N
摩擦因数	μ	—	—
动量	p	千克米每秒	$kg \cdot m \cdot s^{-1}$
冲量	I	牛顿秒	$N \cdot s$

续表

量		单位	
名称	符号	名称	符号
功	W	焦耳	J
能量，热量	E，E_k，E_p，Q	焦耳	J
功率	P	瓦特	W
力矩	M	牛顿米	N·m
转动惯量	J	千克二次方米	$kg \cdot m^2$
角动量	L	千克二次方米每秒	$kg \cdot m^2 \cdot s^{-1}$
刚度系数	k	牛顿每米	$N \cdot m^{-1}$
电荷	q，Q	库仑	C
电场强度	E	伏特每米	$V \cdot m^{-1}$
真空电容率	ε_0	法拉每米	$F \cdot m^{-1}$
相对电容率	ε_r	—	—
电场强度通量	Φ_e	伏特米	V·m
电势能	E_p	焦耳	J
电势	V	伏特	V
电势差	U	伏特	V
电偶极矩	p	库仑米	C·m
电容	C	法拉	F
电极化强度	P	库仑每平方米	$C \cdot m^{-2}$
电位移	D	库仑每平方米	$C \cdot m^{-2}$
电流	I	安培	A
电流密度	j	安培每平方米	$A \cdot m^{-2}$
电阻	R	欧姆	Ω
电阻率	ρ	欧姆米	Ω·m
电动势	ε	伏特	V
磁感应强度	B	特斯拉	T
磁矩	m	安培平方米	$A \cdot m^2$
磁化强度	M	安培每米	$A \cdot m^{-1}$
真空磁导率	μ_0	亨利每米	$H \cdot m^{-1}$
相对磁导率	μ_r	—	—

续表

量		单位	
名称	符号	名称	符号
磁场强度	H	安培每米	$A \cdot m^{-1}$
磁通量	Φ	韦伯	Wb
自感系数	L	亨利	H
互感系数	M	亨利	H
位移电流	I_d	安培	A

附录 2

国际单位制与我国法定计量单位

附表 2-1　国际单位制的基本单位

量的名称	单位名称	单位符号	定义
长度	米	m	1 米是光在真空中在 $(299\ 792\ 458)^{-1}$ s 内的行程
质量	千克(公斤)	kg	1 千克是普朗克常量为 $6.626\ 070\ 15\times10^{-34}$ J · s ($6.626\ 070\ 15\times10^{-34}$ kg · m^2 · s^{-1})时的质量
时间	秒	s	1 秒是铯-133 原子在基态下的两个超精细能级之间跃迁所对应的辐射的 9 192 631 770 个周期的时间
电流	安[培]	A	1 安培是 1 s 内通过 $(1.602\ 176\ 634)^{-1}\times10^{19}$ 个元电荷所对应的电流，即 1 安培是某点处 1 s 内通过 1 库伦电荷的电流，1 A= 1 C/s
热力学温度	开[尔文]	K	1 开尔文是玻尔兹曼常数为 $1.380\ 649\times10$ J · K^{-1}($1.380\ 649\times10^{-23}$ kg · m^2 · s^{-2} · K^{-1})时的热力学温度
物质的量	摩[尔]	mol	1 摩尔是精确包含 $6.022\ 140\ 76\times10^{23}$ 个原子或分子等基本单元的系统的物质的量
发光强度	坎[德拉]	cd	1 坎德拉是一光源在给定方向上发出频率为 540×10^{12} s^{-1} 的单色辐射，且在此方向上的辐射强度为 $(683)^{-1}$ kg · m^2 · s^{-3} 时的发光强度

附表 2-2　国际单位制中具有专门名称的导出单位

量的名称	单位名称	单位符号	其他表示示例
频率	赫[兹]	Hz	s^{-1}
力，重力	牛[顿]	N	$kg \cdot m \cdot s^{-2}$
压力，压强，应力	帕[斯卡]	Pa	$N \cdot m^{-2}$
能[量]，功，热量	焦[耳]	J	$N \cdot m$
功率，辐[射能]	瓦[特]	W	$J \cdot s^{-1}$
电荷[量]	库[仑]	C	$A \cdot s$
电势，电压，电动势	伏[特]	V	$W \cdot A^{-1}$
电容	法[拉]	F	$C \cdot V^{-1}$
电阻	欧[姆]	Ω	$V \cdot A^{-1}$
电导	西[门子]	S	$A \cdot V^{-1}$
磁通[量]	韦[伯]	Wb	$V \cdot s$
磁通[量]密度，磁感应密度	特[斯拉]	T	$Wb \cdot m^{-2}$
电感	亨[利]	H	$Wb \cdot A^{-1}$
摄氏温度	摄氏度	℃	—
光能量	流[明]	lm	$cd \cdot sr$
[光]照度	勒[克斯]	lx	$lm \cdot m^{-2}$
[放射性]活度	贝可[勒尔]	Bq	s^{-1}
吸收剂量	戈[瑞]	Gy	$J \cdot kg^{-1}$
剂量当量	希[沃特]	Sv	$J \cdot kg^{-1}$

附表 2-3　我国选定的非国际单位制单位

量的名称	单位名称	单位符号	换算关系和说明
时间	分 [小]时 天(日)	min h d	1 min=60 s 1 h=60 min=3 600 s 1 d=24 h=86 400 s
平面角	[角]秒 [角]分 度	(″) (′) (°)	1″=(π/648 000)rad(π 为圆周率) 1′=60″=(π/10 800)rad 1°=60′=(π/180)rad
旋转速度	转每分	r/min	1 r/min=(1/60)s^{-1}
长度	海里	n mile	1 n mile=1 852m(只用于航行)
速度	节	kn	1 kn=1 n mile/h=(1 852/3 600)m/s(只用于航行)

续表

量的名称	单位名称	单位符号	换算关系和说明
质量	吨 原子质量单位	t u	$1\ t=10^3\ kg$ $1\ u\approx1.660\ 538\ 92\times10^{-27}\ kg$
体积	升	L，(l)	$1\ L=1\ dm^3=10^{-3}\ m^3$
能	电子伏	eV	$1\ eV\approx1.602\ 176\ 565\times10^{-19}\ J$
级差	分贝	dB	
线密度	特[克斯]	tex	$1\ tex=1g\cdot km^{-1}$

附表 2-4 用于构成十进倍数和分数单位的词头

所表示的因数	词头名称	词头符号
10^{18}	艾[可萨]	E
10^{15}	拍[它]	P
10^{12}	太[拉]	T
10^{9}	吉[咖]	G
10^{6}	兆	M
10^{3}	千	k
10^{2}	百	h
10^{1}	十	da
10^{-1}	分	d
10^{-2}	厘	c
10^{-3}	毫	m
10^{-6}	微	μ
10^{-9}	纳[诺]	n
10^{-12}	皮[可]	p
10^{-15}	飞[母托]	f
10^{-18}	阿[托]	a

注：1. 周、月、年(年的符号为a)为一般常用时间单位。

2. [ ]内的字，是在不致混淆的情况下，可以省略的字。

3. ( )内的字为前者的同义语。

4. 角度单位度、分、秒的符号不处于数字后时，用括弧。

5. 升的符号中，小写字母l为备用符号。

6. 人民生活和贸易中，质量习惯称为重量。

7. 公里为千米的俗称，符号为km。

8. 10^4 称为万，10^{12} 称为万亿，这类数词的使用不受词头名称的影响，但不应与词头混淆。

附录3

常用物理基本常数

名称	符号	数值	单位
阿伏伽德罗常数	L，N_A	$(6.022\ 136\ 7 \pm 0.000\ 003\ 6) \times 10^{23}$	mol^{-1}
标准大气压	p_0	0.101 325	MPa
冰点的绝对温度	T_0	273.15	K
玻尔半径	a_0	$(5.291\ 772\ 49 \pm 0.000\ 000\ 24) \times 10^{-11}$	m
玻尔兹曼常数	k	$(1.380\ 658 \pm 0.000\ 012) \times 10^{-23}$	J/K
纯水三相点的绝对温度	T	273.16	K
磁导率(真空中)	μ_0	$4\pi \times 10^{-7}$	H/m
地球平均半径	r	6.37×10^{6}	m
地球与太阳平均距离	d	1.496×10^{11}	m
地球与月球平均距离	d	3.84×10^{8}	m
地球质量	M	5.98×10^{24}	kg
第二辐射常数	c_2	$(1.438\ 769 \pm 0.000\ 012) \times 10^{-2}$	m · K
第一辐射常数	c_1	$(3.741\ 774\ 9 \pm 0.000\ 002\ 2) \times 10^{-16}$	$W \cdot m^2$
电子半径(经典)	r_e	$(2.817\ 938\ 0 \pm 0.000\ 007\ 0) \times 10^{-15}$	m
电子静止质量	m_e	$(9.109\ 389\ 7 \pm 0.000\ 005\ 4) \times 10^{-31}$	kg
法拉第常数	F	$(9.648\ 530\ 9 \pm 0.000\ 003\ 3) \times 10^{4}$	C/mol
光速(真空中)、电磁波速度	c	$(2.997\ 924\ 58 \pm 0.000\ 000\ 012) \times 10^{8}$	m/s

续表

名称	符号	数值	单位
哈特里能量	E_h	$4.359\ 81\times10^{-18}$	J
基本电荷(电子电量)	e	$(1.602\ 189\ 2\pm0.000\ 004\ 6)\times10^{-19}$	C
电容率(真空中)	ε_0	$8.854\ 187\ 816\times10^{-12}$	F/m
精细结构常数	α	$0.007\ 297\ 350\ 6\pm0.000\ 000\ 006\ 0$	
绝对数度		−273.15	℃
空气密度(标准条件下,干燥)		0.001 293	kg/L, t/m^3
里德伯常数	R_∞	$(1.097\ 373\ 177\pm0.000\ 000\ 083)\times10^{7}$	m^{-1}
摩尔体积(理想气体0 ℃,0.101 MPa)	V_m	$(0.022\ 413\ 83\pm0.000\ 000\ 70)$	m^3/mol
普朗克常数	h	$(6.626\ 176\pm0.000\ 036)\times10^{-34}$	J·s
热功当量	J	4.186 8	J/Cal
声速(在标准条件下空气中)	c	331.4	m/s
水的密度(0 ℃)		0.999 84	kg/L, t/m^3
水的密度(4 ℃)		0.999 973	kg/L, t/m^3
通用(普适、摩尔)气体常数	R	$8.314\ 510\pm0.000\ 19$	J/(mol·K)
万有引力常量	G	6.673×10^{-11}	$N\cdot m^2/kg^2$
圆周率	π	3.141 592 653 6	
质子的磁旋比	γ	$(2.675\ 221\ 28\pm0.000\ 000\ 81)\times10^{8}$	$A\cdot m^2/(J\cdot s)$
质子的康普顿波长	λ_{cp}	$(1.321\ 409\ 9\pm0.000\ 002\ 2)\times10^{-15}$	m
质子静止质量	m_p	$(1.672\ 623\ 1\pm0.000\ 001\ 0)\times10^{-27}$	kg
中子的康普顿波长	λ_{cn}	$(1.319\ 590\ 9\pm0.000\ 002\ 2)\times10^{-15}$	m
中子静止质量	m_n	$(1.674\ 928\ 6\pm0.000\ 001\ 0)\times10^{-27}$	kg
重力加速度(标准)	g_a	9.806 65	m/s^2

附录 4

希腊字母

小写	大写	英文名称	小写	大写	英文名称
α	A	alpha	ν	N	nu
β	B	beta	ξ	Ξ	xi
γ	Γ	gamma	ο	O	omicron
δ	Δ	delta	π	Π	pi
ε	E	epsilon	ρ	P	rho
ζ	Z	zeta	σ	Σ	sigma
η	H	eta	τ	T	tau
θ	Θ	theta	υ	Υ	upsilon
ι	I	iota	φ	Φ	phi
κ	K	kappa	χ	X	chi
λ	Λ	lambda	ψ	Ψ	psi
μ	M	mu	ω	Ω	omega

习题答案

第1章

(1-1) ~ (1-13)略。

1-14　(1) 32 m; (2) 48 m; (3) $-48\ \mathrm{m \cdot s^{-1}}$, $-36\ \mathrm{m \cdot s^{-2}}$。

1-15　略。

1-16　(1) $y = 2 - \frac{1}{4}x^2$; (2) $\boldsymbol{r}_0 = 2\boldsymbol{j}$, $\boldsymbol{r}_2 = 4\boldsymbol{i} - 2\boldsymbol{j}$;

(3) $\Delta\boldsymbol{r} = \boldsymbol{r}_2 - \boldsymbol{r}_0 = (x_2 - x_0)\boldsymbol{i} + (y_2 - y_0)\boldsymbol{j} = 4\boldsymbol{i} - 4\boldsymbol{j}$。

1-17　(1) $y = 19.0 - 0.50x^2$; (2) $\bar{\boldsymbol{v}} = 2.0\boldsymbol{i} - 6.0\boldsymbol{j}$; (3) $4.47\ \mathrm{m \cdot s^{-1}}$, $4.0\ \mathrm{m \cdot s^{-2}}$。

1-18　$-\frac{l^2}{x^3}v^2$。

1-19　(1) $\boldsymbol{v} = 6t\boldsymbol{i} + 4t\boldsymbol{j}$, $\boldsymbol{r} = (10 + 3t^2)\boldsymbol{i} + 2t^2\boldsymbol{j}$; (2)略。

1-20　(1)加速度的大小为

$$a = \sqrt{a_n^2 + a_t^2} = \sqrt{\frac{a_t^2 b^2 + (v_0 - bt)^4}{R}}$$

其方向与切线之间的夹角为

$$\theta = \arctan\frac{a_n}{a_t} = \arctan\left[-\frac{(v_0 - bt)^2}{Rb}\right]$$

(2) $t = \frac{v_0}{b}$; (3) $\frac{v_0^2}{4\pi bR}$。

1-21　(1)速度大小为 $3\ \mathrm{m \cdot s^{-1}}$, 方向沿圆周的切线方向, 加速度大小为 $3\sqrt{2}\ \mathrm{m \cdot s^{-2}}$, 与速度方向的夹角为45°; (2)4.5 m。

1-22　(1) $2.30\ \mathrm{m \cdot s^{-2}}$, $4.80\ \mathrm{m \cdot s^{-2}}$; (2)3.15 rad; (3)0.55 s。

1-23　(1) $2t + \frac{3}{2}t^2$; (2) $10\ \mathrm{m \cdot s^{-2}}$, $0.8\ \mathrm{m \cdot s^{-2}}$, $10.03\ \mathrm{m \cdot s^{-2}}$。

1-24　略。

1-25　(1) 1.05×10^3 s; (2)船到达距正对岸为 5×10^2 m 的下游处。

第2章

(2-1)~(2-14)略。

2-15　$R-\frac{g}{\omega^2}$。

2-16　$v=6.0+4.0t+6.0t^2$；$x=5.0+6.0t+2.0t^2+2.0t^3$。

2-17　3.4 $m\cdot s^{-1}$。

2-18　153.35 m。

2-19　(1)6.12 s；(2)184 m。

2-20　(1) $\frac{1}{2k}\ln\left(\frac{g+kv_0^2}{g}\right)$；(2)$v_0\left(1+\frac{kv^2}{g}\right)^{-1/2}$。

2-21　2.9 $m\cdot s^{-1}$。

第3章

(3-1)~(3-8)略。

3-9　(1)$-mv_0\sin(\alpha)\boldsymbol{j}$；(2)$-2mv_0\sin(\alpha)\boldsymbol{j}$。

3-10　(1)68 N·s；(2)6.86 s；(3)40 $m\cdot s^{-1}$。

3-11　$\frac{-kA}{\omega}$。

3-12　$v_A=-0.4\ m\cdot s^{-1}$，$v_B=3.6\ m\cdot s^{-1}$。

3-13　$v=\sqrt{\frac{F_0L}{m}}$。

3-14　(1)0.53 J；(2)0.53 J，2.30 $m\cdot s^{-1}$；(3)2.49 N。

3-15　$\frac{1}{3}$。

3-16　(1) $G\frac{m_Em}{6R_E}$；(2) $-G\frac{m_Em}{3R_E}$；(3) $-G\frac{m_Em}{6R_E}$。

3-17　位置 $\theta=41.8°$，速率为 $\sqrt{\frac{2Rg}{3}}$。

3-18　$x_0=\sqrt{\frac{mm'}{k(m+m')}}v$。

3-19　$F_N=mg\left(3+\frac{2m}{m'}\right)$。

第4章

(4-1)~(4-7)略。

4-8 (1)13.1 $rad \cdot s^{-2}$;(2)390。

4-9 (1)8.6 s^{-1};(2)4.5 $e^{-t/2}$;(3)5.87。

4-10 52.3°。

4-11 10.8 s。

4-12 (1)81.7 $rad \cdot s^{-2}$,方向垂直纸面向外;(2)6.12×10^{-2} m;(3)10.0 $rad \cdot s^{-1}$,方向垂直纸面向外。

4-13 (1) $a_1 = a_2 = \dfrac{m_2 g - m_1 g\sin\theta - \mu m_1 g\cos\theta}{m_1 + m_2 + J/r^2}$;

$$(2)F_{T1} = \frac{m_1 m_2 g(1 + \sin\theta + \mu\cos\theta) + (\sin\theta + \mu\cos\theta)m_1 gJ/r^2}{m_1 + m_2 + J/r^2};$$

$$F_{T2} = \frac{m_1 m_2 g(1 + \sin\theta + \mu\cos\theta) + m_2 gJ/r^2}{m_1 + m_2 + J/r^2}。$$

4-14 $\dfrac{2g}{19r}$。

4-15 (1)0.628 $rad \cdot s^{-1}$;(2)0.628 $rad \cdot s^{-1}$。

4-16 (1) $M = \dfrac{2}{3}\mu mgR$;(2)$\Delta t = \dfrac{3\omega R}{4\mu g}$。

4-17 (1) $h = \dfrac{\omega^2 R^2}{2g}$;(2)$L = \left(\dfrac{1}{2}m' - m\right)R^2\omega$。

4-18 $\omega_1 = \dfrac{J_1\omega_0 r_2^2}{J_2 r_2^2 + J_2 r_1^2}$,$\omega_2 = \dfrac{J_1\omega_0 r_1 r_2}{J_2 r_2^2 + J_2 r_1^2}$。

4-19 $-9.52\times10^{-2}\ s^{-1}$,负号表示转台转动的方向与人对地面的转动方向相反。

4-20 (1)2.12×10^{29} J;(2)7.47×10^{-2} N·m。

4-21 $\omega_C = \omega_0$,$v_C = \sqrt{4gR}$。

4-22 (1) $\omega' = \dfrac{1}{4}\omega$;(2)$\Delta E_k = -\dfrac{1}{32}ml^2\omega^2$。

第5章

(5-1)~(5-5)略。

5-6 $x = 0.1\cos\left(\pi t + \dfrac{\pi}{2}\right)$。

5-7　(1) $x = A\cos\left(\frac{2\pi t}{T} - \frac{\pi}{2}\right)$；(2) $x = A\cos\left(\frac{2\pi t}{T} + \frac{\pi}{3}\right)$

5-8　(1) $T = \frac{1}{4}$ s, $A = 0.1$ m, $\varphi_0 = \frac{\pi}{3}$，$v_m = 2.51\ \mathrm{m \cdot s^{-1}}$，$a_m = 63.2\ \mathrm{m \cdot s^{-2}}$；

(2) $F_m = 0.63$ N，$E = 3.16 \times 10^{-2}$ J，$E_p = E_k = 1.58 \times 10^{-2}$ J，$x = \pm\frac{\sqrt{2}}{20}$ m；

(3) $\Delta\varphi = 32\ \pi$。

5-9　(1) $\varphi_1 = \pi$，$x = A\cos\left(\frac{2\pi}{T}t + \pi\right)$；

(2) $\varphi_2 = \frac{3\pi}{2}$，$x = A\cos\left(\frac{2\pi}{T}t + \frac{3}{2}\pi\right)$；

(3) $\varphi_3 = \frac{\pi}{3}$，$x = A\cos\left(\frac{2\pi}{T}t + \frac{1}{3}\pi\right)$；

(4) $\varphi_4 = -\frac{\pi}{4}$，$x = A\cos\left(\frac{2\pi}{T}t - \frac{\pi}{4}\right)$。

5-10　$T = 1.26$ s，$x = \sqrt{2} \times 10^{-2}\cos\left(5t + \frac{5}{4}\pi\right)$。

5-11　$x_a = 0.1\cos\left(\pi t + \frac{3\pi}{2}\right)$，$x_b = 0.1\cos\left(\frac{5}{6}\pi t + \frac{5}{3}\pi\right)$。

5-12　(1)0.10 m, $20\pi\ \mathrm{rad \cdot s^{-1}}$，10 Hz，0.1 s，$0.25\pi$；
(2) 7.1×10^{-2} m，$-4.4\ \mathrm{m \cdot s^{-1}}$，$-2.8\ \mathrm{m \cdot s^{-2}}$；(3)略。

5-13　(1) $x = 6\sqrt{2} \times 10^{-2}\cos\left(\frac{\pi}{6}t - \frac{3}{4}\pi\right)$；(2) $\pi \times 10^{-2}\ \mathrm{m \cdot s^{-1}}$。

5-14　$x_2 = A\cos\left(\pi t + \varphi - \frac{1}{2}\pi\right)$，$\frac{1}{2}\pi$。

5-15　(1) $x_{0.5} = 0.17$ m，$F = -4.2 \times 10^{-3}$ N，方向沿 x 轴负方向；

(2) $t = \frac{2}{3}$ s；(3) $E = 7.1 \times 10^{-4}$ J。

5-16　(1)0.25 m；(2)±0.18 m；(3)0.2 J。

5-17　$\frac{\omega}{2\pi}\ln\frac{x_1}{x_2}$。

5-18　(1) 1.0×10^{-3} J；(2) 1.0×10^{-3} J；(3) $\sqrt{2} \times 10^{-2}$ m。

5-19　略。

5-20　动能：$\frac{1}{2}mgl\theta_0^2\sin^2(\omega t + \varphi)$，重力势能：$\frac{1}{2}mgl\theta_0^2\cos^2(\omega t + \varphi)$，机械能：$\frac{1}{2}mgl\theta_0^2$。

5-21　$A_2 = 0.1\ \text{m}$，$\Delta\varphi = \frac{1}{2}\pi$。

5-22　$\sqrt{A_1^2 + A_2^2}$。

5-23　(1)略；(2) $F = -\frac{\pi^2}{90}(x\boldsymbol{i} + y\boldsymbol{j})$。

5-24　$x = 2 \times 10^{-2}\cos\left(\frac{\pi}{2}t + \frac{23}{42}\pi\right)$。

第6章

(6-1)~(6-5)略。

6-6　$u = 500\ \text{m} \cdot \text{s}^{-1}$，$y = 0.06\cos\left(100\pi t - \frac{\pi x}{5} + \frac{3\pi}{5}\right)$。

6-7　(1)振幅：A，波速：$u = \frac{B}{C}$，频率：$\nu = \frac{B}{2\pi}$，周期：$T = \frac{2\pi}{B}$，波长：$\lambda = \frac{2\pi}{C}$；

(2) $y = A\cos(Bt - cl)$；(3) $\Delta\varphi = Cd$。

6-8　$y = 0.005\sin(4.0t - 5x + 2.64)$，$y = 0.005\sin(4.0t + 5x + 1.64)$。

6-9　(1) $y = 0.1\cos\left(4\pi t - \frac{\pi x}{5}\right)$；(2) $y = 0.1\cos(4\pi t - \pi)$。

6-10　(1) $v_{\max} = 0.5\pi\ \text{m} \cdot \text{s}^{-1}$，$a_{\max} = 5\pi^2\ \text{m} \cdot \text{s}^{-2}$；(2) $x = 0.825\ \text{m}$。

6-11　(1) $\varphi_0 = \frac{\pi}{2}$，$\varphi_A = 0$，$\varphi_B = -\frac{\pi}{2}$，$\varphi_C = -\frac{3\pi}{2}$；

(2) $\varphi_0 = -\frac{\pi}{2}$，$\varphi_A = 0$，$\varphi_B = \frac{\pi}{2}$，$\varphi_C = \frac{3\pi}{2}$。

6-12　(1) $y = 0.1\cos\left[5\pi\left(t - \frac{x}{5}\right) + \frac{3}{2}\pi\right]$；(2) $y = 0.1\cos(5\pi t + \pi)$，图略。

6-13　(1) $y = 0.1\cos\left[\pi\left(t - \frac{x}{2}\right) + \frac{1}{2}\pi\right]$；(2) $y = 0.1\cos \pi t$。

6-14　(1) $y = 0.1\cos\left[10\pi\left(t - \frac{x}{10}\right) + \frac{1}{3}\pi\right]$；(2) $y_P = 0.1\cos\left(10\pi t - \frac{4\pi}{3}\right)$，图略；

(3) $x = 1.67\ \text{m}$；(4) $\Delta t = \frac{1}{12}\ \text{s}$。

6-15　(1)图(a)的波动方程为 $y = A\cos\left[\omega\left(t + \frac{l}{u} - \frac{x}{u}\right) + \varphi_0\right]$

图(b)波动方程为 $y = A\cos\left[\omega\left(t + \frac{x}{u}\right) + \varphi_0\right]$

(2)图(a)中点 Q 的振动方程为 $y_Q = A\cos\left[\omega\left(t - \frac{b}{u}\right) + \varphi_0\right]$

图(b)中点 Q 的振动方程为 $y_Q = A\cos\left[\omega\left(t + \frac{b}{u}\right) + \varphi_0\right]$

6-16 (1) $x = -0.4$ m，$\Delta t = -0.2$ s，即波峰在 4 s 时通过原点。

(2)

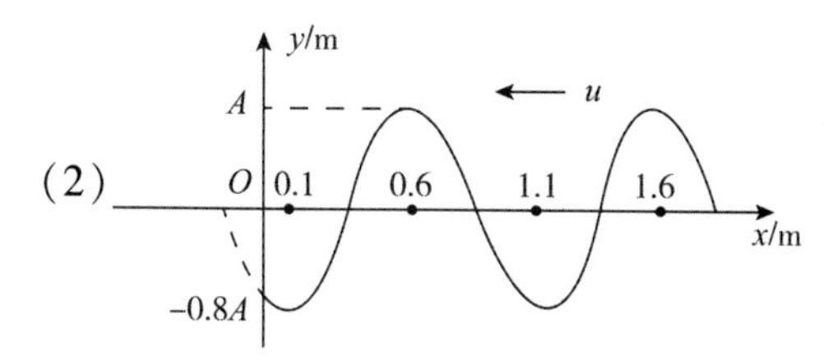

6-17 (1) $A = 0$，$I = 0$；(2) $A = 2A_1$，$I = 4A_1^2$。

6-18 (1) $\Delta\varphi = 0$；(2) $A_P = 4 \times 10^{-3}$ m。

6-19 (1) 1.58×10^5 W·m^{-2}；(2) 3.79×10^3 J。

6-20 (1)50 Hz；(2) $y_1 = 0.005\cos(314t - 3.14x)$，$y_2 = 0.005\cos(314t + 3014x \pm \pi)$。

6-21 (1)0.01 m，37.5 m·s^{-1}；(2)0.157 m。

6-22 30.9 m·s^{-1}。

6-23 9 m·s^{-1}。

6-24 车速为 119 km·h^{-1}，超过了限定车速。

6-25 665 Hz，541 Hz。

第7章

(7-1) ~ (7-12)略。

7-13 (1) $3D\lambda/d$；(2) $D\lambda/d$。

7-14 $d = 8.0\ \mu$m

7-15 $r = \sqrt{(k\lambda - 2d)R}$。

7-16 1.25 mm。

7-17 红紫色，绿色。

7-18 (1) $\Delta X = 2.7 \times 10^{-3}$m；(2) $\Delta X = 1.8 \times 10^{-2}$ m。

7-19 (1) $(a + b) = 2.4 \times 10^{-6}$ m；(2) $a = 0.8 \times 10^{-6}$ m；

(3) $k = 0$，± 1，± 2，5 个主极大条纹。

7-20 (1) $\Delta x_0 = 6 \times 10^{-2}$ m；(2)0，± 1，± 2，5 个主极大条纹。

7-21 (1) $I = I_0/2\cos^2\alpha\sin^2\alpha = I_0/8\sin^2 2\alpha$；

(2)

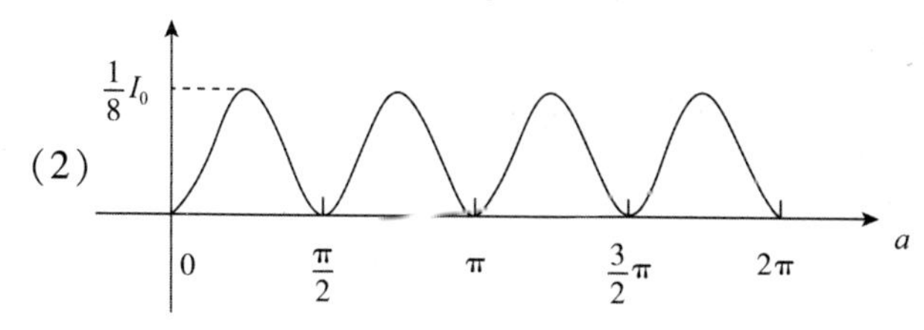

第8章

(8-1)~(8-5)略。

8-6　15%。

8-7　6.21×10^{-21} J, 1.04×10^{-20} J, 6 232.5 J。

8-8　(1)2.48×10^{5} J;(2)1 658 Pa。

8-9　略。

8-10　(1)300 K;(2)二氧化碳:1.24×10^{-20} J,氢气:1.04×10^{-20} J。

8-11　(1)2 000 $m\cdot s^{-1}$, 500 $m\cdot s^{-1}$;(2)481 K;(3)Ⅱ。

8-12　(1)6.21×10^{-21} J, 300 K;(2)3.95×10^{2} $m\cdot s^{-1}$。

8-13　略。

8-14　(1)1;(2)$\dfrac{1}{4}$。

8-15　1.4×10^{-7} m, 8.1×10^{9} s^{-1}。

8-16　301 K。

8-17　3.74×10^{3} J, 2.49×10^{3} J。

8-18　0.15 J。

8-19　3.95×10^{2} $m\cdot s^{-1}$, 4.46×10^{2} $m\cdot s^{-1}$, 4.83×10^{2} $m\cdot s^{-1}$。

8-20　$3\pi/8$。

第9章

(9-1)~(9-5)略。

9-6　(1)226 J;(2)放热,308 J。

9-7　(1) $Q=623$ J, $\Delta E=623$ J, $W=0$;

(2) $Q=1039$ J, $\Delta E=623$ J, $W=416$ J。

9-8　(1) $W=598$ J;

(2) $\Delta E=1.0\times10^{3}$ J;

(3) $\gamma=1.6$。

9-9　(1) $\Delta E=7.48\times10^{3}$ J;

(2) $W=-\Delta E=-7.48\times10^{3}$ J;

(3) $n=1.96\times10^{26}$ 个/m^{3}。

9-10　$W=6.91\times10^{3}$ J, $Q=6.91\times10^{3}$ J。

9-11　$W=-5.8\times10^{4}$ J, $\Delta E=5.8\times10^{4}$ J。

9-12　$Q_1=1.06\times10^{4}$ J, $W=1.12\times10^{3}$ J, $\eta=10.5\%$。

9-13　(1) $\eta=70\%$;

(2) 1 500 K;

(3) 200 K。

9-14 (1) $W = 625$ J;

(2) $Q_{放} = 1\ 875$ J。

9-15 (1) $W = 71.4$ J, $W = 2\ 000$ J;

(2)从计算过程可以看到，当高温热源温度一定时，低温热源温度越低，温度差越大，提取同样的热量，则所需做的功也越多，对制冷是不利的。

9-16 93.3 K。

9-17 (1)略；(2)不是。

9-18 (1) $W = 2.49 \times 10^3$ J, $Q = 8.73 \times 10^3$ J;

(2) $W = 1.73 \times 10^3$ J, $Q = 1.73 \times 10^3$ J;

(3) $W = 1.51 \times 10^3$ J, $Q = 0$。

9-19 $\eta = 15\%$。

9-20 (1) $\eta = 40\%$, $\eta' = 50\%$;

(2) 600 K。

第10章

(10-1)～(10-10)略。

10-11 $E_C = k\sqrt{\dfrac{q_1^2}{L_1^4} + \dfrac{q_2^2}{L_2^4}}$, $\tan\theta = \dfrac{q_1 L_2^2}{q_2 L_1^2}$。

10-12 $\Phi = \pi R^2 E$。

10-13 $\boldsymbol{E} = \dfrac{\sigma}{2\varepsilon_0}\boldsymbol{n}$。

10-14 (1)0; (2) $\dfrac{qQ}{4\pi\varepsilon_0 R}$。

10-15 $\begin{cases} \boldsymbol{E} = \dfrac{\rho r}{3\varepsilon_0}\boldsymbol{e}_r (r < R) \\ \boldsymbol{E} = \dfrac{\rho R^3}{3\varepsilon_0 r^2}\boldsymbol{e}_r (r > R) \end{cases}$。

10-16 $\begin{cases} \boldsymbol{E}(r) = \dfrac{kr^2}{4\varepsilon_0}\boldsymbol{e}_r (0 \leqslant r \leqslant R) \\ \boldsymbol{E}(r) = \dfrac{kR^4}{4\varepsilon_0 r^2} e_r (r > R) \end{cases}$。

10-17 设点 P 为任意场点，并选择某点 B 为电势零点，则 $V_P = \dfrac{\lambda}{2\pi\varepsilon_0}\ln\dfrac{r_B}{r}(V_B = 0)$。

10-18 $V = \dfrac{\sigma}{2\varepsilon_0}(\sqrt{x^2 + R^2} - x)$。

10-19　(1)当 $r \leqslant R_1$ 时，有 $V_1 = \dfrac{Q_1}{4\pi\varepsilon_0 R_1} + \dfrac{Q_2}{4\pi\varepsilon_0 R_2}$，

当 $R_1 \leqslant r \leqslant R_2$ 时，有 $V_2 = \dfrac{Q_1}{4\pi\varepsilon_0 r} + \dfrac{Q_2}{4\pi\varepsilon_0 R_2}$，

当 $r \geqslant R_2$ 时，有 $V_3 = \dfrac{Q_1 + Q_2}{4\pi\varepsilon_0 r}$；

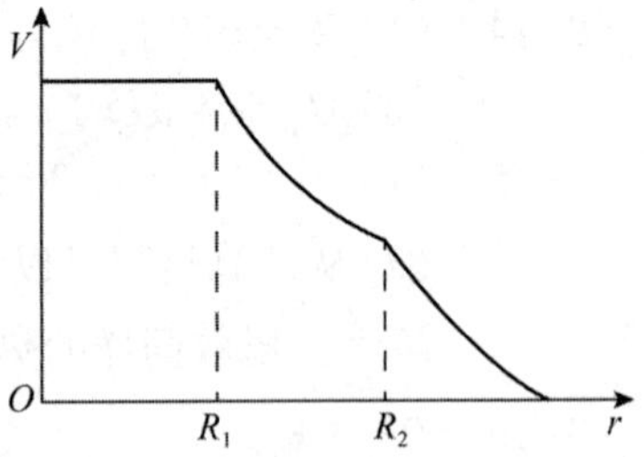

V
O
R_1
R_2
r

(2) $U_{12} = \int_{R_1}^{R_2} \boldsymbol{E}_2 \cdot \mathrm{d}\boldsymbol{l} = \dfrac{Q_1}{4\pi\varepsilon_0}\left(\dfrac{1}{R_1} - \dfrac{1}{R_2}\right)$。

10-20　$V = \dfrac{p}{4\pi\varepsilon_0} \dfrac{x}{(x^2 + y^2)^{3/2}}$，$E = \dfrac{p}{4\pi\varepsilon_0} \dfrac{(4x^2 + y^2)^{1/2}}{(x^2 + y^2)^2}$。

第 11 章

(11-1)~(11-10)略。

11-11　0，0，$= \dfrac{(q_b + q_c) q_d}{4\pi\varepsilon_0 r^2}$。

11-12　$r < R_1$ 时，$E_1 = 0$，$V_1 = V_0$；

$R_1 < r < R_2$ 时，$E_2 = \dfrac{R_1 V_0}{r^2} - \dfrac{R_1 Q}{4\pi\varepsilon_0 R_2 r^2}$，$V_2 = \dfrac{R_1 V_0}{r} - \dfrac{(r - R_1) Q}{4\pi\varepsilon_0 R_2 r}$；

$r > R_2$ 时，$E_3 = \dfrac{R_1 V_0}{r^2} - \dfrac{(R_2 - R_1) Q}{4\pi\varepsilon_0 R_2 r^2}$，$V_3 = \dfrac{R_1 V_0}{r} - \dfrac{(R_2 - R_1) Q}{4\pi\varepsilon_0 R_2 r}$。

11-13　略。

11-14　(1) $U_{AB} = \dfrac{Qd}{2\varepsilon_0 S}$；　(2) $U'_{AB} = \dfrac{Qd}{\varepsilon_0 S}$。

11-15　$V = \dfrac{q}{4\pi\varepsilon_0 r} - \dfrac{q}{4\pi\varepsilon_0 a} + \dfrac{q + Q}{4\pi\varepsilon_0 b}$。

11-16　$q = \int \mathrm{d}q' = -\dfrac{R}{r} q$。

11-17　(1)等效电容 $C_{AB} = 4\ \mu\mathrm{F}$；

(2) $U_{AC} = 4\ \mathrm{V}$，$U_{CD} = 6\ \mathrm{V}$，$U_{DB} = 2\ \mathrm{V}$。

11-18　略。

11-19　$E = \dfrac{U}{\varepsilon_r d}$，$P = (\varepsilon_r - 1)\varepsilon_0 \dfrac{U}{\varepsilon_r d}$，$\sigma_0 = \dfrac{\varepsilon_0 U}{d}$，$\sigma' = P = (\varepsilon_r - 1)\varepsilon_0 \dfrac{U}{\varepsilon_r d}$，$D = \sigma_0 = \dfrac{\varepsilon_0 U}{d}$。

11-20　$\Delta d_{\min} = 0.152\ \mathrm{mm}$。

第 12 章

(12-1)~(12-11)略。

12-12　0。

12-13　(a) $B_0=\dfrac{\mu_0 I}{8R}$，B_0 的方向垂直纸面向外；

(b) $B_0=\dfrac{\mu_0 I}{2R}-\dfrac{\mu_0 I}{2\pi R}$，$B_0$ 的方向垂直纸面向里；

(c) $B_0=\dfrac{\mu_0 I}{2\pi R}+\dfrac{\mu_0 I}{4R}$，$B_0$ 的方向垂直纸面向外。

12-14　$\dfrac{\mu_0 Il}{2\pi}\ln\dfrac{d_2}{d_1}$。

12-15　(1) $\dfrac{\mu_0 Ir}{2\pi R_1^2}$；(2) $\dfrac{\mu_0 I}{2\pi r}$；(3) $\dfrac{\mu_0 I}{2\pi r}\dfrac{R_3^2-r^2}{R_3^2-R_2^2}$；(4) 0。

12-16　证明略，$\dfrac{\mu_0 Id}{2\pi(R^2-r^2)}$。

12-17　$\dfrac{1}{2}\mu_0 \boldsymbol{j}$，磁感应强度的方向由右手螺旋关系确定。

12-18　(1)洛伦兹力的方向为 $\boldsymbol{v}\times\boldsymbol{B}$ 的方向，向东；

(2) 3.2×10^{-16} N，1.64×10^{-26} N，质子所受的洛伦兹力远大于重力。

12-19　1.28×10^{-3} N。

12-20　(1) 0.866 N；(2) 4.33×10^{-2} N·m；(3) 4.33×10^{-2} J。

12-21　$\dfrac{\mu_0\omega\sigma}{2}\left(\dfrac{R^2+2x^2}{\sqrt{R^2+x^2}}-2x\right)$；$\dfrac{1}{4}\sigma\omega\pi R^4$。

12-22　磁介质内 $H_1=\dfrac{I}{2\pi r}$，$B_1=\dfrac{\mu_r\mu_0 I}{2\pi r}$；磁介质外 $H_2=\dfrac{I}{2\pi r}$，$B_2=\dfrac{\mu_0 I}{2\pi r}$。

第13章

(13-1)～(13-8)略。

13-9　$\left(\dfrac{\mu_0 d}{2\pi}\ln\dfrac{3}{4}\right)\dfrac{\mathrm{d}I}{\mathrm{d}t}$。

13-10　2.51 V。

13-11　0.05 T。

13-12　$\dfrac{1}{2}\omega B(L\sin\theta)^2$。

13-13　$\varepsilon_{AB}=\dfrac{\mu_0 Iv}{2\pi}\ln\dfrac{R_B}{R_A}$，方向由 B 指向 A，即 A 点电势高。

13-14　$\varepsilon_{MN}=\dfrac{\mu_0 Iv}{2\pi}\ln\dfrac{d+2R}{d}$，方向由 N 指向 M，即 M 点电势高。

13-15 $\varepsilon=-\dfrac{N\mu I_0\omega l}{2\pi}\ln\dfrac{\mathrm{d}+a}{\mathrm{d}}\cos\omega t$

13-16 $r<R$ 时, $E_{\mathrm{r}}=-\dfrac{r}{2}\dfrac{\mathrm{d}B}{\mathrm{d}t}$; $r>R$ 时, $E_{\mathrm{r}}=-\dfrac{R^2}{2r}\dfrac{\mathrm{d}B}{\mathrm{d}t}$。

13-17 $\dfrac{N^2}{l}\mu_1 S_1+\mu_2 S_2$。

13-18 $\dfrac{\mu_0 l}{\pi}\ln\dfrac{d-a}{a}$。

13-19 $\dfrac{\mu_0\pi r^2R^2}{2(R^2+d^2)^{3/2}}$。

13-20 2.77×10^{-5} H。

13-21 $\dfrac{\mu_0 N^2 h}{2\pi}\ln\dfrac{R_2}{R_1}$。

13-22 (1) $W_{\mathrm{m}}=3.28\times10^{-5}$ J, $w_{\mathrm{m}}=4.17\ \mathrm{J\cdot m^{-3}}$; (2) $t=1.56\times10^{-4}$ s。

13-23 29 H。

13-24 $\dfrac{\mu_0 I^2}{16\pi}$。

13-25 (1) $\dfrac{U_0}{R}\sin\omega t$;

(2) $\dfrac{\varepsilon_0 S}{d}U_0\omega\cos\omega t$;

(3) $\dfrac{U_0}{2\pi rR}\sin\omega t+\dfrac{\varepsilon_0 r}{2d}U_0\omega\cos\omega t$。

第 14 章

(14-1)~(14-5)略。

14-6 光速 c。

14-7 $L'=L\sqrt{1-\dfrac{v^2}{c^2}}$。

14-8 $v=\dfrac{\sqrt{3}}{2}c$。

14-9 (1)0.512 MeV; (2) 4.489 MeV; (3) $2.66\times10^{-21}\ \mathrm{kg\cdot m\cdot s^{-1}}$, $0.995c$。

14-10 光速 c, 光速 c。

参考文献

[1]马文蔚，周雨青. 物理学[M]. 6版. 北京：高等教育出版社，2014.
[2]张三慧. 大学基础物理学[M]. 3版. 北京：清华大学出版社，2017.
[3]赵近芳，王登龙. 大学物理简明教程[M]. 3版. 北京：北京邮电大学出版社，2019.
[4]刘国松. 大学物理[M]. 上海：同济大学出版社，2017.
[5]王瑞. 大学物理实验[M]. 上海：上海交通大学出版社，2018.
[6]罗圆圆. 大学物理[M]. 北京：高等教育出版社，2013.
[7]杨兵初，李旭光. 大学物理学[M]. 2版. 北京：高等教育出版社，2017.
[8]郭进. 大学物理学[M]. 北京：高等教育出版社，2014.
[9]谢国亚，林朝金，廖其力. 大学物理教程[M]. 2版. 长春：吉林大学出版社，2014.
[10]程守洙，江之永. 普通物理学[M]. 5版. 北京：高等教育出版社，1998.
[11]郭振平. 大学物理(下册)[M]. 北京：教育科学出版社，2012.
[12]马文蔚，朱莉. 物理学教程学习指导[M]. 2版. 北京：高等教育出版社，2008.
[13]宋峰. 文科物理——生活中的物理学[M]. 北京：科学出版社，2013.
[14]倪光炯，王炎森. 物理与文化——物理思想与人文精神的融合[M]. 2版. 北京：高等教育出版社，2009.

参考文献